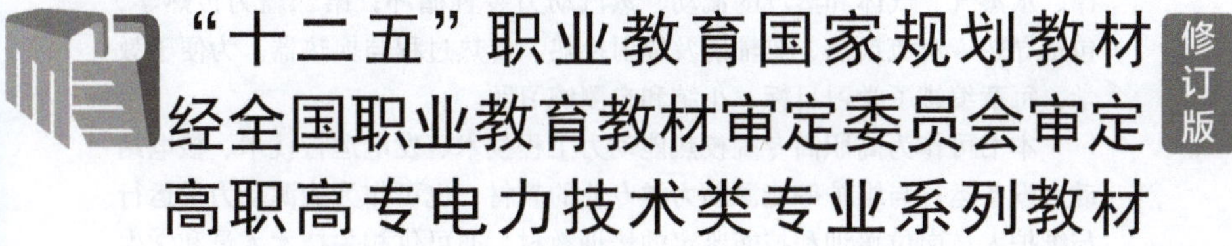

热工基础

第2版

主　编　宋长华
副主编　陈　颖　张友利
参　编　贾明扬　裴　洋
主　审　李隆键

机械工业出版社

本书为“十二五”职业教育国家规划教材修订版。

全书分为两篇，共11章。第一篇为工程热力学，包括热力学基本概念、热力学第一定律及其应用、理想气体及其热力过程、热力学第二定律、水蒸气、气体和蒸汽的流动、蒸汽动力装置循环；第二篇为传热学，包括导热、对流换热、热辐射及辐射换热、传热过程与换热器。为便于教学，每章编排了学习目标、小结和自测练习题。

本书可作为高职高专院校热能动力工程技术、发电运行技术、核电站动力设备运行与维护等能源动力类专业的教材，也可作为能源动力类运行与维护人员岗位培训和技能鉴定的培训教材，亦可供相关技术人员和学生参考。

本书配有多媒体课件、自测练习题参考答案、模拟试卷等，凡选用本书作为授课教材的教师，均可来电（010-88379375）免费索取或登录机械工业出版社教育服务网（www. cmpedu. com）注册后下载。

图书在版编目（CIP）数据

热工基础/宋长华主编．—2版．—北京：机械工业出版社，2021.8（2025.6重印）

“十二五”职业教育国家规划教材：修订版　高职高专电力技术类专业系列教材

ISBN 978-7-111-68675-0

Ⅰ.①热…　Ⅱ.①宋…　Ⅲ.①热工学-高等职业教育-教材　Ⅳ.①TK122

中国版本图书馆CIP数据核字（2021）第137193号

机械工业出版社（北京市百万庄大街22号　邮政编码100037）
策划编辑：王宗锋　责任编辑：王宗锋
责任校对：陈　越　责任印制：常天培
北京中科印刷有限公司印刷
2025年6月第2版第10次印刷
184mm×260mm · 17.5印张 · 443千字
标准书号：ISBN 978-7-111-68675-0
定价：54.90元

电话服务　　网络服务
客服电话：010-88361066　机　工　官　网：www. cmpbook. com
010-88379833　机　工　官　博：weibo. com/cmp1952
010-68326294　金　书　网：www. golden-book. com

机工教育服务网：www. cmpedu. com

关于“十四五”职业教育
国家规划教材的出版说明

为贯彻落实《中共中央关于认真学习宣传贯彻党的二十大精神的决定》《习近平新时代中国特色社会主义思想进课程教材指南》《职业院校教材管理办法》等文件精神，机械工业出版社与教材编写团队一道，认真执行思政内容进教材、进课堂、进头脑要求，尊重教育规律，遵循学科特点，对教材内容进行了更新，着力落实以下要求：

1. 提升教材铸魂育人功能，培育、践行社会主义核心价值观，教育引导学生树立共产主义远大理想和中国特色社会主义共同理想，坚定“四个自信”，厚植爱国主义情怀，把爱国情、强国志、报国行自觉融入建设社会主义现代化强国、实现中华民族伟大复兴的奋斗之中。同时，弘扬中华优秀传统文化，深入开展宪法法治教育。

2. 注重科学思维方法训练和科学伦理教育，培养学生探索未知、追求真理、勇攀科学高峰的责任感和使命感；强化学生工程伦理教育，培养学生精益求精的大国工匠精神，激发学生科技报国的家国情怀和使命担当。加快构建中国特色哲学社会科学学科体系、学术体系、话语体系。帮助学生了解相关专业和行业领域的国家战略、法律法规和相关政策，引导学生深入社会实践、关注现实问题，培育学生经世济民、诚信服务、德法兼修的职业素养。

3. 教育引导学生深刻理解并自觉实践各行业的职业精神、职业规范，增强职业责任感，培养遵纪守法、爱岗敬业、无私奉献、诚实守信、公道办事、开拓创新的职业品格和行为习惯。

在此基础上，及时更新教材知识内容，体现产业发展的新技术、新工艺、新规范、新标准。加强教材数字化建设，丰富配套资源，形成可听、可视、可练、可互动的融媒体教材。

教材建设需要各方的共同努力，也欢迎相关教材使用院校的师生及时反馈意见和建议，我们将认真组织力量进行研究，在后续重印及再版时吸纳改进，不断推动高质量教材出版。

机械工业出版社

前　言

“热工基础”课程是高职高专能源动力类专业的一门核心基础课程，具有系统性、理论性和应用性较强的特点。本书为“十二五”职业教育国家规划教材修订版。此次修订，吸取了各学校在使用过程中提出的建议以及其他相关教材的优点，紧密结合就业岗位和职业资格证书需要，充分体现了电力行业的特点和高等职业教育的特色。在保留第1版教材体系的基础上，降低了理论深度，如删除或简化了理想气体的计算、熵与㶲的推导、喷管的计算、两级回热循环的计算与分析、对流换热与辐射换热的公式推导、通过平壁和圆筒壁传热过程的计算，更注重结果的应用。同时对课后练习题进行优先，增加了相关职业考试题，更新了专业技术标准和岗位能力要求的内容，如对超超临界火力发电机组、燃气-蒸汽联合循环、核能发电厂循环、火电厂生产实际案例进行更新，使内容更具有针对性、实用性和先进性，并融合互联网新技术开发了课程资源，力求成为线上线下结合的新形态教材。

本书为电厂热能动力专业重庆市市级教学资源库的“热工基础”课程的配套教材（课程网址：https://www.icve.com.cn/portal_new/courseinfo/courseinfo.html?courseid=dgqbaysqtrhl08234syvfq）。课程在重庆市市级精品课程和精品资源共享课程基础上，更新了多媒体课件、视频、动画、习题库等，更方便于线上线下教学。

本次修订在书中相应章节设置了二维码，读者可通过手机扫描二维码，获取针对重点、难点、疑点内容的知识点讲解视频或动画。

本书由宋长华担任主编，陈颖、张友利担任副主编。宋长华修订第1~3章、第6~7章和各章自测练习题，陈颖修订绪论、第8~11章，张友利修订第4~5章，贾明扬参与修订了第1~2章部分内容，裴洋参与修订了第8章部分内容。

重庆大学李隆键教授担任本书主审，对全书的修订提出了许多宝贵意见，使本书的质量得到提高。在修订过程中，得到了第1版编者和重庆电力高等专科学校同行们的关心和支持，华能珞璜电厂、重庆发电厂、国电重庆恒泰发电有限公司有关技术人员对本书也提出了一些有益的建议，在此一并表示感谢。

由于编者水平有限，书中难免存在不足之处，恳请读者批评指正。

编　者

二维码索引

（续）

序号	名称	图形	页码	序号	名称	图形	页码
19	速度边界层和热边界层		174	27	常用单位换算表		271
20	大容器沸腾过程及沸腾曲线		194	28	标准大气压下干空气的热物理性质		271
21	黑体模型		204	29	标准大气压下烟气的热物理性质		271
22	换热器及其分类		227	30	标准大气压下过热水蒸气的热物理性质		271
23	回转式空气预热器		228	31	气体的平均体积定容热容		271
24	传热过程及传热方程式		231	32	气体的平均体积定压热容		271
25	几种材料的密度、热导率、比热容和热扩散率		271	33	水蒸气的焓—熵图		271
26	几种油的热物理性质		271	34	饱和水的热物理性质		271

目　录

绪　论

学习目标

1）理解能量和能源的概念。

2）了解热能利用的两种方式和火力发电厂的基本生产过程。

3）了解“热工基础”课程研究的主要内容及其在专业中的作用。

0.1　能量、能源和热能的利用

1. 能量和能源

世界是由物质构成的，一切物质都在不断运动，运动是物质最基本的属性。能量是物质运动的度量，也是物质的属性；物质的运动形式是多种多样的，对于每一个具体的物质运动形式，必然存在相应的能量形式。随着人类社会的发展，人们对能量的认识和利用水平也不断提高，目前人类所认识的能量主要有：机械能、热能、电能、化学能、原子能及电磁能等多种形式。当物质的运动形式发生转变时，能量的形式也同时发生转变。能量的最基本特征是自然界一切常规过程都遵循能量守恒和转换定律。能量的国际标准单位是焦［耳］（J），有时还用单位时间内的能量（即功率）和时间的乘积来表达，如千瓦·时（kW·h）。

人类在日常生产或生活中需要各种形式的能量，其中应用最广泛的有热能、机械能和电能。热能是指物质分子的热运动（包括移动、转动、振动）动能和由于分子间相互作用力而具有的位能，即不涉及化学变化和原子核反应时的热力学能，习惯上也称为内热能。温度的高低反映物质分子热运动的强度，因此也是物体具有热能多少的宏观标志之一。机械能是表示物体运动状态和高度的物理量，它主要包括物体的动能和势能，二者统称为宏观机械能。由于电能具有传输、使用方便，且易于转换为其他形式的能量等优点，因而电能已成为建设现代社会物质文明的重要条件，电能利用占总能源利用中的比例已成为国民经济发展水平的标志。

能源是指能为人类生活与生产提供某种形式能量或动力的物质资源。能源是推动社会发展和经济进步的主要物质基础，能源的开发和利用水平是社会经济发展和科技水平的重要标志之一。随着能源科学技术的发展，能源开发的领域也越来越广，能源的种类日益增多，能源的分类方法也有多种。人们通常按照以下几种分类方式对能源进行分类。

（1）按能源的初始来源分　可分为三类：

1）来自地球内部的能源。如核能、地热能。

2）来自地球以外的能源。如太阳能以及由太阳能转化而来的风能、水能、生物质能以及煤炭、石油、天然气等。

3）地球与其他天体相互作用产生的能源，如潮汐能。

（2）按能源开发的步骤分　可将能源分为一次能源和二次能源。

1）一次能源。指在自然界中以自然形态存在可以直接开发利用的能源，如太阳能、煤炭、石油、天然气、风能、水能、地热能及海洋能等。

2）二次能源。指由一次能源直接或间接转化而来的能源，如蒸汽、电力、焦炭、煤气、酒精、甲醇、氢、汽油、柴油、激光及沼气等。

（3）按能源可否再生分　可将一次能源分为可再生能源和非再生能源。

1）可再生能源。指不会因被开发利用而减少，具有天然恢复能力的能源，如太阳能、风能、海洋能及生物质能等。

2）非再生能源。指储量有限，随被开发利用而日益减少，最终将会枯竭的能源，如煤、石油、天然气以及核能等。

（4）按照能源的利用程度分　可将能源分为常规能源和新能源。

1）常规能源。指开发时间较长、技术比较成熟、被广泛利用的能源，如煤、石油、天然气及水能等。

2）新能源。指开发时间较短、技术尚不成熟、尚未被大规模开发利用的能源，如太阳能、风能、地热能、海洋能及生物质能等。新能源是相对于常规能源而言的，现在的常规能源过去曾是新能源，今天的新能源，但随着科技和社会的发展，将来会成为常规能源。新能源大多数是可再生能源，资源丰富，分布广阔，是未来的主要能源之一。对于核能，因其仍是发展中的能源，故仍习惯性地将其列入新能源范畴。

（5）按照开发利用过程中对环境的污染程度分　可将能源分为清洁能源和非清洁能源。

1）清洁能源。指对环境无污染或污染很小的能源，如太阳能、水能、风能及海洋能等。

2）非清洁能源。指对环境污染较大的能源，如煤、石油及天然气等。

2. 热能的利用

能量的利用过程实质是能量的传递和转换过程。目前，自然界中可被利用的能源主要有风能、水能、太阳能、地热能、矿物燃料的化学能和核能等，但应用最广泛的仍然是矿物燃料（煤、石油及天然气等）的化学能。在这些能源中，风能、水能、海洋能可以通过风车、水轮机（水车）直接转换成机械能或者再通过发电机由机械能转换成电能，太阳能可以通过光合作用转换成生物质能或通过光电反应直接转换成电能。除此之外，其他能源往往都需经过能量的转换，以热能形式供人类利用。太阳能可以通过集热器转换成热能，地热能以热水和蒸汽的形式直接提供热能，矿物燃料（煤、石油、天然气等燃料）通过燃烧将化学能转变为热能，核能通过裂变或聚变反应转换为热能。能源的转换与利用关系如图0-1所示。据统计，目前，通过热能形式被利用的能源在我国占总能源利用的90%以上，世界其他各国也平均超过85%。由此可见，在能量转换与利用过程中，热能不仅是最常见的形式，而且具有特殊重要的作用。热能的有效利用对于解决我国的能源问题乃至对人类社会的发展有着重大意义。

热能的利用有如下两种方式：

1）直接利用。即将热能直接用于加热物体。如在冶金、化工、纺织、造纸、轻工等生产部门，通过各种加热设备（或热交换器）将热能直接用于冶炼、分馏、烘干、蒸煮、加热及熔化等生产工艺过程中，在人们的日常生活中，可将热能用于采暖、洗浴及烧饭等。这种利用方式已具有几千年的历史。

2）间接利用。通常是指将热能转换成机械能（通过各种热力发动机）或者再转换成电能（通过发电机）为人类的日常生活、生产及交通运输提供动力。如车辆、船舶及飞机等使用的热力发动机，又如火力发电厂将燃料的化学能转换成热能，并最终转换为电能加以利用。

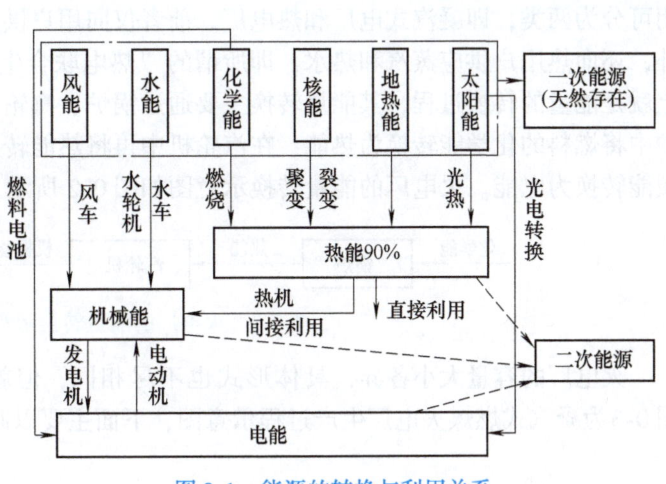

图 0-1　能源的转换与利用关系

虽然人类生产和生活中热能的直接利用很普通，但应用最广泛的能量形式是机械能和电能。绝大多数的机械能和电能是由热能转换而来，将热能转换为机械能或电能再间接利用是能量生产与利用的最主要方式之一。

0.2　火力发电厂的生产过程

随着经济的发展，我国已成为世界第一能源生产和消费大国。电力工业是我国最重要的基础能源产业，它对促进国民经济的发展和社会进步起着重要作用，它不仅是关系国家经济安全的战略大问题，而且与人们的日常生活、社会稳定密切相关。随着我国经济的发展，电力工业也得到了迅速发展。从1949年以来，我国电力以年均10%以上的速度增长，这在世界电力发展历史上都是罕见的。据国家能源局发布的2020年全国电力工业统计数据，截至2020年底，全国全口径发电装机容量22亿kW。其中，火电装机容量12.45亿kW，约占总装机容量的56.59%；水电装机容量3.7亿kW，约占总装机容量的16.81%；核电装机容量4989万kW，约占总装机容量的2.27%；并网风电装机容量2.82亿kW，约占总装机容量的12.81%；并网太阳能发电装机容量2.53亿kW，约占总装机容量的11.5%。2020年，全国全口径发电量为7.62万亿kW·h。其中，火电5.17万亿kW·h，约占全国发电量的67.85%；水电1.36万亿kW·h，约占全国发电量的17.85%；核电3662亿kW·h，约占全国发电量的4.81%；并网风电4665亿kW·h，约占全国发电量的6.12%；并网太阳能发电2611亿kW·h，约占全国发电量的3.43%。我国发电装机容量和发电量均居世界首位。近年来，火电机组正朝着大容量、高参数、高效率及环保型方向发展。2020年，全国6000kW及以上火电厂供电标准煤耗为305.5g/kW·h，已明显优于世界平均水平。另据北极星网了解，截至2020年底，全国投产的100万千瓦级超超临界火电机组已达100多台，100万千瓦级超超临界机组规模世界居首，先进的100万kW二次再热机组的供电煤耗已经低于270g/kW·h，引领了世界燃煤发电技术的发展方向。根据我国能源结构特点，预计在今后的一段时间内，火力发电仍将发挥重要作用。

1. 火力发电厂的能量转换过程

发电厂是把各种动力能源的能量转变成电能的工厂。根据所利用的能源形式可分为火力发电厂、水力发电厂、核能发电厂、地热发电厂及风力发电厂等。火力发电厂简称火电厂，是利用煤、石油、天然气等燃料的化学能生产电能的工厂，我国火电厂以燃煤为主。按其功用可分为两类，即凝汽式电厂和热电厂。前者仅向用户供应电能，而热电厂除供给用户电能外，还向热用户供应蒸汽和热水，即所谓的“热电联合生产”。火力发电厂的生产过程实质上就是能量的转换过程，其能量转换主要通过锅炉、汽轮机和发电机三大主机来完成。在锅炉中将燃料的化学能转换为热能，在汽轮机中再将热能转换为机械能，最后在发电机中将机械能转换为电能。火电厂的能量转换示意图如图 0-2 所示。

图 0-2 火电厂的能量转换示意图

火电厂的容量大小各异，具体形式也不尽相同，但就其生产的基本过程都是相似的。图 0-3为凝汽式燃煤火电厂生产过程示意图，下面主要以此图为例介绍其生产流程。

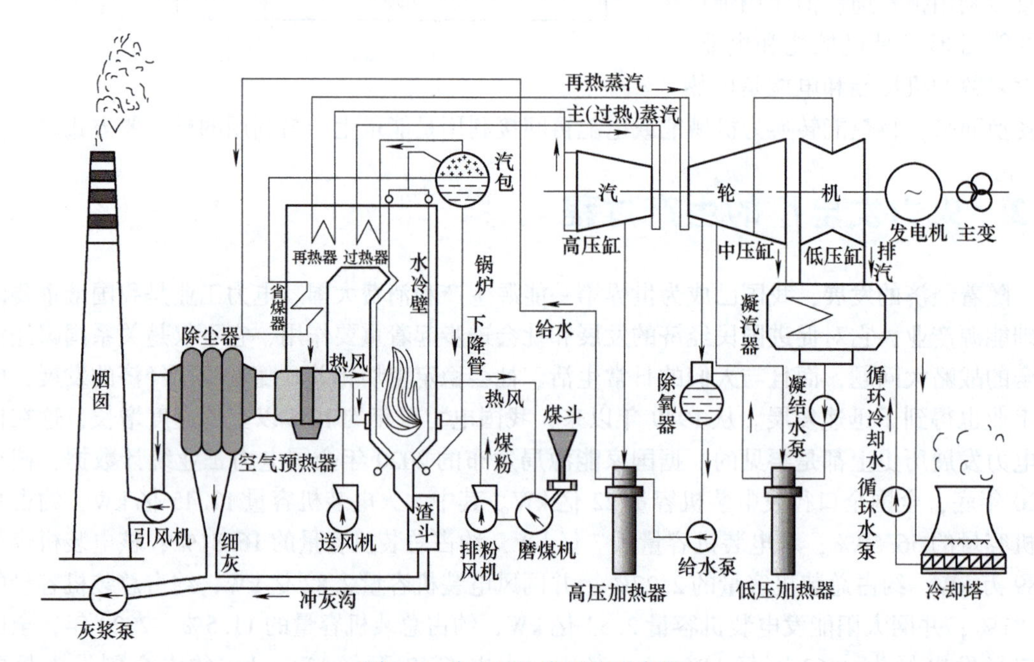

图 0-3 火电厂生产过程示意图

2. 火电厂生产流程及主要系统

火电厂的主要系统有燃料燃烧及风烟系统、主要汽水流程系统、发电机及电气系统等。

(1) 燃料燃烧及风烟系统 火电厂燃烧及风烟系统工作流程如图 0-4 所示。通过各种运输方式，燃煤被运送到电厂的煤场，然后用运输带将燃煤从煤场运至煤斗中，大型火电厂为提高燃煤效率都是燃烧煤粉。因此，煤斗中的原煤要先送至制粉系统中的磨煤机内磨成煤粉，磨碎的煤粉由热空气（经空气预热器加热的空气）携带经排粉风机送入锅炉的炉膛内燃烧。煤粉燃烧后形成的热烟气沿锅炉的水平烟道和尾部烟道流动，在锅炉的各种受热面中放出热量，最后进入除尘器，将燃烧后的煤灰分离出来。洁净的烟气在引风机的作用下通过烟囱排入大气。助燃用的空气由送风机送入装设在尾部烟道的空气预热器内，利用热烟气加热空气。这样，一方面可使进入锅炉的空气温度提高，以利于煤粉的着火和燃烧，另一方面也可以降低排烟温度，提高热能的利用率。

从空气预热器排出的热空气分为两股：一股（一次风）去磨煤机干燥和输送煤粉，另一股（二次风）直接送入炉膛助燃。燃煤燃尽的灰渣落入炉膛下面的渣斗内，与从除尘器分离出的细灰一起用水冲至灰浆泵房内，再由灰浆泵送至灰场。

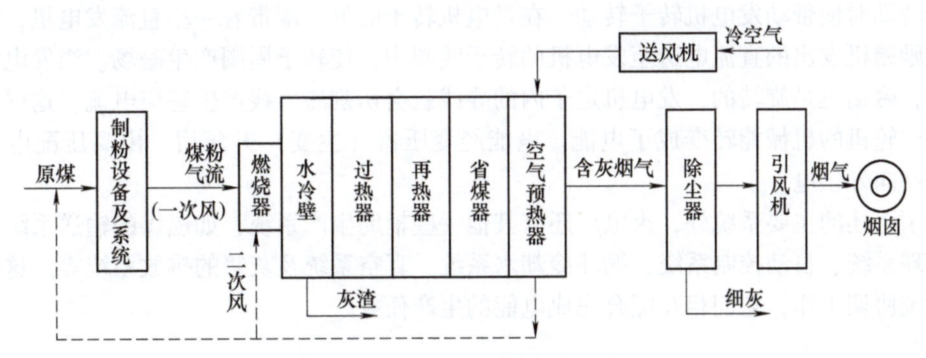

图 0-4　火电厂燃烧及风烟系统工作流程

（2）主要汽水流程系统　锅炉的给水先进入锅炉尾部烟道的省煤器，被烟气的余热加热后进入汽包，再经炉墙外侧的下降管流入锅炉底部下联箱，经下联箱分配进入炉膛内由许多水管组成的水冷壁。水在水冷壁内吸收炉膛烟气的热量，被加热直到汽化，汽水混合物沿水冷壁再次进入汽包，经汽包内汽水分离器实现汽和水的分离。分离后的水又通过下降管、下联箱进入水冷壁继续吸热汽化；而分离出的饱和蒸汽进入过热器，在过热器内继续吸热成为过热蒸汽。高压高温过热蒸汽经主蒸汽管道导入汽轮机高压缸膨胀做功后，然后引出再送入锅炉再热器加热升温，升温后的再热蒸汽导入汽轮机的中、低压缸继续膨胀做功，过热和再热蒸汽冲动汽轮机转子，使汽轮机高速旋转实现热能转换为机械能。

在汽轮机低压缸内做功后的蒸汽（称为乏汽）排入凝汽器，并在其中被循环冷却水冷却凝结成水（称为主凝结水），汇集在凝汽器下部热水井中的主凝结水，经除盐装置后，用凝结水泵打入低压加热器，经加热后送入除氧器。经除氧器除氧并加热后的主凝结水称为锅炉的给水，借助给水泵升压后，经过高压加热器加热送入锅炉的省煤器，然后又重复上述过程。火电厂主要汽水系统工作流程如图 0-5 所示。

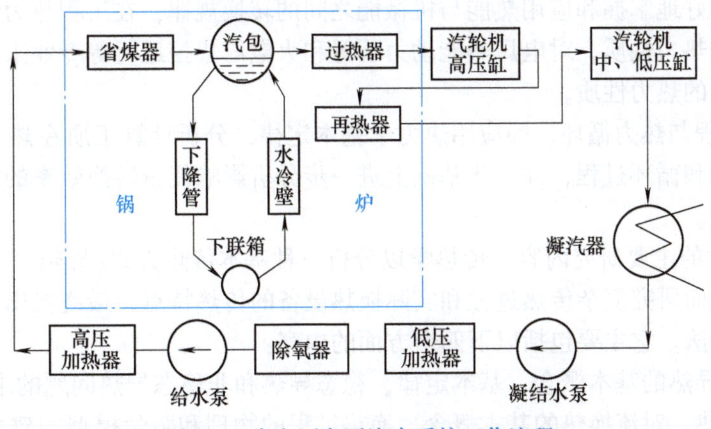

图 0-5　火电厂主要汽水系统工作流程

低压加热器、除氧器和高压加热器的加热汽源来自于汽轮机的抽汽。凝汽器中的循环冷却水来自循环冷却水系统。

(3) 发电机及电气系统 汽轮机的转子与发电机的转子通过联轴器联在一起，当汽轮机转子转动时便带动发电机转子转动。在发电机转子的另一端带着一小直流发电机，称为励磁机。励磁机发出的直流电送至发电机的转子线圈中，使转子周围产生磁场。当发电机转子旋转时，磁场也是旋转的，发电机定子内的导线就会切割磁力线产生感应电流。这样，发电机便把汽轮机的机械能转变成了电能。电能经变压器（主变）升压后，由高压配电装置和输电线路向外供电。

除了上述的主要系统外，火电厂还有其他一些辅助生产系统，如燃煤的输送系统、水的化学处理系统、自动控制系统、循环冷却水系统、真空系统及灰浆的排放系统等。这些系统与主系统协调工作，它们相互配合完成电能的生产任务。

0.3 “热工基础”课程的主要内容及其在专业中的作用

1. 主要内容

热工基础课程是研究热能利用的基本原理和规律，以提高热能利用经济性（即节能）为主要目的的应用性学科，由工程热力学和传热学两部分组成。为了更好地间接利用热能，必须研究热能与其他能量形式间相互转换的规律，工程热力学就是研究热能与机械能间相互转换的规律及方法的一门应用学科；为了更好地直接利用热能，必须研究热量的传递规律，而传热学就是研究热量传递规律的一门应用学科。

(1) 工程热力学的主要研究内容 工程热力学以热力学第一定律和热力学第二定律为基础，着重阐述工质的热力性质、基本热力过程和热力循环中热功转换规律，最终找出提高能量利用效率的途径和措施。它主要包括以下三个方面的内容：

1）热力学基本概念和基本定律。如热力系统、平衡状态及状态参数、热力学第一定律和热力学第二定律等。热力学第一定律说明能量转换或传递中的数量守恒关系；热力学第二定律说明热过程进行的方向、条件、限度等问题，并由此指出能量的质的特性。工程热力学就是以这两个定律为基础而建立的一门工程技术学科。

2）工质的热力性质。热能转换为机械能是通过工质来实现的，只有深刻认识工质的热力性质，才能更好地掌握和应用热能与机械能之间的转换规律，在工程热力学中主要研究的是气体和蒸汽的热力性质，对电厂热能动力装置和火电厂集控运行等专业来讲，主要研究理想气体和水蒸气的热力性质。

3）热力过程与热力循环。即应用热力学基本定律，分析计算工质在热力设备中所经历的状态变化过程和循环过程，并在此基础上进一步分析影响能量转换效率的因素，探讨提高转换效率的途径。

(2) 传热学的主要研究内容 传热学以分析三种基本传热方式(导热、对流及辐射）的规律为基础，进而研究复杂传热过程和实际换热设备的传热特点，最终找出增强传热或削弱传热的途径和方法。它主要包括以下四个方面的内容：

1）导热。导热的基本概念、基本定律、稳态导热和非稳态导热问题的求解。

2）对流换热。对流换热的基本概念，换热过程的物理和数学模型的建立及一般求解方法，经验公式的选择和应用。

3）热辐射及辐射换热。辐射换热的基本概念及有关规律，物体间辐射换热的一般计算。

4）传热过程及换热器。传热过程的分析计算，换热器形式、传热特点及热计算，传热的增强与削弱等。

工程热力学和传热学都是研究热现象的，但其各有侧重。例如一杯热水，放在桌上冷却，工程热力学可分析得出热水下降到室温所放出的热量；传热学则研究热量如何传出、热水下降到室温需要多少时间、单位时间传递的热量等，涉及传热过程的快慢。

2. 本课程在专业中的作用

火电厂的系统及生产过程中，涉及热工基础知识的地方很多。火电厂热力设备的主要工作过程实质就是热能与机械能的转换及热量的传递过程，如汽轮机设备工作过程是将蒸汽热能转换为机械能的过程，锅炉内的各种受热面（水冷壁、过热器、再热器、省煤器和空气预热器）、汽轮机车间的凝汽器、加热器、冷却器等设备内完成的是热量传递过程。如何才能提高能量转换和热量传递的效率？这些过程中遵循什么规律？以及怎样提高电厂的热经济性？都涉及本课程所讨论的内容。

高职高专热能动力工程技术、发电运行技术、核电站动力设备运行与维护和热工自动化技术等专业毕业生主要从事火电厂设备的运行、检修、安装以及设计等方面的技术工作，这都要涉及本课程的基本知识，因此“热工基础”课程是电厂热能动力类专业的主要专业技术基础课。通过本课程的学习，要求学生掌握有关热力学基本定律、气体工质的性质、工质的状态参数以及变化时的热量计算等基础理论知识；掌握导热、对流和辐射换热过程以及稳定传热的基础理论，掌握换热器的工作原理、基本构造及相关计算，为专业课的热工计算和热力分析打下理论基础，并获得初步的计算和分析能力。因而，学好本课程将为学习“锅炉设备及运行”“汽轮机设备及运行”“热力发电厂”等专业课以及毕业后从事火电厂方面的技术工作奠定重要基础。

“热工基础”课程着重研究热功转换和热量传递等宏观热现象，所以，主要应用宏观的研究方法对热现象进行具体的观察和分析。但为了说明热现象的本质及其根本原因，有时也用微观理论去进行解释。为分析问题方便，还常常采用科学抽象、对实际复杂问题进行理想化及简化的研究方法。

要学好“热工基础”，首先要掌握课程的主线——研究热能转换为机械能的规律、方法，怎样提高转换效率和热能利用的经济性，热能的传递形式及传递规律，如何增强和削弱热量的传递；其次是在深刻理解基本概念的基础上运用抽象和简化的方法抽象出各种具体问题的本质，应用热力学和传热学的基本定律和方法进行分析研究；最后必须注重课后自测题的练习、本课程相关实验等环节，以培养分析和解决实际工程问题的能力。

小　结

绪论主要介绍了能源及分类、热能的利用等；介绍了火力发电厂的生产过程以及“热工基础”课程的主要内容。

自测练习题

一、填空题（将适当的词语填入空格内，使句子正确、完整）

1. 按照开发利用过程中对环境的污染程度，可将能源分为__________能源和__________能源。

2. 可再生能源有__________、__________和__________等。

3. 火力发电厂的三大主机是__________、__________和__________。

4. 火电厂中，锅炉将__________能转换为__________能；汽轮机将__________能转换为__________能。

二、问答题

1. 能源和能量有何区别？

2. 简要说明火电厂的生产过程，并画出其装置系统简图。

3. “热工基础”课程研究的主要内容是什么？

第一篇 工程热力学

第1章 热力学基本概念

学习目标

1）理解工质和热力系的概念，知道常用热力系的分类及特点。

2）了解状态参数的特性，理解三个基本状态参数（温度、压力及比体积）的热力学定义；掌握绝对压力、表压力及真空的概念，能熟练进行不同情况下的绝对压力计算。

3）知道平衡状态、准平衡过程、可逆过程的概念，知道热力循环的目的和意义；知道正向循环和逆向循环的特点，理解热力循环的热经济指标的定义。

4）初步了解状态方程和参数坐标图的定义。

5）掌握热量、体积变化功和轴功的定义，能熟练应用可逆过程体积变化功和热量的计算式来进行计算，能初步通过 p-v 图和 T-s 图来表示功和热量，并能进行定性分析。

1.1 工质和热力系

1.1.1 热机、工质、热源

热能转换为机械能必须借助一套设备和载能媒介物质才能实现。我们将热能转换为机械能的整套设备称为热能动力装置（或称热机）。工程中的热能动力装置主要有蒸汽动力装置和燃气动力装置两大类。前者如火电厂中的蒸汽动力装置和蒸汽机装置等；后者如内燃机、燃气轮机及喷气发动机装置等。用来实现能量相互转换的媒介物质称为工质。它是实现能量转换必不可少的内部条件，如火电厂中的水蒸气、内燃机中的燃气、制冷装置（机械能转换为热能的装置）中的氨蒸气及氟利昂蒸气等。热能工程中，常用的工质有理想气体和水蒸气两种。

图1-1为火电厂蒸汽动力装置示意图。它由锅炉、汽轮机、凝汽器和给水泵等设备组成。燃料在锅炉内燃烧后成为高温烟气，使燃料的化学能转变为热能，水在锅炉中吸收烟气的热量后成为高温高压的过热蒸汽，此过程为水和水蒸气的吸热过程。当过热蒸汽被导入汽轮机后，在汽轮机中绝热膨胀，将蒸汽热能转换为机械能，此过程是水蒸气的膨胀做功过程。汽轮机带动发电机发电，将机械能转变成电能。做功后的蒸汽（乏汽）排入凝汽器，被冷却水冷却，释放热量而凝结成水，此过程是水蒸气的放热过程。凝结水由给水泵升压后送回锅炉，此过程是水的压缩过程。这样，在蒸汽动力装置中，水（水蒸气）经历了吸热、

膨胀、放热和压缩等过程，如此循环往复，就将燃料燃烧时放出的热能连续不断地转换为机械能。

由此可见，在蒸汽动力装置中，能量的转换是通过工质在各种设备中吸热、膨胀、放热和压缩等过程来实现的，这就要求工质必须具有良好的膨胀性和流动性，在物质的气（汽）、液、固三态中，只有气（汽）态物质最适合。因此，动力装置中的工质只能是气（汽）态物质以及涉及气态物质相变的液体。同时，为了更好地实现热能和机械能间相互转换，还要求工质必须具有热力性能稳定、热容量大、安全性好、对环境友善、价廉、易大量获取等特点。目前，火力发电厂中常采用水及水蒸气作为工质。不同的工质实现能量转换的特性是不同的，有的相差甚远，因此研究工质的性质是工程热力学的任务之一。

从蒸汽动力装置的工作过程可以看出，为使热能连续不断地转化为机械能，除必须凭借工质（水蒸气）作为中间媒介外，还必须具有连续不断地为工质提供热能的物体和接收工质放出余热的物体。我们把不断向工质提供热能的恒温高温物体称为高温热源 T_1，简称热源，如锅炉中的高温烟气。同样将不断接收工质排放余热的恒温低温物体称为低温热源 T_2，简称冷源，如凝汽器或大气环境。热源或冷源不会因放热或吸热发生温度变化，其热容量可视为无限大。

热能动力装置的工作原理可以概括为工质从高温热源吸收的热量 Q_1，一部分通过热机转换为机械能 W_0，另一部分热量 Q_2 释放给低温热源，即有 $W_0 = Q_1 - Q_2$。图 1-2 为热能动力装置的工作原理示意图。

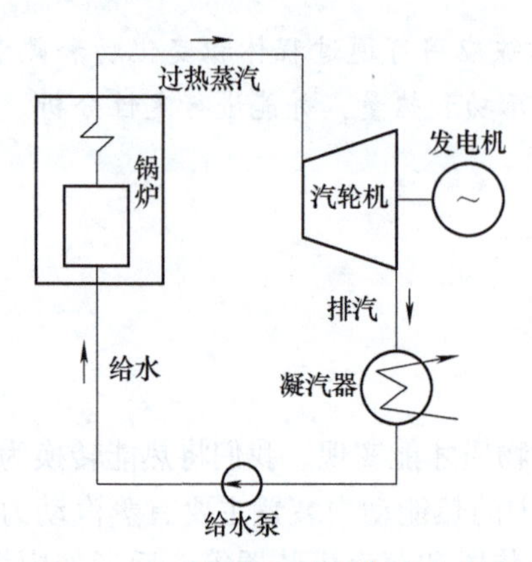

图 1-1 火电厂蒸汽动力装置示意图

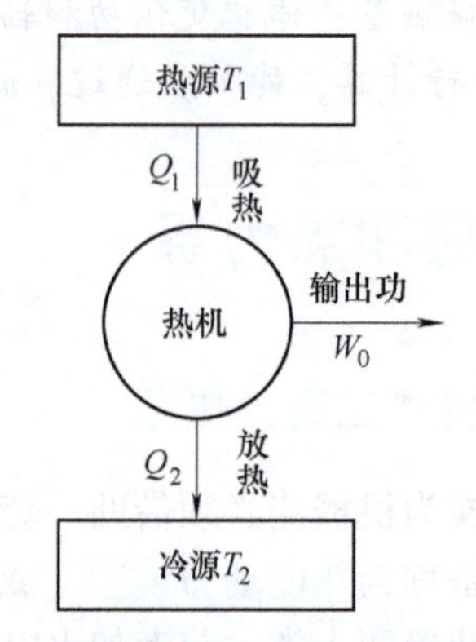

图 1-2 热能动力装置的工作原理示意图

1.1.2 热力系、外界和边界

在火电厂设计、生产过程中，为了获得更高的热经济性，往往要对某个设备或系统进行热力分析。若要分析锅炉的热效率，就要以锅炉作为分析对象，将锅炉从系统中分离出来单独分析；若要分析汽轮机的热效率，就要将汽轮机分离出来单独分析；若要分析计算整个电厂的热经济性，则以整个电厂的系统和设备作为分析对象。如图 1-3 中分析对象 A、B、C 所示。

在工程热力学中，为了分析问题方便起见，通常人为地把从周围物体中分割出来的热力学分析对象称为热力系统，简称热力系或系统，这与力学中取分离体的方法类似。系统可以是一个真实的设备，如电厂中的锅炉；也可以是一种真实的物质，如汽轮机中的水蒸气；也可以是多个设备组成的系统，如电厂汽水循环系统。

将系统以外与之发生物质、能量交换的周围物质系统称为外界；外界可以是自然环境，也可以是另一个热力系，或两者均有。将系统与外界的分界面称为边界（本书用虚线表示热力系统的边界），如图 1-4 所示。不同的系统其边界有各自的特性，边界可能是真实的，也可能是假想的；可能是固定的，也可能是变化的或运动的；还可能是几种情况都存在的界面。

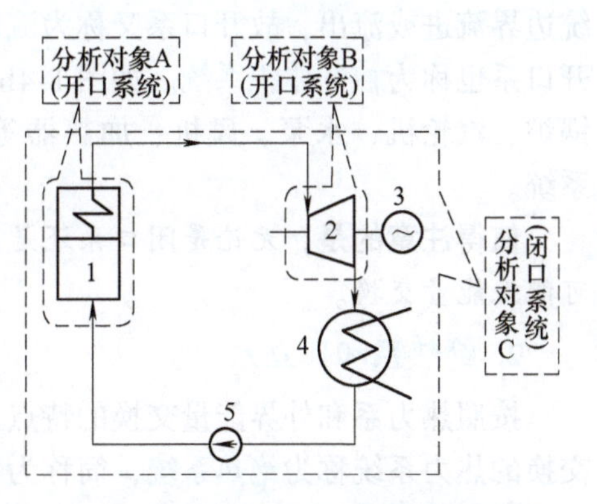

图 1-3 火电厂蒸汽动力装置循环示意图

1—锅炉 2—汽轮机 3—发电机
4—凝汽器 5—给水泵

如图 1-4a 所示，活塞在气缸里移动以实现热能转换为机械能。若取封闭在气缸中的气体作为研究对象，则气缸壁及活塞端部内表面就是边界。显然，该边界是真实存在的；同时，活塞是运动的，其相应的那部分边界也随着变化。又如图 1-4b 所示的汽轮机工作原理示意图，若取截面 1—1 与截面 2—2 之间的流体作为研究对象，则汽轮机内壁与进、出口截面 1—1、2—2 构成系统的边界，显然该系统边界有一部分是固定不变、真实存在的，有一部分边界是假想的，但却可以想象成是固定不变的（截面 1—1 和 2—2 界面）。

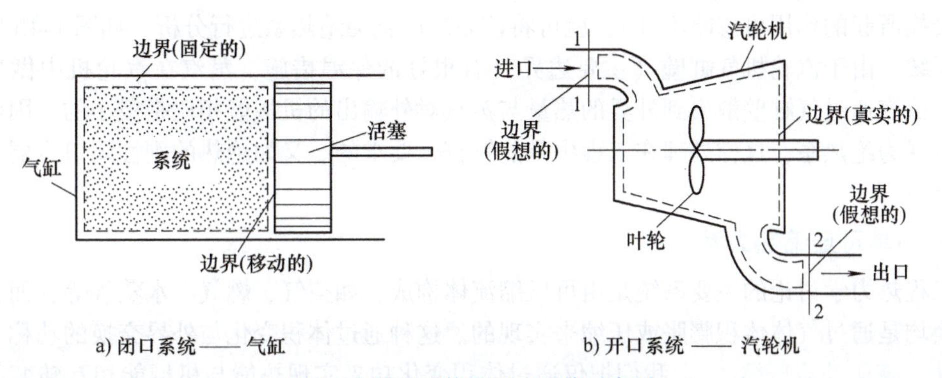

图 1-4 闭口系统和开口系统示意图

1.1.3 热力系的类型

通常情况下，热力系与外界处于相互作用之中，它们通过边界来实现能量（功和热量）或物质交换。为分析它们之间相互作用的规律，按照系统与外界之间的物质和能量交换特点，常将热力系分为以下几种。

1. 闭口系和开口系

按照热力系与外界有无物质交换的特点，可以把热力系分为闭口系和开口系。与外界没有任何物质交换的热力系称为闭口系统，简称闭口系。这时没有任何物质穿越热力系边界，热力系的质量保持守恒，所以闭口系又称控制质量系统。如选取图 1-4a 中封闭在气缸中的气体为研究对象，这个热力系就是闭口系。又如图 1-3 中的分析对象 C，若不考虑全厂的汽水损失，则其就是一个闭口系。

同理，我们把与外界有物质交换的热力系称为开口系统，简称为开口系，即有物质从系统边界流进或流出，故开口系又称为流动系统；由于一般开口系的空间体积取为不变，所以开口系也称为控制体积系统。如图 1-4b 所示。电厂中的热力设备大多数都属于开口系，如锅炉、汽轮机、水泵、风机、加热器等，都是有物质（水、蒸汽、空气）流进和流出的系统。

值得注意的是，无论是闭口系还是开口系，它们可能与外界有热量、功等能量交换，也可能无能量交换。

2. 绝热系和孤立系

按照热力系和外界能量交换的特点，可以将热力系分为绝热系和孤立系。与外界无热量交换的热力系统称为绝热系统，简称为绝热系（此时没有热量穿越边界）。绝热系可以是闭口系，也可以是开口系，如图 1-4 中，若气缸和汽轮机的气缸壁是绝热的，则它们均属绝热系。与外界既无任何形式能量（功和热量）交换，也无物质交换的热力系统称为孤立系统，简称为孤立系。孤立系与外界无任何作用关系，它是把有作用关系的物质都取在系统之内而构成的一种特殊系统。孤立系必定是绝热系，但绝热系不一定是孤立系。

自然界中的事物是普遍相互联系的，相互制约的。所以，绝对的绝热系和孤立系实际上是不存在的，但它们常能反应事物基本的、主要的特征，在某些特殊情况下，将实际的系统简化为理想的模型来分析会给热力系的研究带来很大的方便。如当热力过程进行极快、极短暂，或边界保温性能很好，其传递的热量与其他能量交换相比是极小量时（对于系统中的能量交换所起的作用可忽略不计），就可将该系统简化为绝热系进行分析。如图 1-4b 所示的开口系统，由于汽轮机气缸壁（主要边界）有很好的保温措施，蒸汽在汽轮机中做功过程也快，蒸汽通过气缸壁散失到外界的热量与蒸汽对外输出的机械能相比是极小的，因而可将此系统视为绝热系，这样处理在工程中是能够符合要求的。又如绝热的刚性闭口容器可以视为孤立系。

3. 简单可压缩热力系

工程热力学讨论的主要系统是由可压缩流体构成，如空气、燃气、水蒸气等，而且其热功转换均是通过气体体积膨胀或压缩来实现的。这种通过体积变化与外界交换的功称为体积变化功（膨胀功或压缩功）。我们把仅通过体积变化功来实现热能与机械能相互转变的系统称为简单可压缩热力系。在没有特别说明的情况下，本书所涉及的系统均为此类系统。

热力系的划分应根据分析问题的需要及分析方法上的方便而定。例如：我们可以把整个电厂蒸汽动力装置的汽水循环作为一个热力系，分析它与外界所交换的功和热量，这时整个系统中工质的质量可视为不变，则为闭口系。若只分析其中某个设备（如汽轮机）的工作过程，可取汽轮机内的空间为热力系，这时有工质流进、流出汽轮机，这个热力系就是开口系。

【例 1-1】 如图 1-5 所示的电加热装置，密闭绝热容器中盛有空气，并设有电热丝，试分析以下几种情况时，其与外界能量交换和物质交换特点，各是什么系统？

1）仅取容器中空气为系统时。

2）选取空气和电热丝为系统时。

3）选取空气和包括电热丝及电池在内的电路为系统时。

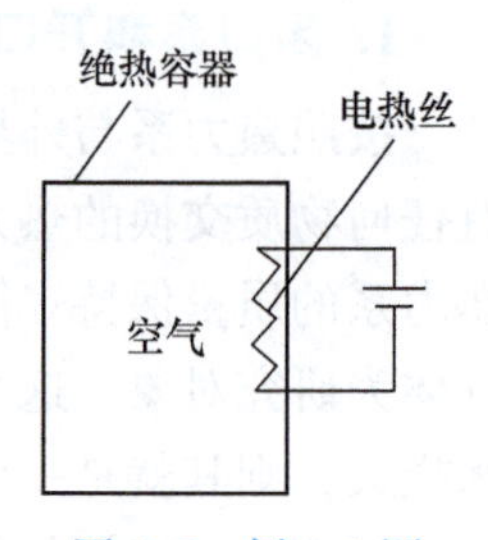

图 1-5 例 1-1 图

【解】 1）由于容器是密闭绝热的，不包括电热丝，此时系统与外界仅交换热量，无工质交换，系统属于闭口系。

2）同样属于闭口系，由于容器是绝热的，又属绝热系，但系统因有电热丝而与外界有电功交换。

3）此时系统与外界没有任何能量和质量交换，属于孤立系。

1.2 平衡状态及基本状态参数

1.2.1 工质的状态与状态参数

1. 状态与状态参数

在实现能量转换的过程中，系统或工质本身的状况总是在不断地发生变化。如水在锅炉中吸热后温度不断升高，最后汽化成蒸汽，其状态在不断变化。为了描述系统的变化，就需要说明变化过程中系统或工质所经历的每一步的宏观状况。热力学中把系统或工质在某一瞬间所呈现的宏观物理状况称为系统或工质的热力学状态，简称状态。状态可通过一些物理量来表示其特征，如温度、压力等。这些用来描述状态各方面特征的物理量称为状态参数。

工程热力学中常用的状态参数有六个，即温度（T）、压力（p）、比体积（v）、热力学能（U）、焓（H）、熵（S）。其中温度、压力和比体积是最常见的，可用仪器、仪表直接或间接测量，也比较直观，称为基本状态参数；其他一些状态参数只能用基本状态参数间接计算获得，因此，称之为导出状态参数。

2. 状态参数的特性

1）状态参数和状态有着一一对应的关系，即状态参数是状态的单值函数。对应于某确定状态，工质的各个状态参数也都有各自确定的值；反之，一组确定的状态参数也就确定了一个状态。对于简单可压缩热力系，两个独立的状态参数就可以确定一个状态。

2）状态参数的变化量与工质经历的途径无关，仅取决于初、终状态，且其值为终态参数与初态参数之差，其数学表达式可写为

$$\Delta x = \int_1^2 \mathrm{d}x = x_2 - x_1$$

式中，x 为任一状态参数，Δx 为其变化量；x_1、x_2 分别为初态和终态的状态参数。这就是说，状态参数的数值仅取决于系统所处的热力学状态本身，而与系统达到该状态所经历的途径或过程无关。

3）当工质从初状态出发经一系列变化又回到原状态时（热力循环），其任何状态参数的变化量均为零，即状态参数的循环积分为零，其数学表达式可写为

$$\oint \mathrm{d}x = 0$$

当然，具有以上特性的参数（物理量）才是状态参数。

3. 平衡状态

热力学系统可能以各种不同的宏观状态存在，但并不是在任何情况下，系统的状态都可以用确定的状态参数来描述。例如，当系统内各部分工质的压力、温度各不相同，而且随时间变化而改变时，就无法用确定的状态参数描述整个系统内部工质的状态。这种状态即为不

平衡状态。若在没有外界影响的条件下，系统的宏观状态不随时间而改变，这种状态称为热力学平衡状态，或简称为平衡状态。只有平衡状态才可以用确定数值的状态参数来描述系统或工质的状态。工质在平衡状态下，各部分均匀一致，每个状态参数只有一个确定的数值，从而可以用确定的温度、压力等物理量来描述。而处于非平衡状态的热力系，其参数是不确定的。显然，处于平衡状态的热力学系统，其内部必然存在着热平衡、力平衡，当有化学反应时还同时存在着化学平衡。

需要指出的是，真实情况下并不存在不受外界影响、状态参数绝对不变的热力学系统。因此，平衡状态只是一个理想的概念。但在许多情况下，系统的实际状态偏离平衡状态并不远，且在允许的误差范围内，将其处理成平衡状态可以大大简化分析和计算。本书中，没有特别说明时所指的状态均视为平衡状态。

1.2.2 基本状态参数

1. 温度

（1）温度的定义　通俗地讲，温度是物体冷热程度的标志，它来源于人们对冷、热的感觉。但是，单凭感觉往往会产生错觉。例如，同样气温下，有风和无风时我们的冷热感觉是不同的；冬天用手分别触摸放在一起的木块和铁块时，感觉铁块比木块凉一些，但事实上，铁块和木块的温度是一样的。因此，我们不能凭借人的主观感觉来简单地判断两物体温度是否相同。因为这不仅不能定量表示物体的温度，有时还会导致一些错误的结论。那么，温度究竟是什么？物体的冷热程度用什么来体现？我们需要一个更科学严谨的定义。

热力学第零定律为温度的定义及测量提供了科学严谨的理论基础。

不同物体的冷热程度，可以通过相互接触进行比较。若A、B两物体接触后，物体A由热变冷，物体B由冷变热，则说明两物体原来的冷热程度不同，即物体A的温度较高，物体B的温度较低。若不受其他物体影响，经过相当长的时间后，两物体的状态不再变化，这说明两者达到了冷热程度相同的状态，这种状态称为热平衡状态。实践证明，若两个物体分别与第三个物体处于热平衡，则它们彼此之间也必然处于热平衡，这个结论称为热力学第零定律。从这一定律可知，相互处于热平衡的物体，必然具有一个数值上相等的热力学参数来描述这一热平衡特性，这一热力学参数就是温度。由此，我们可以将温度定义为：温度是一个描述物体间是否处于热平衡的宏观物理量。或者说，温度是热平衡的唯一判据。

从微观的分子运动学来讲，温度是物体分子热运动激烈程度的标志，工质的热力学温度越高，分子运动速度越快；温度越低，分子运动速度越慢。

由热力学第零定律可知，当被测物体与已标定过的带有数值标尺的温度计达到热平衡时，温度计指示的温度就是被测物体的温度，这就是温度测量的理论依据。

（2）温标　温度的数值表示方法称为温标。建立温标的两个基本要素是：基准点和分度方法。按其建立的基本要素不同，历史上出现过多种温标，但常用的有热力学温标和摄氏温标，它们都是我国法定计量温度标尺。

1）热力学温标。国际单位制（SI）中，采用热力学温标为理论温标，其符号为T，单位为K（开尔文）。热力学温标也称为绝对温标。热力学温标规定纯水的三相点温度（即冰、水、气三相共存平衡时的温度）为基准点，其热力学温度为273.16K，每1K为水三相点温度的1/273.16。

2）摄氏温标。国际单位制（SI）中还规定摄氏温标为实用温标，其符号用t，单位

为℃（摄氏度）。其定义式为

$$t = T - 273.15 \tag{1-1}$$

式中，273.15为国际计量会议规定的值。

当 $t = 0℃$ 时，对应的热力学温度 $T = 273.15\text{K}$（纯水在一个标准大气压下的冰点）。水的三相点为 $T = 273.16\text{K}$，即0.01℃。当 $t = 100℃$ 时，对应的热力学温度 $T = 373.15\text{K}$（纯水在一个标准大气压下的沸点），如图1-6所示。

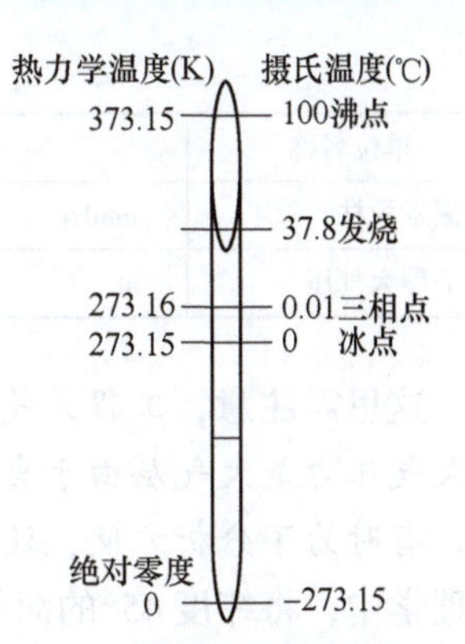

图1-6 摄氏温度与热力学温度之间的关系

由此可知，摄氏温标与热力学温标的分度值相同，而基准点不同。所以在表示工质两状态间的温度差时，不论采用哪种温标，其差值都相同，即 $\Delta T = \Delta t$。

在工程上，两种温标之间的换算可近似取为

$$T = t + 273 \tag{1-2}$$

状态参数-压力

2. 压力

（1）压力及其单位　单位面积上承受的垂直作用力称为压力，即物理学中的压强，用符号 p 表示。即

$$p = \frac{F}{A}$$

式中，F 为垂直作用于面积 A 上的作用力（N）；A 为面积（m^2）。

根据分子运动理论，气体的压力是气体分子做不规则热运动时频繁撞击容器内壁的平均效果。如果升高温度或增加气体分子数，分子运动就越快，对容器内壁的撞击作用也越强，气体的压力就越大。日常生活中，当汽车轮胎内气体温度升高或向胎内打气时，会使其压力增大。

在国际单位制（SI制）中，压力的单位为Pa，称帕斯卡，简称为帕，$1\text{Pa} = 1\text{N/m}^2$，工程上因帕作为单位太小，常使用千帕（kPa）或兆帕（MPa）作为压力单位。电厂锅炉中的蒸汽和汽轮机进汽压力一般都很高，常用单位是MPa；汽轮机排汽压力及凝汽器内汽空间压力、锅炉送风机和引风机所维持的出口气压或进出口压差通常都较低，常用单位为kPa。例如，某1000MW超超临界机组主蒸汽压力为26.25MPa，其汽轮机的排汽压力为5kPa。

$$1\text{kPa} = 10^3\text{Pa}$$
$$1\text{MPa} = 10^6\text{Pa}$$

过去在工程上使用的非法定压力单位有巴（bar）、工程大气压（at）、标准大气压（atm）、毫米汞柱（mmHg）、毫米水柱（mmH_2O）等，这些单位之间可用式 $p = \rho gh$ 来进行换算。各种压力单位与帕的换算关系见表1-1。

$$1\text{bar} = 10^5\text{Pa} = 750\text{mmHg} = 10.2\text{mH}_2\text{O} = 0.1\text{MPa}$$

$$1\text{at} = 1\text{kgf/cm}^2 = 10^4\text{kgf/m}^2 = 735.6\text{mmHg} = 10\text{mH}_2\text{O} = 0.0981\text{MPa}$$

表1-1 各种压力单位与帕的换算关系

单位名称	单位符号	与帕的换算关系
巴	bar	$1\text{bar} = 10^5\text{Pa} = 0.1\text{MPa}$
标准大气压	atm	$1\text{atm} = 101325\text{Pa} = 1.01325\text{bar}$
毫米水柱	mmH_2O	$1\text{mmH}_2\text{O} = 9.81\text{Pa}$

（续）

单位名称	单位符号	与帕的换算关系
毫米汞柱	mmHg	1mmHg = 133.32Pa
工程大气压	at	1at = 98066.5Pa

这里需**注意**，工程大气压与大气压力是两个不同概念，工程大气压是压力的一种单位，而大气压力是大气层由于自身重力而形成的对地球表面物体的压力，它随着地点、时间而变化。有时为了分析方便，还会用到标准大气压（或称物理大气压）和标准状态的概念。在物理学中，将纬度45°的海平面上的常年平均大气压定为标准大气压（或称物理大气压），用符号“atm”表示，1标准大气压 = 1atm = 760mmHg = 1.01325×10^5Pa。将处于1标准大气压下，温度为0℃的状态称为标准状态。

（2）绝对压力、表压力与真空度　工程上测量压力时常采用弹簧管式压力表，当压力不高时也可用U形管压力计来测定。压力的测量示意图如图1-7所示。目前越来越多的采用电子技术的测压设备已进入工程领域。无论何种测压计，因为其测压元件本身都处在特定环境（当地大气压力）的作用下，因此测得的压力值都是工质的真实压力与当地大气压力间的差，称为相对压力。图1-7a所示是弹簧管式压力表的基本结构，它利用弹簧管内外压差的作用产生变形带动指针转动，指示被测工质与环境间的压差。图1-7b、c是U形管压力计，U形管中盛有测压液体，如水或汞。U形管的一端与被测工质相连，另一端敞开在环境中，测压液体的高度差即指示被测物质和环境间的压差。

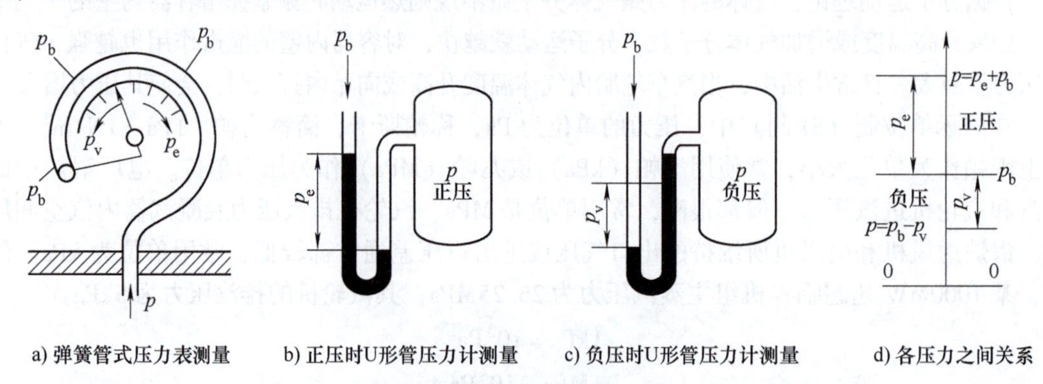

图1-7　压力的测量示意图

工质的真实压力称为绝对压力，以p表示。当地大气压力以p_b表示，当工质的绝对压力高于当地大气压力时（此状态称为正压状态，此压力计称为压力表），压力表显示的是绝对压力高于大气压力的值，表上的读数称为表压力，如图1-7b所示，用p_e表示。如电厂锅炉汽包、锅炉给水、汽轮机进口主蒸汽和风机出口等处都是正压状态，其压力表指示的数值是表压力，于是

当$p>p_b$时（正压）　$p_e=p-p_b$　或　$p=p_e+p_b$　(1-3)

当工质的绝对压力低于大气压力时（此状态称为负压状态，此压力计称为真空表），真空表显示的是绝对压力低于大气压力的值，其读数称为真空度，也称为负压，用p_v表示，如图1-7c所示。如在凝汽器的汽空间、负压燃烧锅炉的炉膛等处是负压状态，其真空表指示的值是真空度，于是

当 $p<p_b$ 时（负压）　$p_v=p_b-p$　或　$p=p_b-p_v$　(1-4)

绝对压力、表压力或真空度与大气压力的关系如图1-7d所示。表压力和真空度（相对压力）不仅与工质状态有关，还与测量环境大气压力有关。即使工质的状态不变（绝对压力不变），当环境大气压力发生变化时，它们也要随着变化。因此，表压力和真空度不是状态的单值函数，不符合状态参数的基本特征，不能作为状态参数，表示工质状态参数的压力只能用绝对压力。在本书后面的分析计算中所用到的压力，未另外说明时均指的是绝对压力。

工程计算中，如果被测工质的绝对压力远高于环境大气压力，可将环境大气压力视为常数，可近似取大气压力为0.1MPa；若被测工质的绝对压力较低，就必须按当时当地大气压力的具体数值来计算。

3. 比体积和密度

工质所占的空间称为体积，单位质量的工质所占有的体积称为比体积，也称为比容，用符号 v 表示，单位为 m^3/kg。若工质的质量为 m，所占有的体积为 V，则

$$v=\frac{V}{m} \tag{1-5}$$

式中，m 为工质的质量（kg）；V 为工质的体积（m^3）。

单位体积内所含有工质的质量称为密度，用符号 ρ 表示，单位为 kg/m^3。即

$$\rho=\frac{m}{V} \tag{1-6}$$

显然，工质的比体积与密度互为倒数，即 $\rho v=1$；两者不是相互独立的参数，它们都可用来描述工质聚集的疏密程度。工程热力学中通常选用比体积 v 作为独立状态参数。

【例1-2】　某电厂锅炉出口新蒸汽的表压力为17.5MPa，凝汽器真空表的读数为96kPa，送风机表压力为156mmHg，当地大气压力为756mmHg。试求新蒸汽、凝汽器、送风机出口的绝对压力各是多少？

【解】　大气压力为　$p_b=756\times133.32\text{Pa}=100790\text{Pa}$

新蒸汽绝对压力为　$p=p_e+p_b=(17.5\times10^6+100790)\text{Pa}=17600790\text{Pa}=17.6\text{MPa}$

凝汽器绝对压力为　$p=p_b-p_v=(100790-96000)\text{Pa}=4790\text{Pa}$

送风机出口空气绝对压力为　$p=p_e+p_b=(156\times133.32+100790)\text{Pa}=121587.9\text{Pa}$

【例1-3】　工程上常用斜管压力计测量锅炉烟道烟气的真空度，如图1-8所示。管子的倾斜角 $\alpha=30°$，压力计中使用密度为 $\rho=0.8\times10^3kg/m^3$ 的煤油，斜管中液柱长度 $L=200mm$。当地大气压力 $p_b=745mmHg$。求烟气的真空度（以 mmH_2O 表示）及绝对压力（以Pa表示）。

【解】　斜管压力计上读数即是烟气的真空度。即

$$p_v=\rho gL\sin\alpha=0.8\times10^3\times9.81\times200\times10^{-3}\times0.5\ \text{Pa}=784.8\text{Pa}$$

又 $1mmH_2O=9.81Pa$，得

$$p_v=(784.8/9.81)\text{mmH}_2\text{O}=80\text{mmH}_2\text{O}$$

则烟气的绝对压力为

$$p = p_b - p_v = (745 \times 133.32 - 784.8)\,Pa = 98538.6Pa$$

【例 1-4】 用U形管水银压力计测量容器中气体的压力，如图1-9所示。为防止汞蒸发，在汞柱上加一段水，若水柱高1020mm，汞柱高900mm。当时大气压力计上汞柱高的读数是755mm。求容器中气体的绝对压力（用MPa表示）。

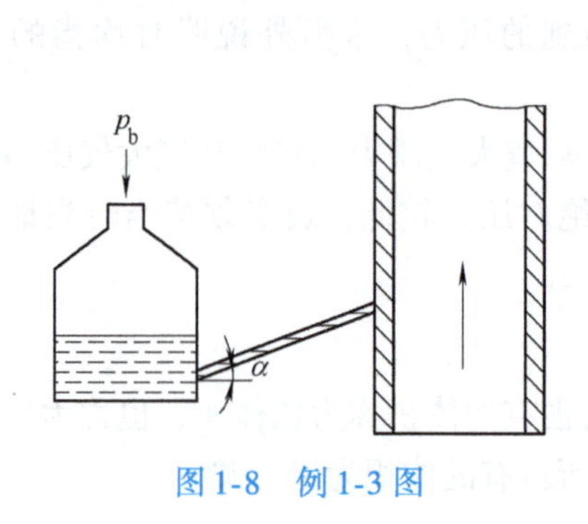

图 1-8 例 1-3 图

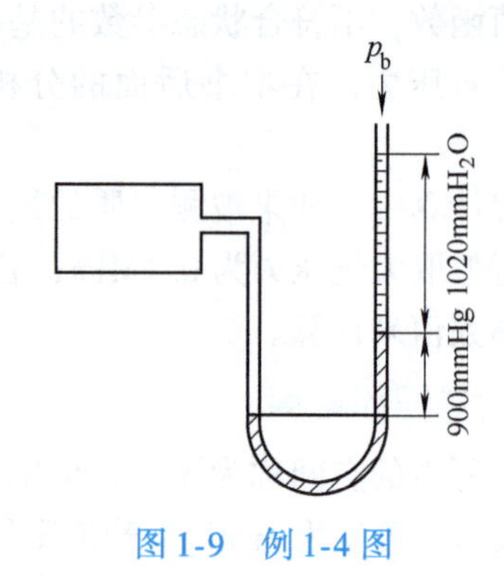

图 1-9 例 1-4 图

【解】 因 1mmHg = 133.32Pa，$1mmH_2O$ = 9.81Pa，由题意知：

$$p_b = 755mmHg = 755 \times 133.32Pa = 1.006 \times 10^5 Pa$$

$$p_e = (1020 \times 9.81 + 900 \times 133.32)\,Pa = 1.30 \times 10^5 Pa$$

则容器中气体的绝对压力为

$$p = p_b + p_e = 1.006 \times 10^5 Pa + 1.30 \times 10^5 Pa = 2.306 \times 10^5 Pa = 0.2306MPa$$

1.2.3 状态方程和状态参数坐标图

1. 状态方程

在热力系平衡状态下，表示系统状态的各状态参数不都是独立的。实验和理论均证明，对简单可压缩热力系统，只要给定了两个独立状态参数的值，系统的状态就确定了，那么其余的状态参数就随之确定。例如，一定量的气体在固定容积内被加热，其压力会随着温度的升高而升高。若容积和温度确定后，状态即被确定，则压力就只能具有一个确定的数值。

所谓独立的状态参数，是指其中的一个不能是另一个的唯一函数。例如比体积和密度就不是两个相互独立的状态参数（$v = 1/\rho$），知道比体积的值就意味着知道密度的值，反之亦然。

因此，在三个基本状态参数 p、T、v 中，若任意两个独立状态参数已知，则第三个状态参数必定是这两个独立状态参数的函数。即

$$p = f_1(v,T)\,;\ v = f_2(p,T)\,;\ T = f_3(p,v) \tag{1-7}$$

也可表示成隐函数的形式，即

$$f\,(p,\ v,\ T) = 0 \tag{1-7a}$$

这些用来表示工质平衡状态时状态参数之间的函数关系式称为状态方程式。其中 p、T、v 三个状态参数之间的函数关系式是最基本的关系式，它们的具体形式取决于气体的性质。理想气体的状态方程较为简单，本书后面章节中将介绍；实际气体的状态方程有时很复杂。

2. 状态参数坐标图

由于两个独立的状态参数就可以确定简单可压缩系统的状态，所以，可以任选两个独立

的状态参数建立直角坐标图来描述被确定的平衡状态，这种由两个独立的状态参数分别为横、纵坐标所构成的平面直角坐标图称为状态参数坐标图。图上的任意一点即表示某一状态。工程热力学中常用的有压—容图（p—v 图）、温—熵图（T—s 图）和焓—熵（h—s 图）等。同一个平衡状态在不同的参数坐标图上都存在一个唯一的状态点，所以不同参数坐标图上的点也存在一一对应关系。利用坐标图进行热力过程分析，既直观清晰，又简单明了，因此，它将在后面的学习中被广泛应用。

图 1-10 所示的 p—v 图中，1、2 两点分别代表由（p_1，v_1）和（p_2，v_2）所确定的两个平衡状态。显然，只有平衡状态才能用图上的一点来表示，不平衡状态没有确定的状态参数，在坐标图上无法表示。

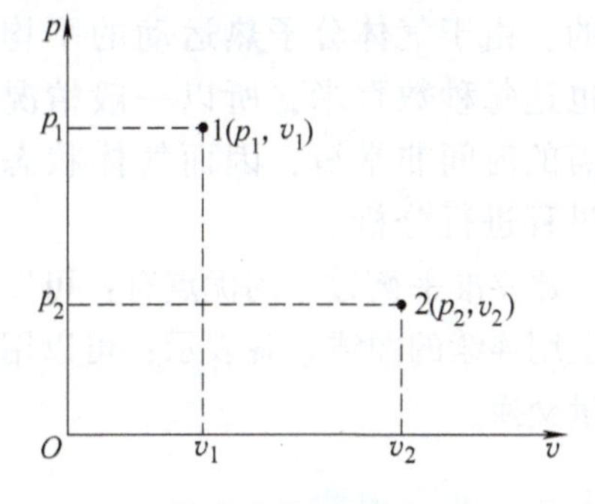

图 1-10　状态参数坐标图（p—v 图）

1.3　热力过程

热能和机械能的相互转化以及热量的传递必须通过工质的状态变化才能实现。热力系从一个状态向另一个状态变化所经历的全部状态的总和称为热力过程，简称过程。也就是说，过程是由一系列状态所组成。实际热工设备中进行的过程都是由系统与外界的不平衡势差（温差、压力差或密度差）而引起的，例如，电厂锅炉中水的吸热升温及汽化过程是由高温烟气与水的温差来推动的；汽轮机中水蒸气的膨胀做功过程是由于存在前后压差。

当系统与外界的不平衡势差消失时，过程就终止，系统又恢复到一个新的平衡状态。状态改变意味着系统原来的平衡状态被破坏，因而过程所经历的中间状态是不平衡的，而不平衡状态实际上无法用少数几个状态参数描述。为此，研究热力过程时，为了简化分析计算，需要对实际过程进行理想化或简化处理。准平衡过程（又称准静态过程）和可逆过程就是实际热力过程的两种理想化的模型。

1.3.1　准平衡过程

1. 准平衡过程的概念及特点

实际设备中进行的过程都是不平衡的，若过程进行得相对缓慢，工质在平衡被破坏后自动恢复平衡所需的时间（称弛豫时间）又很短，工质有足够的时间来恢复平衡，从而使系统内部的状态在过程的每一瞬间都非常接近平衡状态，这样整个过程就可看作是由一系列非常接近平衡状态的状态所组成，这样的过程就是准平衡过程。反之，如果组成过程的任意一状态不是平衡状态，则称此过程为非平衡过程。

准平衡过程在状态参数坐标图上可以用连续的实线表示，非平衡过程所经历的不平衡状态没有确定的状态参数，因而不能表示在状态参数坐标图上，但有时为了分析比较，常用虚线表示非平衡过程。平衡过程与非平衡过程如图 1-11 所示。

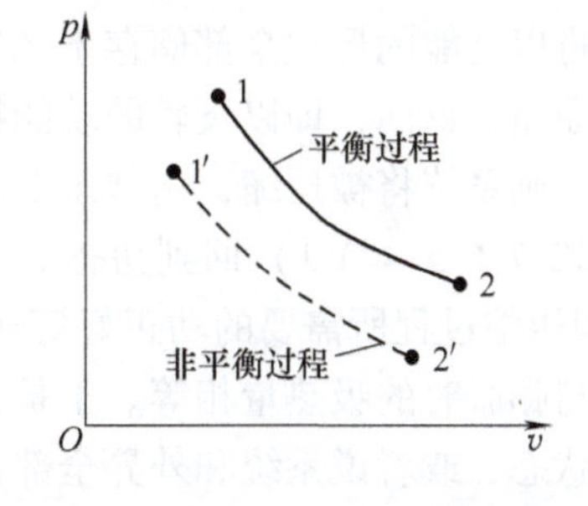

图 1-11　平衡过程与非平衡过程

2. 准平衡过程的实际意义

可见，准平衡过程是一个理想化的过程，是实际过程进行速度无限趋于零时的极限过程。那么分析准平衡过程有什么意义呢？实际上，实际过程都是在有限的速度下进行的，由于气体分子热运动的平均速度可达每秒数百米以上，气体压力变化的传播速度也达每秒数百米，所以一般情况下气体的平衡状态被破坏以后，建立新的平衡状态所需的时间非常短，因而气体状态的变化过程很接近于准平衡过程，可以近似按准平衡过程进行分析。

建立准平衡过程的优点有：可以用确定的状态参数变化描述过程；可以在状态参数坐标图上用连续的曲线直观表示；可以用状态方程进行计算；可以计算过程中系统与外界的功和热量交换。

1.3.2 可逆过程

1. 可逆过程的概念及特点

准平衡过程只是为了对系统的热力过程进行描述而提出的。但是当研究涉及热力过程中系统与外界的功和热量交换时，就必须引出可逆过程的概念。可逆过程的定义为：系统完成了某一过程之后，如果再沿着原路径逆行而恢复到原来的状态，外界也随之恢复到原来的状态，而不留下任何变化，则这一过程称为可逆过程。否则就是不可逆过程。

可逆过程的特点是：

1）首先，它应是准平衡过程，因为有限势差的存在必然导致不可逆。例如，两个不同温度的物体相互接触，高温物体会不断放热，低温物体会不断吸热，直到两者达到热平衡为止。要使两物体恢复原状，必须借助于外界的作用（制冷装置），这样外界就留下了变化，因此是一个不可逆过程。

2）其次，在可逆过程中不应存在诸如摩阻、电阻和磁阻等的耗散效应（通过摩阻、电阻和磁阻等使功变为热的效应）。例如，在图1-12所示的装置中取气缸中的工质作为系统，开始时系统处于平衡状态1，随着系统从热源吸热，体积膨胀并对活塞做功，使飞轮转动，系统由初态1经历了一系列准平衡状态变化到终态2，如图1-12中1-3-4-5-6-7-2所示。如果此装置是一理想的机器，不存在摩擦损失，那么工质的膨胀功将以动能的形式全部储存于飞轮中。如果过程沿原路径返回，即以飞轮的动能推动活塞缓慢逆行，则系统将被压缩，由状态2沿着原路径逆向（沿2-7-6-5-4-3-1）回到初态1，这时飞轮所获得的动能正好用来推动活塞回到原来的位置（即压缩过程所需要的功正好等于膨胀过程所做的功）。与此同时，系统向热源放热，放热量与膨胀时的吸热量相等。于是，当系统回到原来的状态1时，机器和热源也都回到了原来的状态，或者说系统和外界全部恢复到原来的状态，并未留下任何变化，这样的过程就是可逆过程。

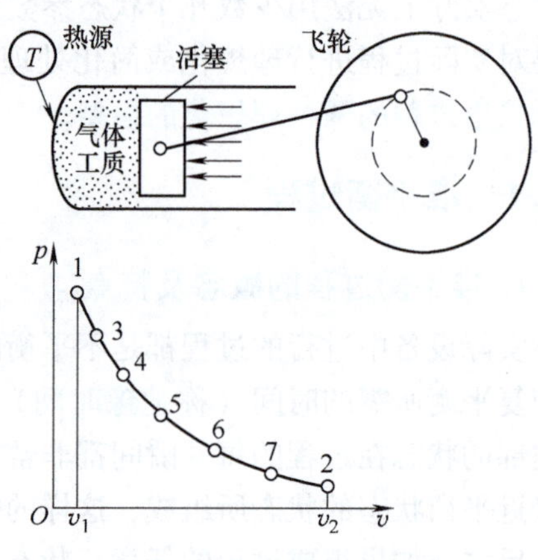

图1-12 可逆过程示意图

很明显，实际膨胀过程都是有摩擦的，都是不可逆过程。因为在正向过程中，有一部分膨胀功由于摩擦变成了热，使外界获得的功比气体膨胀所做的功少（这种可用功转变成热的现象称为耗散效应，造成可用功的损失称为耗散损失），而在逆向过程中还要再消耗一部分功用于克服摩擦而变成热，所以要使工质回到初态，外界必须提供更多的功。这样，工质虽然回到了初态，但外界却发生了变化，这是不可逆过程。因此，判断系统是否经历了一个可逆过程的关键不在于其是否能恢复到原状态，而在于是否系统在恢复到原状态的同时不给外界留下任何变化。典型的不可逆过程有温差传热、混合、扩散、渗透、溶解、燃烧及电加热等。

可逆过程的上述两个特征也是可逆过程实现的充要条件。即只有准平衡过程且过程中无任何耗散效应的过程才是可逆过程。对比实现可逆过程与准平衡过程的充要条件可知：可逆过程与准平衡过程的差异在于有无耗散效应；可逆过程必然是准平衡过程，但准平衡过程却不一定是可逆过程，它只是可逆过程的必要条件之一。与平衡过程一样，可逆过程在状态参数坐标图中也可用连续曲线表示。

2. 可逆过程的实际意义

显然，实际过程都或多或少地存在摩擦、温差传热等不可逆因素，因此，严格地讲，实际过程都是不可逆的。然而对不可逆过程进行分析计算往往是相当困难的，因为此时热力系内部以及热力系与外界之间不但存在着不同程度的不可逆因素，而且错综复杂。为了简化和突出主要矛盾，通常把一些实际过程当作可逆过程进行分析计算，然后再用一些经验系数加以修正。这正是引出可逆过程的实际意义所在。另外，由于可逆过程是不引起任何能量损失的理想过程，也就是说，它是一切实际过程的理想化模型，因而可以作为实际过程中能量转换和传递效果比较的标准。因此，可逆过程的提出以及对可逆过程的分析研究，在热力学理论和实践上都具有重要意义。本书后面所分析的过程，除特别指明外，都指的是可逆过程。

这里需要指出的是，并不是任何实际过程都可以简化为可逆过程，那些与可逆过程的条件相差甚远或者完全不可逆的过程，就不能作为可逆过程处理。例如，爆炸、气流节流、气体向真空的自由膨胀等。

1.4　功与热量

系统与外界不平衡势差的存在导致了热力过程的发生，从而使系统与外界产生能量交换。工程热力学中系统与外界能量交换主要通过两种方式来实现，一种是传热；另一种是做功。功是系统与外界交换机械能的量度，热量是系统与外界交换热能的量度。

功和热量

1.4.1　功

1. 功及其单位

力学中把物体间通过力的作用而传递的能量称之为功，也常称为功量。此时机械力是做功的推动力，所传递的是机械能。功 W 等于作用力 F 与物体在力作用方向上的位移 x 的乘积，即

$$W = Fx$$

但是，并不是在任何情况下都能容易地找出与功有关的力和位移。热力学建立了一个普遍意义上的功的定义，即功是热力系统通过边界传递的能量，且其全部效果可表现为举起重物。**需注意的是，**这里所说的“举起重物”，是指过程产生的效果相当于举起重物，并不要求真的举起重物。因为举起重物时使重物的位能增加，所以举起重物是广义地指转变为机械能。由此，可以认为功是传递过程中的机械能。

在国际单位制和我国的法定计量单位中，功的单位用J(焦）或kJ(千焦）表示；1kg气体所做的功（称为比功）的单位用J/kg或kJ/kg表示。在工程中常涉及单位时间内的做功，称之为功率，功率的单位是W(瓦）或kW(千瓦)，1W = 1J/s，1kW = 1kJ/s = 3600kJ/h。我们说某发电机组（或电厂）的容量为300MW、600MW和1000MW等，指的是机组（或电厂）的功率。1kW在1h内所做的功称为1千瓦时(kW·h)，电力工程中常用kW·h作为发电量（电功）的单位，1kW·h的功即为日常所说的“1度电”。

$$1\text{MW} = 10^3\text{kW} = 10^6\text{W} \qquad 1\text{kW}\cdot\text{h} = 1\text{kJ/s}\times 3600\text{s} = 3600\text{kJ}$$

由于推动力的不同，相应的功也有多种不同的形式，如电功、磁功、膨胀功、轴功等。工程热力学主要研究的是热能与机械能的转换，而膨胀功是热转换为功的必要途径。另外，热工设备的机械功往往是通过机械轴来传递的。因此，膨胀功与轴功是工程热力学主要研究的两种功量形式。

2. 体积变化功

（1）体积变化功的概念　由于系统容积发生变化（增大或缩小）而通过界面向外界传递的机械功称为体积变化功（膨胀功或压缩功），也称为体积功。体积变化功用符号 W 表示，单位质量工质所做的功（称为比功）用符号 w（$w = W/m$）表示。热力学中一般规定：系统容积增大，系统对外做膨胀功，功为正值；系统容积减小，外界对系统做压缩功，功为负值。

（2）体积变化功的计算及 p—v 图表示　下面通过图1-13所示的气缸-活塞机构来推导可逆过程体积变化功的计算式。

气缸内有一个可移动无摩擦的活塞，设气缸内有1kg气体，取其为热力系统。当系统克服外力 F 推动活塞移动微小距离 $\mathrm{d}x$ 时，系统对外所做的功为 $\delta w = F\mathrm{d}x$，若热力过程为可逆过程，则内外没势差，即作用在活塞上的外力与系统作用在活塞上的力相等，设 A 为活塞的截面积，p 为系统的压力，则外力就可以用系统内部的状态参数来表示，即 $F = pA$。

则有

$$\delta w = pA\mathrm{d}x = p\mathrm{d}v \tag{1-8}$$

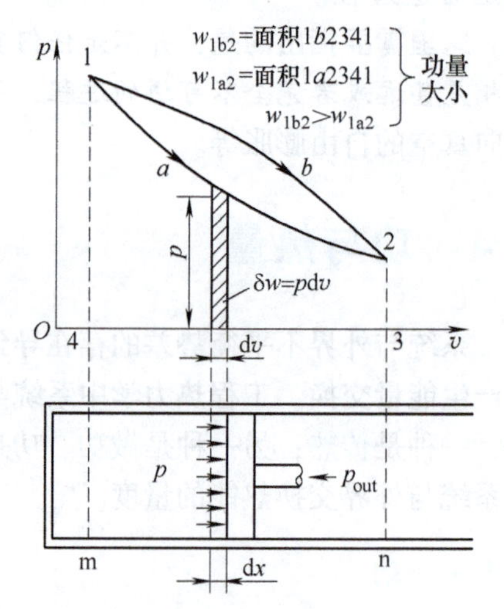

图1-13　可逆过程的体积变化功及 p—v 图

式中，δw 为单位质量气体在微元热力过程中所做的微小体积变化功；$\mathrm{d}v$ 为气体比体积的微小变化。

如果工质由状态1膨胀到状态2（即活塞由位置m处移动到位置n处），并且过程为可逆过程，则系统在过程中所做的功为 δw 沿1-2过程的积分，即

$$w = \int_1^2 \delta w = \int_1^2 p\mathrm{d}v \tag{1-9}$$

若系统中工质质量为 m，则 1-2 过程的膨胀功为

$$W = m\int_1^2 p\mathrm{d}v = \int_1^2 p\mathrm{d}V \tag{1-10}$$

式中，m 为工质质量（kg）。

由式(1-9) 可知，在 p—v 图上，单位质量工质的体积变化功 $w = \int_1^2 p\mathrm{d}v$ 等于过程曲线在 v 坐标上的投影面积。显然，在初、终状态相同的情况下，若系统经历的过程不同（过程曲线不同)，则体积变化功的大小也不同。图 1-13 中，1-b-2 过程曲线下的面积 1b2341 大于 1-a-2 过程曲线下的面积 1a2341，即 1-b-2 过程的膨胀功大于 1-a-2 过程的膨胀功（即 $w_{1b2} > w_{1a2}$)。可见，体积变化功的大小不仅与系统的初、终状态有关，还与系统经历的过程有关。因此，体积变化功是一个与过程特征有关的过程量（我们把这种与过程性质有关、只能在过程中出现的量称为过程量）而不是状态参数。功量只有在过程中才能发生、才有意义，过程停止了，系统与外界的功量传递也相应停止。

式(1-8)、式(1-9)、式(1-10) 不仅适用于膨胀过程，也适用于压缩过程。

1）当工质膨胀时，比体积增大（$\mathrm{d}v > 0$，在 p—v 图上过程线沿 v 坐标正方向进行)，系统对外界做功（$w > 0$)，体积变化功（膨胀功）为正，其值大小等于过程线在 v 坐标上的投影面积，如图 1-13 所示的 1-a-2 或 1-b-2 过程。

2）当工质被压缩时，比体积减小（$\mathrm{d}v < 0$，在 p—v 图上过程线沿 v 坐标反方向进行)，外界对系统做功（$w < 0$)，体积变化功（压缩功）为负，其值大小等于过程线在 v 坐标上的投影面积，如图 1-13 所示的 2-a-1 或 2-b-1 过程。

3）当工质体积不变（$\mathrm{d}v = 0$，在 p—v 图上过程线垂直于 v 坐标）时，系统与外界没有功量交换（$w = 0$)，此时，过程线在 v 坐标上的投影面积为零。

可见，p—v 图不仅能表示过程做功的大小，也能表示做功的正负（方向）。因此，又称 p—v 图为示功图。

3. 轴功

系统通过机械轴与外界交换的机械功称为轴功。工程上许多动力机械，如汽轮机、内燃机、泵、风机、压气机等都是靠机械轴来传递与交换机械功。如图 1-14a 所示，汽轮机是将热能转换为机械能的原动机，通过轴向外界输出机械能，从而带动发电机发电；如图 1-14b所示，风机是输送工质的流体机械，是通过消耗外界输入的轴功来提高流体工质的机械能。故可以说，轴功是开口系统与外界交换的机械功，它也是过程量而不是状态量。

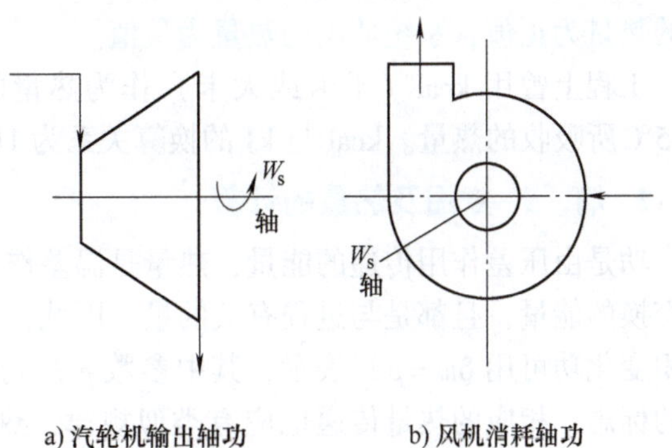

a) 汽轮机输出轴功　　b) 风机消耗轴功

图 1-14　轴功示意图

轴功用符号 W_s 表示，单位为 J 或 kJ；单位质量工质的轴功用符号 w_s 表示，单位为J/kg

或 kJ/kg。热力学中一般规定：系统向外输出的轴功（如汽轮机）为正值；系统接收外界输入的轴功（如泵、风机）为负值。

【例 1-5】 1kg 某种气体，在两个可逆膨胀过程中 p、v 分别遵循：①$p=\frac{a}{v}$；②$p=bv$，从状态 1 膨胀到状态 2。分别求出这两个过程中做功各为多少？（a、b 为已知常数）

【解】 根据 $w=\int_1^2 p\mathrm{d}v$ 得

(1) $w=\int_1^2 p\mathrm{d}v=\int_1^2 \frac{a}{v}\mathrm{d}v=a\ln v\Big|_1^2=a\ln\frac{v_2}{v_1}$

(2) $w=\int_1^2 p\mathrm{d}v=\int_1^2 bv\mathrm{d}v=\frac{b}{2}v^2\Big|_1^2=\frac{b}{2}(v_2^2-v_1^2)$

1.4.2 热量

1. 热量及其单位

系统与外界除了以功的形式传递能量外，还常以热量的方式传递能量。当温度不同的两个物体相互接触时，高温物体会逐渐变冷，低温物体会逐渐变热。显然，有一部分能量从高温物体传给了低温物体。热力学中定义，系统与外界之间仅仅由于温度不同而传递的能量称为热量。从微观的观点看，热量是通过相互接触处的分子碰撞或以辐射的方式所传递的能量。

应该注意，热量和热能是两个不同的概念，热能是指物体内部分子热运动所具有的能量，是可储存的，而热量则是系统与外界传递的热能的数量，也称为传热量，所以不能说“系统在某一状态下具有多少热量”，而只能说“系统在某个过程中与外界交换了多少热量”。也就是说，热量的值不仅与系统的状态有关，还与传热时所经历的具体过程有关，因此，热量和功一样也是个与过程特征有关的过程量而不是状态参数。

热量用符号 Q 表示，单位与功的单位相同，为 J 或 kJ。单位质量工质所传递的热量（也称比热量），用 q（$q=Q/m$）表示，单位为 J/kg 或 kJ/kg。热力学中一般规定：系统吸收的热量为正值；系统放出的热量为负值。

工程上曾用 kcal（千卡或大卡）作为热量的单位，指 1kg 纯水的温度从 14.5℃ 升至 15.5℃ 所吸收的热量。kcal 与 kJ 的换算关系为 1kcal = 4.1868kJ。

2. 熵、T—s 图及热量的计算

功是由压差作用传递的能量，热量是温差作用传递的能量，它们都是系统与外界通过边界交换的能量，且都是与过程有关的量，因此，二者之间必定存在相似性。在可逆过程中，体积变化功可用 $\delta w=p\mathrm{d}v$ 表示，其中参数 p 是功量传递的推动力，$\mathrm{d}v$ 是有无体积变化功传递的标志；相应的热量传递也应有类似规律，热量传递中参数 T 是推动力，那有无热传递的标志是什么呢？这里引入一个状态参数——熵，用符号 S 表示，单位为 J/K。单位质量工质的熵称为比熵，用 s 表示，单位为 J/(kg·K)，它与功量关系式中的比体积 v 相对应，也是工质的状态参数。用比熵的变化 $\mathrm{d}s$ 作为有无热量传递的标志。因此，对可逆过程，热量传递也应该有与做功相类似的关系式，其数学表达式为

$$\delta q=T\mathrm{d}s \quad 或 \quad \delta Q=T\mathrm{d}S \tag{1-11}$$

式中，δq 为单位质量的工质在微元可逆过程中与外界传递的微小热量；δQ 为质量为 m（单位为 kg）的工质在微元可逆过程中与外界传递的微小热量；T 为传热时的温度；$\mathrm{d}s$ 为该微元可逆过程中工质比熵的微小变化量。

由此可得出比熵的定义式为

$$\mathrm{d}s = \frac{\delta q}{T} \tag{1-12}$$

即在微元热力过程中工质比熵的增加等于单位质量工质所吸收的热量除以工质吸热时热力学温度所得的商。这里仅作为基本概念给出了比熵的定义，有关熵的物理意义及应用将在后面做进一步深入讨论。

对可逆过程 1-2，传递的热量计算式为

$$q = \int_1^2 T\mathrm{d}s \quad 或 \quad Q = \int_1^2 T\mathrm{d}S \tag{1-13}$$

与 p—v 图类似，以热力学温标 T 为纵坐标，以比熵 s 为横坐标构成的直角坐标图称为温—熵图（T—s 图），如图 1-15 所示。

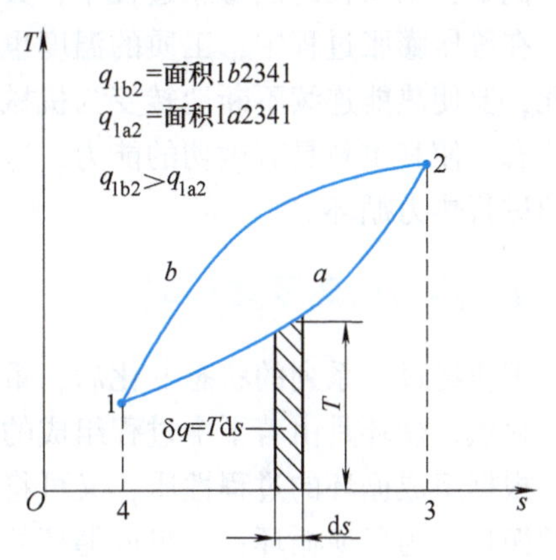

图 1-15　可逆过程的热量及 T—s 图

由式(1-13) 可知，对可逆过程，在 T—s 图上，单位质量工质与外界所交换的热量 $q = \int_1^2 T\mathrm{d}s$ 等于过程曲线在 s 轴上的投影面积。显然，在初、终状态相同的情况下，若系统经历的过程不同（过程曲线不同），则热量 q 的大小也不同。图 1-15 中，1-b-2 过程曲线下的面积 1b2341 大于1-a-2过程曲线下的面积 1a2341，即 1-b-2 过程的热量 q_{1b2} 大于 1-a-2 过程的热量 q_{1a2}。这也再次说明热量是过程量，它与过程特性有关。

同时，利用 T—s 图还可判断传热过程进行的方向。

1）若比熵增大（$\mathrm{d}s>0$，过程线沿 s 轴的正方向进行），则系统从外界吸热（$q>0$），热量为正，如图 1-15 所示的 1-a-2 或 1-b-2 过程。

2）若比熵减少（$\mathrm{d}s<0$，过程线沿 s 轴的反方向进行），则系统向外界放热（$q<0$），热量为负，如图 1-15 所示的 2-a-1 或 2-b-1 过程。

3）若比熵不变（$\mathrm{d}s=0$，过程线垂直于 s 轴）时，系统与外界没有热量交换（$q=0$），此时，过程线在 s 轴上的投影面积为零。

总之，判断一个可逆热力过程究竟是吸热还是放热，不是取决于工质温度的变化，而是取决于熵的变化。工质温度升高可能是一个放热过程，温度降低也可能是一个吸热过程。

可见，T—s 图不仅能表示过程热量的大小，也能表示过程热量的正负（传热方向），所以又称 T—s 图为示热图。

还需要指出的是，热量和功虽然同为过程量，都是系统和外界间通过边界传递的能量，除了它们的推动力不同、标志性参数不同外，两者还有着本质的差别。做功是热力系与外界交换机械能的一种形式，物体间通过有规则的微观运动或宏观运动发生相互作用来传递能量，在做功过程中往往伴随能量形态的转化；传热是热力系与外界交换热能的一种形式，热量是通过紊乱的分子热运动发生相互作用而传递的能量，传热过程中能量形态没有发生变化；功转变为热量是无条件的，而热量转变为功是有条件的。也正是由于这个差别，热量不可能像功那样将它的全部效果表现为举起重物。

1.5 热力循环

由前述可知，热功转换可以通过工质的膨胀过程来实现，而工程中往往要求工质的膨胀做功过程能持续进行。然而仅有一个膨胀过程是不能实现连续做功的，因为任何一种膨胀过程都不可能无限制地继续下去，一则工质的状态将会变化到不宜继续膨胀做功的状态（与外界平衡），二则机器设备的尺寸总是有限的。例如，工质在绝热膨胀过程中，其压力终将达到与外界环境压力相等而不能再做功的程度；在等压膨胀过程中，工质的温度也不能无限升高，同时膨胀机械的尺寸也是有限度的。因此，要使热能连续不断地转变为机械能，必须使膨胀后的工质经历某些过程再回复到原来的状态，使其重新具有做功的能力，这样才能保证实现热变功的连续性，这也就是要求工质必须进行热力循环。

1.5.1 热力循环及其类型

工质经过一系列的状态变化后，重新回复到原来状态的全部过程称为热力循环，简称循环。显然，循环是由若干个过程组成的，或者说循环就是封闭的热力过程。

根据组成循环的过程性质，又可将循环分为可逆循环与不可逆循环。全部由可逆过程组成的循环称为可逆循环；若组成循环的过程有一部分或全部是不可逆过程，则称此循环为不可逆循环。在状态参数坐标图上，可逆循环可用一条封闭的曲线表示，如图 1-13 所示，不可逆循环中的不可逆过程用虚线表示。

可逆循环中不允许有任何不可逆因素，如工质与高温热源或低温热源进行热交换时，不能存在传热温差；工质在膨胀或压缩时，工质内部不存在黏性摩擦，工质外部不存在机械摩擦。显然可逆循环是一种理想的循环，实际循环都是不可逆循环。人们只能设法尽量减小实际循环的不可逆程度，使其尽可能接近可逆循环。

根据循环的目的和产生的效果不同，可将循环分为正向循环和逆向循环两种。下面将对这两种循环进行讨论。

1.5.2 正向循环及其热效率

将热能转变为机械能的循环称为正向循环，所有热力发动机都是按正向循环工作的，所以正向循环也称为动力循环或热机循环。图 1-16a 为正向循环的 p—v 图，1-a-2 为工质膨胀过程，在此过程中，1kg 工质对外膨胀做功 $w_{1a2}>0$，其值为过程线下的面积 1a2341；为使工质回复到初态 1，必须对工质进行压缩，2-b-1 为压缩过程，所消耗外界功 $w_{2b1}<0$，其值为过程线下的面积 2b1432。很显然 $|w_{1a2}|>|w_{2b1}|$，即膨胀功大于压缩功，两者之差为循环净功（也称为有效功），用 w_0（$w_0=|w_{1a2}|-|w_{2b1}|$）表示，并且其值等于循环曲线所包围的面积 1a2b1。为达到正向循环的目的，循环输出净功必须为正，即膨胀功必须大于压缩功，所以正向循环一定

按顺时针方向进行。

同理，图1-16b为正向循环的$T—s$图，1kg工质在1-a-2过程中吸热q_1 = 面积1a2341 > 0；在2-b-1过程中放热q_2 = 面积2b1432 < 0。很显然$|q_1| > |q_2|$，即吸热大于放热，两者之差为循环净热量（也称有效热），用q_0（$q_0 = q_1 - q_2$）表示，其值等于循环曲线所包围的面积1a2b1。

工质经历一个热力循环后回复到初始状态，热力学能的变化量（以及所有状态参数的变化量）应为零，即$\Delta u = 0$。根据热力学第一定律（参见第2章），则有

$$q_1 = w_0 + q_2 \quad \text{或} \quad w_0 = q_0 = q_1 - q_2 \tag{1-14}$$

此式即为正向循环的能量方程式，式中q_2取绝对值。它表明，在正向循环中，1kg工质从热源吸收的热量q_1中，只有一部分可以转换为有用功w_0，其余部分热量q_2则由工质传递给冷源，其能量转换关系如图1-16c所示。

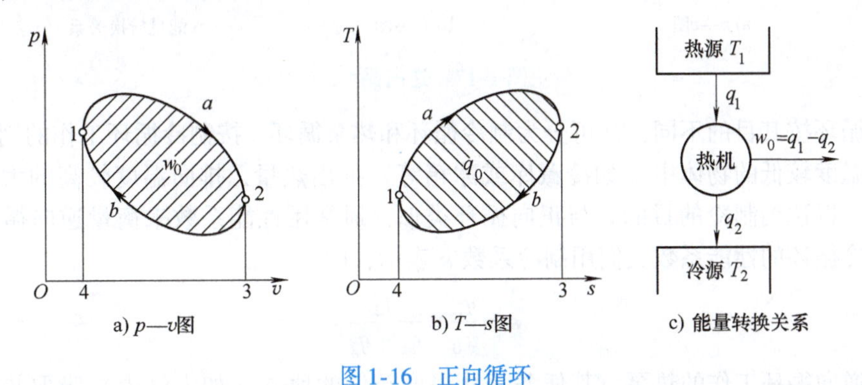

图1-16　正向循环

循环中能量利用的热经济性可用经济指标表示，经济指标是指通过循环所获得的收益与付出的代价之比，即

$$\text{经济指标} = \frac{\text{获得的收益}}{\text{付出的代价}}$$

衡量正向循环的热经济指标是循环的热效率。正向循环对外界所做的净功w_0（收益）与循环中工质从高温热源吸收的热量q_1（代价）的比值称为循环的热效率。用η_t表示，即有

$$\eta_t = \frac{w_0}{q_1} = \frac{q_1 - q_2}{q_1} = 1 - \frac{q_2}{q_1} \tag{1-15}$$

或

$$\eta_t = \frac{W_0}{Q_1} = \frac{Q_1 - Q_2}{Q_1} = 1 - \frac{Q_2}{Q_1} \tag{1-15a}$$

可见热效率η_t越大，表示在吸入相同热量q_1时得到的循环净功w_0越多，或者说得到相同的循环净功w_0所付出的热量q_1越小，它表明循环的经济性也就越好。

1.5.3　逆向循环及其性能系数

与正向循环相反，逆向循环的效果是消耗一定数量的机械能，使热量从低温热源传向高温热源，故又称为制冷循环，制冷机、热泵等都是按逆向循环工作的。逆向循环在$p—v$图和$T—s$图上的表示及其能量转换关系如图1-17所示。

在$p—v$图和$T—s$图上，逆向循环按逆时针方向1-b-2-a-1顺序进行，其中1-b-2过

程为膨胀过程，2-a-1 过程为压缩过程，则图中 $1b2a1$ 曲线所包围起来的面积即为循环消耗的功 w_0。工质在逆向循环中，从低温热源吸取热量 q_2，并连同循环消耗的功 w_0 转换而来的热量一起排向高温热源，对 1kg 工质，其能量方程式为 $q_1 = q_2 + w_0$（此处，w_0 取绝对值）。

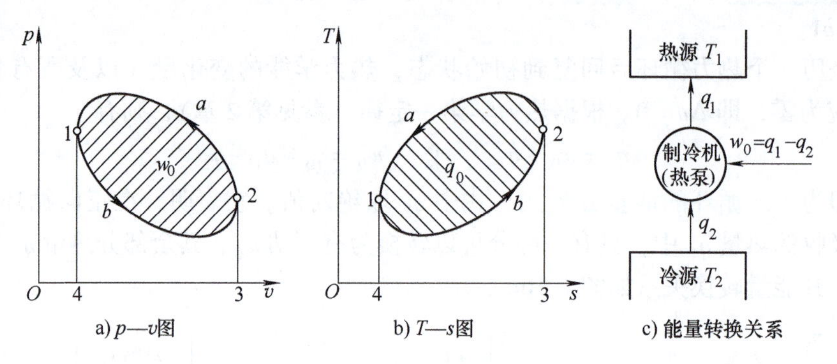

图 1-17 逆向循环

逆向循环按其目的不同，又可分为制冷循环和热泵循环。按制冷循环工作的制冷机，其任务是从温度较低的物体中（如冷藏库或冰箱等）抽出热量，排向温度较高的大气，使其温度下降，以达到制冷的目的。与正向循环类似，通常用性能系数来衡量逆向循环的经济性，对制冷循环的性能系数我们用制冷系数 ε 表示，即

$$\varepsilon = \frac{q_2}{w_0} = \frac{q_2}{q_1 - q_2} \tag{1-16}$$

对按逆向循环工作的热泵，其任务是从温度较低的地方（如大气中）吸取热量，向温度较高的地方（如室内）排出热量，以达到供热的目的。热泵循环的性能系数用供热系数 ε'表示，即

$$\varepsilon' = \frac{q_1}{w_0} = \frac{q_1}{q_1 - q_2} \tag{1-17}$$

很明显，和热效率一样，制冷系数 ε 和供热系数 ε'越大，表明循环的经济性越好。需**注意的是：**热效率 η_t 恒小于1；而制冷系数 ε 可能大于1，等于1，小于1；供热系数 ε'恒大于1，可以说热泵是很好的节能设备。

小 结

本章主要介绍了工质、热机、热力系、平衡状态及状态参数、热力过程、热力循环、功和热量等分析能量转换和传递过程时必定会涉及的最基本的概念，它们是工程热力学的主要基础。需要强调的是对概念的理解并不意味着死记硬背，关键是正确掌握概念的实质，以便能在后续内容的学习中深入体会并灵活应用。

学习本章应注意以下几点：

1. 关于热力系统的概念，主要区分各种热力系与外界作用的特点（见表 1-2），还应注意边界的概念，边界可以是有形的事物也可以是假想的无形边界。系统的选择取决于研究目的与任务，随边界而定，具有随意性。

表 1-2　各类热力系的特点

热力系类型	与外界作用		
	物质交换	热量交换	功量交换
闭口系	无	有或无	有或无
开口系	有	有或无	有或无
绝热系	有或无	无	有或无
孤立系	无	无	无
简单可压缩热力系	有或无	有或无	仅有体积功

2. 平衡状态具有确定的状态参数，这是平衡状态的特点。在平衡状态下，可用状态参数描述系统的状态，而非平衡状态没有确定的状态参数。同时要区分平衡状态与稳定状态的区别：平衡必稳定，但稳定未必平衡。

3. 三个基本状态参数（T、p、v）的性质：

1）热力学温度与摄氏温度间的换算：$T=t+273.15$。

2）绝对压力、大气压力、表压力及真空度之间的换算：正压时，$p=p_e+p_b$；负压时，$p=p_b-p_v$。应用时注意使用条件，区分是正压还是负压状态。只有绝对压力才是状态参数，表压力和真空度均不是状态参数。

3）比体积和密度间的关系：$\rho v=1$；比体积和密度不是两个相互独立的状态参数。

4. 状态参数坐标图是热力学进行分析计算的一个常用工具。其主要用途有：①坐标图上的一点，表示系统的一个平衡状态；②坐标图上的一条连续实线，表示一个可逆过程或准平衡过程；③在 p—v 图上，可以用过程曲线下的面积表示可逆过程中系统与外界交换的体积变化功的大小，因此 p—v 图又称为示功图；④在 T—s 图上，可以用过程曲线下的面积表示可逆过程中系统与外界传递热量的大小，因此 T—s 图又称为示热图。

5. 准平衡过程及可逆过程的概念。准平衡过程和可逆过程是两种理想过程，可逆过程进行的结果不会产生任何能量损失，因而可逆过程可以作为实际过程中能量转换效果比较的标准和极限；而实际过程或多或少地存在着各种不可逆因素（如摩擦、温差或力差等），所以实际过程都是不可逆的；为简便起见，通常把某些实际过程当作可逆过程进行分析计算，然后再用一些经验系数加以修正，这是可逆过程引入的意义所在。

6. 状态参数（状态量）和过程量的概念。状态参数是状态的单值函数，它具有以下特征。

1）状态参数与状态成一一对应关系，如对简单可压缩系统，可用任意两个独立的状态参数来确定其状态，因而其他状态参数必定是此两个独立参数的函数（状态方程），如 $p=f(T, v)$。

2）系统完成某热力过程后，其状态参数的变化量只与初、终状态有关，而与过程路径无关，即 $\Delta x=\int_1^2 \mathrm{d}x=x_2-x_1$。

3）当系统完成一个热力循环时，其状态参数的变化量为零，即 $\oint \mathrm{d}x=0$。

过程量的基本特征是其数值大小不但与初、终状态有关，而且还与过程路径有关。热量和功都具备这一属性，它们都是过程量。

7. 热量和功（体积功）是两个重要概念，现比较其特点，见表 1-3。

表 1-3 体积功与热量比较

特点	属性	推动力	标志	计算公式(可逆过程)	符号规定
功量 w	过程量	压力 p	比体积变化 dv	$\delta w = pdv$ 或 $w = \int_1^2 pdv$	系统对外做功为正 外界对系统做功为负
热量 q	过程量	温度 T	比熵变化 ds	$\delta q = Tds$ 或 $q = \int_1^2 Tds$	系统吸热为正 系统放热为负

8. 要实现连续的能量转换，就必须实施热力循环。根据循环产生的效果不同，可将循环分为正向循环和逆向循环。无论是正向循环还是逆向循环，其经济性指标都可用“得到的收益”与“付出的代价”之比来表示。

自测练习题

一、填空题（将适当的词语填入空格内，使句子正确、完整）

1. 热力系统与外界间的相互作用一般说有三种，即系统与外界间的________交换、________交换和________交换。

2. 按系统与外界进行物质交换的情况，热力系统可分为__________和__________两类。

3. 基本状态参数是指__________、__________和__________三个物理量。

4. 建立温标的两个基本要素是__________和__________。

5. 状态参数的变化量等于________两状态下，该参数的差值，且此值与__________无关。

6. 某锅炉排烟温度为133℃，其热力学温度是________K。

7. 1mmHg =__________Pa；1mmH_2O =__________Pa。

8. 用U形管差压计测量凝汽器的压力，采用汞作为测量液体，测得汞柱高为720.6mm。已知当时当地大气压力 p_b =750mmHg，则凝汽器内蒸汽的绝对压力为__________MPa。

9. 只有__________状态才能用状态参数坐标图上的点表示，只有__________过程才能用状态参数坐标图上的连续实线表示。

10. 将压力为__________atm，温度为__________℃时的状态，称为标准状态。

11. 热量和功都是系统与外界__________的度量，它们不是__________而是__________量。

12. 体积功的大小除了与过程初、终状态有关外，还与__________有关，功的符号规定，工质做膨胀功时 w ________0，工质受到压缩时 w ________0。

13. 针对循环的效果而言，正向循环是将__________转变为__________的热力循环；而逆向循环是将__________转变为__________的热力循环。

14. 正向循环的经济指标是__________，制冷循环的经济指标是__________。

二、判断题（判断下列命题是否正确，若正确在［ ］内记“√”，错误在［ ］内记“×”）

1. 热力系统被确定后，其边界、外界也就确定了。 ［ ］

2. 物质的温度越高，则所具有的热量越多。 ［ ］

3. 气体的压力越大，则所具有的功量越大。 ［ ］

4. 比体积和密度不是两个相互独立的状态参数。 [ ]
5. 经历了一个不可逆过程后，工质就再也不能回复到原来的初始状态了。 [ ]
6. 孤立系内工质的状态不会发生变化。 [ ]
7. 可逆过程是不存在任何能量损耗的理想过程。 [ ]
8. 凝汽器的真空下降，则其汽侧的绝对压力增大了。 [ ]
9. 若容器中气体的压力没有改变，则压力表上的读数就一定不会改变。 [ ]
10. 不平衡过程一定是不可逆过程。 [ ]
11. 正向循环中循环净功越大，则循环热效率越高。 [ ]
12. 热力循环就是封闭的热力过程。 [ ]

三、选择题（下列各题答案中选一个正确答案编号填入 [ ] 内）

1. 下列各量可作为工质状态参数的是 [ ]。
（A）表压力　（B）真空　（C）绝对压力
2. 水的三相点温度与冰点温度相比，应 [ ]。
（A）相等　（B）略高些　（C）略低些
3. 下列说法中正确的是 [ ]。
（A）可逆过程一定是准平衡过程
（B）准平衡过程一定是可逆过程
（C）有摩擦的热力过程不可能是准平衡过程
4. 下列过程中属可逆过程的是 [ ]。
（A）自由膨胀过程　（B）等温传热过程　（C）有摩擦的热力过程
5. 一台功率为600MW的汽轮发电机组连续工作一天的发电量为 [ ]。
（A）1.44×10^7kJ　（B）5.184×10^9kJ　（C）1.44×10^7kW · h
6. 测量容器中气体压力的压力表读数发生变化一定是因为 [ ]。
（A）有气体泄漏　（B）气体的热力状态发生变化
（C）大气压力发生变化　（D）以上三者均有可能
7. 决定简单可压缩系统状态的独立状态参数的数目只需 [ ]。
（A）2个　（B）3个　（C）1个
8. p—v 图上任意一正向循环，其 [ ]。
（A）循环膨胀功大于循环压缩功　（B）循环膨胀功小于循环压缩功
（C）循环膨胀功等于循环压缩功　（D）循环膨胀功与循环压缩功关系不确定
9. T—s 图上任意一逆向循环，其 [ ]。
（A）循环吸热大于循环放热　（B）循环吸热等于循环放热
（C）循环吸热小于循环放热　（D）循环吸热与循环放热关系不确定
10. 热力系统与外界既有物质交换，又有能量交换，可能是 [ ]。
（A）闭口系统　（B）开口系统
（C）绝热系统　（D）（B）或（C）
11. 下列系统中，与外界有功量交换的系统可能是 [ ]。
（A）闭口系统　（B）开口系统
（C）绝热系统　（D）以上系统都有可能
12. 可逆过程与准平衡过程的主要区别是 [ ]。

(A) 可逆过程比准平衡过程进行得快得多

(B) 准平衡过程是进行得无限慢的过程

(C) 可逆过程不但是内部平衡，而且与外界平衡

(D) 可逆过程中工质可以恢复为初态

13. 对循环过程，净功 W_0 和净热 Q_0 总有如下关系 [ ]。

(A) $W_0=Q_0$ (B) $W_0>Q_0$ (C) $W_0<Q_0$ (D) $W_0\leqslant Q_0$

14. 下列关于热机循环热效率的说法中，正确的是 [ ]。

(A) 循环吸热量越大，则热效率越高

(B) 循环放热量越小，则热效率越高

(C) 循环吸热量与放热量之差越大，则热效率越高

(D) 上述说法都不准确

四、问答题

1. 试说明热力系统、外界、开口系统、闭口系统、绝热系统、孤立系统的含义。

2. 表压力（或真空度）与绝对压力有何区别与联系？为什么表压力（或真空度）不能作为状态参数？

3. 准平衡过程和可逆过程有何联系与区别？

4. 为什么称 p—v 图为示功图、T—s 图为示热图？

5. 热力学温标是如何建立的？

6. 火电厂为什么采用水蒸气作为工质？

五、计算题

1. 10kg 温度为100℃的水，在压力为 1×10^5Pa 下完全汽化为水蒸气。若水和水蒸气的比体积各为 $0.001\text{m}^3/\text{kg}$ 和 $1.673\text{m}^3/\text{kg}$。试求此 10kg 水因汽化膨胀而对外所做的功。

2. 设一容器被刚性壁分为两部分，分别装有两种不同的气体。在容器的不同部分装有压力表，如图 1-18 所示。若压力表 A 的读数为 5.7×10^5Pa，压力表 B 的读数为 2.2×10^5Pa，大气压力为 0.98×10^5Pa。试确定压力表 C 的读数以及容器内两部分气体的绝对压力各为多少？

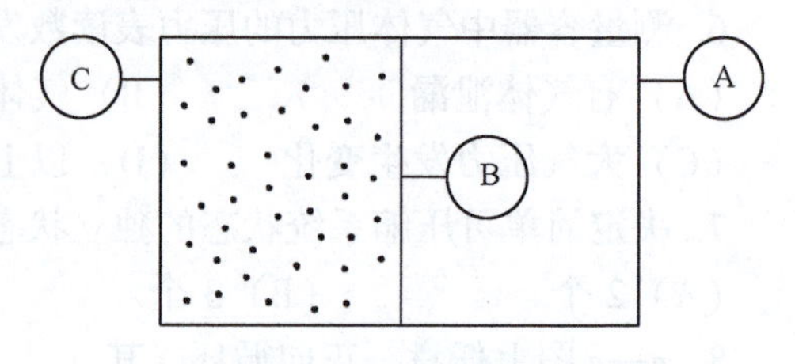

图 1-18 计算题 2 图

3. 用 U 形管压力计测定容器中气体的压力。为防止汞蒸发，在汞柱上面加一段水。如图 1-9 所示。测量结果，汞柱高为800mm，水柱高为 500mm。气压计读数为 780mmHg，试计算容器中气体的绝对压力。

4. 如果气压计读数为 750mmHg，试完成以下计算：

(1) 表压力为 0.5×10^5Pa 时的绝对压力；

(2) 真空表上读数为 400mmH_2O 时的绝对压力；

(3) 绝对压力为 2.5×10^5Pa 时的表压力。

5. 用斜管压力计测量锅炉烟道中烟气的真空度，如图 1-8 所示，斜管的倾斜角 $\alpha=30°$，压力计的斜管中水柱长度 $L=160$mm，当地气压计读数为 $p_b=740$mmHg。求烟气的绝对压力（以毫米汞柱表示）。

第2章　热力学第一定律及其应用

学习目标

1）掌握工质的储存能、热力学能和焓的概念及物理意义。

2）深入理解热力学第一定律的实质，掌握热力学第一定律的各种表达式（即能量方程），并能熟练运用热力学第一定律分析解决工程实际中的有关能量交换问题，特别是开口系中的稳定流动能量方程的应用。

3）掌握膨胀功（压缩功）、推动功、轴功和技术功的概念以及它们间的关系。

2.1　热力系的储存能与热力学能

能量是物质运动的量度，运动有各种不同的形式，相应地应有各种不同形式的能量。储存于热力系统的能量称为热力系的储存能。工程热力学所涉及热力系的储存能包括两部分：一部分是储存于系统内部的能量，称为内部储存能，又称内能，它取决于系统本身的热力状态；另一部分是外部储存能，它则与所选定的外界参照坐标系有关。即：热力系的储存能 = 内部储存能 + 外部储存能。

2.1.1　热力学能

一个表面上静止的物体，其内部微观粒子（分子、原子及电子等）是在不停地运动着的。热力系内部所有微观粒子所具有的能量之和，称为热力学能（即内部储存能，又称为内能），用 U 表示，单位是 J 或 kJ；单位质量工质所具有的热力学能，称为比热力学能（比内能），用 u 表示，单位是 J/kg 或 kJ/kg，即有 $U = mu$。

从微观角度讲，热力学能是与系统内工质粒子的微观运动和粒子空间位置有关的能量。它包括分子热运动所具有的内动能、由于分子间作用力而形成的内位能、与分子结构有关的化学能、原子核内部的核能等。由于我们所讨论的热力过程不涉及化学变化和原子核反应，化学能和核能保持不变，而建立能量平衡方程式所需要的是储存能的变化，故当不涉及化学变化和原子核反应时，热力学能 U 是内动能 U_k 和内位能 U_p 之和，即所谓的热能。

1）内动能（U_k）是分子热运动的动能，具体表现为：①分子直线运动的动能；②分子旋转运动的动能；③分子内部原子和电子的振动能。由物理学可知，分子的内动能的大小主要取决于气体的温度，温度越高，内动能就越大，反之亦然。故内动能是温度的函数，即 $U_k = f(T)$。

2）内位能（U_p）是由于分子间作用力而形成的能量，内位能的大小与分子间距离有关，即与工质的比体积有关，由于温度升高会使分子间碰撞频度增强，因而在一定程度上，内位能也与温度有关。故内位能是比体积和温度的函数，即 $U_p = f(v, T)$。

所以，比热力学能是温度和比体积的函数，即

$$u=\frac{U}{m}=f(T,\ v) \tag{2-1}$$

由此可知，由于热力学温度 T 和比体积 v 都是状态参数，所以比热力学能也是状态参数，它具有状态参数的基本特征，它与状态有一一对应关系。因而，比热力学能也可表示成任何其他两个独立状态参数的函数，如 $u=f(p,\ v)$、$u=f(T,\ p)$ 等。

因为物质的运动是永恒的，不可能有这样一种状态：工质内部的一切运动都停止，热力学能为零，所以热力学能的大小是相对的。在工程热力学中主要是研究各种热力过程，因此我们感兴趣的是系统状态变化过程中热力学能的变化（$\Delta u=u_2-u_1$），而不是某一状态下的热力学能的绝对值。因此，计算时可以人为地选定热力学能的基准状态，例如，取 0K 或 0℃时气体的热力学能为零。热力学能的变化可利用热力学状态方程和基本状态参数（p，v，T）的变化情况来计算，下一章将对此进行介绍。

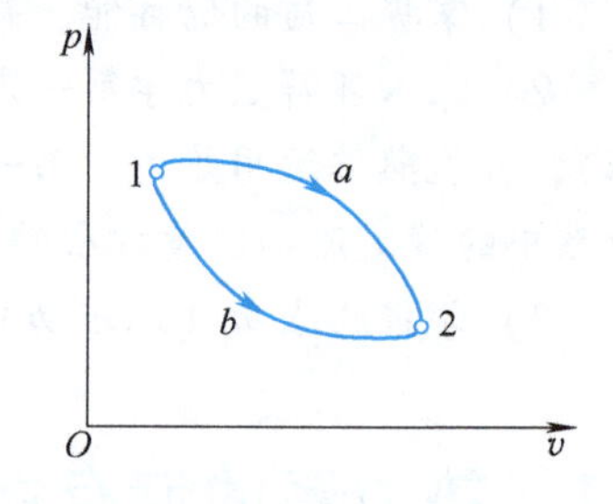

图 2-1 热力学能的变化量

与其他状态参数一样，热力学能的变化量只与热力过程的初态和终态有关，与过程的途径无关。如图 2-1 所示，在初态 1 和终态 2 之间完成的所有热力过程，其热力学能的变化量都相等。即

$$\Delta u_{1a2}=\Delta u_{1b2}=\Delta u_{12}=u_2-u_1$$
$$\Delta u_{21}=-\Delta u_{12}=u_1-u_2$$

显然，如果工质完成任意一个热力循环，其热力学能的变化量应等于零。对于图 2-1 中的循环 1a2b1，有 $\oint \mathrm{d}u=\Delta u_{1a2b1}=0$。

2.1.2 外部储存能

当热力系处于宏观运动时，热力系的储存能除热力学能外，还包括热力系由于其宏观运动速度而具有的宏观动能和由于其在重力场中所处的位置高度而具有的宏观位能。

1）宏观动能。质量为 m（单位为 kg）的物体以速度 c 运动时，该物体所具有的宏观动能为

$$E_k=\frac{1}{2}mc^2$$

2）宏观位能。在重力场中，质量为 m 的物体相对于系统外的参考坐标系的高度为 z 时，其具有的宏观位能为

$$E_p=mgz$$

2.1.3 热力系的总储存能

热力系的总储存能 E 为内部储存能与外部储存能之和。热力系的外部储存能属于宏观机械能，而内部储存能的内动能和内位能属于微观的热能，两者能量形式不同，但都是热力系所具有的能量。

$$E=U+E_k+E_p \quad 或 \quad E=U+\frac{1}{2}mc^2+mgz \tag{2-2}$$

对于 1kg 工质的比储存能 e 为

$$e = u + e_k + e_p \quad 或 \quad e = u + \frac{1}{2}c^2 + gz \tag{2-3}$$

显然，系统总储存能是一个状态量。对于任意热力过程，系统储存能的变化量等于终态储存能与初态储存能之差，即 $\Delta E = E_2 - E_1$ 或 $\Delta e = e_2 - e_1$。对于没有宏观运动变化，并且初、终状态没有高度变化的热力过程，系统储存能的变化量等于其热力学能的变化量，即有 $\Delta E = \Delta U$ 或 $\Delta e = \Delta u$。

2.2　热力学第一定律的实质及表述

能量转换和守恒定律是人们在长期的生产实践和科学实验中总结出的客观规律，而不是通过任何理论或数学推导得出来的，它是自然界中最普遍的、最基本的规律，适用于自然界的一切现象。它的核心内容就是：自然界中的一切物质都具有能量，能量可以有各种不同的形式，能量既不可能被创造，也不可能被消灭，而只能从一种形式转换为另一种形式，在转换过程中，能量的总量保持不变。将能量转换和守恒定律应用到有关热现象的过程中，即是热力学第一定律。所以说热力学第一定律的实质就是能量转换和守恒定律在热力学中的应用。

热力学第一定律有许多种表述方法。最早的一种表述为："热可以变为功，功也可以变为热，一定量的热消失时，必产生数量相当的功；消耗一定量的功时，也必然出现相当数量的热"。另一种表述为"第一类永动机是不可能制造成功的"。所谓第一类永动机，就是一种不消耗能量而能连续获得机械功的设备。历史上，有人曾幻想制造这种设备，但由于违反了热力学第一定律，都以失败告终。这种表述是从反面说明要获得机械能必须消耗热能或其他能量。所以，热力学第一定律也可以总的表述为：在热能与其他形式的能量互相转换时，能的总量始终不变。

热力学第一定律是工程热力学的基本定律，它确定了热能和机械能相互转换时的数量关系，是分析计算热力过程的能量转换和传递的基本依据。热力学第一定律适用于一切热力系统和热力过程，不论是开口系统还是闭口系统，热力学第一定律均可用能量平衡关系式表达为

$$进入系统的能量 - 离开系统的能量 = 系统储存能量的变化 \tag{2-4}$$

式(2-4) 是一种以热力系为对象，用能量平衡方程的形式对热力学第一定律的表述。它普遍适用于任何工质、任何过程，但对于不同的系统，其具体的表达形式有所不同。下面将以式(2-4) 为依据，分析闭口和开口系统在热力过程中各种交换的能量和储存能的变化，建立闭口系统和开口系统的能量方程，为分析计算热力过程的能量交换提供依据。**这里需要注意的是：**式(2-4) 中等号的右侧是系统在热力过程中系统储存能的变化量，而不是系统储存能的绝对值。

2.3　闭口系能量方程式

闭口系能量方程式

热力学第一定律反映的是热力系与外界能量交换在数量上的收支平衡状况。在闭口系中，热力系与外界无物质交换，只有通过边界与外界进行的热量和功量交换。随着能量的交换，热力系的状态不断发生变化，热力系本身

的储存能在热力过程中也会发生相应变化。如图2-2所示，取封闭在气缸、活塞中的1kg气态工质为研究对象（图中虚线所包围的闭口系），在热力过程1-2中系统从外界热源取得热量 q，对外做的膨胀功为 w，同时，热力系储存能的变化为 $\Delta e = e_2 - e_1$。于是根据式(2-4) 有如下关系式：

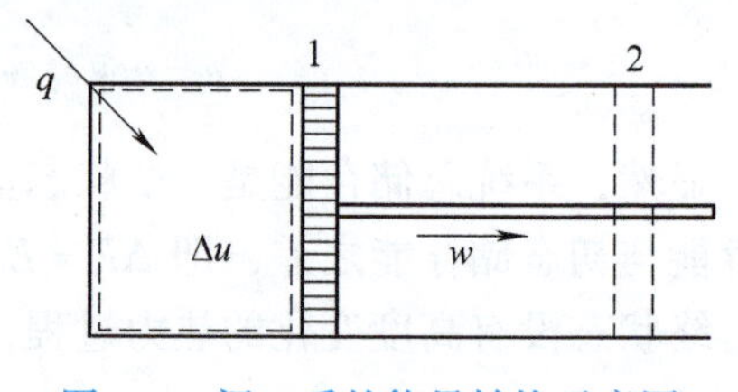

图 2-2 闭口系的能量转换示意图

$$q - w = \Delta e$$

对于此分析系统，经历了一个热力过程之后，宏观动能和宏观位能没有变化，储存能的变化就等于热力学能的变化，即 $\Delta e = \Delta u = u_2 - u_1$。所以有 $q - w = \Delta u$，于是得到闭口系统能量方程式。

对于1kg工质，其方程为

$$q = \Delta u + w \tag{2-5}$$

对于质量为 m 的工质，其方程为

$$Q = \Delta U + W \tag{2-6}$$

式(2-5) 和式(2-6) 称为闭口系的能量方程式，它表明外界加入系统的热量，一部分用来使系统本身的内能增加；另一部分以体积功的形式用于对外界做功。前者仍然是以热的形式储存于热力系内部，是无序能的传递过程，没有能量形态的转换；后者是无序能转换成有序能（功），有能量形态的转换。正是由于闭口系统的能量方程反映了热能和机械能相互转换的基本原理和关系，因此又称之为热力学第一定律的基本表达式。

对于微元热力过程，闭口系的能量方程又可表示为

$$\delta q = \mathrm{d}u + \delta w \tag{2-5a}$$

$$\delta Q = \mathrm{d}U + \delta W \tag{2-6a}$$

以上四个闭口系的能量方程式［式(2-5)、式(2-6)、式(2-5a) 和式(2-6a)］是直接根据能量守恒定律导出的，因此，适用于闭口系内任何工质所进行的任何过程，也不论过程是否可逆。

对于可逆过程，由于 $w = \int_1^2 p\mathrm{d}v$ 或 $\delta w = p\mathrm{d}v$，所以有

$$q = \Delta u + \int_1^2 p\mathrm{d}v \tag{2-7}$$

$$\delta q = \mathrm{d}u + p\mathrm{d}v \tag{2-7a}$$

同理，对于可逆过程，还可以将热量计算式 $q = \int_1^2 T\mathrm{d}s$ 或 $\delta q = T\mathrm{d}s$ 代入以上相应项进行代换，得出各种不同形式的热力学第一定律的表达式。经这样变换所得到的关系式仅适用于可逆过程，而不适用于不可逆过程。

对于循环过程，由于系统的初、终状态为同一状态，无论是可逆循环还是不可逆循环，工质的热力学能变化为零，即 $\oint \mathrm{d}u = 0$。所以有

$$\oint \delta q = \oint \delta w \tag{2-8}$$

该式为循环过程的热力学第一定律表达式。它表明闭口系统经历了任何一个循环后，与外界交换的净热量总是等于与外界交换的净功量。

以上各式中的热量、内能的变化量、功都是代数值，它们的值可正、可负，亦可为零。正如前面所规定的，热力系吸热，$q>0$，热力系放热，$q<0$，热力系与外界无热量交换时，$q=0$；热力系对外界做功（膨胀时），$w>0$，外界对热力系做功（压缩时），$w<0$，热力系与外界无功量交换时，$w=0$；热力系的内能增加时，$\Delta u>0$，热力系的内能减少时，$\Delta u<0$，热力系的内能无变化时，$\Delta u=0$。在应用热力学第一定律基本表达式时，一定要注意各量的正负值，否则会得出错误结论。另外，还要求式中各量的单位要统一，国际单位制中，热量、内能、功的单位都是焦（J）或千焦（kJ）。

【例 2-1】　一刚性绝热容器内贮有水蒸气，通过电热器向蒸汽输入 70kJ 的能量，如图 2-3 所示，问水蒸气的热力学能的变化是多少？

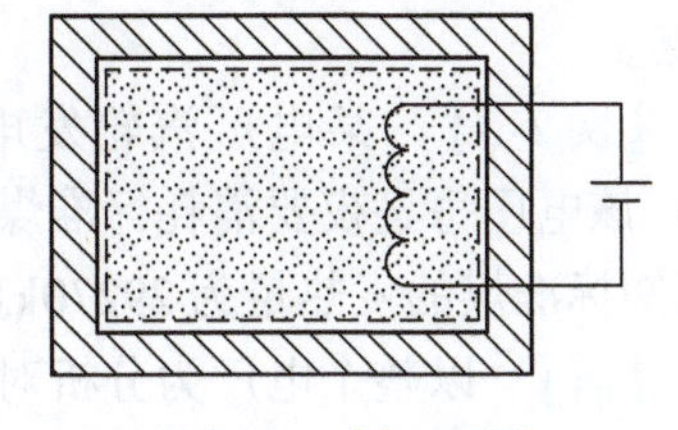
图 2-3　例 2-1 图

【解】　**方法一**：如图取虚线所包围的水蒸气和电热器为系统，显然是一闭口系。

由闭口系能量方程式(2-6) 得

$$\Delta U = Q - W$$

由于系统与外界绝热，$Q=0$；同时外界对系统输入电功，有 $W=-70\text{kJ}$，则

$$\Delta U = -W = 70\text{kJ}$$

方法二：仅取容器中水蒸气为系统，显然也是一闭口系，故能量方程式(2-6) 仍适用。但系统与外界能量交换的形式有变化。系统与外界无功量交换，$W=0$；系统仅吸收电热器产生的热量。根据能量转换与守恒原理，$Q=70\text{kJ}$，则

$$\Delta U = Q = 70\text{kJ}$$

讨论：

1）本题再次说明在解决能量转换问题时，必须首先确定系统。系统不同，与外界进行的能量交换形式不同，即与外界交换的功、热不同，能量方程的形式也有可能不同。

2）题中通过电热器向蒸汽输入 70kJ 的能量，在方法一中作为功处理，是外界对系统做功，其值为“负”；在方法二中作为热量处理，是系统从外界吸热，其值为“正”。因此在解题时应注意此前已述及的对功和热量约定的“正”“负”号。

【例 2-2】　一闭口系从状态 1 沿 1-2-3 过程到达状态 3，传递给外界的热量为 47.5kJ，同时系统对外做功 30kJ，如图 2-4所示。（1）若沿 1-4-3 过程变化时，系统对外做功 15kJ，求过程中系统与外界的传热量；（2）若系统从状态 3 沿图示的曲线过程到达状态 1，外界对系统做功 6kJ，求该过程中系统与外界传递的热量；（3）若 $U_2=175\text{kJ}$，$U_3=87.5\text{kJ}$，求过程2-3传递的热量及状态 1 的热力学能。

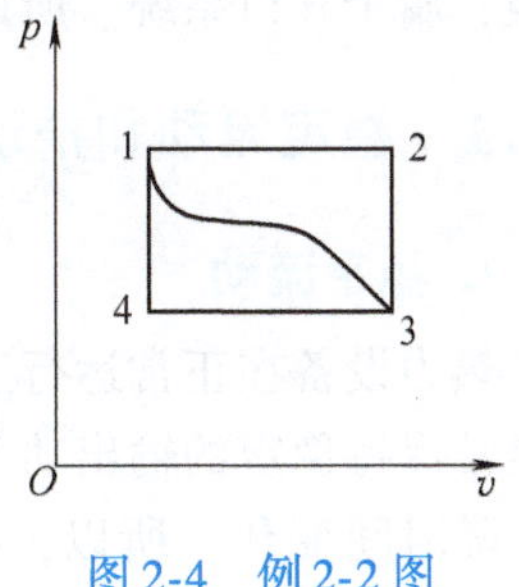

图 2-4　例 2-2 图

【解】　对过程1-2-3，由闭口系能量方程式得

$$\Delta U_{123} = U_3 - U_1 = Q_{123} - W_{123} = -47.5\text{kJ} - 30\text{kJ} = -77.5\text{kJ}$$

（1）对过程 1-4-3，由闭口系能量方程式得

$$Q_{143} = \Delta U_{143} + W_{143}$$

而 $\Delta U_{143} = \Delta U_{123} = -77.5\text{kJ}$，故

$$Q_{143} = -77.5\text{kJ} + 15\text{kJ} = -62.5\text{kJ}\ \text{（说明系统向外界放热）}$$

（2）对过程3-1，由闭口系能量方程式得

$Q_{31}=\Delta U_{31}+W_{31}=-\Delta U_{123}+W_{31}=77.5\text{kJ}+(-6)\text{kJ}=71.5\text{kJ}$（说明系统从外界吸热）

（3）对过程2-3，其比体积不变有 $W_{23}=0$，则

$$Q_{23}=\Delta U_{23}+W_{23}=U_3-U_2=87.5\text{kJ}-175\text{kJ}=-87.5\text{kJ}$$

$$U_1=U_3-\Delta U_{123}=87.5\text{kJ}-(-77.5)\text{kJ}=165\text{kJ}$$

说明：热力学能是状态参数，其变化量只决定于初、终状态，与变化所经历的过程无关；而热量与功是过程量，其大小不仅与初、终状态有关，而且还取决于变化所经历的过程特点。

【例2-3】 某电厂汽轮发电机组的功率为600MW，若发电厂总效率为36%，试求：（1）该电厂每昼夜要消耗标准煤多少吨？（2）每生产1kW · h的电要消耗多少千克标准煤？（已知标准煤的发热量为29270kJ/kg）

【解】 以整个电厂为分析对象，发电厂效率定义为

$$\eta=\frac{\text{每小时生产的电能}}{\text{每小时燃煤发出的总热量}}$$

（1）设该电厂每昼夜所消耗的标准煤为 B 吨，则

$$\eta=\frac{600\times10^3\times24\times3600}{B\times10^3\times29270}=36\%$$

由上式可求得：$B=4919.7\text{t}$。

（2）设每生产1kW · h的电所消耗的标准煤为 B' 千克，则

$$\eta=\frac{3600}{B'\times29270}=36\%$$

由上式可求得：$B'=0.342\text{kg}$。

2.4 开口系的稳定流动能量方程式和焓

在工程上，许多热力设备的热量传递或热功转换过程都是在工质的流动过程中实现的。如电厂中的锅炉、汽轮机、换热器及泵等，这种系统不仅与外界有能量交换，而且还有物质交换，属于开口系统。所以对开口系统的分析具有很重要的实用意义。

2.4.1 稳定流动和推动功

1. 稳定流动

热力设备在正常运行工况或设计工况下，通常处于稳定工况下工作。如正常运行的汽轮机经常保持稳定的输出功率，蒸汽在流经汽轮机的过程中，其各处的状态参数、流速和流量均不随时间变化。所以，我们把热力系统内部及边界上各点工质的状态参数和运动参数（流速、流量）都只随空间位置变化，而不随时间变化的流动称为稳定流动，这种开口系称为稳定流动开口系。工程上常用的热力设备除启动、停机或者升降负荷外，大部分时间是在稳定流动条件下运行的。为实现稳定流动，必须具备以下条件：

1）系统进出口工质的状态不随时间变化。

2）进出系统的工质质量流量相等且不随时间变化，满足质量守恒。

3）系统与外界交换的功、热量等所有能量不随时间而变。即系统内储存的能量保持不

变（其变化量为零，$\Delta E=0$），单位时间内输入系统的能量应等于系统向外输出的能量，满足能量守恒。

总之，稳定流动开口系与外界的能量交换、质量交换都不随时间变化。这些必要条件必然也是稳定流动开口系所具有的特点。对于不稳定流动的开口系，由于系统内各点的状态随空间和时间变化，分析时需要确定系统内各点状态以及系统的储存能随时间的变化规律，比较复杂。而对稳定流动的开口系的研究不仅相对简单，又适用于实际热力设备的正常运行工况，因此，我们只讨论稳定流动的开口系。

2. 推动功

稳定流动开口系所传递能量的形式(热量和功量）虽然与闭口系统相同，但由于其边界是固定的，所以开口系统与外界交换的功量形式不是体积变化功而是轴功。由于有物质流入和流出界面，系统与外界之间又产生另外的两种能量传递方式。

1）流动工质本身所具有的储存能（热力学能、宏观动能和宏观位能）将随工质流入或流出而带入或带出系统。这种能量转移既不是热量，也不是功量，而是系统与外界间直接的能量交换。

$$e=u+\frac{1}{2}c^2+gz \quad 或 \quad E=U+\frac{1}{2}mc^2+mgz$$

2）当工质流入和流出系统界面时，后面的流体推开前面的流体而前进，这样后面的流体必须对前面的流体做功，从而系统与外界就会发生功量交换，这种功称为推动功或流动功。正如给自行车轮胎打气，必须推动气筒活塞做功才能将气体打入轮胎内。在工质进入系统时，外界对工质所做的推动功随工质进入系统；而工质流出系统时，系统对工质所做的推动功随工质而带出系统。

如图 2-5 所示，设有质量为 m（单位为 kg）、体积为 V 的工质将要进入系统。若系统界面处工质的压力为 p、比体积为 v、流动截面积为 A。工质克服来自前方的抵抗力，移动距离 L 而进入系统。这样工质对系统所做的推动功为

$$W_f=pAL=pV=mpv$$

对于单位质量工质的推动功 w_f 为

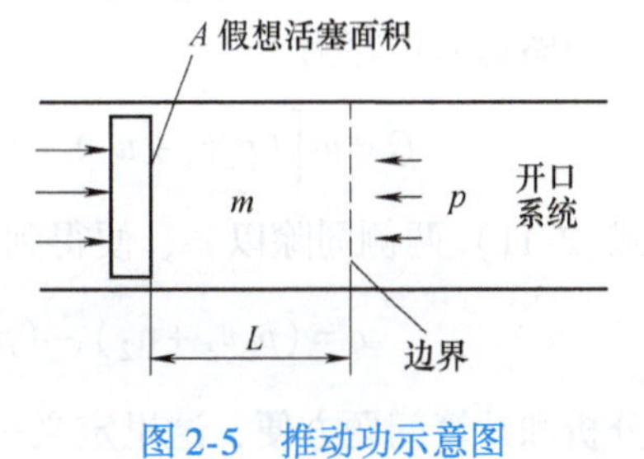

图 2-5 推动功示意图

$$w_f=\frac{W_f}{m}=pv \tag{2-9}$$

由式(2-9) 可知，推动功的大小由工质的状态参数所决定。虽然工质具有一定状态参数 p 和 v，但并不都存在推动功，推动功不是工质本身的能量，它是由泵（或风机）提供用来维持工质流动的，是伴随工质流动而带入或带出系统的能量。只有在工质流动过程中才存在，它也不是由于工质的状态变化而交换的功，是工质流动过程中位置发生变化而传递的功。由于推动功并不改变工质的热力状态，故推动功不是过程量。当工质不流动（闭口系）时，此时它们的乘积 pv 并不代表推动功，推动功失去意义。

2.4.2 稳定流动能量方程式

在考虑上述所有可能的能量交换的基础上，我们以如图 2-6 所示的典型的开口系统为例来建立开口系的稳定流动能量方程。取进、出口截面 1—1、2—2 以及设备壁面作为系统边

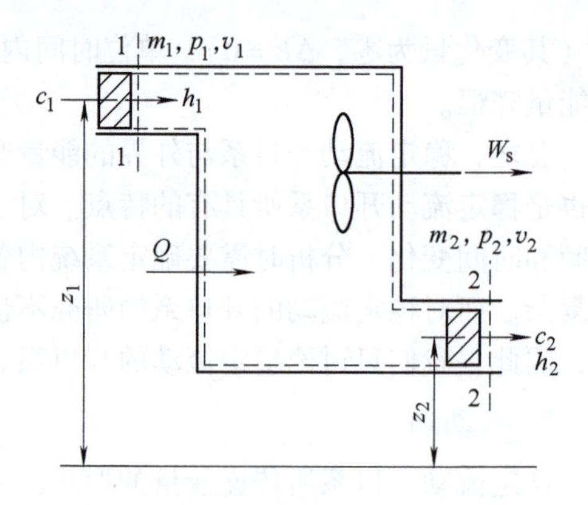

图 2-6 稳定流动开口系的能量转换

界，如图 2-6 中虚线所示。假设在单位时间内，质量为 m_1 的工质以流速 c_1 跨过截面 1—1 流入系统，进口状态参数为：p_1、v_1、T_1、u_1、h_1，进口截面 1—1 面积为 A_1，其中心距基准面的高度为 z_1；与此同时，质量为 m_2 的工质以流速 c_2 跨过截面 2—2 流出系统，其相应参数分别为：p_2、v_2、T_2、u_2、h_2、A_2、z_2；过程中系统与外界交换的热量为 Q，工质通过机械轴对外输出的轴功为 W_s。

假设系统满足稳定流动条件，则有：$m_1 = m_2 = m$，于是，在单位时间内进入系统的能量有：

1）随工质带入系统的能量：$m(p_1v_1 + u_1 + \frac{1}{2}c_1^2 + gz_1)$

2）外界向系统输入的热量：Q

同理，在单位时间内离开系统的能量有：

1）随工质带出系统的能量：$m(p_2v_2 + u_2 + \frac{1}{2}c_2^2 + gz_2)$

2）系统向外界输出的轴功：W_s

对稳定流动，系统储存能量的变化量为零，由能量平衡关系式(2-4) 有

$$m(p_1v_1 + u_1 + \frac{1}{2}c_1^2 + gz_1) + Q = m(p_2v_2 + u_2 + \frac{1}{2}c_2^2 + gz_2) + W_s \tag{2-10}$$

经整理后可写为

$$Q = m\left[(p_2v_2 + u_2) - (p_1v_1 + u_1) + \frac{1}{2}(c_2^2 - c_1^2) + g(z_2 - z_1)\right] + W_s \tag{2-11}$$

将式(2-11) 两侧同除以 m，便得到单位质量工质的能量平衡关系式，即

$$q = (p_2v_2 + u_2) - (p_1v_1 + u_1) + \frac{1}{2}(c_2^2 - c_1^2) + g(z_2 - z_1) + w_s \tag{2-11a}$$

为分析和计算问题方便，这里定义一个新的物理量，令

$$h = u + pv \tag{2-12}$$

由于 u、p、v 都是状态参数，所以 h 必然是一个状态参数，h 称为质量焓，也称为比焓，单位为 J/kg 或 kJ/kg。对于质量为 m（单位为 kg）的工质的焓，用符号 H 表示，单位为 J 或 kJ。即

$$H = mh = U + pV \tag{2-12a}$$

由于 $h_1 = u_1 + p_1v_1$，$h_2 = u_2 + p_2v_2$，则式(2-11) 可以写成

$$Q = (H_2 - H_1) + \frac{1}{2}m(c_2^2 - c_1^2) + mg(z_2 - z_1) + W_s \tag{2-13}$$

或

$$Q = \Delta H + \frac{1}{2}m\Delta c^2 + mg\Delta z + W_s \tag{2-13a}$$

将式(2-13) 和式(2-13a) 两侧同除以 m，便得到单位质量工质的稳定流动能量方程式，即

$$q = (h_2 - h_1) + \frac{1}{2}(c_2^2 - c_1^2) + g(z_2 - z_1) + w_s \tag{2-14}$$

或

$$q=\Delta h+\frac{1}{2}\Delta c^{2}+g\Delta z+w_{\mathrm{s}} \tag{2-14a}$$

对于微元热力过程，稳定流动开口系统的能量方程又可表示为

$$\delta Q=\mathrm{d}H+\frac{1}{2}m\mathrm{d}c^{2}+mg\mathrm{d}z+\delta W_{\mathrm{s}} \tag{2-13b}$$

$$\delta q=\mathrm{d}h+\frac{1}{2}\mathrm{d}c^{2}+g\mathrm{d}z+\delta w_{\mathrm{s}} \tag{2-14b}$$

式(2-13)～式(2-14b)即为热力学第一定律应用于稳定流动开口系的不同情况下的数学表达式，均称为稳定流动能量方程。其中，应用得最多的是式(2-13a)和式(2-14a)。其物理意义为：热力系从外界吸收的热量，一部分用于增加流动工质的焓、宏观动能和宏观位能，另一部分用于对外输出轴功。

由于稳定流动能量方程是根据热力学第一定律从能量平衡关系导出来的，除稳定流动条件外，没有其他的条件限制，所以它适用于任何工质、任何稳定流动过程（可逆与不可逆过程）。

2.4.3 焓和技术功

1. 焓及其物理意义

根据焓的定义式(2-12)可知，焓由状态参数 u、p、v 确定，当工质处于某一确定状态时，其状态参数 u、p、v 都有确定的值，因而焓也有确定的值。这正符合状态参数的基本性质，所以，焓也是一个状态参数，它具有状态参数的一切特性。

在开口系统中，工质流动携带着热力学能、推动功、动能和位能四部分能量，其中只有热力学能和推动功与工质的状态有关，而焓是热力学能和推动功之和，所以可以说，焓是表示工质在流动中所携带的总能量中由热力状态决定的那一部分能量，这就是焓的物理意义。若工质的动能和位能可以忽略，则随工质流入和流出系统的总能量就只有焓。在闭口系统中，由于没有工质流入或流出，pv 不再是推动功，这时它不具有“热力学能＋推动功”的含义，但焓作为状态参数仍然存在，在闭口系的热力过程分析中，焓也有重要应用。

与热力学能一样，焓的值无法用仪器测定，但在实际分析和计算中，并不需要确定在某状态下工质的焓或内能的实际值，只需要确定焓或内能的变化量。为此，在热工计算中常常取某状态为基准状态（如0K、0℃或纯水的三相点温度0.01℃等），令该状态下的焓或内能的值为零，而其余状态下的焓或内能，则是相对于各自基准状态下的焓或内能的差值而已。

焓在热力学中是一个重要而常用的状态参数，从以上稳定流动能量方程推导可看出，它的应用对热力学问题的分析和求解带来很大方便。在热力设备中，工质总是不断地流入和流出，随着工质的流动而转移的能量不是热力学能而是焓。因而热工计算中，焓比热力学能具有更广泛的用途。

2. 技术功及其与膨胀功的关系

式(2-14a)中，等号右侧后三项（动能变化量$\frac{1}{2}\Delta c^{2}$，位能变化量 $g\Delta z$ 以及轴功 w_{s}）都是工程上可被直接利用的不同类型的机械能。在工程热力学中，将这三项之和称为技术功，用 w_{t} 表示，即

$$w_{\mathrm{t}}=\frac{1}{2}\Delta c^{2}+g\Delta z+w_{\mathrm{s}} \tag{2-15}$$

对于微元热力过程，技术功为

$$\delta w_t = \frac{1}{2}dc^2 + gdz + \delta w_s \tag{2-15a}$$

引入技术功后，可得稳定流动开口系能量方程的另一种形式，即

$$q = \Delta h + w_t \tag{2-16}$$

对于 $m$kg 工质

$$Q = \Delta H + W_t \tag{2-17}$$

对于微元热力过程有

$$\delta q = dh + \delta w_t \tag{2-16a}$$

对于 $m$kg 工质

$$\delta Q = dH + \delta W_t \tag{2-17a}$$

为区别热力学第一定律的基本表达式(用内能表示的)，将式(2-16)~式(2-17a)称为用焓表示的热力学第一定律的数学表达式。它表明，稳定流动开口系从外界吸收的热量，一部分用于增加流动工质的焓，另一部分用于对外输出技术功。对于稳定流动的可逆过程，以上几个公式也有相应的表达式。

稳定流动的能量方程，一方面可以理解为开口系在一定时间内与外界进行工质交换、能量交换所必须遵循的方程；另一方面，由于系统内各点的状态都不随时间发生变化，所以整个流动过程的总效果，相当于一定质量 $m$kg 的工质从进口截面处的状态 1 变化到出口截面处的状态 2，并与外界进行了热量和功量的交换，因此选择流经流动系统的 $m$kg 工质为热力系时，也可以将这一定质量的工质作为闭口系统加以分析，所得的能量方程式和上述稳定流动能量方程式是等效的，即将稳定流动的能量方程理解为闭口系的能量方程。

将式(2-11a)整理为

$$q - \Delta u = \Delta(pv) + \frac{1}{2}\Delta c^2 + g\Delta z + w_s = \Delta(pv) + w_t$$

由热力学第一定律的基本表达式(2-5)有

$$q - \Delta u = w$$

比较以上两式，两等式的左侧相等，则右侧必相等，故有

$$w = \Delta(pv) + \frac{1}{2}\Delta c^2 + g\Delta z + w_s = \Delta(pv) + w_t \tag{2-18}$$

对于微元热力过程可写为

$$\delta w = d(pv) + \delta w_t \tag{2-18a}$$

式(2-18)表明，工质在稳定流动开口系的热力过程中，热能转换为机械能同样要通过工质体积变化来实现，这正是闭口系和稳定流动开口系能量方程的共同之处，同时也说明了工质体积膨胀是热变功的根本途径。但膨胀功在闭口系和开口系中的表现形式不同。闭口系只以体积变化一种形式对外做功；而在开口系中，工质在稳定流动过程中对外所做的膨胀功，一部分用于维持工质流动的流动功，另一部分用于增加工质本身的宏观动能和宏观位能，其余部分以轴功的方式与外界进行功量交换。同时可看出，技术功是由热能转换所得的膨胀功扣除流动净功所得到的，即 $w_t = w - \Delta(pv)$。

对于稳定流动的可逆过程，$\delta w = pdv$，代入式(2-18a)可得

$$\delta w_t = \delta w - d(pv) = pdv - d(pv) = -vdp \tag{2-19}$$

如图 2-7 所示，对于稳定流动的可逆过程 1-2，将式(2-19)积分得到技术功的计算式

$$w_t = -\int_1^2 vdp \tag{2-19a}$$

同膨胀功一样，技术功也可表示在p—v图上，如图2-7中，可逆过程1-2的技术功w_t可用此过程线在p坐标轴上的投影面积12cd1表示，而可逆过程1-2的膨胀功$w = \int_1^2 p\mathrm{d}v$可以用过程线在$v$坐标轴上的投影面积12$ba$1表示。同理，面积1$aO$$d$1为推动功$p_1v_1$，面积2$bOc$2为推动功$p_2v_2$。显然，膨胀功$w$（面积12$ba$1）与推动功$p_1v_1$（面积1$aOd$1）之和等于技术功$w_t$（面积12$cd$1）和推动功$p_2v_2$（面积2$bOc$2）之和，这正好与式(2-18)也是相符的，即$w+p_1v_1=p_2v_2+w_t$。

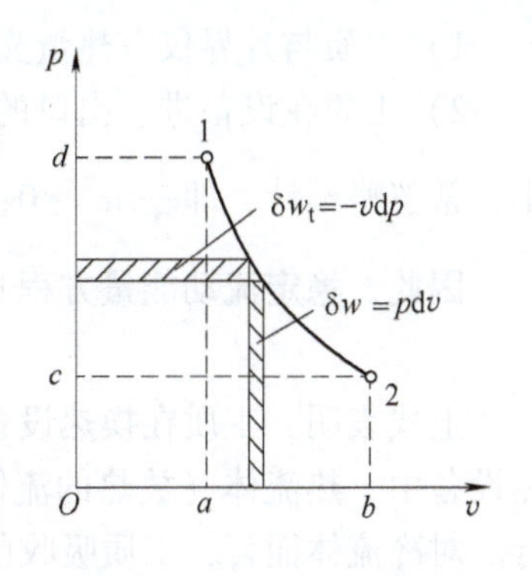

图2-7　技术功与膨胀功图示

很明显，同膨胀功一样，技术功也是过程量，其数值大小不仅与过程初、终状态有关，还与过程特性（过程线）有关。

由式(2-19a)可知，技术功的正负取决于过程中压力的变化，式中负号表示技术功的正负与过程的压力变化dp相反。当压力升高（即d$p>0$）时，技术功为负值，即外界对工质做功（消耗功），如水泵、风机、压缩机等均属此类情况；当压力下降（即d$p<0$）时，技术功为正值，即工质对外界做功，如汽轮机、燃气轮机等都属此类情况。

在一般的工程中，工质在热力设备中的热力过程往往可以不考虑工质的宏观动能和宏观位能的变化，由式(2-15)可知，此时的技术功就等于轴功，即

$$w_t = w_s = w - \Delta(pv) \tag{2-20}$$

对于可逆稳定流动过程，可将式(2-19a)分别代入式(2-16)有

$$q = \Delta h - \int_1^2 v\mathrm{d}p$$

同理，可得到可逆稳定流动的微元热力过程方程和质量为m（单位是kg）的工质的方程，这里不再一一写出。

2.5　稳定流动能量方程的应用

稳定流动能量方程的应用

在实际工程中，大部分热力设备不但可以当作开口系统处理，而且设备中工质的流动大都可视为稳定流动，所以稳定流动能量方程的应用十分广泛。在分析不同的热力设备时，可根据设备中实际过程的具体特点，对能量方程式做出合理简化，从而得到更加简明的表达形式。下面以火电厂中的一些主要热力设备为例，介绍稳定流动能量方程的具体应用。在正常运行工况下，以下设备中工质的流动均可视为稳定流动来处理。

2.5.1　换热设备

换热设备（也称换热器）是指以某种热量传递方式，用来实现热流体和冷流体之间直接传递热量的设备。在设备中，温度较高的热流体将热量传给温度较低的冷流体。火电厂中的换热设备很多，如锅炉、凝汽器、回热加热器和冷油器等。

如图2-8所示，工质流经这类设备时的特点是：

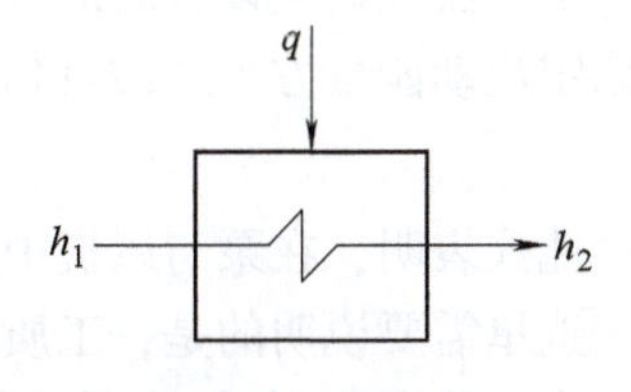

图2-8　换热设备

1）工质与外界仅有热量交换而无功量交换，即 $w_s=0$。

2）工质在设备进、出口的速度差和位置高度差很小，因而动能、位能的变化量相对较小，常忽略不计，即$\frac{1}{2}\Delta c^2\approx 0$，$g\Delta z\approx 0$。

因此，稳定流动能量方程式(2-14a) 应用于换热设备时可简化为

$$q=h_2-h_1 \tag{2-21}$$

上式表明，工质在换热设备中吸收（或放出）的热量等于其焓的增加（或减少）。在换热设备中，热流体（放热的流体）的放热过程和冷流体（吸热的流体）的吸热过程同时进行。对冷流体而言，工质吸收的热量等于其焓的增加，其焓变化量为正值；对热流体而言，工质放出的热量等于其焓的减少，其焓变化量为负值。如果设备是绝热的，则吸热量与放热量必相等。

2.5.2 热力发动机

热力发动机是将工质的热能转换为机械能的设备，如火电厂中蒸汽轮机、燃气轮机等。工质流经热力发动机时，工质膨胀，压力降低，对外输出轴功 w_s。图 2-9 是热力发动机的示意图。

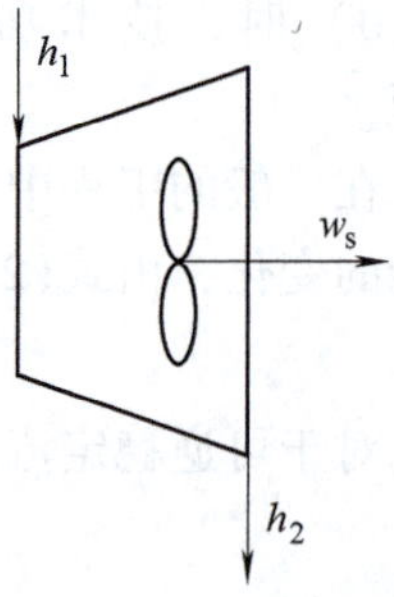

工质流经这类设备时的特点是：

1）由于采用了良好的保温隔热措施，工质流经设备的时间极短，过程中对外的散热量相对于工质所做的功是极小量，可视为是绝热过程，即 $q\approx 0$。

2）工质在设备进、出口的速度差和位置高度差很小，因而动能、位能的变化量相对较小，常忽略不计，即$\frac{1}{2}\Delta c^2\approx 0$，$g\Delta z\approx 0$，此时，$w_s=w_t$。

图 2-9 热力发动机

因此，稳定流动能量方程式(2-14a) 应用于热力发动机时可简化为

$$w_s=h_1-h_2 \tag{2-22}$$

此式表明，工质在热力发动机中对外输出的轴功等于工质焓的减少。

2.5.3 泵与风机

泵与风机是用来输送工质并消耗轴功提高工质压力（将机械能转换成热能）的设备，它们与压缩机等设备都属于压缩机械。火电厂中的泵与风机较多，如给水泵、循环水泵、送风机和引风机等。泵用于输送液体，风机用于输送气体。当工质流经设备时，外界对工质做轴功 w_s，如图 2-10 所示。

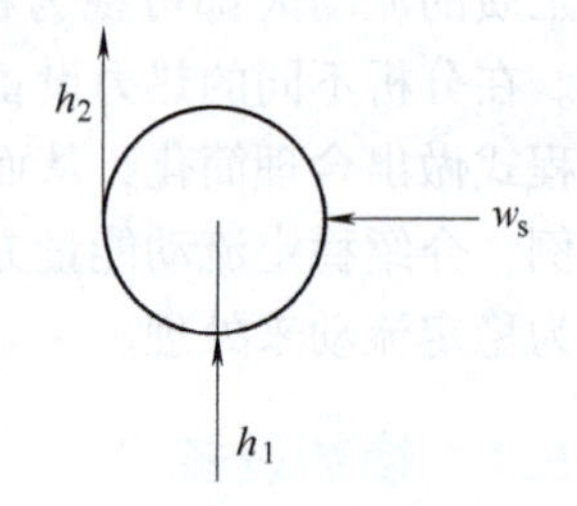

图 2-10 泵与风机

工质流经这类设备时的特点与热力发动机相同，同样可得到稳定流动能量方程式(2-14a) 应用于泵与风机时的简化式

$$-w_s=h_2-h_1 \tag{2-23}$$

此式表明，在泵与风机中外界对工质压缩所消耗的轴功等于工质焓的增加。

这里需要说明的是，工质流经热力发动机时，它的焓值是减少的，即工质的进口焓 h_1 大于出口焓 h_2，轴功 w_s 是正值，系统对外做功，热能转换成了机械能；而工质流经泵与风

机时，它的焓值是增大的，即工质的出口焓 h_2 大于进口焓 h_1，轴功 w_s 是负值，外界对系统做功，消耗的机械能转换成了工质的热能。

2.5.4 喷管与扩压管

喷管是用来使气流降压膨胀以增加流速的一种设备（短管），而扩压管的作用刚好相反，是使气流速度下降以升压的一种设备。在火电厂中的汽轮机、射水（汽）式抽气器等设备中都利用了喷管或扩压管。二者虽然作用不同，但所涉及的能量转换关系是类似的。图 2-11 所示为喷管示意图。

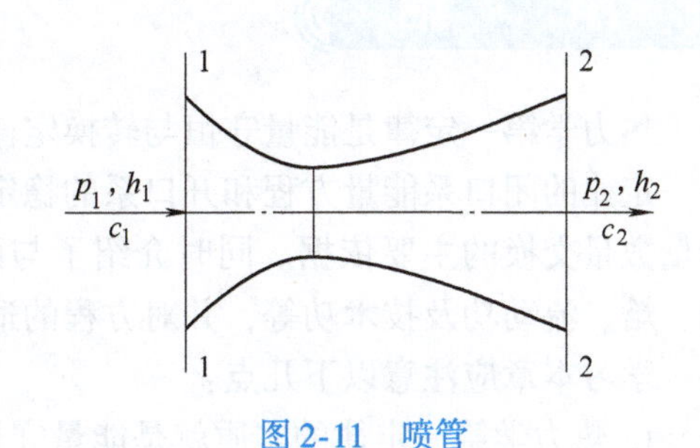

图 2-11 喷管

工质流经喷管或扩压管时的特点是：

1）工质流经喷管时，与外界无功交换，即 $w_s=0$。

2）工质流速一般很高，流经设备的时间极短，对外的散热量极少，可视为是绝热过程，即 $q\approx0$。

3）工质在设备进、出口的位置高度差很小，因而位能的变化量相对较小，可忽略不计，即 $g\Delta z\approx0$。

因此，稳定流动能量方程式(2-14a) 应用于喷管与扩压管时可简化为

$$\frac{1}{2}(c_2^2-c_1^2)=h_1-h_2 \tag{2-24}$$

式(2-24) 表明，工质在喷管或扩压管中的动能变化量等于焓值的变化量。过程中工质与外界无功量和热量交换，只是工质自身能量形式发生转换。当工质流经喷管时，工质动能的增加等于其焓值的减少；当工质流经扩压管时，工质动能的减少等于其焓值的增加。

【例 2-4】 已知汽轮机中蒸汽流量 $q_m=400\text{t/h}$，汽轮机进口蒸汽焓为 $h_1=3263\text{kJ/kg}$，出口蒸汽焓为 $h_2=2232\text{kJ/kg}$。试求汽轮机的功率（不计汽轮机的散热、进出口蒸汽的动能差和位能差）。如果考虑到汽轮机每小时散热 $4\times10^5\text{kJ}$，则汽轮机的功率又为多少？

【解】 (1) 不计汽轮机散热时。根据稳定流动的能量方程式(2-22) 可得，蒸汽每小时在汽轮机中所做的轴功为

$$W_s=q_m(h_1-h_2)=400\times10^3\times(3263-2232)\text{kJ/h}=4.124\times10^8\text{kJ/h}$$

则汽轮机的功率为

$$P=\frac{4.124\times10^8}{3600}\text{kW}=1.146\times10^5\text{kW}$$

(2) 考虑汽轮机散热时。根据稳定流动的能量方程式(2-17) 可得，蒸汽每小时在汽轮机中所做的轴功为

$$W'_s=W_t=q_m(h_1-h_2)-Q=400\times10^3\times(3263-2232)\text{kJ/h}-4\times10^5\text{kJ/h}=4.12\times10^8\text{kJ/h}$$

此时汽轮机的功率变为

$$P'=\frac{4.12\times10^8}{3600}\text{kW}=1.14\times10^5\text{kW}$$

说明：由计算结果可知，将汽轮机的散热量忽略不计时，对汽轮机功率的影响并不大。

所以，将汽轮机内蒸汽的膨胀做功过程看成是绝热过程来分析是合理的。当不计汽轮机进出口蒸汽的动能差和位能差时，技术功 W_t 就等于轴功 W_s。

小　结

热力学第一定律是能量守恒与转换定律在热力学中的具体应用，本章主要介绍了热力学第一定律的闭口系能量方程和开口系的稳定流动能量方程，这两个方程是分析计算热力过程能量数量交换的主要依据。同时介绍了与两个方程有关的一系列概念，如储存能、热力学能、焓、流动功及技术功等，并对方程的适用条件和应用进行了详细分析。

学习本章应注意以下几点：

1. 热力学第一定律的实质就是能量守恒与转换定律。它揭示能量转换过程中能量数量的守恒关系。即：进入系统的能量-离开系统的能量=系统储存能量的变化，这一关系式在任何条件下都是成立的，它是分析能量交换问题的基础。

2. 热力学能和焓是两个重要的状态参数，它们具有状态参数的一切特性。热力学能是工质本身具有的内部能量，在没有化学反应和核反应时，热力学能是内动能和内位能之和，此时热力学能实质上就是热能，它与工质的温度和比体积有关。焓是从开口系统中引出的状态参数，对于开口系，焓是热力学能和推动功之和（$h=u+pv$），它是表示工质在流动中所携带的总能量中由热力状态决定的那一部分能量。对于闭口系，焓仅是一个组合状态参数。在热工计算中，焓得到了广泛应用。

3. 能量方程中几种功的意义及相互之间的关系见表2-1。

表2-1　几种功的意义及相互之间的关系

功的名称	功的符号	说　明
膨胀功	w	（1）膨胀功是简单可压缩系统热变功的唯一途径 （2）对可逆过程，$w=\int_1^2 p\mathrm{d}v$，在 p—v 图上，其值为过程曲线在 v 坐标上的投影面积，其符号与 $\mathrm{d}v$ 相同 （3）与其他功间的关系：$w=\Delta(pv)+w_t$
技术功	w_t	（1）工程技术上可利用的功 （2）对可逆过程，$w_t=-\int_1^2 v\mathrm{d}p$，在 p—v 图上，其值为过程曲线在 p 坐标上的投影面积，其符号与 $\mathrm{d}p$ 相反 （3）w_t 与 w_s 的关系：$w_t=\frac{1}{2}\Delta c^2+g\Delta z+w_s$ （4）w_t 与 w 关系：$w_t=w-\Delta(pv)$
轴功	w_s	（1）系统通过轴与外界交换的功 （2）当过程中 $\frac{1}{2}\Delta c^2$ 和 $g\Delta z$ 忽略不计时，$w_s=w_t$，所计算的技术功就是轴功

功是与过程特性有关的量，利用 p—v 图可表示膨胀功和技术功的大小和方向，要注意它们在图上表示的区别。

4. 热力学第一定律的各种表达式及其适用条件见表2-2。

表2-2　热力学第一定律的各种表达式及其适用条件

公式	适用条件
$q=\Delta u+w$	适用于闭口系的任何工质、任何过程
$q=\Delta u+\int_1^2 p\mathrm{d}v$	适用于闭口系的任何工质、可逆过程
$q=\Delta h+\frac{1}{2}\Delta c^2+g\Delta z+w_s$	适用于稳定流动开口系的任何工质、任何过程
$q=\Delta h+w_t$	适用于稳定流动开口系的任何工质、任何过程
$q=\Delta h-\int_1^2 v\mathrm{d}p$	适用于稳定流动开口系的任何工质、可逆过程

注意：式中应用了 $w=\int_1^2 p\mathrm{d}v$、$w_t=-\int_1^2 v\mathrm{d}p$ 和 $q=\int_1^2 T\mathrm{d}s$ 及其微分式的只适用于可逆过程。表中所列公式均是对应单位质量（1kg）工质的，还可以写出对应一定质量 $m$kg 工质的形式，工程计算中常用的是这两种形式，前面介绍的针对微元热力过程的方程主要用于公式推导与分析。

5. 熟练掌握应用热力学第一定律的数学表达式（特别是稳定流动能量方程式）进行解题的方法，学习中，要更多注意对稳定流动情况下各种形式能量方程的理解与应用。多做练习题，以加深理解。具体步骤如下：

1）根据求解问题，正确选取热力系。

2）列出相应系统的能量方程式。

3）利用已知条件简化方程并求解。

自测练习题

一、填空题（将适当的词语填入空格内，使句子正确、完整）

1. 系统的总储存能包括________和________两项。

2. 热力学能包括________和________两部分，前者是________的函数，后者是________的函数，所以热力学能是状态参数。

3. 热力学第一定律的基本表达式为________，式中符号规定，工质吸热为________，外界对工质做功为________。

4. 稳定流动的能量方程式表示为（1kg 工质）________，它适用于________过程。

5. 焓的定义式为________，其物理意义是________。

6. 推动功只有在工质________时才有意义。技术功等于________和________的代数和。

7. 稳定流动能量方程式应用于汽轮机时可简化为________，应用于锅炉时可简化为________。

8. 已知某 30 万 kW 汽轮机高压缸进口的蒸汽焓 $h_1 = 3461.46\text{kJ/kg}$，出口焓 $h_2 = 3073.97\text{kJ/kg}$，蒸汽质量流量为 1000t/h，则汽轮机高压缸产生的功率为________kW。

二、判断题（判断下列命题是否正确，若正确在 [ ] 内记“√”，错误在 [ ] 内记“×”）

1. 要使工质膨胀，必须对其进行加热。 [ ]
2. 气体膨胀时一定对外做功。 [ ]
3. 系统对外做功后，其储存能量必定减少。 [ ]
4. 工质放热，温度必定降低。 [ ]
5. 由于功是过程量，故推动功也是过程量。 [ ]
6. 若气体温度升高，则工质一定吸热。 [ ]
7. 由式 $w = \Delta(pv) + w_t$ 可知，体积功 w 总是大于技术功 w_t。 [ ]
8. 当系统向外界放热（$Q<0$）时，系统的热力学能必减少。 [ ]
9. 闭口系在压力恒定的过程中吸收的热量等于系统的焓的增加。 [ ]
10. 气体边膨胀边放热是可能的。 [ ]
11. 气体边被压缩边吸入热量是不可能的。 [ ]

三、选择题（下列各题答案中选一个正确答案编号填入 [ ] 内）

1. 电厂中，汽轮机对发电机输出的功是 [ ]。

(A) 技术功 (B) 轴功 (C) 膨胀功

2. 开口系统中，推动功属于下面哪一种形式的能量 [ ]。

(A) 进、出系统的流体本身所具有的能量

(B) 后面的流体对进、出系统的流体为克服界面阻碍而传递的能量

(C) 系统中工质进行状态变化由热能转化而来的能量

3. 气体在某一热力过程中吸热 50kJ，同时热力学能增加 90kJ，则此过程为 [ ]。

(A) 压缩过程 (B) 膨胀过程 (C) 体积保持不变的过程

4. 下列说法中正确的是 [ ]。

(A) 气体吸热时热力学能一定增加

(B) 气体一定要吸收热量后才能对外做功

(C) 气体被压缩时一定消耗外功

5. 空气经一热力过程后热力学能增加 67kJ，并消耗外功 570kJ，此过程为 [ ] 过程。

(A) 吸热过程 (B) 放热过程 (C) 可能吸热也可能放热

6. 热力系的状态改变了，其热力学能的值 [ ]。

(A) 一定改变 (B) 不一定 (C) 状态与热力学能无关

四、问答题

1. 判断下列各式是否正确，并说明原因，若正确，指出其应用条件：

(1) $q = \Delta u + w$；(2) $\mathrm{d}q = \mathrm{d}u + \delta w$；(3) $\mathrm{d}q = \mathrm{d}h - v\mathrm{d}p$

2. 试比较如图 2-12 所示过程 1-2 与过程 1-a-2 中下列各量的大小：

(1) W_{12} 与 W_{1a2}；(2) ΔU_{12} 与 ΔU_{1a2}；(3) Q_{12} 与 Q_{1a2}

3. 对某可逆过程，用焓表示的热力学第一定律表达式是什么？是怎样得来的？

4. 简要说明膨胀功、推动功、轴功和技术功四者之间的关系？如何在 p—v 图上表示膨胀功和技术功的大小？

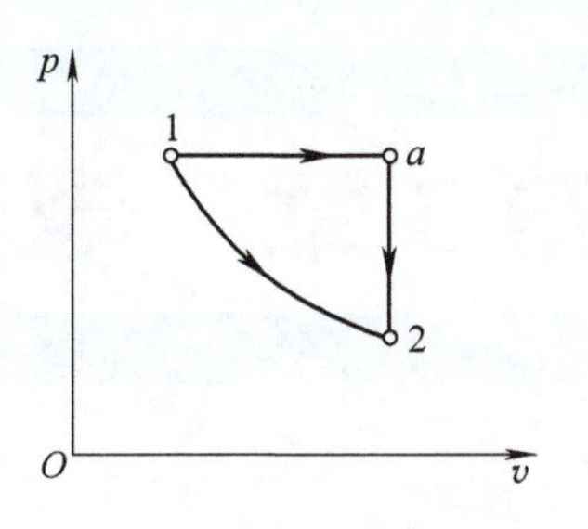

图 2-12　问答题 2 用图

第2章

五、计算题

1. 气体在某一过程中吸入热量 12kJ，同时热力学能增加 20kJ。问此过程是膨胀过程还是压缩过程？气体与外界交换的功是多少？

2. 某火电厂机组发电功率为 25000kW。已知煤的发热量为 29000kJ/kg，发电厂效率为 28%。试求：（1）该电厂每昼夜要消耗多少吨煤？（2）每生产 1 度电要消耗多少 kg 煤？

3. 在一气缸内，初体积为 $0.134m^3$ 的定量气体可逆膨胀至终体积 $0.4m^3$，气体压力在膨胀过程中保持 2×10^5Pa 不变。若过程中传给气体的热量为 80kJ，求气体的热力学能变化了多少？

4. 一闭口热力系中工质沿 a-c-b 途径由状态 a 变到 b 时吸入热量 80kJ，并对外做功 30kJ，如图 2-13 所示。问：

（1）如果沿途径 a-d-b 变化时，对外做功 10kJ，则工质与系统交换的热量是多少？

（2）当工质沿曲线途径从 b 返回 a 时，外界对工质做功 20kJ，此时工质是吸热还是放热？其数量是多少？

（3）当 $U_a=0$、$U_d=40kJ$ 时，过程 a-d 和 d-b 中与外界交换的热量各是多少？

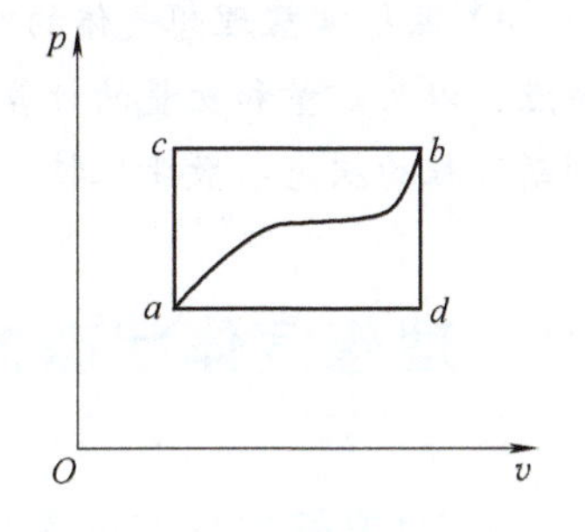

图 2-13　计算题 4 用图

5. 某蒸汽锅炉给水的焓为 62kJ/kg，产生的蒸汽焓为 2721kJ/kg。已知锅炉蒸汽产量为 4000kg/h，锅炉每小时耗煤 600kg，煤的发热量为 25000kJ/kg。求锅炉的热效率（锅炉热效率是指锅炉每小时由水变为蒸汽所吸收的热量与同时间内锅炉所耗燃料的发热量之比）。

6. 对一定量的某种气体加热 100kJ，使之由状态 1 沿途径 a 变至状态 2，同时对外做功 60kJ。若外界对该气体做功 40kJ，迫使它从状态 2 沿途径 b 返回至状态 1。问返回过程中工质需吸热还是向外放热？其数量是多少？

7. 某台锅炉每小时生产蒸汽 30t，已知供给锅炉的水的焓为 417kJ/kg，而锅炉产生的蒸汽的焓为 2874kJ/kg。煤的发热量为 30000kJ/kg，当锅炉热效率为 85% 时，求锅炉每小时的耗煤量。

8. 某蒸汽动力厂中，锅炉以流量 40t/h 向汽轮机供汽。汽轮机进口处压力表的读数是 9.0MPa，蒸汽的焓是 3441kJ/kg。汽轮机出口处真空表的读数是 730.6mmHg，出口蒸汽的焓是 2248kJ/kg，汽轮机向环境散热为 $6.81\times10^5kJ/h$。若当地大气压为 760mmHg，求：

（1）进、出口处蒸汽的绝对压力。

（2）不计进、出口动能差和位能差时汽轮机的功率。

第3章 理想气体及其热力过程

学习目标

1）熟练掌握并能应用理想气体状态方程式。

2）理解理想气体比热容的概念，能针对具体问题熟练选择相应的比热容，并利用平均比热容、定值比热容进行热量的计算，以及理想气体的热力学能、焓及熵变化量的计算。

3）理解理想混合气体的分压力、分体积的概念以及混合气体的成分表示方法，知道混合气体平均分子量及平均气体常数的计算方法。

4）熟练掌握理想气体的四个基本热力过程基本状态参数间的关系、各过程能量交换特点，以及热量和功量的计算。能将各过程表示在 p—v 图和 T—s 图上，并能通过过程线判断过程的状态参数变化特点和功量和热量的正负。

3.1 理想气体状态方程式

3.1.1 理想气体与实际气体

1. 理想气体与实际气体的概念

在热能动力装置中，热能与机械能之间的转换是通过工质的状态变化来实现的，并且其转换的效率与工质的热力性质密切相关。因此，在研究热能的转换时，必须研究工质的热力性质。由于气体具有最好的膨胀性，通过膨胀可实现热功转换，因而气体是最适宜的工质。在热力学中，我们所分析的气体工质主要有实际气体和理想气体两种。

自然界中存在的气体称为实际气体，实际气体分子本身具有一定的体积，而且分子间存在相互作用力。因此，实际气体的热力性质极其复杂，很难找出其分子的运动规律。为简化分析计算，从而得到普遍规律，人们提出了理想气体这一概念。

理想气体是指气体分子是一些弹性的、不占体积的质点，且分子间没有相互作用力的气体。理想气体是一种实际中不存在的假想气体。根据这两个假定条件，可使气体分子的运动规律得以简化，从而可定量导出气体状态参数间存在的简单函数关系。

当气体的温度不太低、压力不太高时，气体分子本身的体积和分子之间的相互作用力小到可以忽略不计，这时我们可以将实际气体视为理想气体。例如，工程上常用的 O_2、H_2、N_2、CO、CO_2等气体以及由这些气体组成的混合气体——空气、烟气等，均可以视为理想气体。

当气体处于很高的压力或很低的温度时，气体接近于液态，使得分子本身的体积及分子间的相互作用力都不能忽略。这时的气体就不能视为理想气体。例如火电厂中使用的水蒸气、制冷设备中的制冷剂蒸汽、石油气等，都属于实际气体。但空气及烟气中的水蒸气因其含量少、压力低、比体积大，通常认为具有理想气体的特性，可视为理想气体。由此可见，气体是否可视为理想气体，要根据其所处的状态及工程计算所要求的精确度而定。

2. 理想气体热力学能的特点

气体的热力学能包括内动能和内位能，由于理想气体分子之间不存在相互作用力，故不考虑理想气体的内位能，其热力学能只有内动能，而内动能只是温度的函数，因而理想气体的热力学能只是温度的函数，温度确定，其热力学能就有确定的值，即$u=f(T)$。

3.1.2　理想气体状态方程式及其应用

1. 理想气体状态方程式

通过大量的实验和理论证明，处于某平衡状态的理想气体的三个基本状态参数之间存在着一定函数关系，这就是物理学中波义耳—马略特定律、盖—吕萨克定律和查理定律所表达的内容。这三条定律可以综合表达为

$$pv=R_gT \tag{3-1}$$

式(3-1)称为1kg质量的理想气体状态方程式，1834年由克拉贝龙首先导出，因此也称为克拉贝龙方程式。应用此方程式可以根据任意一状态下已知的两个状态参数，求出第三个状态参数。此式还说明两个独立状态参数可确定一个状态。

将式(3-1)两边同乘以气体质量m，得到质量为m（单位为kg）的理想气体的状态方程式为

$$pV=mR_gT \tag{3-2}$$

式中，p为气体的绝对压力（Pa）；v为气体的比体积（m^3/kg）；V为质量为m(单位是kg）的气体的总体积（m^3）；T为气体的热力学温度（K）；R_g为气体常数[J/(kg·K)]。

利用式(3-2)不但可以进行基本状态参数间的计算，而且在已知p、T、V时可求得气体的质量m，也可在已知p、T、m时求得气体的体积V。

气体常数R_g只与气体的种类有关，而与气体的状态无关，也就是说：同一种气体无论在什么状态下，其R_g的值都相同，为一常量；而不同种类的气体，其R_g的值是不相同的。一些常用气体的R_g值见表3-1。

表3-1　常用气体的R_g值

名称	化学式	分子量	气体常数R_g /[J/(kg·K)]	名称	化学式	分子量	气体常数R_g /[J/(kg·K)]
氢	H_2	2	4124.0	一氧化碳	CO	28	296.8
氧	O_2	32	259.8	二氧化碳	CO_2	44	188.9
氮	N_2	28	296.8	水蒸气	H_2O	18	461.5
空气	—	28.96	287.0	氨	NH_3	17	488.2

在应用方程时，对同一种气体的两个不同状态间，状态方程式(3-1)和式(3-2)还可

写为

$$\frac{p_1v_1}{T_1}=\frac{p_2v_2}{T_2}=\frac{pv}{T}=R_g \tag{3-1a}$$

$$\frac{p_1V_1}{T_1}=\frac{p_2V_2}{T_2} \tag{3-2a}$$

利用式(3-1a) 和式(3-2a) 可直接进行理想气体的两个状态之间的未知参数的计算。

若气体为1kmol，将式(3-1) 两边同乘以气体的千摩尔质量 M（单位为kg/kmol），有

$$pMv=MR_gT$$

整理得1kmol气体表示的状态方程式为

$$pV_m=RT \tag{3-3}$$

式中，V_m 为气体的千摩尔体积(m^3/kmol)，$V_m=Mv$；R 为通用气体常数[J/(kmol · K)]，$R=MR_g$。

根据阿伏加德罗定律，在同温、同压下，所有气体的千摩尔体积 V_m 都相等。所以由式(3-3)可得，所有气体的 R 都相等，并且其数值与气体所处的具体状态无关。故称 R 为通用气体常数，其值可由气体在任意一状态下的参数确定。

2. 气体常数与通用气体常数

在标准状态（$p_0=101325$Pa，$T_0=273$K）下，1kmol任何气体所占有的体积都等于22.4m^3。将此组数据代入式(3-3) 可得通用气体常数为

$$R=MR_g=\frac{p_0V_m}{T}=\frac{101325\times22.4}{273}\text{J/(kmol · K)}=8314\text{J/(kmol · K)}$$

由此得气体常数 R_g 与通用气体常数 R 之间的关系为

$$R_g=\frac{R}{M}=\frac{8314\text{J/(kmol · K)}}{M} \tag{3-4}$$

由于1kmol物质的质量数值与气体的相对分子量的数值相等，这样，利用通用气体常数及气体的分子量即可求得其气体常数，如空气的分子量为28.96，则其千摩尔质量为28.96kg/kmol，由式(3-4) 可得空气的气体常数为

$$R_g=\frac{R}{M}=\frac{8314}{M}=\frac{8314}{28.96}\text{J/(kg · K)}=287\text{J/(kg · K)}$$

【例3-1】 求压力为0.5MPa、温度为160℃时氮气的比体积、密度及千摩尔体积。

【解】 查表3-1，氮气的气体常数为296.8J/(kg · K)，根据理想气体的状态方程式(3-1)，其比体积为

$$v=\frac{R_gT}{p}=\frac{296.8\times(273+160)}{0.5\times10^6}\text{m}^3/\text{kg}=0.257\text{m}^3/\text{kg}$$

则密度为

$$\rho=\frac{1}{v}=\frac{1}{0.257}\text{kg/m}^3=3.891\text{kg/m}^3$$

千摩尔体积为

$$V_m=Mv=28\times0.257\text{m}^3/\text{kmol}=7.196\text{m}^3/\text{kmol}$$

或由式(3-3) 得千摩尔体积

$$V_m = \frac{RT}{p} = \frac{8314 \times (273 + 160)}{0.5 \times 10^6} \mathrm{m^3/kmol} = 7.196 \mathrm{m^3/kmol}$$

【例 3-2】 某锅炉燃烧需要空气量 $66000\mathrm{m^3/h}$（标准状态），风机实际送入的是热空气，温度为 250℃，表压力为 150mmHg，试计算实际送入锅炉的空气流量。（当地大气压为 765mmHg）

【解】 标准状态是指 $p_0 = 101325\mathrm{Pa}$、$T_0 = 273\mathrm{K}$ 的状态。

由$\frac{pV}{T} = \frac{p_0 V_0}{T_0}$可得实际送入锅炉的空气流量为

$$V = \frac{p_0 V_0 T}{p T_0} = \frac{101325 \times 66000 \times (273 + 250)}{(150 + 765) \times 133.32 \times 273} \mathrm{m^3/h} = 1.05 \times 10^5 \mathrm{m^3/h}$$

说明：在利用状态方程式时，一定要注意方程式中对各量单位的要求，p 的单位是 Pa，v 的单位是 $\mathrm{m^3/kg}$，R_g 的单位是 $\mathrm{J/(kg \cdot K)}$，T 的单位是 K。

3.2 理想气体的比热容

3.2.1 比热容的定义及分类

比热容是物质的重要热力性质之一。在分析气体的热力过程时，常常涉及气体与外界交换的热量以及气体工质的热力学能、焓和熵的变化量的计算，这些都要借助气体的比热容来进行计算。

在加热（或冷却）过程中使物体温度升高（或降低）1K 时所吸收（或放出）的热量称为该物体的热容量，简称热容，用 C 表示，单位为 kJ/K，即

$$C = \frac{\delta Q}{\mathrm{d}T}$$

热容不但与工质本身的性质和所经历的过程特性有关，还与物质的量有关，因而工程中常用单位物量的热容，即比热容（简称比热）。比热容的定义为：单位物量的物质温度升高（或降低）1K 所吸收（或放出）的热量，用 c 表示。即

$$c = \frac{\delta q}{\mathrm{d}T} \tag{3-5}$$

比热容的单位取决于物量的单位，选用不同的物量单位，其比热容的单位就不同。对于固体、液体物质而言，物量单位常用质量（kg）；而对于气体，除用质量单位外，还常用标准容积（气体在标准状态下的体积，$\mathrm{Nm^3}$）和千摩尔作为单位。因此，对于气体相应就有质量热容、体积热容和千摩尔热容三种。理想气体比热容的三种类型见表 3-2。

表 3-2　理想气体比热容的三种类型

比热容名称	符号	物量的单位	定义	比热容单位
质量热容	c	kg	1kg 气体温度升高（或降低）1K 所吸收（或放出）的热量	$\mathrm{J/(kg \cdot K)}$ 或 $\mathrm{kJ/(kg \cdot K)}$
体积热容	c'	$\mathrm{Nm^3}$	$1\mathrm{Nm^3}$ 气体温度升高（或降低）1K 所吸收（或放出）的热量	$\mathrm{J/(Nm^3 \cdot K)}$ 或 $\mathrm{kJ/(Nm^3 \cdot K)}$
千摩尔热容	c_m	kmol	1kmol 气体温度升高（或降低）1K 所吸收（或放出）的热量	$\mathrm{J/(kmol \cdot K)}$ 或 $\mathrm{kJ/(kmol \cdot K)}$

根据物量单位之间的关系，可求出上述三种比热容之间的关系，即

$$c_{\mathrm{m}} = Mc = 22.4c' \tag{3-6}$$

或

$$c = \frac{c_{\mathrm{m}}}{M} = v_0 c' \tag{3-6a}$$

式中，M 为气体的千摩尔质量（$\mathrm{m^3/kmol}$）；v_0 为气体在标准状态下的比体积（$\mathrm{Nm^3/kg}$）；22.4 是在标准状态下 1kmol 任何气体的体积均为 $22.4\mathrm{m^3}$。

比热容是重要的物性参数，它不仅与物质的种类及性质有关，如水的比热容大于空气的比热容，还与气体的热力过程特性以及所处的状态有关。因此，根据过程特性（加热条件）不同，比热容有比定压热容和比定容热容之分；根据热量计算要求不同，比热容还有真实比热容、平均比热容和定值比热容之分。下面将分别介绍。

3.2.2 比定容热容和比定压热容

气体的加热或冷却总是伴随热力过程来实现的，由于热量是过程量，同一种气体在相同的初、终状态下，经历不同的加热或冷却过程，其与外界交换的热量就不同，气体的比热容就不同，也就是说比热容与过程特性有关，同一种气体经历不同的热力过程有不同的比热容。工程上最常遇到的是气体在压力不变或体积不变的条件下加热（或冷却），这时相应的比热容分别称为比定压热容和比定容热容。

1. 比定压热容与比定容热容的定义

在定压（定容）情况下，单位物量的气体温度升高（或降低）1K 所吸收（或放出）的热量，称为该气体的比定压（定容）热容，并分别在比热容符号的下方以下标“p”（或“V”）来区别表示。

按选取物量的单位不同，比定压热容和比定容热容分别有三种类型，见表 3-3。

表 3-3 比定压热容与比定容热容的三种类型

比定压热容		比定容热容	
名 称	符 号	名 称	符 号
质量定压热容	c_p	质量定容热容	c_V
体积定压热容	c'_p	体积定容热容	c'_V
千摩尔定压热容	$c_{p,\mathrm{m}}$	千摩尔定容热容	$c_{V,\mathrm{m}}$

2. 定容热容与定压热容的关系

理论和实践都表明，比定压热容大于比定容热容。这是因为定容过程中气体不对外膨胀做功，所吸收的热量全部用于增加气体的热力学能，使其温度升高；而在定压过程中，气体吸收的热量不仅用于升高气体的温度（热力学能），还要对外膨胀做功。所以同样升高 1K，定压时较定容时受热需要更多的热量，因此气体的比定压热容大于比定容热容。

下面以图 3-1 为例进行分析，图 3-1a 为定容加热，图 3-1b 为定压加热，图 3-1c 为定容加热与定压加热过程的 T—s 图。分析 1kg 某种理想气体从温度 T_1 分别经定容和定压加热过程升高 1K。在图 3-1c 中，a-b 为定容加热过程，a-c 为定压加热过程，T—s 图为示热图，

从图中可以看出，a-c 过程的吸热量（面积 $acfda$）大于 a-b 过程的吸热量（面积 $abeda$），即比定压热容大于比定容热容。

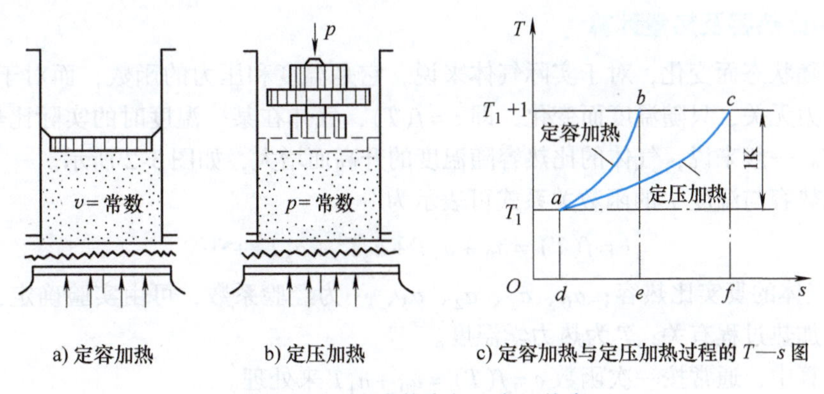

图 3-1 比定容热容与比定压热容

1kg 气体分别经 a-c 定压过程和 a-b 定容过程，温升 1K 的吸热量 q_p 和 q_V 为

$$q_p = c_p(T_2 - T_1) = c_p$$

$$q_V = c_V(T_2 - T_1) = c_V$$

因此

$$q_p - q_V = c_p - c_V \tag{a}$$

由于在定压过程中，气体对外做功 $w_p = p(v_2 - v_1) = R_g(T_2 - T_1) = R_g$（温升 1K 时），在定容过程中，气体对外界做功 $w_V = 0$，根据热力学第一定律有

$$q_p = \Delta u + w_p = \Delta u + R_g(T_2 - T_1) = \Delta u + R_g$$

$$q_V = \Delta u + w_V = \Delta u$$

由于理想气体的热力学能只是温度的函数，故两过程的热力学能变化量相等，所以

$$q_p - q_V = R_g \tag{b}$$

比较式（a）、式(b) 可得

$$c_p - c_V = R_g \tag{3-7}$$

式(3-7) 称为迈耶公式。

迈耶公式表明同一种理想气体的比定压热容恒大于比定容热容，而且，虽然比定压热容和比定容热容都是温度的函数，但它们的差值是常数，并仅与气体种类有关。从迈耶公式的导出过程可知，气体常数 R_g 可视为 1kg 气体在定压下温度升高 1K 时对外所做的功。

有了上述的关系式，在比定压热容和比定容热容两者之中，只要由实验测出其中之一，就可算出另一个。实际上，因实验中保持定容比较困难，一般测定的都是比定压热容。

将式(3-7) 两边都乘以千摩尔质量（相对分子质量）M，则

$$Mc_p - Mc_V = MR_g = R \tag{3-8}$$

或写为

$$c_{p,\mathrm{m}} - c_{V,\mathrm{m}} = R \tag{3-8a}$$

在热力工程计算中，还常常用到比定压热容与比定容热容之比，称其为比热容比，理想气体的比热容比等于等熵指数，以 κ 表示，即 $\kappa = c_p/c_V$。

3.2.3 真实比热容、定值比热容与平均比热容

1. 真实比热容及热量计算

比热容随状态而变化，对于实际气体来说，它是温度和压力的函数，而对于理想气体，比热容与压力无关，只随温度而变化，即 $c=f(T)$，气体在某一温度时的实际比热容值称为真实比热容。一般来说，气体的比热容随温度的升高而增大，如图 3-2 所示。

气体比热容与温度 T 的函数关系式可表示为

$$c=f(T)=a_0+a_1T+a_2T^2+a_3T^3+\cdots \tag{3-9}$$

式中，c 为气体的真实比热容；a_0、a_1、a_2、a_3、…为经验系数，可由实验确定，其值与气体的种类和加热过程有关；T 为热力学温度。

工程计算中，通常按一次函数 $c=f(T)=a_0+a_1T$ 来处理。

知道比热容随温度的变化关系后，根据比热容定义式(3-5)，可积分求得气体由 T_1 升高到 T_2 所需的热量为

$$q=\int_{T_1}^{T_2}c\mathrm{d}T=\int_{T_1}^{T_2}f(T)\mathrm{d}T \tag{3-10}$$

根据 T 与 t 关系，也可写为

$$q=\int_{t_1}^{t_2}f(t)\mathrm{d}t \tag{3-10a}$$

由于比热容与温度的关系较为复杂，利用此式来计算热量就比较麻烦。工程上为了计算方便，常利用平均比热容和定值比热容进行热量计算。

2. 定值比热容及热量计算

在实际计算时，如温度较低、温度的变化范围不大，或对计算精度要求不高，则可把气体的比热容看成是与温度无关的常数，这种比热容称为定值比热容。根据分子运动论，凡是原子数相同的气体，其摩尔热容也相同。千摩尔热容与一定原子数气体的关系见表 3-4。实验证明，表中的数据仅是低温范围内的近似值，温度越高，误差越大。多原子气体的误差比单原子气体的误差大。欲求气体的质量热容 c 或体积热容 c'，可根据式(3-6) 进行换算。

表 3-4 理想气体的定值千摩尔热容 [单位：kJ/(kmol·K)]

气体种类	单原子气体	双原子气体	多原子气体
$c_{V,\mathrm{m}}$	$\frac{3}{2}R$	$\frac{5}{2}R$	$\frac{7}{2}R$
$c_{p,\mathrm{m}}$	$\frac{5}{2}R$	$\frac{7}{2}R$	$\frac{9}{2}R$
比热容比 $\kappa=c_{p,\mathrm{m}}/c_{V,\mathrm{m}}$	1.67	1.4	1.29

若把气体的比热容看作定值，则 1kg 气体自 t_1 沿特定过程升高到 t_2 时所需热量为

$$q=c(t_2-t_1) \tag{3-11}$$

对质量为 m（单位为 kg）的气体，所需热量为

$$Q=mc(t_2-t_1) \tag{3-11a}$$

对于标准状态下体积为 V_0（单位为 m^3）的气体，所需热量为

$$Q = V_0 c'(t_2 - t_1) \tag{3-11b}$$

3. 平均比热容及热量计算

在实际热力过程中，气体往往处于很高的温度范围，此时，比热容随温度变化较大，视其为定值来计算热量会带来较大误差。只能用式(3-10)来计算。工程上为了计算方便，常利用平均比热容的概念来计算热量。如图3-2所示，从 t_1 加热至 t_2 所需要的热量为 q，由式(3-10a)的计算结果在 c—t 图上相当于面积 $12cd1$。根据定积分中值定理，我们总可以在 t_1 至 t_2 间找到某个矩形 $abcd$，使其面积 $abcda$ 等于面积 $12cd1$，即 $q = \int_{t_1}^{t_2} c\mathrm{d}t$ = 面积 $12cd1$ = 面积 $abcda$ = $\overline{ad}(t_2 - t_1)$，矩形的高度 $\overline{ad}$ 就是 t_1 和 t_2 温度范围内真实比热容的平均值，称为平均比热容，用符号 $c\Big|_{t_1}^{t_2}$ 表示，故有

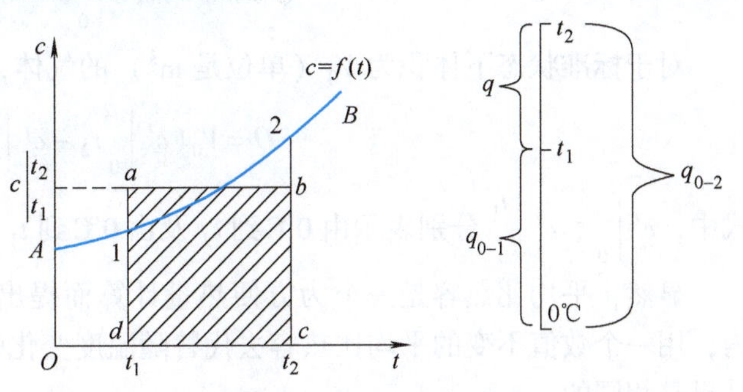

图3-2　平均比热容示意图

$$c\Big|_{t_1}^{t_2} = \frac{q}{t_2 - t_1}$$

因此上式可写成

$$q = \int_{t_1}^{t_2} c\mathrm{d}t = c\Big|_{t_1}^{t_2}(t_2 - t_1) \tag{3-12}$$

然而，$c\Big|_{t_1}^{t_2}$ 值随 t_1 和 t_2 的变化而不同，要列出随 t_1 和 t_2 温度范围而变化的平均比热容值非常多，这也给实际应用造成很多困难。因此，工程中通常将平均比热容的温度范围均选择共同的下限温度为0℃，列出0℃到任意温度 t 的平均比热容（详见本书附录中附表1、附表2），这样对热量的计算会带来很大方便。

由于气体从 t_1 加热至 t_2 所需要的热量 q（面积 $12cd1$）在数值上等于从0℃加热至 t_2 所需要的热量 q_{0-2}（面积 $OA2cO$）与从0℃加热至 t_1 所需要热量 q_{0-1}（面积 $OA1dO$）的差，这从图3-2中也不难看出。即

$$q(\text{面积 } 12cd1) = q_{0-2}(\text{面积 } OA2cO) - q_{0-1}(\text{面积 } OA1dO)$$

所以有

$$q = q_{0-2} - q_{0-1} = \int_0^{t_2} c\mathrm{d}t - \int_0^{t_1} c\mathrm{d}t = c\Big|_0^{t_2}(t_2 - 0) - c\Big|_0^{t_1}(t_1 - 0)$$

即

$$q = c\Big|_0^{t_2} t_2 - c\Big|_0^{t_1} t_1 \tag{3-13}$$

式中，$c\Big|_0^{t_2}$、$c\Big|_0^{t_1}$ 分别表示由0℃到 t_2 及由0℃到 t_1 的平均比热容，单位是kJ/(kg·K)。

根据迈耶公式，可求得平均质量定容热容为

$$c_V\Big|_0^t = c_p\Big|_0^t - R_g \tag{3-14}$$

对于质量为 m（单位为kg）的气体，总热量为

$$Q = mq = m\left(c\Big|_0^{t_2} t_2 - c\Big|_0^{t_1} t_1\right) \tag{3-15}$$

对于标准状态下体积为 V_0（单位是 m^3）的气体，总热量为

$$Q = V_0\left(c'\Big|_0^{t_2} t_2 - c'\Big|_0^{t_1} t_1\right) \tag{3-16}$$

式中，$c'\Big|_0^{t_2}$、$c'\Big|_0^{t_1}$ 分别表示由 0℃ 到 t_2 及由 0℃ 到 t_1 的平均体积热容。

显然，平均比热容是一个为方便热量计算而提出的假想概念，在某一确定的温度范围内，用一个数值不变的平均比热容去代替随温度变化的真实比热容来进行热量计算，其计算结果是相同的。

【例 3-3】 某锅炉利用排放的烟气对空气进行加热，空气在换热器中由 27℃ 定压加热至 327℃，求 1kg 空气的吸热量。空气的比热容取值按以下两种情况：（1）定值比热容；（2）平均比热容。

【解】 （1）按定值比热容计算。

将空气看作双原子气体，查表 3-4 得定压千摩尔定值比热容为

$$c_{p,m} = \frac{7}{2}R = \frac{7}{2} \times 8.314\text{kJ/(kmol·K)} = 29.10\text{kJ/(kmol·K)}$$

则空气的质量定压热容为

$$c_p = \frac{c_{p,m}}{M} = \frac{29.10}{28.96}\text{kJ/(kg·K)} = 1.00445\text{kJ/(kg·K)}$$

故 1kg 空气的定压吸热量为

$$q_p = c_p(t_2 - t_1) = 1.00445 \times (327 - 27)\text{kJ/kg} = 301.34\text{kJ/kg}$$

（2）按平均比热容计算。

查气体的平均质量定压热容表（附表 1），可得

$$c_p\Big|_0^{27℃} = c_p\Big|_0^{0} + \frac{c_p\Big|_0^{100℃} - c_p\Big|_0^{0}}{(100-0)} \times (27-0)$$

$$= 1.004\text{kJ/(kg·K)} + \frac{1.006 - 1.004}{100} \times 27\text{kJ/(kg·K)}$$

$$= 1.00454\text{kJ/(kg·K)}$$

$$c_p\Big|_0^{327℃} = c_p\Big|_0^{300℃} + \frac{c_p\Big|_0^{400℃} - c_p\Big|_0^{300℃}}{(400-300)} \times (327-300)$$

$$= 1.019\text{kJ/(kg·K)} + \frac{1.028 - 1.019}{100} \times 27\text{kJ/(kg·K)}$$

$$= 1.02143\text{kJ/(kg·K)}$$

则 1kg 空气的定压吸热量为

$$q_p = c_p\Big|_0^{t_2} \cdot t_2 - c_p\Big|_0^{t_1} \cdot t_1 = 1.02143 \times 327\text{kJ/kg} - 1.00454 \times 27\text{kJ/kg}$$

$$= 306.88\text{kJ/kg}$$

说明：①在不同情况下应采用不同的比热容计算热量。当温度较低且计算精度要求不高

时，采用定值比热容计算较简单；而在温度变化范围大，尤其是涉及较高温度时，用定值比热容计算将会产生较大误差，这时应采用平均比热容计算。②查取工程图表时，常会遇到图表中不能直接查到的参数值，此时需要运用插值的方法。如本题中需要确定0～27℃和0～327℃的平均质量定压热容，而表中不能直接查出。常用的最简单的插值方法为线性插值。

3.3 理想气体的热力学能、焓和熵变化量的计算

3.3.1 理想气体的热力学能、焓变化量的计算

如前所述，理想气体的热力学能只是温度的单值函数，即 $u=f(T)$。根据焓的定义式 $h=u+pv$ 和理想气体状态方程 $pv=R_gT$ 有 $h=u+R_gT=f(T)$，所以理想气体的焓也是温度的单值函数，即当某种理想气体的温度确定后，其热力学能和焓也随之确定。对于同一种理想气体而言，无论经历什么过程，只要变化前后的温度相同，其热力学能和焓的变化量也相同。

根据热力学第一定律，对于可逆过程有

$$\delta q=\mathrm{d}u+p\mathrm{d}v \tag{3-17}$$

对定容过程而言，有 $\mathrm{d}v=0$，$\delta q=c_V\mathrm{d}T$，可知理想气体的热力学能变化量为

$$\mathrm{d}u=c_V\mathrm{d}T \tag{3-18}$$

如比热容为定值，则有

$$\Delta u=c_V\Delta T \tag{3-18a}$$

与此类似，可以得到理想气体的焓变化量计算式。根据用焓表示的热力学第一定律表达式

$$\delta q=\mathrm{d}h-v\mathrm{d}p$$

对定压过程而言，有 $\mathrm{d}p=0$，$\delta q=c_p\mathrm{d}T$，可知理想气体的焓变化量为

$$\mathrm{d}h=c_p\mathrm{d}T \tag{3-19}$$

如比热容为定值，则有

$$\Delta h=c_p\Delta T \tag{3-19a}$$

由于理想气体的热力学能和焓都只是温度的函数，故无论什么过程，只要其初、终态温度相同，当比热容为定值，都可用式(3-18a)和式(3-19a)来计算理想气体的热力学能和焓的变化量。

两点说明：①上述关于理想气体热力学能和焓变化量的计算公式都是将理想气体的比热容视为定值而得到的。工程上，根据计算精度的要求，可以选用平均比热容进行计算，还可由热力性质表（即 u—T 表和 h—T 表）直接查取。②热力学计算中，一般只求热力学能和焓的变化量，而不必确定其绝对数值，故可人为地规定某状态下热力学能或焓的数值为零。通常规定热力学温度 $T=0\mathrm{K}$ 时 $u_0=0\mathrm{J/kg}$，这时 $h_0=u_0+p_0v_0=u_0+R_gT_0=0\mathrm{J/kg}$。然后根据热力学能和焓变化量的计算式来确定气体在某一温度下热力学能和焓的绝对数值。

3.3.2 理想气体的熵变化量的计算

利用熵的定义式、热力学第一定律、理想气体状态方程、热力学能和焓变化量计算式，可导出理想气体的熵变化量的计算式(推导略)。当比热容视为定值时，熵变化量的计算式为

$$\Delta s = c_V \ln \frac{T_2}{T_1} + R_g \ln \frac{v_2}{v_1} \tag{3-20}$$

$$\Delta s = c_p \ln \frac{T_2}{T_1} - R_g \ln \frac{p_2}{p_1} \tag{3-20a}$$

$$\Delta s = c_V \ln \frac{p_2}{p_1} + c_p \ln \frac{v_2}{v_1} \tag{3-20b}$$

从以上各式不难看出，理想气体的熵变化量完全取决于初态和终态，而与过程所经历的途径无关。也就是说，理想气体的熵是一个状态函数。因此，若比热容可以取定值，以上各熵变化量的计算式对于理想气体的任何过程都适用。

在一般的热工计算中，与热力学能及焓一样，只涉及熵的变化量，因此，不管选择哪一个基准态，都不会影响任意两个状态间熵变化量的计算值。

3.4 理想混合气体的性质

热力工程上所应用的气体，往往不是单一成分的气体，而是由几种不同性质的气体组成的混合气体。例如，空气是由氧气、氮气和少量二氧化碳等组成的；电厂锅炉中燃料燃烧生成的烟气，主要是由二氧化碳、水蒸气、氧气、氮气和二氧化硫等组成。这些混合气体的各组成气体（简称组元）之间不发生化学反应，因此，混合气体是一种均匀混合物。若混合气体中各组成气体都具有理想气体的性质，则整个混合气体也具有理想气体的性质，这种混合气体称为理想混合气体（简称混合气体）。理想混合气体必然遵循理想气体的有关规律及关系式。混合气体的热力性质取决于各组成气体的热力性质及其所占份额。

显然，混合气体的质量 m 等于各组成气体的质量之和；混合气体的摩尔数 n 等于各组成气体的摩尔数之和。即

$$m = m_1 + m_2 + \cdots + m_k = \sum_{i=1}^{k} m_i \tag{3-21}$$

$$n = n_1 + n_2 + \cdots + n_k = \sum_{i=1}^{k} n_i \tag{3-22}$$

式中，m_i 为混合气体中第 i 种组成气体的质量；n_i 为混合气体中第 i 种组成气体的摩尔数；k 为组成混合气体的组元数。

3.4.1 混合气体的基本状态参数及基本定律

1. 混合气体的温度

由于分子热运动使混合气体中各组成气体均匀地混合在一起，在平衡状态下内部各处温度均匀一致，所以混合气体的各组成气体温度相等，都等于混合气体的温度，即

$$T = T_1 = T_2 = \cdots = T_k$$

2. 分压力和道尔顿分压力定律

混合气体的各组成气体由于分子热运动都会对容器壁面产生各自的压力。所谓混合气体的分压力，指假定混合气体中某组成气体单独存在，处于混合气体的温度 T，并单独占据混合气体体积 V 时对容器壁面所产生的压力，用 p_i 表示，其中 $i = 1、2、3、\cdots、k$，如图 3-3

所示（图中假设混合气体由三种气体组成）。

道尔顿分压力定律指出：理想混合气体的总压力 p 等于各组成气体分压力 p_i 之和，即

$$p = p_1 + p_2 + \cdots + p_k = \sum_{i=1}^{k} p_i \tag{3-23}$$

严格地讲，道尔顿定律只适用于理想气体，不过当实际气体压力不太高，温度不太低，接近理想气体性质时，可近似应用道尔顿定律。在火电厂中，热力除氧器的除氧原理便应用了道尔顿分压力定律。

3. 分体积和分体积定律

处于混合气体的温度和压力下，某组成气体单独存在时所具有的体积，称为该组成气体的分体积，用 V_i 表示，如图3-4所示。

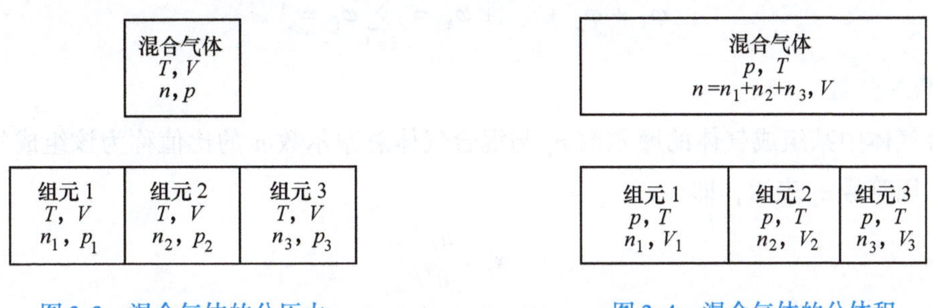

图3-3 混合气体的分压力　　图3-4 混合气体的分体积

阿密盖特分体积定律指出：理想混合气体的总体积 V 等于各组成气体分体积 V_i 之和，即

$$V = V_1 + V_2 + \cdots + V_k = \sum_{i=1}^{k} V_i \tag{3-24}$$

显然，分体积定律也只适用于理想混合气体。因为实际混合气体中，各组成气体之间存在着相互作用与影响。

3.4.2 混合气体的成分表示方法

混合气体的性质不仅与各组成气体的性质有关，而且与各组成气体所占的数量份额有关。为此，需要研究混合气体的成分。混合气体的成分是指各组成气体在混合气体中所占的数量份额。按所用数量单位的不同，混合气体的成分有质量分数、体积分数、摩尔分数三种表示方法。

1. 质量分数

混合气体中某组成气体的质量 m_i 与混合气体总质量 m 的比值称为该组成气体的质量分数，用符号 w_i 表示，即

$$w_i = \frac{m_i}{m} \tag{3-25}$$

由于混合气体的总质量 m 等于各组成气体质量 m_i 的总和，即

$$m = m_1 + m_2 + \cdots + m_k = \sum_{i=1}^{k} m_i$$

所以，各组成气体质量分数之和等于1，即

$$w_1 + w_2 + \cdots + w_k = \sum_{i=1}^{k} w_i = 1 \tag{3-26}$$

2. 体积分数

混合气体中某组成气体的分体积 V_i 与混合气体总体积 V 的比值称为该组成气体的体积分数，用符号 φ_i 表示，即

$$\varphi_i = \frac{V_i}{V} \tag{3-27}$$

根据分体积定律，各组成气体的体积分数之和也等于1，即

$$\varphi_1 + \varphi_2 + \cdots + \varphi_k = \sum_{i=1}^{k} \varphi_i = 1 \tag{3-28}$$

3. 摩尔分数

混合气体中某组成气体的摩尔数 n_i 与混合气体总摩尔数 n 的比值称为该组成气体的摩尔分数，用符号 x_i 表示，即

$$x_i = \frac{n_i}{n} \tag{3-29}$$

同样，由于混合气体的总摩尔数 n 等于各组成气体的摩尔数 n_i 之和，即

$$n = n_1 + n_2 + \cdots + n_k = \sum_{i=1}^{k} n_i$$

因此，各组成气体的摩尔分数之和也等于1，即

$$x_1 + x_2 + \cdots + x_k = \sum_{i=1}^{k} x_i = 1 \tag{3-30}$$

4. 三种成分间的关系

（1）体积分数和摩尔分数之间的关系

$$\varphi_i = \frac{V_i}{V} = \frac{n_i V_{mi}}{n V_m}$$

式中，V_{mi}、V_m 分别表示某组成气体和混合气体的摩尔体积。

阿伏加德罗定律指出，同温同压下，各种气体的摩尔体积相等，即 $V_{mi} = V_m$，所以有

$$\varphi_i = \frac{n_i}{n} = x_i \tag{3-31}$$

即理想混合气体中，各组成气体的体积分数 φ_i 与其摩尔分数 x_i 数值相等，所以混合气体的成分表示方法实际上只有两种。

（2）质量分数与体积分数（或摩尔分数）的关系

$$w_i = \frac{m_i}{m} = \frac{n_i M_i}{nM} = x_i \frac{M_i}{M} = \varphi_i \frac{M_i}{M} \tag{3-32}$$

式中，M_i、M 分别表示某组成气体和混合气体的千摩尔质量。

3.4.3　混合气体的平均千摩尔质量与平均气体常数

由于混合气体不是单一气体，所以混合气体没有确定的分子式和千摩尔质量。但可以假定混合气体是某种单一气体，该单一气体的总质量和总摩尔数与混合气体的总质量和总摩尔数分别相等，则混合气体的总质量与总摩尔数之比就是混合气体的平均千摩尔质量或折合千摩尔质量，它取决于组成气体的种类和成分。

当已知各组成气体的体积分数时，混合气体的平均千摩尔质量为

$$M = \frac{m}{n} = \frac{\sum_{i=1}^{k} n_i M_i}{n} = \sum_{i=1}^{k} x_i M_i = \sum_{i=1}^{k} \varphi_i M_i \tag{3-33}$$

即混合气体的平均千摩尔质量等于各组成气体的体积分数（或摩尔分数）与其千摩尔质量乘积的总和。

当已知各组成气体的质量分数时，混合气体的平均千摩尔质量为

$$M = \frac{m}{n} = \frac{m}{\sum_{i=1}^{k} n_i} = \frac{m}{\sum_{i=1}^{k} \frac{m_i}{M_i}} = \frac{1}{\sum_{i=1}^{k} \frac{w_i}{M_i}} \tag{3-34}$$

求出混合气体的平均千摩尔质量后，可由式(3-4) 求得混合气体的平均气体常数 R_g。

3.4.4　混合气体分压力的确定

根据某组成气体的分压力与分体积，分别列出该气体的状态方程式如下：

$$p_i V = m_i R_{gi} T$$

$$p V_i = m_i R_{gi} T$$

两式相比得

$$p_i = \frac{V_i}{V} p = \varphi_i p \tag{3-35}$$

上式表明，混合气体中某组成气体的分压力等于该气体的体积分数与混合气体的总压力的乘积。在锅炉的热力计算中，常用此式来计算烟气中水蒸气的分压力。

3.4.5　混合气体的比热容

在火电厂的热力计算中，常涉及空气和烟气的热量计算，这就要求必须先求出混合气体的比热容。

根据能量守恒定律，对质量为 m 的混合气体加热时，如果不发生化学反应，则使混合气体的温度升高 1K 所需要的热量就等于各组成气体分别升高 1K 所需热量的总和，即

$$mc = m_1 c_1 + m_2 c_2 + \cdots + m_k c_k = \sum_{i=1}^{k} m_i c_i$$

由此式可得

$$c = \sum_{i=1}^{k} w_i c_i \tag{3-36}$$

即混合气体的质量热容等于各组成气体的质量热容与各自的质量分数乘积的总和。

同理可得混合气体的体积热容和摩尔热容分别为

$$c' = \sum_{i=1}^{k} \varphi_i c'_i \tag{3-37}$$

$$c_m = \sum_{i=1}^{k} x_i c_{mi} \tag{3-38}$$

即混合气体的体积热容（或摩尔热容）等于各组成气体的体积热容（或摩尔热容）与各自的体积分数（或摩尔分数）乘积的总和。

混合气体的 c、c'、c_m 仍然满足 $c_m = Mc = 22.4c'$ 的关系，同时其 c_p 和 c_V 之间的关系也遵循迈耶公式。

【例3-4】 某锅炉烟气由四种成分（N_2、O_2、CO_2 及 H_2O）组成，其体积分数分别为：$\varphi_{N_2}=75\%$，$\varphi_{O_2}=6\%$，$\varphi_{CO_2}=12\%$。烟气的总压力 $p=98.066\text{kPa}$，求烟气的平均分子量、平均气体常数及混合气体中水蒸气的分压力。

【解】 由 $\sum_{i=1}^{n}\varphi_i = 1$ 可得混合气体中水蒸气的体积分数为

$$\varphi_{H_2O} = 1-\varphi_{N_2}-\varphi_{O_2}-\varphi_{CO_2} = 1-75\%-6\%-12\% = 7\%$$

则混合气体的平均分子量和气体常数分别为

$$M = \sum_{i=1}^{n}\varphi_i M_i = 0.12\times44+0.06\times32+0.75\times28+0.07\times18 = 29.46$$

$$R_g = \frac{8314}{M} = \frac{8314}{29.46}\text{J/(kg·K)} = 282.2\text{J/(kg·K)}$$

混合气体中水蒸气的分压力为

$$p_{H_2O} = \varphi_{H_2O}p = 0.07\times98.066\text{kPa} = 6.865\text{kPa}$$

3.5 理想气体的基本热力过程

热能动力装置中，系统与外界的能量交换是通过工质的热力过程来实现的。实际的热力过程都是一些程度不同的不可逆过程，而且过程中工质的各状态参数都在变化，因而不易找出其参数变化的规律。为了便于分析研究，可将实际过程当作可逆过程分析，然后根据实际过程的情况加以修正；同时，突出实际过程中状态参数变化的主要特征，使其简化为参数变化具有简单规律的典型过程。

工程上常见的大多数热力过程，可以近似地概括为几种典型的可逆过程。例如，某些实际过程中，工质的压力变化不大，则近似地将其视为定压过程；有的过程中，工质与外界的传热很少，则近似地将其视为绝热过程。这里主要分析四种基本热力过程，即定容、定压、定温和绝热过程。

研究热力过程的目的：分析外部条件对能量传递和转换的影响，揭示不同的热力过程中工质状态参数的变化规律和能量转换的数量关系，从而合理地安排工质的热力过程，达到提高能量传递和转换的效率。

分析热力过程的一般内容及步骤如下：

1）依据热力过程特点确定过程中状态参数的变化规律，求得过程方程式 $p=f(v)$。

2）根据过程方程式并结合理想气体状态方程，确定初、终状态基本状态参数之间的关系。

3）将过程表示在 p—v 图及 T—s 图上，以便用状态参数坐标图进行定性分析。

4）确定过程中能量交换的数量关系，即计算过程中的热量及功量。

分析热力过程的基本依据：

1）理想气体的状态方程式，即 $pv=R_gT$ 和 $\frac{p_1v_1}{T_1}=\frac{p_2v_2}{T_2}$ 等。

2）热力学第一定律的数学表达式，即 $q=\Delta u+w$ 与 $q=\Delta h+w_t$ 等。

3）理想气体的 Δu、Δh、Δs 计算式，即式(3-18)～式(3-20b)。

4）热量、功量计算式，即 $q=\int_1^2 c\mathrm{d}t$ 和 $q=\int_1^2 T\mathrm{d}s$；$w=\int_1^2 p\mathrm{d}v$ 和 $w_t=-\int_1^2 v\mathrm{d}p$ 等。

3.5.1　定容过程

定容过程是气体在状态变化过程中比体积保持不变的热力过程。例如，在刚性密闭容器中气体的加热或冷却过程。工程上，某些热力设备中的加热过程是在接近定容的情况下进行的。例如，汽油机中燃料的燃烧过程，由于燃烧极为迅速，在活塞还来不及运动的短时间内，气体的温度、压力急剧上升，这样的过程就可以看成定容加热过程。

1. 过程方程式及初、终状态参数关系式

根据过程特性，定容过程方程式为

$$v=\text{常数}\quad\text{或}\quad \mathrm{d}v=0 \tag{3-39}$$

根据过程方程和理想气体的状态方程，可得

$$\frac{p_1}{p_2}=\frac{T_1}{T_2} \tag{3-40}$$

上式表明，在定容过程中，气体的压力与热力学温度成正比。气体被加热时，温度升高，压力增大；反之亦然。已知初态参数及终态的 p 或 T 后，利用此式即可求得终态的另一参数。

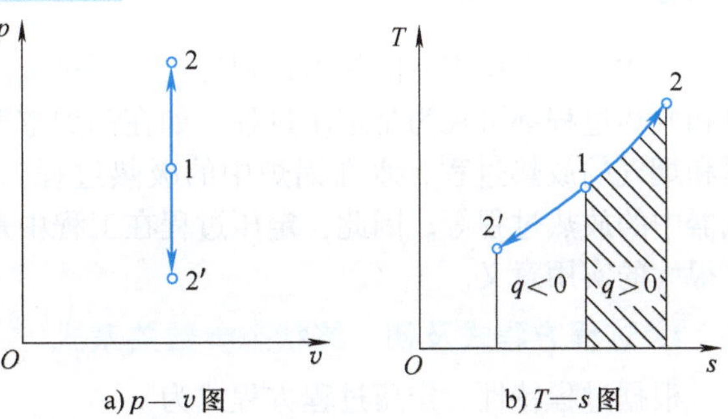

图 3-5　定容过程的 p—v 图和 T—s 图

2. 过程在 p—v 图和 T—s 图上表示

由于 v 为常数，所以定容过程在 p—v 图上是一条垂直于 v 坐标的直线，如图 3-5a 所示。

定容过程曲线在 T—s 图上的表示，可由熵的定义式求得，即

$$\mathrm{d}s=\frac{\delta q}{T}$$

对于定容过程有

$$\delta q=c_V\mathrm{d}T$$

则

$$\mathrm{d}s_V=c_V\frac{\mathrm{d}T}{T}\text{或}\frac{\mathrm{d}T}{T}=\frac{\mathrm{d}s_V}{c_V}$$

设 c_V 为定值，对上式积分，可得

$$T=T_0\mathrm{e}^{(s-s_V)/c_V} \tag{3-41}$$

上式表明，定容过程在 T—s 图上为一条指数曲线，如图 3-5b 所示。该过程曲线的斜率为$\left(\frac{\partial T}{\partial s}\right)_V=\frac{T}{c_V}$，由于式中 T、c_V 均为正值，所以过程曲线斜率为正值。

从图 3-5 中可以看出，对定容过程 1-2，气体吸热，其温度升高、压力升高、熵增大；反之，对定容过程 1-2′，气体放热，其温度降低、压力降低、熵减小。

3. 过程中能量交换关系

由于定容过程中，v 为常数，则 $\mathrm{d}v=0$，故膨胀功为

$$w=\int_1^2 p\mathrm{d}v=0$$

这说明定容过程中系统与外界没有膨胀功交换，这从其 p—v 图上也能看出。

定容过程的技术功为

$$w_t=-\int_1^2 v\mathrm{d}p=v(p_1-p_2) \tag{3-42}$$

在 p—v 图上，定容过程曲线在 p 坐标的投影面积表示技术功的大小。

根据热力学第一定律得定容过程的热量为

$$q=\Delta u+w=\Delta u=c_V\Delta T \tag{3-43}$$

还可利用比热容的定义式来计算热量，当比热容取定值时，有

$$q=\int_1^2 c_V\mathrm{d}T=c_V\Delta T$$

在定容过程中，虽然系统与外界没有膨胀功交换，加给气体的热量全部用于增加其热力学能使气体温度、压力上升，做功能力提高。因而定容过程实质上是热变功的准备过程。

3.5.2 定压过程

工质压力保持不变的热力过程称为定压过程。许多换热设备中工质的吸热和放热过程都可视为是定压过程，如在锅炉空气预热器中，空气的吸热过程和烟气的放热过程，水在锅炉中的吸热过程，汽轮机排汽（乏汽）在凝汽器中的放热过程等。因此，定压过程在工程中是很常见的过程，分析它具有很大的实用意义。

1. 过程方程式及初、终状态参数关系式

根据过程特性，定压过程方程式为

$$p=\text{常数} \quad \text{或}\ \mathrm{d}p=0 \tag{3-44}$$

根据过程方程和理想气体的状态方程，可得

$$\frac{v_1}{v_2}=\frac{T_1}{T_2} \tag{3-45}$$

上式表明，在定压过程中，气体的比体积与热力学温度成正比。气体被加热时，温度升高，气体膨胀，比体积增大；反之亦然。

2. 过程在 p—v 图和 T—s 图上表示

由于 p 为常数，所以定压过程在 p—v 图上是一条平行于 v 坐标的直线，如图 3-6a

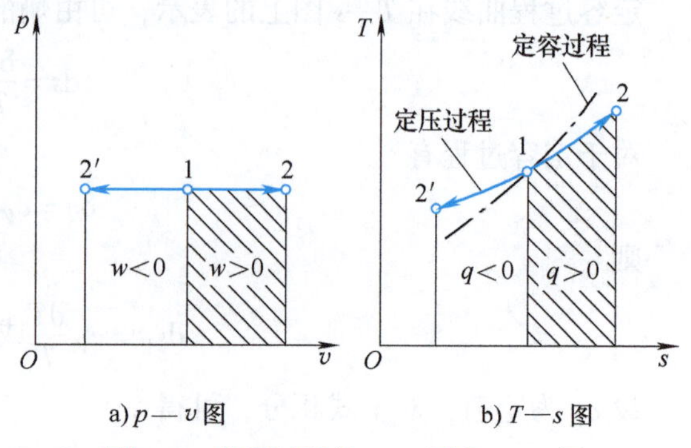

图 3-6 定压过程的 p—v 图和 T—s 图

所示。

与分析定容过程一样，定压过程曲线在 T—s 图上的表示，可由熵的定义式求得。

对于定压过程有

$$\delta q = c_p \mathrm{d}T$$

则

$$\mathrm{d}s_p = c_p \frac{\mathrm{d}T}{T} \text{或} \frac{\mathrm{d}T}{T} = \frac{\mathrm{d}s_p}{c_p}$$

设 c_p 为定值，对上式积分，可得

$$T = T_0 \mathrm{e}^{(s-s_p)/c_p} \tag{3-46}$$

上式表明，定压过程在 T—s 图上为一条指数曲线，如图 3-6b 所示。该过程曲线的斜率为 $\left(\frac{\partial T}{\partial s}\right)_p = \frac{T}{c_p} > 0$ 为正值，由于 $c_p > c_v$，所以通过同一状态点等容线的斜率大于等压线的斜率，即等容线比等压线陡。

从图 3-6 中可以看出，对定压过程 1-2，气体吸热膨胀而对外做功，其温度升高、熵增大；反之，对定压过程 1-2′，气体放热而被压缩，其温度降低、熵减小。

3. 过程中能量交换关系

由于定压过程中 p 为常数，故膨胀功为

$$w = \int_1^2 p\mathrm{d}v = p(v_2 - v_1) \tag{3-47}$$

对理想气体还可写为 $$w = p(v_2 - v_1) = R_\mathrm{g}(T_2 - T_1) \tag{3-47a}$$

定压过程的技术功为

$$w_t = -\int_1^2 v\mathrm{d}p = 0 \tag{3-48}$$

这从 p—v 图上也能看出，定压过程的膨胀功等于其过程线在 v 坐标轴上的投影面积；过程曲线在 p 坐标的投影面积（技术功）为零。

同定容过程分析一样，当比热容取定值时，定压过程的热量为

$$q = \Delta h + w_\mathrm{t} = \Delta h = c_p \Delta T \tag{3-49}$$

由此可知，在定压过程中，由于系统与外界没有技术功交换，过程中加入的热量全部用于增加气体的焓；过程中放出的热量等于气体焓的减少量。

3.5.3 定温过程

工质温度保持不变的热力过程称为定温过程。由于理想气体的热力学能和焓都只是温度的函数，故理想气体的定温过程同时也是定热力学能过程和定焓过程。

1. 过程方程式及初、终状态参数关系式

根据过程特性，结合理想气体的状态方程，可得定温过程方程式为

$$pv = \text{常数} \quad \text{或} \quad T = \text{常数} \tag{3-50}$$

根据过程方程和理想气体的状态方程，可得

$$\frac{p_2}{p_1} = \frac{v_1}{v_2} \tag{3-51}$$

上式表明，在定温过程中，气体的压力与比体积成反比。当气体膨胀时，比体积增大，压力减小；反之亦然。

2. 过程在 p—v 图和 T—s 图上表示

由于 pv 为常数，所以定温过程在 p—v 图上为一条斜率为负的等轴双曲线，如图 3-7a 所示。

由于 T 为常数，所以定温过程在 T—s 图上为一条平行于 s 轴的直线，如图 3-7b 所示。

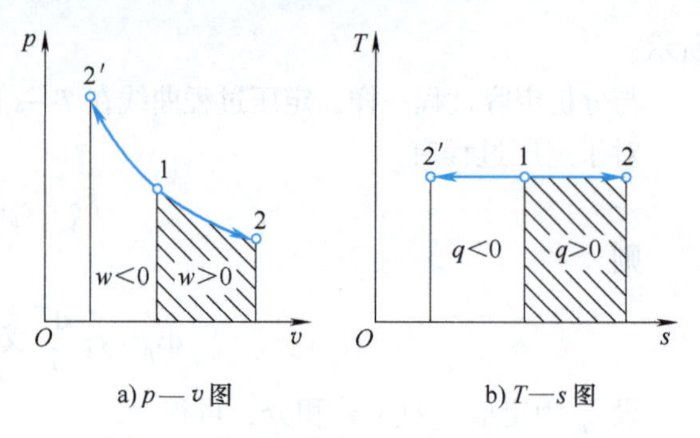

图 3-7 定温过程的 p—v 图和 T—s 图

从图 3-7 中可以看出，对定温过程 1-2，气体吸热膨胀（$q>0$，$w>0$），其压力降低、熵增大；反之，对定温过程 1-2′，气体放热被压缩（$q<0$，$w<0$），其压力升高、熵减小。

3. 过程中能量交换关系

由于定温过程中 pv = 常数，故膨胀功为

$$w = \int_1^2 p\mathrm{d}v = \int_1^2 pv\frac{\mathrm{d}v}{v} = pv\ln\frac{v_2}{v_1} = R_g T\ln\frac{v_2}{v_1} = R_g T\ln\frac{p_1}{p_2} \tag{3-52}$$

定温过程的技术功为

$$w_t = -\int_1^2 v\mathrm{d}p = -\int_1^2 pv\frac{\mathrm{d}p}{p} = -pv\ln\frac{p_2}{p_1} = R_g T\ln\frac{p_1}{p_2} \tag{3-53}$$

对理想气体的定温过程有 $\Delta u = c_V\Delta T = 0$，$\Delta h = c_p\Delta T = 0$

由热力学第一定律表达式，定温过程的热量为

$$q = \Delta u + w = w = R_g T\ln\frac{p_1}{p_2} \tag{3-54}$$

或

$$q = \Delta h + w_t = w_t = R_g T\ln\frac{p_1}{p_2} \tag{3-54a}$$

由熵的定义式还可得定温过程的热量为

$$q = \int_1^2 T\mathrm{d}s = T\Delta s \tag{3-55}$$

可见，定温过程中，当气体吸热膨胀时，外界加给气体的热量全部转换为膨胀功，如图 3-7中的1-2 过程；当气体被压缩时，外界对气体所做的功全部转换为向外散热，如图 3-7中的 1-2′过程。同时还可知道，理想气体的定温过程中，膨胀功、技术功和热量三者相等。

3.5.4 绝热过程

气体与外界没有热交换的热力过程称为绝热过程，即 $\delta q=0$ 及 $q=0$。严格地说，绝热过程实际上并不存在，但当过程进行得很快，过程中工质与外界来不及交换热量，或设备绝热效果很好，工质与外界交换的热量相对极少，就可近似视为绝热过程，如工质在汽轮机和喷管内的膨胀过程，就可视为绝热过程处理。

根据熵的定义式 $\mathrm{d}s=\delta q/T$ 可知，当过程为可逆绝热过程时，$\delta q=0$，则 $\mathrm{d}s=0$，即 s 为

常数，因此，可逆绝热过程也称为定熵过程，这里主要分析可逆绝热过程。但是，不可逆绝热过程则不是定熵过程，其过程中熵会增加（第4章将介绍）。

1. 过程方程式及初、终状态参数关系式

根据过程特性，结合理想气体的状态方程和热力学第一定律，可导出绝热过程方程式（推导略）为

$$pv^{\kappa}=常数 \tag{3-56}$$

式中，$\kappa=\dfrac{c_p}{c_V}$，称为比热容比，也称为等熵指数，可由理想气体的定值千摩尔热容表3-4查取。

根据过程方程和理想气体的状态方程，可得

$$\frac{p_2}{p_1}=\left(\frac{v_1}{v_2}\right)^{\kappa} \tag{3-57}$$

或

$$\frac{T_2}{T_1}=\left(\frac{v_1}{v_2}\right)^{\kappa-1} \tag{3-57a}$$

或

$$\frac{T_2}{T_1}=\left(\frac{p_2}{p_1}\right)^{\frac{\kappa-1}{\kappa}} \tag{3-57b}$$

由此可知，当气体绝热膨胀时，p、T均降低；当气体被绝热压缩时，p、T均升高。

2. 过程在 p—v 图和 T—s 图上表示

由绝热过程的过程方程式 $pv^{\kappa}=常数$可知，在p—v图上，绝热过程为一条斜率为负的高次双曲线，由于$\kappa>1$，因此，通过同一状态点的可逆绝热过程曲线斜率的绝对值大于定温过程曲线斜率的绝对值，即可逆绝热过程曲线比定温过程曲线要陡些，如图3-8a所示。由于可逆绝热过程即为定熵过程，因此在T—s图上可逆绝热过程为一条垂直于s轴的直线，如图3-8b所示。

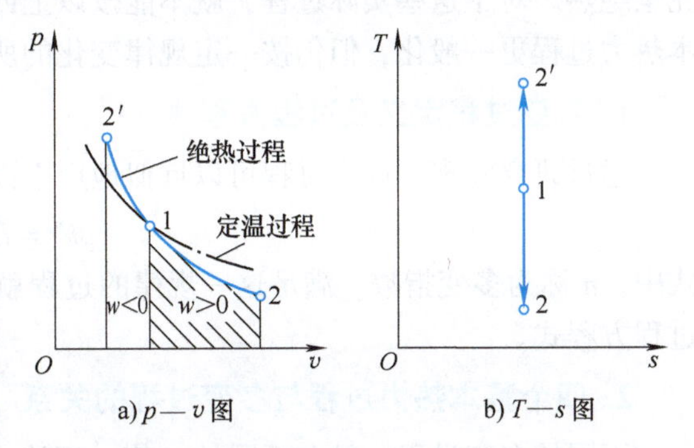

图3-8　绝热过程的 p—v 图和 T—s 图

从图3-8中可以看出，对绝热过程1-2，气体膨胀而对外做功，其压力降低，温度降低，比体积增大；反之，对绝热过程1-2′，气体消耗功而压缩，其压力升高，温度升高，比体积减小。

3. 过程中能量交换关系

对于绝热过程有

$$q=0$$

根据$q=\Delta u+w$得膨胀功为

$$w=q-\Delta u=-\Delta u \tag{3-58}$$

根据$q=\Delta h+w_t$得技术功为

$$w_t=q-\Delta h=-\Delta h \tag{3-59}$$

以上两式直接由热力学第一定律导得，故适用于任何工质的绝热过程。

对于理想气体的绝热过程，膨胀功和技术功还可用下式计算。

$$w = -\Delta u = c_V(T_1 - T_2) \tag{3-58a}$$

$$w_t = -\Delta h = c_p(T_1 - T_2) \tag{3-59a}$$

由于绝热过程中 pv^κ = 常数，还可根据膨胀功计算式和过程方程式求得理想气体可逆绝热过程的膨胀功和技术功。

膨胀功为

$$w = \int_1^2 p\mathrm{d}v = \int_1^2 pv^\kappa \frac{\mathrm{d}v}{v^\kappa} = p_1 v_1^\kappa \int_1^2 \frac{\mathrm{d}v}{v^\kappa} = \frac{1}{\kappa - 1}(p_1 v_1 - p_2 v_2) = \frac{R_g}{\kappa - 1}(T_1 - T_2) \tag{3-60}$$

同理可得技术功

$$w_t = -\int_1^2 v\mathrm{d}p = \frac{\kappa}{\kappa - 1}(p_1 v_1 - p_2 v_2) = \frac{\kappa R_g}{\kappa - 1}(T_1 - T_2) = \kappa w \tag{3-61}$$

由此可见，绝热过程中，工质所做的膨胀功（技术功）等于工质内能（焓）的减少，反之，外界对工质所做的压缩功（技术功）等于工质内能（焓）的增加。而且同一绝热过程中，气体的技术功是膨胀功的 κ 倍。

3.5.5 多变过程

以上所讨论的定容、定压、定温、绝热四种基本热力过程均为某一状态参数保持不变，或与外界无热量交换。但在实际过程中，所有的状态参数或多或少都在变化，而且也不可能完全绝热。对于这些实际过程，就不能按以上四种基本热力过程来分析，而必须用一种比基本热力过程更一般化，但仍按一定规律变化的所谓的多变热力过程来分析。

1. 多变过程定义及过程方程式

通过研究发现，许多过程可以近似地用下面的关系式描述：

$$pv^n = \text{常数} \tag{3-62}$$

式中，n 称为多变指数。满足这一规律的过程就称为多变过程，式(3-62) 即为多变过程的过程方程式。

2. 四个基本热力过程与多变过程的关系

不同的多变过程，具有不同的 n 值。理论上，n 可以是 $-\infty$ 到 $+\infty$ 之间的任意一实数，相应的多变过程也可以有无穷多种，当多变指数为某些特定的值时，多变过程便表现为某些典型的热力过程。如：

当 $n=0$ 时，p = 常数，为定压过程；

当 $n=1$ 时，pv = 常数，为定温过程；

当 $n=\kappa$ 时，pv^κ = 常数，为绝热过程；

当 $n=\pm\infty$ 时，v = 常数，为定容过程。

由此可见，四个基本热力过程是多变过程的四个特例。

多变过程的过程方程式与绝热过程的过程方程式在形式上相同，只是将多变指数 n 代替了等熵指数 κ。因此，在分析多变过程时，状态参数之间的关系式及功量的计算式也只需要用 n 代替 κ 便可得到。

【例 3-5】 2kg 空气分别经过可逆的定温膨胀 1-2 和绝热膨胀 1-2′过程，如图 3-9 所示，从初态 $p_1=0.9807\text{MPa}$，$t_1=300℃$ 膨胀到终态体积为初态体积的 5 倍，试分别计算两过程中

空气的终态参数、对外所做的功和交换的热量。(比热容视为定值)

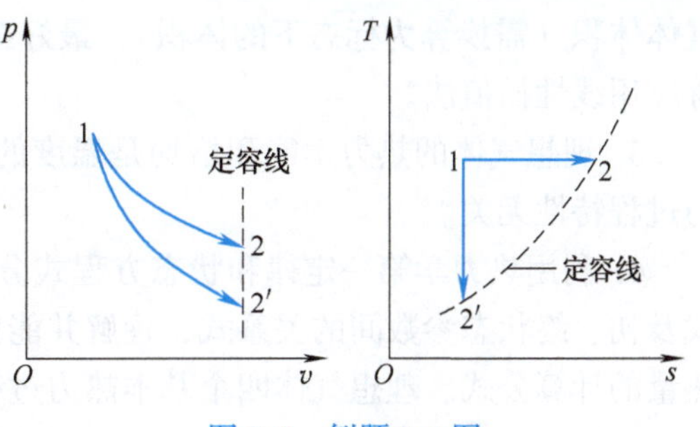

图 3-9　例题 3-5 图

【解】 查表得 $R_g=0.287\text{kJ/(kg}\cdot\text{K)}$，$c_V=0.717\text{kJ/(kg}\cdot\text{K)}$，$c_p=1.004\text{kJ/(kg}\cdot\text{K)}$。

(1) 可逆定温过程 1-2。

由定温过程中的状态参数间关系，可得

$$p_2=p_1\frac{v_1}{v_2}=0.9807\times\frac{1}{5}\text{MPa}=0.1961\text{MPa}$$

由理想气体状态方程可得

$$v_1=\frac{R_gT_1}{p_1}=\frac{287\times573}{0.9807\times10^6}\text{m}^3/\text{kg}=0.1677\text{m}^3/\text{kg}$$

则

$$v_2=5v_1=0.8385\text{m}^3/\text{kg}$$

$$T_2=T_1=573\text{K},\quad 即\quad t_2=t_1=300℃$$

气体对外做的膨胀功及交换的热量为

$$W_{12}=Q_{12}=mp_1v_1\ln\frac{v_2}{v_1}=2\times0.9807\times10^3\times0.1677\times\ln5\text{kJ}=529.4\text{kJ}$$

(2) 可逆绝热过程 1-2′。

由可逆绝热过程的状态参数间关系，可得

$$p_{2'}=p_1\left(\frac{v_1}{v_{2'}}\right)^{\kappa},\ 其中\ v_{2'}=v_2=0.8385\text{m}^3/\text{kg},\ \kappa=\frac{c_p}{c_V}=1.4$$

故

$$p_{2'}=0.9807\times\left(\frac{1}{5}\right)^{1.4}\text{MPa}=0.103\text{MPa}$$

$$T_{2'}=\frac{p_{2'}v_{2'}}{R_g}=301\text{K},\quad 即\quad t_{2'}=28℃$$

气体对外所做的功及交换的热量分别为

$$W_{12'}=\frac{1}{\kappa-1}(p_1V_1-p_{2'}V_{2'})=\frac{1}{\kappa-1}mR_g(T_1-T_{2'})=390.3\text{kJ}$$

$$Q_{12'}=0\text{kJ}$$

小　结

本章讨论了理想气体的热力性质和热力过程。主要包括理想气体的状态方程及应用；理想气体的比热容及利用比热容计算热量；理想气体的热力学能、焓和熵的变化量计算；理想混合气体及理想气体的基本热力过程。

学习本章应注意以下几点：

1. 理想气体的概念及理想气体状态方程不同形式的具体应用，在应用时一定要注意方程中对各量的单位要求；气体常数 R_g 与通用气体常数 R 的关系。

2. 比热容的定义、分类及单位；迈耶公式($c_p=c_V+R_g$) 及适用条件；在利用定值比热容和平均比热容表计算过程的热量时，若已知气体质量，最好选质量热容进行计算；若已知气体体积（需换算为标态下的体积），最好选体积热容进行计算。在查平均比热容表时要熟练应用线性插值法。

3. 理想气体的热力学能和焓均是温度的单值函数，其变化量只取决于初、终状态，而与过程特性无关。

4. 利用热力学第一定律和状态方程式分析四个基本热力过程，掌握各过程的过程方程式及初、终状态参数间的关系式，理解并能比较各过程在 p—v 图和 T—s 图上的表示，功和热量的计算公式。理想气体四个基本热力过程的主要特点见表 3-5。

表 3-5 理想气体四个基本热力过程的主要特点

过程		定容过程	定压过程	定温过程	定熵过程（绝热过程）
过程方程		v = 常数	p = 常数	T = 常数	pv^{κ} = 常数
过程曲线	p—v 图	垂直 v 坐标的直线	平行 v 坐标的直线	等轴双曲线	高次双曲线
	T—s 图	指数曲线	指数曲线	平行 s 坐标的直线	垂直 s 坐标的直线
基本参数变化规律		$\dfrac{p_1}{p_2}=\dfrac{T_1}{T_2}$	$\dfrac{v_1}{v_2}=\dfrac{T_1}{T_2}$	$p_1v_1=p_2v_2$	$p_1v_1^{\kappa}=p_2v_2^{\kappa}$
比热容		c_V	c_p	∞	0
Δu 和 Δh		$\Delta u=c_V(T_2-T_1)$ $\Delta h=c_p(T_2-T_1)$			
能量交换	膨胀功	$w=0$	$w=p(v_2-v_1)$ $=R_g(T_2-T_1)$	$w=R_gT\ln\dfrac{v_2}{v_1}$	$w=-\Delta u$
	技术功	$w_t=v(p_1-p_2)$	$w_t=0$	$w_t=w$	$w_t=-\Delta h$
	热量	$q=c_V\Delta T$	$q=c_p\Delta T$	$q=T\Delta s$	$q=0$
	特点	$q=\Delta u$	$q=\Delta h$	$\Delta u=0$，$\Delta h=0$ $q=w=w_t$	$w=-\Delta u$ $w_t=-\Delta h=\kappa w$

特点说明：

（1）状态参数变化特点：定容过程中，压力变化与热力学温度变化成正比；定压过程中，比体积变化与热力学温度变化成正比；定温过程中，压力变化与比体积变化成反比；绝热过程中，压力的变化方向与比体积变化方向相反（不成正比），压力的升高幅度大于比体积的减小幅度。

（2）能量交换特点：定容过程的吸热量等于其内能的增加量，膨胀功为零；定压过程的吸热量等于其焓的增加量，技术功为零；定温过程的吸热量、膨胀功和技术功三者数值上相等，且定温过程中热力学能和焓变化量为零；绝热过程的膨胀功等于热力学能的减少量，技术功等于焓的减少量，且技术功等于膨胀功的 κ 倍。

（3）四个基本热力过程在 p—v 和 T—s 图上的表示。理想气体四个基本热力过程的 p—v 图与 T—s 图如图 3-10 所示。

1）在 p—v 图中，定容过程为一条垂直线；定压过程为一条水平线；定温过程和定熵过程均为斜率为负的双曲线，但绝热线比等温线陡，且等温线为一条轴对称的等轴双曲线。

2）在 T—s 图中，定熵过程为一条垂直线；定温过程为一条水平线；定容过程和定压过程均为斜率为正的指数曲线，但等容线比等压线陡。

5. 本章公式较多，但学习中不必死记硬背这些公式，而是要理解如何根据热力学第一

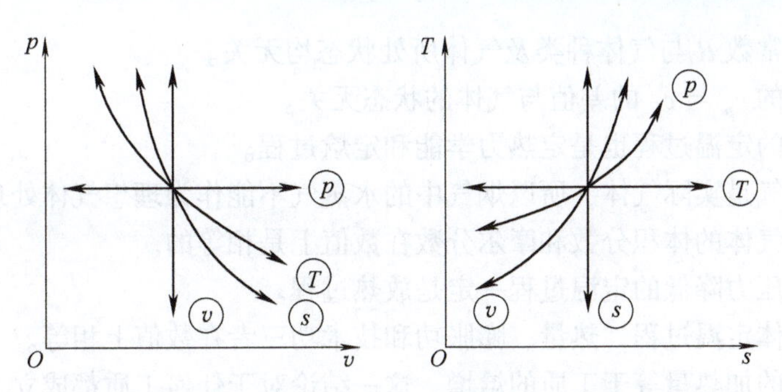

图 3-10　理想气体四个基本热力过程的 p—v 图与 T—s 图

定律及过程的特征导出这些公式，并注意比较其特点。

自测练习题

一、填空题（将适当的词语填入空格内，使句子正确、完整）

1. 对于1kg 理想气体的状态方程式为________，对于质量为 m（单位为 kg）的理想气体，其状态方程式为________。

2. 气体的通用气体常数 $R=$________ J/(kmol · K)，空气的气体常数 $R_g=$________ J/(kg · K)。

3. 容积为 0.8m^3 的氧气罐，其压力为 5×10^5Pa，温度为 25℃，则罐内氧气的质量为________kg。

4. 按加热条件，比热容可分为________和________两类。

5. 按物量单位的不同，气体的比热容分为三种，即________、________和________。

6. 在定压下加热 30kg 的二氧化碳气体，使其由 $t_1=400$℃加到 $t_2=1000$℃，则所需要的热量是________kJ。[已知 $c_p\Big|_0^{400}=0.983\text{kJ/(kg}\cdot\text{K)}$，$c_p\Big|_0^{1000}=1.122\text{kJ/(kg}\cdot\text{K)}$]

7. 迈耶公式是________，它适用于________气体。

8. 根据理想混合气体的分体积定律，其总体积 $V=$________。

9. 混合气体的成分表示法有三种，即________、________和________。

10. 理想混合气体中某一种组成气体的分压力等于混合气体的________与该组成气体的________之乘积。

11. 一定数量的理想气体在 −20℃时的体积是 +20℃时体积的________倍。（设两种情况下的压力是相同的）

12. 理想气体的基本热力过程是指________、________、________、________过程。

13. 定容过程中，$V=$________，其压力和热力学温度成________比。

14. 绝热过程的过程方程式为________。

15. 理想气体在定压过程中，其比体积与________成正比；在定温过程中，其比体积与________成反比。

二、判断题（判断下列命题是否正确，若正确在 [　] 内记“√”，错误在 [　] 内记“×”）

1. 气体常数 R_g 不仅与气体种类有关，还与气体所处的状态有关。　[　]

2. 通用气体常数 R 与气体种类及气体所处状态均无关。 [ ]
3. 理想气体的 c_p 与 c_V 的差值与气体的状态无关。 [ ]
4. 理想气体的定温过程也是定热力学能和定焓过程。 [ ]
5. 因为水蒸气是实际气体，所以烟气中的水蒸气不能作为理想气体处理。 [ ]
6. 理想混合气体的体积分数和摩尔分数在数值上是相等的。 [ ]
7. 理想气体压力降低的定温过程一定是放热过程。 [ ]
8. 对理想气体定温过程，热量、膨胀功和技术功三者在数值上相等。 [ ]
9. 定压过程的加热量等于工质的焓增，这一结论对于任何工质都成立。 [ ]
10. 可逆绝热过程一定是定熵过程。 [ ]
11. 理想气体的定熵膨胀过程中，技术功是膨胀功的 κ 倍。 [ ]
12. 理想气体吸热时，温度升高，比体积增大，则压力必升高。 [ ]

三、选择题（下列各题答案中选一个正确答案编号填入 [ ] 内）

1. 在 $p—v$ 图上有一理想气体进行的两个任意热力过程 a-b 和 a-c，已知 b 点和 c 点位于同一条等温线上，但 $p_b>p_c$，试比较两个过程的热力学能变化量大小：[ ]。

(A) $\Delta u_{ab}>\Delta u_{ac}$ (B) $\Delta u_{ab}=\Delta u_{ac}$ (C) $\Delta u_{ab}<\Delta u_{ac}$

2. 在 $T—s$ 图上，通过同一状态点的定压过程线比定容过程线 [ ]。

(A) 平坦 (B) 陡峭 (C) 斜率一样

3. 工程中，下列工质不能视为理想气体的是 [ ]。

(A) 空气 (B) 水蒸气 (C) 氮气 (D) 燃气

4. 通常说空气的组成中有 21% 的氧气和 78% 的氮气，这里氧气和氮气的成分指的是 [ ]。

(A) 质量分数 (B) 摩尔分数 (C) 体积分数

5. 热力学第一定律的表达式可写为 $\delta q=c_V\mathrm{d}T+p\mathrm{d}v$，其适用条件是 [ ]。

(A) 理想气体的可逆过程 (B) 任何工质的任何过程
(C) 理想气体的任何过程 (D) 任何工质的可逆过程

6. 气体常数 R_g 的大小取决于 [ ]。

(A) 气体的分子量 (B) 气体的质量
(C) 气体所处的状态 (D) 组成气体分子的原子数

7. 某理想气体的比定容热容与比定压热容的大小关系为 [ ]。

(A) 比定容热容大于比定压热容 (B) 比定容热容等于比定压热容
(C) 比定容热容小于比定压热容 (D) 以上三种情况都有可能

8. 已知 CO_2 和 N_2 的压力及温度均相同，则它们的比体积满足 [ ]。

(A) $v_{CO_2}>v_{N_2}$ (B) $v_{CO_2}<v_{N_2}$ (C) $v_{CO_2}=v_{N_2}$

9. 理想气体定温膨胀时，必定是 [ ] 过程。

(A) 吸热 (B) 放热 (C) 不一定

10. 从同一状态点出发，对同量的空气进行可逆定温压缩与可逆绝热压缩达到相同的终压，则定温压缩过程中所消耗的技术功比绝热压缩的技术功 [ ]。

(A) 多些 (B) 少些 (C) 不一定

11. 理想气体绝热压缩时，其温度将会 [ ]。

(A) 升高 (B) 下降 (C) 可能升高也可能下降

12. 理想气体绝热膨胀时，其热力学能将会［ ］。

（A）增加　（B）减少　（C）可能增加也可能减少

13. 对理想气体定容加热时，其温度将会［ ］。

（A）升高　（B）下降　（C）可能升高也可能下降

14. 理想气体定熵过程中，若其温度升高了，则其压力将会［ ］。

（A）升高　（B）下降　（C）可能升高也可能下降

四、问答题

1. 何为理想气体？在实际计算中如何决定可否使用理想气体的一些公式？

2. 理想气体的热力学能和焓有什么特点？$du = c_V dT$，$dh = c_p dT$ 是否对任何工质任何过程都正确？

3. 为什么比定压热容大于比定容热容？二者关系是怎样的？

4. 气体在定容过程和定压过程中，热量都可根据过程中气体的比热容乘以温差来计算，那么定温过程中气体的温度不变，还可根据比热容来计算热量吗？

5. 如图3-11所示，同一理想气体经历两任意过程 a-b 和 a-c，b 点和 c 点位于同一条绝热线上，试比较 q_{ab} 与 q_{ac}、ΔU_{ab} 与 ΔU_{ac} 的大小。并在 T—s 图上表示过程 a-b、a-c 及 q_{ab}、q_{ac}。（提示：可根据循环 a-b-c-a 考虑）

6. 如图3-12所示，1-2、4-3各为定容过程，1-4、2-3各为定压过程，试比较 q_{123} 与 q_{143} 的大小。

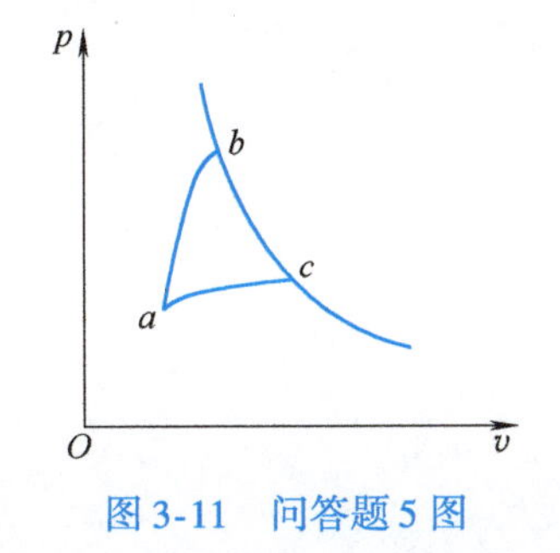

图3-11　问答题5图

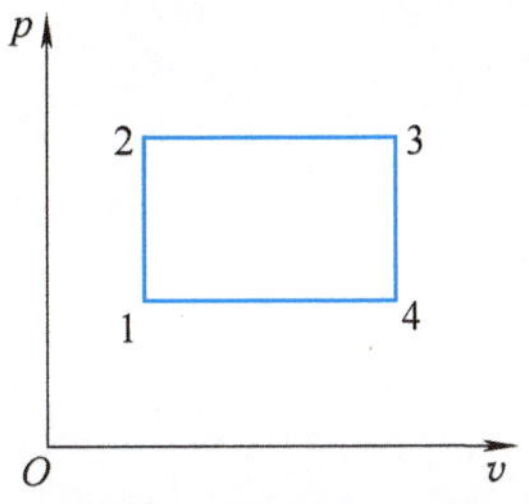

图3-12　问答题6图

7. 夏天，自行车在被太阳晒得很热的公路上行驶时，为什么容易导致轮胎爆破？

8. 如图3-13所示，某理想气体在 p—v 图上经历两个任意热力过程 a-b 和 a-c，假设 b 点与 c 点在同一条等容线上，但 b 点的压力高于 c 点的压力。问两个过程的功量哪个大？热量哪个大？

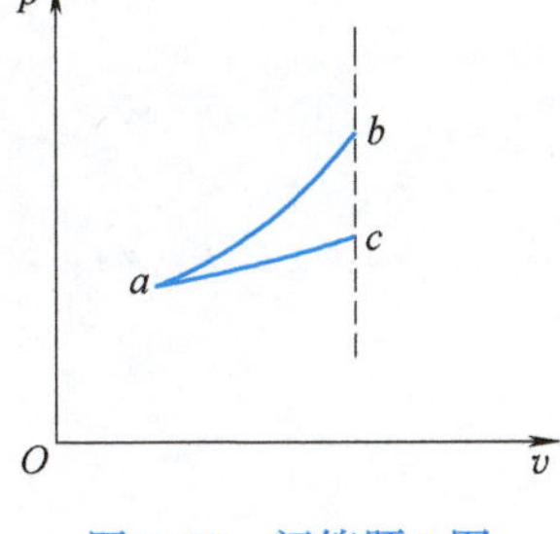

图3-13　问答题8图

9. 气体常数与通用气体常数有什么联系和区别？

10. 对空气边压缩边进行冷却，如空气的放热量为1kJ，对空气的压缩功为6kJ，则此过程中空气的温度是升高，还是降低？

11. 能否以气体温度的变化量来判断过程中气体是吸热还是放热？

五、计算题

1. 吸风机入口处每小时流过的烟气量为 $4 \times 10^5 m^3$，此处真空为 $300mmH_2O$，烟温为130℃。求此烟气在标准状态下的体积（当地的大气压力为755mmHg）？

2. 空氧气瓶净重 50kg，内部容积为 0.048m^3，充满氧气后，瓶上压力计读数为 15MPa，如气压计读数为 745mmHg，室温为 20℃，求氧气瓶总重量。当氧气瓶内的氧气用去一部分而使压力表的读数降至 0.5MPa 时，问用掉了多少 kg 氧气？

3. 锅炉空气预热器将温度为 40℃ 的空气定压加热到 300℃，空气的流量为 3500m^3/h（标准状态下），求每小时加给空气的热量。试分别按定值比热容和平均比热容计算。

4. 27.8Nm^3/h 的烟气进入省煤器时的温度 $t_1=500$℃，离开时烟气的温度 $t_2=300$℃。问烟气在定压下放出多少热量？取比定压热容 $c_p'=1.35\text{kJ}/(\text{Nm}^3\cdot\text{K})$。

5. 一台锅炉每小时烧煤 500kg，燃烧 1kg 煤产生烟气 10m^3（标准状态）。测得烟囱出口处烟气的压力为 100kPa，温度为 200℃，烟气流速为 3m/s。试求烟囱出口截面积。

6. 锅炉烟气温度为 1200℃，经过热器、省煤器、空气预热器冷却至 200℃。已知烟气中各种成分的体积分数为：$\varphi_{CO_2}=14\%$，$\varphi_{H_2O}=8\%$，$\varphi_{N_2}=74\%$，$\varphi_{O_2}=4\%$。烟气量为 80000m^3/h（标准状态下），求每小时烟气的放热量。

第4章 热力学第二定律

学习目标

1）深刻理解热力学第二定律的实质，认识能量的“量”和“质”的双重属性；掌握热力学第二定律的两种典型表述以及工程指导意义。

2）掌握卡诺循环和卡诺定理的意义，能进行卡诺循环的热效率计算，会利用卡诺定理分析各类循环的特点。

3）理解熵的定义及状态参数特性；理解不可逆过程熵变化的特点，了解熵流、熵产的概念及不可逆过程中熵变化量的计算。

4）理解孤立系统熵增原理的意义及其与热力学第二定律之间的关系，能利用熵增原理进行不可逆过程和循环的分析。

5）了解㶲的概念及能量贬值原理。

热力学第一定律揭示了这样一个自然规律，即在热力过程中，参与转换与传递的各种能量在数量上是守恒的。实践证明，凡是不遵循热力学第一定律的过程都不可能发生。但是它并没有说明，不违背热力学第一定律的一切过程是否都能实现？例如，热量可以自动从高温物体传向低温物体，那么，相同数量的热量能否由低温物体自动传向高温物体呢？尽管它并没有违背热力学第一定律，但此过程不能自动发生。事实上人们从长期的生产实践中发现，自然过程的进行总是有一定方向的，这其实涉及能量的另一种属性（指标）——质量的高低。实践证明，高温热能与低温热能、热能与机械能的品质是不一样的。热力学第二定律就是阐明与热现象有关的各种过程进行的方向、条件以及限度等问题，从而揭示出能量在转换与传递过程中品质的变化规律（即质的不守恒性）。只有同时满足热力学第一定律和热力学第二定律的过程才能发生，因此，必须从能量的数量和质量两个方面去分析研究能量的转换和传递过程，才能对用能过程做出全面、科学的评价。

热力学第一定律和第二定律是热力学的基本定律。在能量转换和传递过程中，两个定律分别揭示了能量数量和能量品质上所遵循的基本规律。它们共同构成热力学的理论基础，两个定律及其应用是热力学的核心内容。

4.1 热力学第二定律的实质和表述

4.1.1 自发过程的特性

1. 自发过程的方向性

自然界中所发生的涉及热现象的过程都具有方向性。所谓自发过程，就是不需要任何外界作用而能自动进行的过程；不能独立地自动进行而需要外界帮助作为补充条件的过程称为非自发过程。例如，热量由高温物体传向低温物体就是一个自发过程，反之则不能自发进行，如图 4-1a 所示。机械能通过摩擦转变为热能的过程也是一个自发过程，如图 4-1b 所示。例如，行驶中的汽车刹车时，汽车的动能通过摩擦全部变成热能，造成地面和轮胎升温，最后散失于环境。反之，如果将同等数量的热加给轮胎与地面，却不能使汽车行驶。这说明，机械能可以自发地转变为热能，而热能却不能自发地转变为机械能。

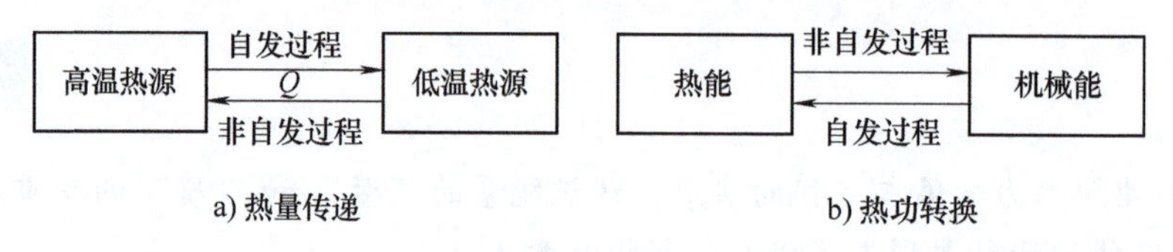

图 4-1 自发过程与非自发过程

实践证明，不仅热量传递、热能与机械能的相互转换具有方向性，自然界的一切自发过程都具有方向性。例如，气体自动地由高压区向低压区膨胀，水自动地由高处向低处流动，电流自动地由高电动势流向低电动势，不同气体的混合过程，燃烧过程，等等，都是只能自发地向一个方向进行，而其反方向的过程不能自动发生，这就是自发过程的方向性。

2. 自发过程的不可逆性

自发过程的逆过程必是一个非自发过程，它不能够自动进行，但并不是说非自发过程不能发生，要想使非自发过程进行，必须付出某种代价，或者说满足一定的补偿条件，给外界留下某种变化。这即是说自发过程或多或少都包含一些不可逆因素，都是不可逆的，不可逆性是自发过程的重要特征和属性。例如，要使热量从低温物体传向高温物体，可以通过制冷装置并消耗一定的机械能来实现，这一消耗机械能的过程就是补偿过程，所消耗的机械能转变为热能，这是一个自发过程。又如，热能转变为机械能也是一个非自发过程，但可通过热机来实现，热机使一部分热量转变为功，另一部分热量从热源流向冷源，后者是自发过程，它使前者得到了补偿，或者说是实现热变功所必须付出的代价。由此可知，非自发过程进行的必要条件就是要有一个自发过程的进行作为补偿。

总之，自然界中的一切过程都具有方向性，一切自发过程都是不可逆的。热力学第二定律的实质就是揭示一切与热现象有关的实际过程的方向性和不可逆性。

虽然为实现各种非自发过程补偿是必不可少的，但是为提高能量利用的经济性，人们一直在最大限度地减少补偿。例如：在热机中，为使热效率提高，在吸热量相同的条件下尽量减少向冷源的放热；同样在制冷工程中，在制冷量相同的条件下，为提高制冷系数尽量减少外界的耗功。于是这里就存在一个补偿能减少的最大限度是多少的问题，这也是热力学第二定律所研究的问题。

4.1.2 热力学第二定律的表述

与热力学第一定律一样，热力学第二定律也是从无数事实和经验中总结出来的，它阐明了自然界中一切热力过程进行的方向性、条件和限度等问题。自然界中热力过程的种类很多，因此历史上关于热力学第二定律的表述方式也很多。由于各种表述所揭示的是一个共同的客观规律，因而它们彼此是等效的。下面介绍两种具有代表性的表述。

1. 克劳修斯表述

1850年，克劳修斯提出“不可能将热由低温物体向高温物体传递，而不留下其他任何变化”。

这种表述指出了传热过程的方向性，是从热量传递的角度来表达热力学第二定律的。它指明了热量只能自发地从高温物体传向低温物体，而从低温物体传至高温物体是一个非自发过程，要使之实现，必须花费一定的代价。例如，制冷装置就是以消耗机械能为代价，即以机械能变为热能这一自发过程作为实现热量从低温物体转移至高温物体所必需的补偿条件。

2. 开尔文—普朗克表述

1851年，开尔文与普朗克先后各自提出“不可能从单一热源取热，并使之全部转变为功，而不留下其他任何变化。”

这种表述是从热功转换的角度来表达热力学第二定律的。它指明了热机在工作时，只能将它从热源吸取的热量中的一部分转变为功，而另一部分热量必然要以高温物体传向低温物体的方式(自发过程）向外排出，这是循环热机中热变功所必需的补偿条件。**特别要指出的是，对开尔文—普朗克表述不能简单地理解为“功可以全部转变为热，而热不能全部转变为功”。**事实上热是可以全部转变为功的，例如理想气体在定温膨胀过程中从热源吸入的热量可以全部转变为功，但此时理想气体的状态发生了变化（压力下降、比体积增大)，这就留下了其他变化，即气体的状态发生了变化，不是“不留下其他任何变化”。因此，并非热不能全部转变为功，而是必须以留下一些变化作为代价才能实现。

此外，历史上除了出现过违反能量守恒原理的第一类永动机的设想外，还出现过第二类永动机的设想，即从单一热源取热并使之完全变为功的热机称为第二类永动机。它虽然不违反热力学第一定律，转变过程能量是守恒的，但却违反了热力学第二定律的开尔文—普朗克表述。如果这种热机可以制造成功，就可以利用大气、海洋等作为单一热源，将大气、海洋中取之不尽的热能转变为功，维持它永远转动，这显然是不可能的。因此，热力学第二定律又可表述为：“第二类永动机是不可能制造成功的”。

生产实践告诉我们，所有的热力过程必须符合热力学第一定律。但符合热力学第一定律的过程并不一定都能实现，它还必须符合热力学第二定律。只有既符合热力学第一定律又符合热力学第二定律的热力过程才能实现。

4.1.3　过程方向性与能量品质变化的关系

自发过程都是有方向性的，那么它的自动发生到底是靠什么作用来推动的呢？这和能量的品质（品位）高低有关。热量可以自动地从高温物体传向低温物体，机械能可以自动地全部转变为热能，水可以自动地由高处流向低处等，在这些能量的传递和转换过程中，能量在数量上并没有发生变化，但能量品质却降低了。也就是说，高温热能的品质比低温热能高，机械能的品质比热能高。

能量都具有从高品位自发地向低品位转化的趋势，能量绝不会由低品位自发地向高品位转化，这是能量在传递和转换过程中的客观规律，如图4-2所示。所以，自发过程都是在能量品位差的推动下而自动发生的，且都是由于能量品位降低而使过程不可逆的。

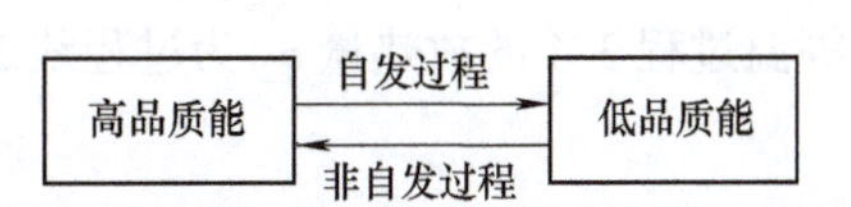

图4-2　自发过程方向性与能量品质转化的关系

综上所述，可以对热力学第二定律的实质做出如下总结：“凡是自发进行的过程，其结果均使能量的品质下降；由低品质能转变为高品质能的过程不可能自动发生，它的发生需要一定的补偿条件。”

4.2 卡诺循环与卡诺定理

卡诺循环

4.2.1 卡诺循环

热力学第二定律指出，热机循环的热效率不可能达到100%。那么，在一定条件下，热机循环的热效率最大能达到多少？提高热机循环热效率的根本途径是什么？法国工程师卡诺在对热机效率进行深入研究的基础上，于1824年设想出了一种理想的热机循环——卡诺循环，并提出了著名的卡诺定理。

1. 卡诺循环的组成

卡诺循环是工作在两个恒温热源间的可逆热机循环，由两个可逆的等温过程和两个可逆的绝热过程组成，如图4-3所示。

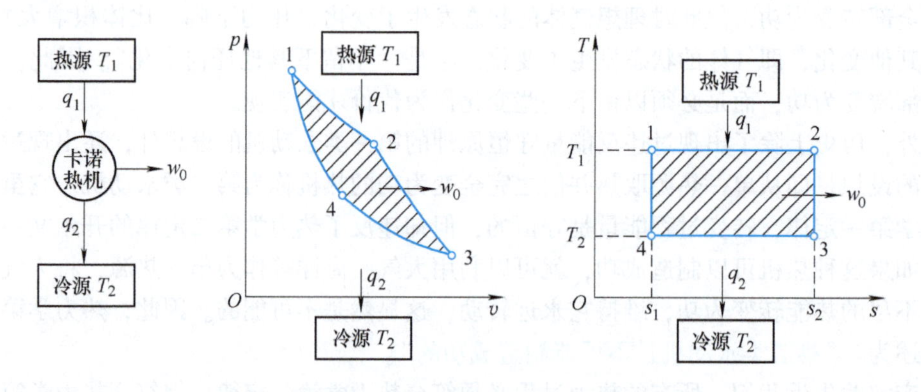

图4-3 卡诺循环作用效果及其 $p—v$ 图和 $T—s$ 图

工质在可逆等温吸热过程1-2中，从高温热源 T_1 吸收热量 q_1，并对外膨胀做功，熵也增大；在绝热（定熵）膨胀过程2-3中，工质对外膨胀做功，温度由 T_1 降为 T_2；在等温放热过程3-4中，工质被压缩，熵减少，工质向低温热源 T_2 放热 q_2；最后经绝热（定熵）压缩过程4-1，工质被压缩，温度由 T_2 升高到 T_1，回到初始状态完成循环。

2. 卡诺循环的热效率

完成一个卡诺循环后，其效果是工质从高温热源吸入热量 q_1，向低温热源放出热量 q_2，最终将净热量 $q_0=q_1-q_2$ 转换为循环净功 w_0，即 $w_0=q_0=q_1-q_2$（注：这里 q_2 取绝对值）。由图4-3所示的 $T—s$ 图可知，等温过程1-2吸收的热量 q_1 为过程线1-2下面的面积 $12s_2s_11$，等温过程3-4的放热量 q_2 为过程线3-4下面的面积 $34s_1s_23$。即有

$$q_1=T_1(s_2-s_1)$$

$$q_2=T_2(s_3-s_4)=T_2(s_2-s_1)$$

由于过程2-3、4-1为定熵过程，故 $s_3-s_4=s_2-s_1$。

根据循环热效率的计算式(1-15) 可得卡诺循环的热效率为

$$\eta_{t,c}=\frac{w_0}{q_1}=1-\frac{q_2}{q_1}=1-\frac{T_2}{T_1} \tag{4-1}$$

上式即为卡诺循环的热效率计算公式，从以上分析可以得出如下结论：

1）由于式(4-1) 的导出过程并没有限定何种工质，因而卡诺循环的热效率只取决于高温热源的温度 T_1 和低温热源的温度 T_2，而与工质的性质无关。显然，提高 T_1 和降低 T_2，都可以提高卡诺循环的热效率。这就给人们指出了提高循环热效率的根本途径。

2）由于 T_1 不可能提高到无限大，T_2 也不可能减少至零，因而卡诺循环的热效率只能小于 100%。也就是说，即使在理想的卡诺循环中，也不可能将热全部转变为功。

3）当 $T_1=T_2$ 时，$\eta_{t,c}=0$，即没有温度差，利用单一热源进行循环而做功的热机是不可能制造出来的。要实现热能连续地转换为机械能，至少要有两个温度不等的热源，这是一切热机工作所必不可少的热力学条件。

卡诺循环是一种理想的循环，它不可能付诸实现，但它在热机理论的研究中起着重要的作用。它指明了提高热机循环热效率的有效途径，并为热力学第二定律的建立奠定了基础。

4.2.2 卡诺定理

为了提高热机的热功转换效率，卡诺对影响热机循环热效率的因素进行了深入的分析研究，并在此基础上提出了卡诺定理。尽管卡诺定理的提出先于热力学第二定律，但从逻辑关系来讲它是热力学第二定律的一个推论。卡诺定理包括两个方面的内容，即如下的定理一和定理二。

【定理一】 在两个温度不同的恒温热源间工作的一切可逆热机都具有相同的热效率，即 $\eta_t=\eta_{t,c}=1-T_2/T_1$，且与工质的性质无关。

卡诺循环是工作在两个温度不同的恒温热源间的最简单的可逆循环，除卡诺循环外还可以有其他可逆循环。但不管可逆循环是如何构成的，采用的是何种工质，由于它们均为理想循环，不存在任何能量损耗，所以其热效率都相等，这已为卡诺定理一所证明。

【定理二】 在两个温度不同的恒温热源间工作的任何不可逆热机的热效率，都小于可逆热机的热效率，即 $\eta_t<\eta_{t,c}=1-T_2/T_1$。

将两个温度不同的恒温热源间工作的可逆热机与不可逆热机相比较，由于不可逆热机不可避免地存在摩擦损耗、散热损失等，其热效率一定低于可逆热机的热效率。

4.2.3 等效卡诺循环

实际循环中热源的温度常常处于变化中，对于这种变温热源（即多热源）的可逆循环，下面引入等效卡诺循环的概念来分析其热效率。

如图 4-4 所示，12341 为一个多热源的任意可逆循环。该循环中吸热和放热过程的温度都在连续变化，为保证循环可逆，吸热和放热过程中工质与热源和冷源进行无温差传热。对变温吸热过程 123，其吸热量为其过程线 123 下面的面积 $123s_2s_11$，在相同的熵变 s_2 和 s_1 之间，总有一个矩形的面积 abs_2s_1a 与其相等，此时矩形的高度就称为吸热过程 123 的平均吸

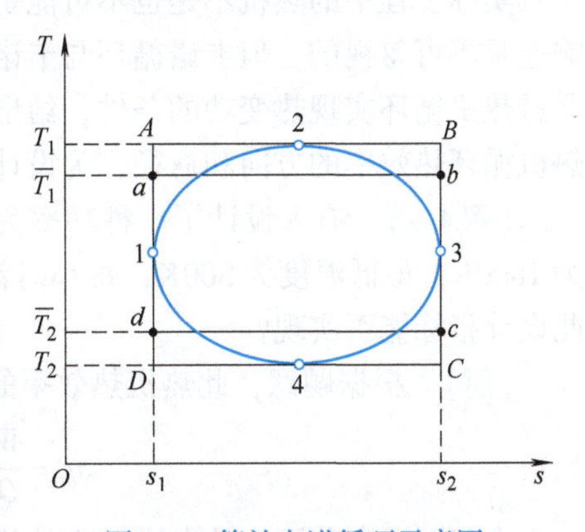

图 4-4 等效卡诺循环示意图

热温度$\overline{T}_1$，定温过程 ab 为吸热过程 123 的等效吸热过程。即有

$$\overline{T}_1 = \frac{\text{吸热量}}{\text{吸热过程最大熵变}} = \frac{q_1}{s_2 - s_1}$$

同理，对于放热过程 341 仍有平均放热温度$\overline{T}_2$ 和等效放热过程 cd。即有

$$\overline{T}_2 = \frac{\text{放热量}}{\text{放热过程最大熵变}} = \frac{q_2}{s_2 - s_1}$$

我们将平均吸热温度$\overline{T}_1$ 和平均放热温度$\overline{T}_2$ 之间工作的相应的卡诺循环 $abcda$ 称为任意变温热源的可逆循环 12341 的等效卡诺循环。由于该循环 $abcda$ 的吸热量与放热量分别与原任意循环 12341 的相等，故其热效率也与原任意循环的相等。即一个任意变温热源的可逆循环的热效率可用其等效卡诺循环的热效率来代替。

由以上两式可得：$q_1 = \overline{T}_1(s_2 - s_1)$；$q_2 = \overline{T}_2(s_2 - s_1)$，则任意变温热源的可逆循环热效率为

$$\eta_{t,12341} = 1 - \frac{q_2}{q_1} = 1 - \frac{\overline{T}_2(s_2 - s_1)}{\overline{T}_1(s_2 - s_1)} = \eta_{t,\text{abcda}}$$

即

$$\eta_t = 1 - \frac{\overline{T}_2}{\overline{T}_1} \tag{4-2}$$

由此可知，任意可逆循环都可转化成等效卡诺循环来进行分析，平均温度概念的引入，使得两任意可逆循环进行热效率的定性比较显得十分方便。平均吸热温度$\overline{T}_1$ 越高，平均放热温度$\overline{T}_2$ 越低，其热效率就高，因而通过比较两循环的平均放热温度和平均吸热温度之比就能比较两循环的热效率大小。对于实际的热力循环，尽量提高工质的平均吸热温度$\overline{T}_1$、降低工质的平均放热温度$\overline{T}_2$，是提高循环热效率的根本途径。

而对于任意循环 12341，最高温度 T_1 和最低温度 T_2 范围内的卡诺循环为 $ABCDA$，其热效率为 $\eta_{t,\text{c}} = 1 - \frac{T_2}{T_1}$，由于 $T_1 > \overline{T}_1$，$T_2 < \overline{T}_2$，所以 $\eta_{t,\text{c}} > \eta_t$。因此得出，在相同的温度范围内，卡诺循环的热效率是最高的。

实际工程中的热机不是也不可能是按卡诺循环工作的，而且工质的热力性质对循环的影响也是不可忽视的。但卡诺循环与卡诺定理在热力学中仍具有重要意义，它从理论上确定了通过热机循环实现热变功的条件，给出了一定温度范围内热机效率的极限值，它指出了提高热机循环热效率的方向和途径，为设计和改进实际热机循环指明了目标。

【例 4-1】 有人设计了一种功率为 735kW 的新型柴油机，预计该热机循环的最高温度为 1800K，最低温度为 300K，每小时消耗柴油 73kg，柴油的发热值为 42705kJ/kg。试判断此设计指标能否实现？

【解】 根据题意，此热机热效率的设计值为

$$\eta_t = \frac{W_0}{Q_1} = \frac{735 \times 3600}{73 \times 42705} = 85\%$$

在相同温度范围内的卡诺循环的热效率为

$$\eta_{t,c}=1-\frac{T_2}{T_1}=1-\frac{300}{1800}=83\%$$

因 $\eta_t>\eta_{t,c}$，根据卡诺定理可知，此设计指标不能实现。

【例4-2】 有一热机循环，以温度为280K的大气作为冷源，以温度为1800K的烟气作为热源，若每一循环过程中工质向烟气吸热200kJ，试计算：

（1）此热量中最多可以转换成多少功？

（2）如果工质在吸热时，与热源的温差为400K，放热时与冷源的温差为20K，则该热量最多可以转换成多少功？热效率是多少？

【解】（1）由卡诺定理可知，热机的最高热效率为同温限间卡诺循环的热效率，即

$$\eta_{t,\max}=\eta_{t,c}=1-\frac{T_2}{T_1}=1-\frac{280}{1800}=84.44\%$$

在 $Q_1=200\text{kJ}$ 的热量中，可以转换为功的最大值为

$$W_{0,\max}=Q_1\eta_{t,\max}=200\times84.44\%\,\text{kJ}=168.88\text{kJ}$$

（2）根据题意，实际循环的最高和最低温度分别为

$$T_1'=T_1-400\text{K}=1800\text{K}-400\text{K}=1400\text{K},$$

$$T_2'=T_2+20\text{K}=280\text{K}+20\text{K}=300\text{K}$$

此实际循环最高热效率相当于工作在 T_1' 与 T_2' 温限间的卡诺循环热效率，故其值为

$$\eta_{t,c}'=1-\frac{T_2'}{T_1'}=1-\frac{300}{1400}=78.57\%$$

则 Q_1 最多可以转换成的功为

$$W_{0,\max}'=Q_1\eta_{t,c}'=200\times78.57\%\,\text{kJ}=157.14\text{kJ}$$

显然，由于温差传热的不可逆性，使循环热效率和热量的做功能力都降低了。

【例4-3】 试分别比较图4-5a中循环12341与循环 $abcda$ 和图4-5b中循环12341与循环 $abca$ 的热效率大小。

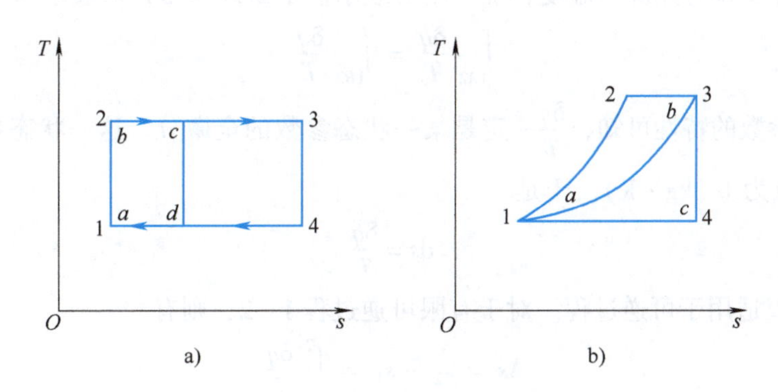

图4-5　例题4-3图

【解】 图4-5a中，两循环为同温度范围的卡诺循环，故热效率相等。

图4-5b中，由于 T—s 图为示热图，其循环所包围的面积为循环的净热（等于循环净功），显然，循环12341的净功大于循环 $abca$ 的净功，即 $W_{0,12341}>W_{0,abca}$，而两循环放热量 Q_2 相等，所以有

$$\eta_{t,12341}=\frac{W_{0,12341}}{W_{0,12341}+Q_2}>\frac{W_{0,abca}}{W_{0,abca}+Q_2}=\eta_{t,abca}$$

结论：工作于同温度范围内的循环，当放热情况相同时，升温过程的斜率越大，则其热效率越高。或者说与其对应的卡诺循环越接近，热效率就越高。

4.3 熵与孤立系统熵增原理

4.3.1 熵的导出

在第 1 章已给出了熵的概念，并指出熵是状态参数。图 4-6 表示一任意可逆循环 1A2B1，可以用无穷多条可逆绝热线（等熵线）将其分割成若干微元循环，其中任一微元循环 abcda 就是一个微元卡诺循环。对于每一个微元卡诺循环，如果在温度 T_1 下吸热量为 δq_1，在温度 T_2 下放热量为 δq_2，则

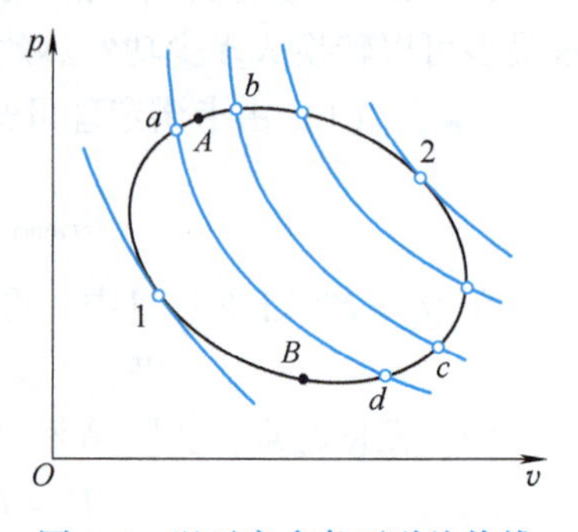

图 4-6 以无穷多条可逆绝热线分割任意可逆循环示意图

$$\eta_t=1-\frac{\delta q_2}{\delta q_1}=1-\frac{T_2}{T_1}$$

考虑 δq_2 为放热，取负值，则有

$$\frac{\delta q_1}{T_1}+\frac{\delta q_2}{T_2}=0$$

对全部微元卡诺循环积分，则得

$$\int_{1A2}\frac{\delta q_1}{T_1}+\int_{2B1}\frac{\delta q_2}{T_2}=0 \tag{4-3}$$

式中，δq_1 与 δq_2 代表微元循环与外界交换的热量，可统一用 δq 表示；T_1、T_2 分别为微元循环对外进行热交换时热源的温度，统一用 T 表示。于是式(4-3) 可表示为

$$\int_{1A2}\frac{\delta q}{T}=\int_{1B2}\frac{\delta q}{T} \tag{4-3a}$$

根据状态参数的特性可知，$\frac{\delta q}{T}$一定是某一状态参数的全微分。这一状态参数称为比熵，用 s 表示，单位为 J/(kg · K)。于是

$$\mathrm{d}s=\frac{\delta q}{T} \tag{4-4}$$

式(4-4) 仅适用于可逆过程。对于有限可逆过程 1－2，则有

$$\Delta s=s_2-s_1=\int_1^2\frac{\delta q}{T} \tag{4-5}$$

可见，式(4-5) 的微分形式就是式(1-12)，可用于计算任何可逆过程的熵变化量。可逆过程的熵变化是由于热力系与外界发生热量交换引起的。熵与热力学能、焓等状态参数一样，具有质量可加性，即 $S=ms$。在热工计算中，只需要求两个状态之间熵的变化量，因此，可根据需要任意规定某一基准的熵为零。

4.3.2 不可逆过程熵的变化——熵流和熵产

对于不可逆过程，可以导得

$$ds > \frac{\delta q}{T} \tag{4-6}$$

或

$$\Delta s = s_2 - s_1 > \int_1^2 \frac{\delta q}{T} \tag{4-7}$$

合并式(4-4) 和式(4-6)，可得

$$ds \geqslant \frac{\delta q}{T} \tag{4-8}$$

式中，等号适用于可逆过程；大于号适用于不可逆过程。因此，利用式(4-8) 可以判断过程能否进行以及过程是否可逆。

在不可逆过程中，ds 大于$\frac{\delta q}{T}$，二者的差值称为熵产，用 ds_g 表示。

$$ds_g = ds - \frac{\delta q}{T} \tag{4-9}$$

即在不可逆过程中，熵的变化由两部分组成：一部分是热力系与外界进行热交换引起的熵变化$\left(\frac{\delta q}{T}\right)$，称为熵流，用 ds_f 表示，即 $ds_f = \frac{\delta q}{T}$；另一部分是由不可逆因素所引起的熵变化（$ds_g$），称为熵产。因此，系统的任一热力过程的熵变化量可表示为

$$ds = ds_f + ds_g \tag{4-10}$$

熵流 ds_f 可以因工质吸热、放热或与外界无热交换，其值可大于零、小于零或等于零。而熵产 ds_g 是由于不可逆因素所造成的，任何不可逆因素均会导致功的损耗，然后自发转变成热被工质所吸收，从而引起工质熵的增加，所以熵产恒为正值。对于可逆过程，熵产等于零，即 $ds = ds_f$；对于不可逆过程，熵产大于零，且过程的不可逆性越大，则熵产越大。因此，熵产可作为过程不可逆性大小的度量。

4.3.3　孤立系统熵增原理与做功能力损失

1. 孤立系统熵增原理

如果把所分析的热力系统与外界合为一个系统，则该系统为孤立系统。对于孤立系统，由于系统与外界无热量交换，即 $ds_f = 0$，由式(4-10) 得 $ds_{iso} = ds_g \geqslant 0$，故有

$$ds_{iso} \geqslant 0 \tag{4-11}$$

式中，ds_{iso}表示孤立系统内部总熵的变化量，等号适用于孤立系统内的可逆过程，大于号适用于孤立系统内的不可逆过程。

式(4-11) 表明：孤立系统的熵可以增大（发生不可逆过程时），或者保持不变（发生可逆过程时），但绝不可能减小，这一结论称为孤立系统的熵增原理。

一切实际过程都是不可逆的，所以孤立系统中的一切实际过程都一定朝着熵增大的方向进行，任何使孤立系统熵减少的过程都是不可能发生的。孤立系统熵增原理阐明了过程进行的方向性，突出反映了热力学第二定律的本质，因此热力学第二定律又称为熵定律。孤立系统熵增原理表达式(4-11) 也可以视为热力学第二定律的一种数学表达式。

【例 4-4】　如图 1-2 所示的热机循环装置，已知工质从热源 T_1 吸热量为 Q_1，冷源温度为 T_2。试用熵增原理判断按此循环工作的热机能否将热量 Q_1 全部转变为功？

【解】　取热源、冷源、工质及热机为一孤立系统，假设 Q_1 能全部转变为功 W_0，则 $Q_2 = 0$。故

热源的熵变化为 $\Delta S_1 = -\dfrac{Q_1}{T_1}$

工质的熵变化为 $\Delta S_{工质} = 0$

冷源的熵变化为 $\Delta S_2 = \dfrac{Q_2}{T_2}$

则整个系统的总熵变量为

$$\Delta S_{iso} = \Delta S_1 + \Delta S_{工质} + \Delta S_2 = -\frac{Q_1}{T_1} < 0$$

由熵增原理可知，使孤立系统的总熵减少的过程是不可能发生的，按该循环工作的热机不能将热量 Q_1 全部转变为功，因为违背了热力学第二定律的开尔文—普朗克表述。

2. 做功能力损失与能量贬值原理

能量有品质的差别。能量的品质是在能量转换过程中体现出来的，常用转变为功的能力（即做功能力）来评价能量的品质。所谓系统（或工质）的做功能力，是指在给定的环境条件下，系统达到与环境热力平衡时可能做出的最大有用功。因此，通常将环境温度 T_0 作为衡量做功能力的基准温度。

任何过程只要有不可逆因素存在，就将造成系统做功能力的损失，而不可逆过程进行的结果又将使包含该系统在内的孤立系统的熵增加。可推出孤立系统熵增加与系统做功能力损失之间的关系为

$$I = T_0 \Delta S_{iso} \tag{4-12}$$

上式表明，当环境温度 T_0 确定后，做功能力的损失 I 与孤立系统的熵增 ΔS_{iso} 成正比。式(4-12) 适用于计算任何不可逆因素引起的系统做功能力的损失。

由此可见，当孤立系统内实施某一不可逆过程时，尽管能量遵循热力学第一定律在数量上并没有变化，但造成了做功能力的损失。这种能量在数量上并没有变化，而做功的可能性减少的现象称为能量的贬值，故孤立系统的熵增意味着能量的贬值，熵增的多少意味着能量贬值程度的高低，即熵增是能量的质量指标，这也是熵的物理意义之一，故孤立系统熵增原理又可称为“能量贬值原理”。

4.4 㶲参数简介

各种形式的能量相互转换时，具有明显的方向性，如机械能或电能理论上可以百分之百转换为热能，但热能转换为机械能或电能却不可能全部转换，转换能力受到热力学第二定律的制约，这是由于不同形式的能量具有质的区别。㶲参数的引出，它把能量的“量”和“质”结合起来评价能量的价值，更全面地揭示各种用能的内在本质，为合理用能、节约用能指明方向。

4.4.1 㶲的定义

当系统由任意状态可逆地变化到与给定的环境相平衡的状态时，理论上可以无限转换为任何其他能量形式的那部分能量称为㶲，用符号 E_x 表示，它表示能量的可用性或做功能力。

因为只有可逆过程才有可能进行最完全的转换，所以可以认为，㶲是给定的环境条件下，在可逆过程中理论上可做出的最大有用功。而在环境条件下不可能转换为有用功的那部

分能量称为炕。任何能量 E 都由㶲 E_x 和炕 A_n 两部分组成，即

$$E = E_x + A_n$$

4.4.2　热量㶲

在给定的环境条件（环境温度为 T_0）下，热量 Q 中最大可能转变为有用功的部分称为热量㶲（即热量的做功能力），用 E_{xQ} 表示。

假设有一温度为 T 的热源（$T > T_0$），传出的热量为 Q，则其热量㶲等于在该热源与温度为 T_0 的环境之间工作的卡诺热机所能做出的功，即

$$E_{xQ} = Q\left(1 - \frac{T_0}{T}\right) \tag{4-13}$$

由于环境温度 T_0 一般变化不大，所以热量㶲的大小主要与热量 Q 及传出该热量的热源温度 T 有关，即在越高的温度下传出的热量，其做功能力越强。由此可见，热量中仅有一部分是㶲，温度超过环境温度越多，㶲所占的比例越大。所以热能是一种品质随着温度变化的能量。

例如，目前最先进的二次再热超超临界机组的发电效率可达 48% 左右，以热力学第一定律的能量平衡方法进行分析，得出凝汽器中的损失最大，有大约 50% 的能量通过凝汽器的循环冷却水散失到周围环境中。虽然能量数量损失巨大，但是却只是略高于环境温度的低品质能量，其㶲值很小。用热力学第二定律的㶲分析方法分析，则可得出火电厂㶲损失最大的地方是锅炉。这是因为燃料燃烧本身是一个不可逆过程，烟气和各受热面之间又存在几百度的传热温差，这些过程的不可逆因素使锅炉的㶲损失超过 50%。所以，减小各过程的不可逆因素是提高效率的有效途径。采用㶲分析方法能更科学、合理对用能过程进行评价。

小　结

本章主要介绍了热力学第二定律的实质及表述，卡诺循环的构成及热效率，从卡诺循环中还引出了状态参数熵，并推得热力学第二定律的数学表达式——孤立系统熵增原理，从而阐明了能量具有量和质的双重属性，热力学第二定律是反映能量品质变化规律及指导合理用能的重要理论。

学习本章时应注意以下几点：

1. 一切自发过程都具有方向性，都是不可逆的。

2. 热力学第二定律的实质是反映热力过程的方向性问题。由于研究对象的不同，热力学第二定律有多种不同的表述方法，但其本质是一致的。

热力学第二定律的克劳修斯表述：不可能把热从低温物体传至高温物体，而不留下其他任何变化。

热力学第二定律的开尔文—普朗克表述：不可能从单一热源取热，并使之完全变为功，而不留下其他任何变化。

热力学第二定律也可表述为：第二类永动机是不可能制造成功的。

3. 卡诺循环是一个理想循环，它由两个可逆绝热（等熵）过程和两个可逆等温过程组成，其循环热效率为 $\eta_{t,c} = 1 - \dfrac{T_2}{T_1}$，从式中可以得出：卡诺循环热效率只决定于高温热源和

低温热源的温度，而与工质的性质和热机的类型无关；卡诺循环的热效率也只能小于1，即在热机循环中从高温热源吸入的热不可能全部转换为功；利用单一热源而获得循环功的热机（第二类永动机）是不可能存在的。由卡诺定理还推出，在给定的 T_1 和 T_2 范围内，卡诺循环的热效率为最高。卡诺循环在工程热力学中具有重要意义，不仅为热力学第二定律的建立奠定了基础，而且为改进实际热机的工作指明了方向和途径。

4. 熵是工质的状态参数，不可逆过程的熵的变化量，可以通过初、终状态相同的任一可逆过程来求出；不可逆过程熵的变化为 $\mathrm{d}s=\mathrm{d}s_{\mathrm{f}}+\mathrm{d}s_{\mathrm{g}}$，其中，熵流 $\mathrm{d}s_{\mathrm{f}}=\dfrac{\delta q}{T}$可正、可负、可为零，熵产 $\mathrm{d}s_{\mathrm{g}}$ 恒为正值，其值大小完全取决于过程的不可逆因素；孤立系统的总熵可以增大（发生不可逆变化时），可以不变（发生可逆变化时），但不可能减少，即 $\mathrm{d}s_{\mathrm{iso}}\geqslant 0$。孤立系统的熵增（即熵产）可用来作为衡量过程不可逆程度以及做功能力损失的尺度，也是能量质量降低（贬值）的量度。

自测练习题

一、填空题（将适当的词语填入空格内，使句子正确、完整）

1. 完成一次热机循环后，工质从热源吸热 q_1，向冷源放热 q_2，其中只有________部分才能转化为循环净功。

2. 因热力系统或工质与外界交换热量而引起的熵变化称为________，其值可正、可负或为零，如果系统或工质吸热，其值为________，若绝热其值为________。

3. 热力学第二定律的开尔文—普朗克表述为：不可能从单一________取热，使之完全变为功，而不留下其他任何________。

4. 卡诺循环由两个可逆的________过程和两个可逆的________过程组成。

5. 卡诺循环的热效率 $\eta_{t,c}=$________，热效率大小仅决定于两热源的________，而与工质的性质________。

6. 在可逆过程中，工质吸热，熵________；工质放热，熵________。（填增大或减小）

7. 孤立系统的熵可以________（发生________过程时），或________（发生________过程时），但不可能________。

8. 热力学第二定律的数学表达式为________。

9. 热力学第二定律的克劳修斯表述为：“不可能把热从________物体传至________物体，而不留下其他________。”

二、判断题（判断下列命题是否正确，若正确在 [ ] 内记“√”，错误在 [ ] 内记“×”）

1. 卡诺循环是理想循环，其循环热效率可以等于1。 [ ]
2. 工质经过一个不可逆循环后，其熵的变化量大于零。 [ ]
3. 热量由高温物体传向低温物体是自发过程，而且是不可逆过程。 [ ]
4. 功可以全部转化为热，但热不可能全部转化为功。 [ ]
5. 可逆循环的热效率必大于不可逆循环的热效率。 [ ]
6. 可逆绝热过程为定熵过程，定熵过程就是可逆绝热过程。 [ ]
7. 使系统熵增加的过程一定是不可逆过程。 [ ]

8. 热量不可能由低温物体传向高温物体。 [ ]

9. 若工质从某一初态沿可逆过程和不可逆过程达到同一终态，则不可逆过程中的熵变必定大于可逆过程中的熵变。 [ ]

10. 熵增大的过程必为吸热过程。 [ ]

11. 使热力系统熵减小的过程无法进行。 [ ]

三、选择题（下列各题答案中选一个正确答案编号填入 [ ] 内）

1. 在一可逆过程中，工质吸热说明该过程一定是 [ ]。
（A）熵增过程 （B）熵减过程 （C）定熵过程

2. 有摩擦的绝热过程一定是 [ ]。
（A）熵减过程 （B）熵增过程 （C）定熵过程

3. 工质完成一不可逆循环后，其熵变化量是 [ ]。
（A）大于零 （B）小于零 （C）等于零

4. 热机从热源吸热 1000kJ，对外做功 1000kJ，其结果是 [ ]。
（A）违反热力学第一定律 （B）违反热力学第二定律
（C）违反热力学第一和第二定律 （D）不违反热力学第一和第二定律

5. 某热机循环中，工质从热源（$T_1=2000\text{K}$）得到热量 Q_1，对外做功 $W_0=1500\text{J}$，并将热量 $Q_2=500\text{J}$ 排至冷源（$T_2=300\text{K}$），试判断该循环为 [ ]。
（A）可逆循环 （B）不可逆循环 （C）不可能实现

6. 自发过程的特点是 [ ]。
（A）系统熵必然减少 （B）需伴随非自发过程才能进行
（C）必为不可逆过程 （D）必为可逆过程

7. 下列说法中，错误的是 [ ]。
（A）热能的㶲越多，则其质量越高 （B）熵越大，则热能中包含的㶲越少
（C）熵越大，则热能的质量越低 （D）温度很高的热能，其质量比机械能高

8. 对于卡诺循环的热效率，下列说法正确的是 [ ]。
（A）热源温度越高，则热效率越高 （B）冷源温度越低，则热效率越高
（C）热源与冷源温差越大，则热效率越高 （D）上述说法都不准确

四、问答题

1. 热连续转变为功的条件是什么？转变的限度是什么？

2. 比较循环热效率公式 $\eta_t=1-Q_2/Q_1$ 与 $\eta_t=1-T_2/T_1$ 的适用条件。

3. 第二类永动机与第一类永动机有何不同？

4. 理想气体的绝热自由膨胀过程中系统与外界没有交换热量，为什么熵增大？

5. 热力学第二定律能否表达为：“机械能可以全部变为热能，而热能不可能全部变为机械能”？

五、计算题

1. 有一卡诺循环工作于600℃及40℃两个热源之间，设每秒钟从高温热源吸热 100kJ。求：(1) 卡诺循环的热效率；(2) 循环产生的功率；(3) 每秒钟排向冷源的热量。

2. 某动力循环工作于温度为 1000K 及 300K 的两热源之间，循环为 1-2-3-1，其中 1-2 为定压吸热过程，2-3 为可逆绝热过程，3-1 为定温放热过程。点 1 的参数是 $p_1=1\text{MPa}$，$T_1=300\text{K}$，点 2 的参数 $T_2=1000\text{K}$，工质为 1kg，其定压热容 $c_p=1.01\text{kJ/(kg}\cdot\text{K)}$。求循环

热效率及循环净功。

3. 某可逆循环，热源温度为1400K，冷源温度为60℃，若 $Q_1=5000\text{kJ}$。求：(1) 热源、冷源的熵变化量；(2) 由两个热源组成的系统的熵变化量。

4. 某火力发电厂的工质从温度为1800℃的高温热源吸热，并向温度为20℃的低温热源放热，试确定：(1) 按卡诺循环工作的热效率；(2) 输出功率为100000kW，按卡诺循环工作时的吸热量和放热量；(3) 由于内外不可逆因素的影响，实际循环热效率只有理想循环热效率的45%；当输出功率维持不变时，求实际循环中的吸热量和放热量。

5. 某热机在 $T_1=1800\text{K}$ 和 $T_2=450\text{K}$ 的热源间工作，若每个循环工质从热源吸热1000kJ，试计算：(1) 循环的最大功？(2) 如果工质在吸热过程中与高温热源的温差为100K，在放热过程中与低温热源的温差为50K，则该热量中最大能转变为多少功？热效率是多少？(3) 如果循环过程中，不仅存在传热温差，并由于摩擦使循环功减小10kJ，则热机的热效率变为多少？

6. 如果室外温度为 -10℃，为保持车间内最低温度为20℃，需要每小时向车间供热36000kJ，求：(1) 如采用电热器供暖，需要消耗的电功率是多少？(2) 如采用热泵供暖，则供给热泵的电功率至少是多少？并比较两种供热方式哪种更节能。

第5章 水蒸气

学习目标

1）理解蒸发、沸腾、饱和状态及饱和参数的概念，了解水的三相图的组成和特点。

2）掌握水蒸气定压产生过程及在 p—v 图和 T—s 图上所表现的相变规律，了解高参数水蒸气对电厂锅炉各受热面的影响。

3）掌握水和水蒸气的热力性质表及 h—s 图的构成，能熟练应用水蒸气热力性质图和表确定水和水蒸气的状态参数。

4）掌握水蒸气典型热力过程的特点，能熟练应用水蒸气图和表进行水蒸气热力过程的分析和计算。

5）了解湿空气的绝对湿度、相对湿度、饱和湿空气、未饱和湿空气及露点温度等概念，了解相对湿度的物理意义及测量方法。

水蒸气是人类在热力发动机中应用最早的工质。由于水蒸气极易获得、具有适宜的热力参数、良好的膨胀性及载热性、对人体无害、对环境没有污染等优点，目前仍是热力工程中应用最广泛的工质。在火力发电厂的蒸汽动力装置中，都是以水蒸气作为工质来实现热功转换和热量传递的。工程上应用的水蒸气大多是刚刚脱离液态或离液态较近，其分子之间的相互作用力及分子本身所占有的体积均不能忽略，因此，不能把水蒸气当作理想气体来看待，也不能应用理想气体状态方程式来对其进行分析和计算。由于水蒸气的性质要比理想气体复杂得多，所以描述它的实际气体状态方程式往往十分复杂，应用起来很不方便。为此，人们研究编制出常用水蒸气的热力性质图和表，供工程计算时查用，现在也可借助计算机编程对水蒸气的物性及过程进行更精确的计算。

本章主要介绍水蒸气的产生过程、水蒸气状态参数的确定、水蒸气图和表的结构及应用，以及水蒸气在热力过程中功量和热量的计算。

5.1 水的相变及相图

5.1.1 汽化与凝结

1. 汽化

自然界的物质有三种状态：气态、液态、固态。在一定条件下，三种状态之间可互相转化。其中物质由液态变为气态的过程称为汽化，如火电厂锅炉水冷壁中水的汽化过程。根据汽化剧烈程度的不同，汽化有蒸发和沸腾两种方式。

（1）蒸发　在液体表面缓慢进行的汽化过程称为蒸发。它是在液体表面一些内动能较大的分子克服表面张力脱离液面变成蒸汽分子的过程。蒸发可在任何温度下发生。蒸发速度主要与液体的温度、液体表面积、外界气流速度和湿度等有关，液体温度越高，蒸发表面积越大，液面上气流速度越快时，蒸发就越快。如在火电厂的冷却塔中，就是通过增大蒸发表面积、并利用通风机增加蒸发气流的速度等措施来提高蒸发速度，加快冷却水的放热，从而提高冷却塔的工作效率。

（2）沸腾　对液体加热，当液体达到一定温度（即给定压力所对应的饱和温度）时，液体内部便产生大量汽泡，汽泡上升到液面破裂而放出大量蒸汽，这种在液体表面和内部同时进行的剧烈汽化现象称为沸腾。沸腾现象中，在液体内部有大量汽泡产生，沸腾也因此而得名。液体沸腾时的温度叫作沸点，它与液体的压力是一一对应的，实验证明，定压沸腾时，虽然对液体加热，但其温度保持不变。

由于蒸发速度相当慢，工业上获得蒸汽都是通过沸腾来产生的，如水在锅炉中被加热产生水蒸气的过程就是通过水的沸腾来实现的。

（3）汽化方法　使液体汽化的方法可通过加热升温和降压扩容两种方法来实现，如在锅炉中，利用燃料燃烧产生的热量来加热锅炉水冷壁中的水，使其温度升高到沸点，产生蒸汽；又如锅炉连续排污扩容器（用于回收排污水的热量和工质的设备）中，使排污水降压扩容，由于压力下降，其沸点温度也下降了，从而使一部分排污水汽化成蒸汽，然后引入系统回收利用，以提高系统的效率。

2. 凝结（液化）

物质由气态变为液态的过程称为凝结，如凝汽器中蒸汽的凝结过程。

凝结为汽化的反过程，在一定压力下，蒸汽凝结时的温度（即凝结温度）与液体的沸点相等，定压蒸汽凝结时要释放热量（潜热）。

1）根据凝结液润湿壁面性能的不同，凝结可分为珠状凝结和膜状凝结两种方式。

2）液化方法：可通过降温放热（如凝汽器中）和定温压缩使蒸汽凝结。

5.1.2 饱和状态

1. 饱和状态的概念

如图5-1所示，对密闭容器中的水进行加热，水的汽化过程和水蒸气的凝结过程将同时进行。开始阶段，由于气相空间的蒸汽分子数较少，所以汽化过程占优势。随着汽化的进行，气相空间的蒸汽分子数越来越多，从而凝结速度加快。当蒸发速度和凝结速度相等时，虽然汽化和凝结仍在进行，但气相空间的蒸汽分子数不再增加，气、液两相达到动态平衡，这种状态称为饱和状态。此状态下的水称为饱和水，蒸汽称为饱和蒸汽；饱和状态下，水和蒸汽的压力相同，温度相等，该压力称为饱和压力，用 p_s 表示；该温度称为饱和温度，用 t_s 表示。

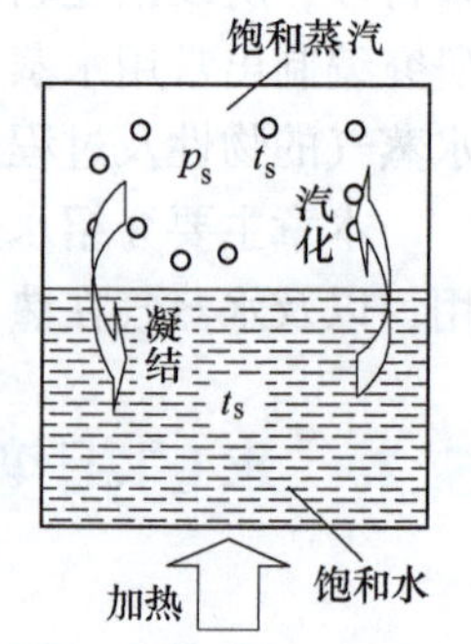

图5-1　水的饱和状态

若对容器中的水继续加热，则汽化速度又将大于凝结速度，原平衡状态被破坏，蒸汽分子的数量又将增加，压力也随着升高，凝结的速度必然同时升高，并又会重新达到另一新的平衡状态。

理论和实践都证明，对于某一液体来说，其饱和温度和饱和压力成一一对应关系，即

$$p_s=f(t_s) \quad 或 \quad t_s=f(p_s) \tag{5-1}$$

若给定了压力，其对应的饱和温度也就一定了；反之，给定了温度，其对应的饱和压力也是一定的。饱和压力越高，对应的饱和温度也越高，同样，饱和温度越高，对应的饱和压力也越高，由实验可以测出饱和温度与饱和压力的关系，如图5-2中曲线*AC*所示。例如，当水的压力为1个标准大气压（1atm = 0.101325MPa）时，其饱和温度为 t_s = 100℃；当水的压力为0.2MPa时，其饱和温度为 t_s = 120.24℃。当压力达到 p_c 时，对应的饱和温度为 T_c，此状态点为水蒸气的临界状态点*C*，当温度超过 T_c 时，液相不可能存在，只可能是气相。临界点的参数和特点将在下节介绍。

2. 饱和状态应用实例

1）温度一定时，液体压力降低到其温度对应的饱和压力或以下时，会发生汽化。如电厂中的给水泵，当其入口压力降低到其温度对应的饱和压力或以下时，水会发生汽化，使水泵处在汽蚀工况下运行，从而影响水泵的正常运行和锅炉的供水。前面分析的锅炉连续排污扩容器中的汽化也属于此类情况。

2）压力一定时，水蒸气温度下降到该压力下对应的饱和温度或更低时，会发生凝结。如汽轮机冲转时，蒸汽会在汽缸、转子等金属表面凝结形成水膜，从而影响蒸汽与金属之间的传热。

3）火电厂锅炉的“虚假水位”现象。“虚假水位”是暂时且不真实的水位，它不是由于给水量与蒸发量之间的平衡关系被破坏引起的，而是当汽包压力突然改变而温度变化滞后引起的。当汽包压力突然下降时，因对应的饱和温度相应下降使汽包中的水自行汽化，水中的汽泡增多，水体积膨胀，使水位上升，形成虚假水位。反之，当汽包压力突然升高时，因对应的饱和温度相应提高使汽包中的水蒸气凝结，水中的汽泡减少，水体积收缩，使水位下降，同样会形成虚假水位。因而，在锅炉运行中，要注意监控汽包锅炉的水位变化，正确判断水位的真实状况，使汽包水位维持在正常值范围内，避免出现锅炉满水或缺水而造成事故。

5.1.3 水的相图（*p*—*T* 图）

相是系统内物理和化学性质完全相同的均匀体。水的三相分别为固态冰、液态水和气态的水蒸气，其三相图如图5-2所示。

图中，*AB*线、*AC*线和*AD*线分别称为固-液共存的溶解线或凝固线、液-气共存的汽化线或凝结线和固-气共存的升华线或凝华线。三条曲线将水的三相图分为固相区、液相区和气相区三个单相区域。三条曲线相交于*A*点，称为三相点。它可以是单相的饱和固体、饱和液体或饱和气体，也可以是三相的混合物。每种纯物质三相点的压力和温度都是唯一的，与固、液、气三相的比例无关。水的三相点的压力和温度具有确定的数值，分别为：p_A = 611.65Pa，t_A = 0.01℃或 T_A = 273.16K。

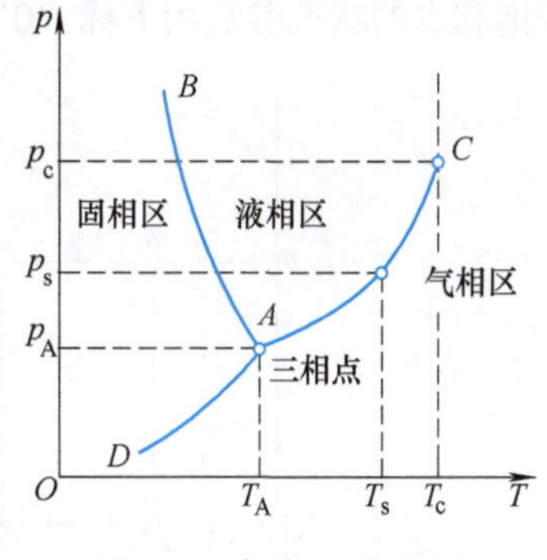

图5-2 水的 *p*—*T* 相图

从图5-2中可以看出，当压力低于三相点压力 p_A 时，液相不可能存在，而只可能是气相或固相；当温度高于三相点温度 T_A 时，固相不可能存在，而只能是液相或气相。所以，三相点的压力是最低的液–气两相平衡的饱和压力；三相点的温度是最低的液–气两相平衡的饱和温度。

5.2 水蒸气的定压产生过程

5.2.1 水蒸气定压产生过程的三个阶段

工程上所用的水蒸气是由锅炉在定压下对水加热而得到的。如火电厂汽轮机所用的水蒸气，可近似看成是在锅炉的水冷壁中定压加热产生的。为便于分析形象化，其产生过程可通过图5-3来说明。假定1kg温度为t_0（$t_0<t_s$）的水装在带有移动活塞的容器中，活塞上加以恒定压力p，在容器底部对水进行定压加热。

水蒸气的定压产生过程一般可分为三个阶段，经历了五种状态。图5-4为水蒸气的定压产生过程的p—v和T—s图。

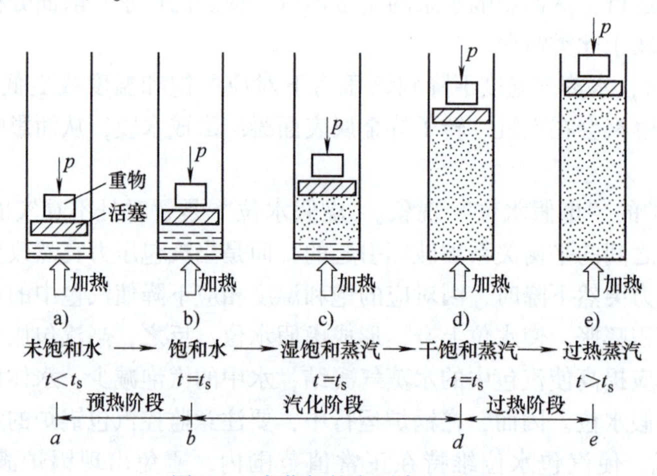

图5-3　水蒸气的定压产生过程

1. 未饱和水的预热阶段

水的初始温度为t_0，低于相应压力p下的饱和温度t_s，此状态时的水称为未饱和水或过冷水，如图5-3a和图5-4中的a点所示。其温度低于饱和温度的数值称为过冷度（$\Delta t=t_s-t_0$）。未饱和水的状态参数用下标“0”表示，如比体积、温度、焓、熵分别表示为v_0、t_0、h_0、s_0。

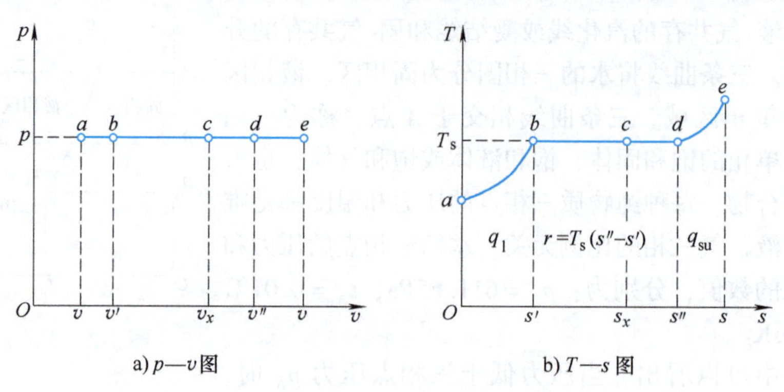

图5-4　水蒸气的定压产生过程在p—v图和T—s图上的表示

在火电厂凝汽器、回热加热器中会涉及过冷度的问题。在凝汽器中，乏汽定压放热凝结成水，因各种原因其凝结水温可能低于凝汽器压力所对应的饱和温度（低的部分称为凝汽器的过冷度），过冷度的存在会对电厂的热经济性产生影响，应尽量控制。

对未饱和水进行加热，水温逐渐升高，水的比体积稍有增大，当温度达到饱和温度 t_s 时，水将开始沸腾，此状态的水称为饱和水，饱和水的状态参数用上标“′”表示，如 v'、h'、s'等，如图5-3b和5-4中的 b 点所示。由未饱和水变为饱和水的过程称为水的预热过程，如图5-4所示的 $a \to b$ 阶段，该过程中所吸收的热量称为预热热（或液体热），用 q_1 表示，由热力学第一定律可知，液体热等于该阶段水的焓增，即

$$q_1 = h' - h_0 \tag{5-2}$$

根据比热容的概念，取比热容为定值时，q_1 还可用下式计算

$$q_1 = c_p(t_s - t_0) \tag{5-2a}$$

在 T—s 图中，q_1 也可用 a-b 线下的面积表示。

2. 饱和水的汽化阶段

在定压下对水继续加热，饱和水逐渐汽化，此时的水和汽的温度都保持不变，这个过程既是定压过程也是定温过程。这时的水-汽共存的状态称为湿饱和蒸汽状态，蒸汽和水的混合物称为湿饱和蒸汽（简称为湿蒸汽），如图5-3c和图5-4中的 c 点所示，其状态参数用下标“x”表示，对应的参数为 p、t_s、v_x、h_x、s_x 等。

随着加热过程的继续进行，湿蒸汽中的水的含量逐渐减少，蒸汽的含量逐渐增多，直至水全部转化为蒸汽，这时的蒸汽称为干饱和蒸汽（简称饱和蒸汽），如图5-3d和图5-4中的 d 点所示，其状态参数用上标“″”表示，对应的参数为 p、t_s、v''、h''、s''等。

由饱和水加热成干饱和蒸汽的过程称为饱和水的汽化阶段。如图5-4中的 $b \to d$ 阶段所示，该过程中所吸收的热量称为汽化潜热，用 r 表示，由热力学第一定律可知，汽化潜热等于该阶段的焓增，在 T—s 图上，r 也可用 b-d 线下的面积表示。即有

$$r = h'' - h' = T_s(s'' - s') \tag{5-3}$$

由于湿蒸汽处于饱和状态，其压力与温度不是相互独立的参数，而是一一对应关系。因此要具体确定湿饱和蒸汽状态，除了压力或温度外，一般还必须知道汽、水的质量成分比例，通常用干度表示。把湿蒸汽中所含干饱和蒸汽的质量占总质量的比例称为湿蒸汽的干度，用 x 表示，即

$$x = \frac{m_v}{m_v + m_w} \tag{5-4}$$

式中，m_v 为湿蒸汽中干饱和蒸汽的质量；m_w 为湿蒸汽中饱和水的质量；$m_v + m_w$ 为湿蒸汽的质量。

干度是饱和状态下的工质的特有参数。显然，对饱和水，其 $x = 0$；对干饱和蒸汽，$x = 1$；对于任何湿蒸汽，$0 < x < 1$。对于未饱和水和过热蒸汽，不存在干度。

对于湿蒸汽，还可用湿度表示其成分。把湿蒸汽中所含饱和水的质量占总质量的比例称为湿蒸汽的湿度，用 y 表示，即

$$y = \frac{m_w}{m_v + m_w} \tag{5-5}$$

显然有：$x + y = 1$，干度和湿度不是两个独立的参数，知道其中一个参数就能确定另一参数。

3. 干饱和蒸汽的过热阶段

对干饱和蒸汽继续加热，其温度进一步升高，比体积和熵进一步增大，这时，蒸汽的温度已超过对应压力下的饱和温度，这种蒸汽称为过热蒸汽，如图5-3e和图5-4中的e点所示，对应的参数为p、t、v、h、s等。过热蒸汽的温度t与同压下饱和温度t_s之差称为过热度，用D表示，$D=t-t_s$。汽轮机进汽要求有一定的过热度，以提高蒸汽的做功能力和防止汽轮机产生水冲击等。

由干饱和蒸汽加热成为过热蒸汽的过程称为饱和蒸汽的过热阶段，在p—v图和T—s图上的表示如图5-4中为$d \to e$段。该阶段中所吸收的热量称为过热热，用q_{su}表示，即

$$q_{su}=h-h'' \tag{5-6}$$

在T—s图上，q_{su}也可用d-e线下的面积表示。

4. 水蒸气产生过程的总吸热量

综上所述，水蒸气的定压产生过程经历了预热、汽化和过热三个阶段，并先后经历未饱和水、饱和水、湿饱和蒸汽、干饱和蒸汽和过热蒸汽五种状态。水蒸气的定压产生过程在p—v图上是一条水平线；在T—s图上，过程线分为三段，是一条三折线，除汽化过程线为一条水平线外，预热和过热过程线均为向右上方倾斜的指数曲线。整个过程中各参数的变化趋势为：比体积、焓、熵均是增大的，温度除了在汽化阶段保持不变外，在预热和过热阶段均是增大的；干度在汽化阶段是逐渐增大的；由于水的膨胀性很小，在预热阶段，比体积只是稍有增大。显然，饱和水与干饱和蒸汽状态点是三个阶段、五种状态的分界点。对于任何一个状态，只要知道它相对于同压力下的饱和水与干饱和蒸汽状态点的关系，就能确定其是哪种状态。

整个蒸汽产生过程中，1kg工质所吸收的总热量q等于三个阶段吸热量的和，也可由T—s图上$abcde$过程线下的面积表示。用下式计算

$$q=q_1+r+q_{su}=(h'-h_0)+(h''-h')+(h-h'')=h-h_0 \tag{5-7}$$

对于电厂锅炉而言，h_0就相当于锅炉给水的焓，h就相当于锅炉出口过热蒸汽的焓。

5.2.2 水蒸气的p—v图与T—s图

水蒸气的产生过程及p—v图与T—s图

改变压力p重复以上实验，可在p—v图与T—s图上得到一系列不同压力下蒸汽的产生过程曲线，如在p_1、p_2、p_3的压力下的$a_1b_1d_1e_1$、$a_2b_2d_2e_2$、$a_3b_3d_3e_3$过程线等。并将不同压力下对应的状态点连接起来，就得到了图5-5所示水蒸气的p—v图与T—s图。

不同压力下水蒸气产生过程有如下特点：

1）随着压力的升高，由于未饱和水的压缩性极小，压力虽然提高，但只要温度（t_0）不变，其比体积就基本保持不变，所以在p—v图上各种压力下未饱和水的状态点（a_1、a_2、a_3…）几乎处于一垂直线上。在T—s图上，由于温度不变，各种压力下未饱和水状态点几乎重叠为一点。

2）将不同压力下饱和水的状态点b_1、b_2、b_3、…连接的线称为饱和水线或下界线（图5-5中的CA线）。由于水的压缩性小于其热胀性，当压力增大时，水的比体积变化很小，而随着饱和温度的升高，水的比体积明显增大，熵也增大。从总体上看，饱和水的比体积v'和熵s'随压力升高而有所增大，故在p—v图与T—s图中下界线向右上方倾斜。由于水的压

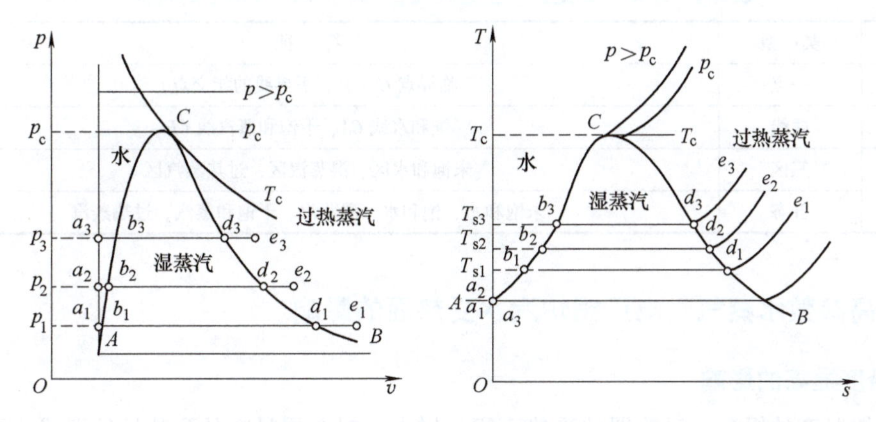

图 5-5 水蒸气的 $p—v$ 图和 $T—s$ 图

缩性很小，压缩后升温极小，在 $T—s$ 图上等压线（a_1-b_1、a_2-b_2 等）和下界线很接近，可近似认为各压力下的等压线与下界线重合。

3）将不同压力下干饱和蒸汽的状态点 d_1、d_2、d_3、…连接的线称为干饱和蒸汽线或上界线（图 5-5 中的 CB 线）。由于蒸汽的压缩性大于其热胀性，当压力增大时，蒸汽的比体积明显减小；而随着饱和温度的升高，蒸汽的比体积增大相对较小。从总体上看，干饱和蒸汽的比体积 v''和熵 s''随压力升高而有所减小，所以 $p—v$ 图与 $T—s$ 图中上界线向左上方倾斜。

4）从上述分析可知，随着压力的提高，水的预热过程（a-b 线）拉长，而汽化过程（b-d 线）缩短，即水的预热热将逐渐增加、汽化潜热将逐渐减少。当达到某一压力 p_c 时，汽化过程将缩为一点（上、下界线的相交点），该点称为临界点，如图 5-2 和图 5-5 中 C 点所示。这样一种特殊的状态称为临界状态，临界状态下的状态参数称为临界参数，其符号均在右下角加角标“c”表示。水蒸气的临界参数为

$$p_c = 22.064\text{MPa}$$
$$T_c = 647.14\text{K}(373.99℃)$$
$$v_c = 0.003106\text{m}^3/\text{kg}$$

临界点具有以下特点：

① 该状态下饱和水状态与干饱和蒸汽状态重合，具有相同的状态参数，它们之间的差别消失。

② 当 $p \geqslant p_c$ 时，水蒸气的定压产生过程无汽化阶段，汽化潜热为零。

③ 当 $T > T_c$ 时，无论压力如何增加都不可能液化。所以，临界温度 T_c 是最高的饱和温度，临界压力 p_c 是最高的饱和压力，$T > T_c$ 时只能以水蒸气存在。

5）下界线 CA 与上界线 CB 以及临界温度 T_c 等温线分别将 $p—v$ 图和 $T—s$ 图分为三个区域。

① 未饱和水区：下界线 CA 以左以及 T_c 等温线左下方的区域为未饱和水区（过冷水区）。

② 湿蒸汽区：下界线 CA 与上界线 CB 之间汽液两相共存的区域为湿蒸汽区。

③ 过热蒸汽区：上界线 CB 以及 T_c 等温线以右的区域为过热蒸汽区。

综上所述，水蒸气的定压产生过程在 $p—v$ 图和 $T—s$ 图上所表示的特征可归纳在表 5-1中。

表 5-1 水蒸气的定压产生过程在 $p—v$ 图和 $T—s$ 图上的特征

序号	类 型	特 征
1	一点	临界点 C（上、下界线的相交点）
2	两线	饱和水线 CA、干饱和蒸汽线 CB
3	三区	未饱和水区、湿蒸汽区、过热蒸汽区
4	五态	未饱和水、饱和水、湿蒸汽、干饱和蒸汽、过热蒸汽

5.2.3 高参数水蒸气对电厂锅炉汽水受热面的影响

1. 温度提高的影响

水蒸气温度的提高，过热器的受热面积将增大，对金属材料的耐热性能要求也更高了。

2. 压力提高的影响

在火电厂中，给水的定压预热、汽化、过热三个过程，主要分别在锅炉的省煤器、水冷壁和过热器中完成。随着压力的提高，预热热和过热热所占的比例增大，而汽化热所占的比例减小，因而要求省煤器和过热器受热面增大，而水冷壁受热面减小。因此，随着锅炉压力的提高，超高压及以上的锅炉，将部分加热水的任务由省煤器转移到水冷壁来完成，大机组锅炉的省煤器大都采用非沸腾式的省煤器，以及把一部分水平烟道内的过热器（如顶棚过热器、屏式过热器）受热面移到炉膛内的布置方式就是这个道理。

近些年，我国超临界（新蒸汽压力大于临界压力）如600MW、1000MW机组相继投产。由于压力的提高，水、汽的性质差别（如密度差）将减小，炉内自然循环将变得困难，并对汽水分离装置的要求也高；故当压力在19MPa以上时，必须采用强制循环锅炉（主要依靠锅水循环泵的压头建立锅水循环的锅炉）和高质量的汽水分离装置，或者采用直流锅炉（给水依靠给水泵的压头，一次通过锅炉各受热面的锅炉），而不能采用自然循环锅炉（依靠锅水汽、水密度差建立炉内水循环的锅炉）。

5.3 水蒸气的状态参数和水蒸气表

水蒸气是由液态水汽化而得，离液态较近，其热力性质复杂，不能作为理想气体处理。为便于一般工程分析和计算，人们将实验结果编制成水和水蒸气的热力性质图表。依据水蒸气状态特点，把水蒸气表分为“饱和水与干饱和蒸汽的热力性质表”和“未饱和水与过热蒸汽的热力性质表”两类。热力工程中使用最广的水蒸气图是以焓为纵坐标、以熵为横坐标的焓—熵图，即 $h—s$ 图。

5.3.1 焓、熵值零点的规定

国际上规定以水的三相点（611.66Pa、273.16K）下饱和水的热力学能、熵为零，作为基准点。此时，水的比体积 $v_0'=0.00100021\text{m}^3/\text{kg}$，由焓的定义式，计算该点焓值为：$h_0'=u_0'+p_0v_0'=0\text{J/kg}+611.66\times0.00100021\text{J/kg}=0.6118\text{J/kg}$，因此，在工程计算中，通常将在三相点下饱和水的焓值视为零，即 $h_0'\approx0\text{J/kg}$。

5.3.2 水与水蒸气表

1. 饱和水与干饱和水蒸气热力性质表

为便于使用，饱和水与干饱和蒸汽的热力性质表又分为以温度为序排列（详见本书附表3）和以压力为序排列（详见本书附表4）的两种。以温度为序的饱和水与干饱和蒸汽的热力性质表中，列出了不同温度对应的饱和压力 p_s；以压力为序的饱和水与干饱和蒸汽的热力性质表中，列出了不同压力对应的饱和温度 t_s。两种表都列出了不同温度或不同压力下的饱和水和干饱和蒸汽的参数（v'、v''、h'、h''、s'、s''）以及相应的汽化潜热 r。

由于表中未列出湿蒸汽的状态参数，可根据给定的参数和干度 x，按下列各式计算确定。

$$v_x = xv'' + (1-x)v' \tag{5-8}$$

$$h_x = xh'' + (1-x)h' \tag{5-9}$$

$$s_x = xs'' + (1-x)s' \tag{5-10}$$

2. 未饱和水与过热蒸汽的热力性质表

未饱和水与过热蒸汽的热力性质表是以温度和压力两个独立变量来绘制出它们的比体积、焓、熵。由于未饱和水、过热蒸汽都是单相物质，因此将未饱和水与过热蒸汽的热力性质汇聚在一张表上，详见本书附表5。表中黑实线上方为未饱和水的状态参数，下方为过热蒸汽的参数。

因热力学能在工程上应用较少，故其数值在“饱和水与干饱和蒸汽的热力性质表”和“未饱和水与过热蒸汽的热力性质表”上一般都不列出，如果需要可根据 $u = h - pv$ 计算确定，计算时要注意它们的单位要统一后再进行。查表时，如遇到表中未列出的中间状态的参数，可用线性内插法求得。

【例 5-1】 利用水蒸气表判断下列各点的状态，并确定其 h、s、x 值。

（1）$p_1 = 3\text{MPa}$，$t_1 = 300℃$；(2) $p_2 = 9\text{MPa}$，$v_2 = 0.017\text{m}^3/\text{kg}$；（3）$p_3 = 1.0\text{MPa}$，$t_3 = 175℃$

【解】 （1）由饱和水与干饱和蒸汽的热力性质表（附表4）查得，$p_1 = 3\text{MPa}$ 时，$t_s = 233.893℃$，由 $t_1 = 300℃ > t_s$，可知该蒸汽处于过热状态。

由 $p_1 = 3\text{MPa}$、$t_1 = 300℃$ 查未饱和水与过热蒸汽的热力性质表（附表5），得

$$h_1 = 2994.2\text{kJ/kg},\ s_1 = 6.5408\text{kJ/(kg·K)}$$

（2）$p_2 = 9\text{MPa}$ 时，查饱和水与干饱和蒸汽的热力性质表（附表4）得

$v' = 0.0014177\text{m}^3/\text{kg}$，$v'' = 0.020485\text{m}^3/\text{kg}$；$h' = 1363.1\text{kJ/kg}$，$h'' = 2741.92\text{kJ/kg}$；$s' = 3.2854\text{kJ/kg}$，$s'' = 5.6771\text{kJ/(kg·K)}$

可见 $v' < v_2 < v''$，因此可知该状态为湿蒸汽状态，由 $v_2 = (1-x)v' + xv''$ 可求得干度 x 为

$$x = \frac{v_2 - v'}{v'' - v'} = \frac{0.017 - 0.0014177}{0.020485 - 0.0014177} = 0.8172$$

按湿蒸汽的参数计算式得

$$\begin{aligned} h_2 &= h' + x(h'' - h') = [1363.1 + 0.8172 \times (2741.92 - 1363.1)]\text{kJ/kg} \\ &= 2489.87\text{kJ/kg} \end{aligned}$$

$$\begin{aligned} s_2 &= s' + x(s'' - s') = [3.2854 + 0.8172 \times (5.6771 - 3.2854)]\text{kJ/(kg·K)} \\ &= 5.2399\text{kJ/(kg·K)} \end{aligned}$$

(3) 由饱和水与干饱和蒸汽的热力性质表(附表4)查得,当 $p_3=1.0\text{MPa}$ 时,$t_s=179.916℃$,显然 $t_3=175℃<t_s$,故该状态为未饱和水。通常 $t=175℃$ 的状态参数可利用 $t=170℃$ 与 $t=180℃$ 的对应状态参数内插得到,但此处 $t=160℃$ 与 $t=180℃$ 跨越了未饱和表中的粗黑线,说明它们分别处于不同相区。应使内插在未饱和水区内进行,因此选取离 $t=175℃$ 最接近的 $t=160℃$ 与 $t=179.916℃$(饱和水)的对应状态参数进行内插。

由未饱和水与过热蒸汽的热力性质表(附表5)查得

$$p=1.0\text{MPa},\ t=160℃\text{时},\ h=675.7\text{kJ/kg},\ s=1.942\text{kJ/(kg·K)}$$

$$p=1.0\text{MPa},\ t=179.916℃\text{时},\ h=762.84\text{kJ/kg},\ s=2.1388\text{kJ/(kg·K)}$$

于是 $t_3=175℃$ 时:

$$h_3=675.7\text{kJ/kg}+\frac{762.84-675.7}{179.916-160}\times(175-160)\text{kJ/kg}=741.33\text{kJ/kg}$$

$$\begin{aligned}s_3&=1.942\text{kJ/(kg·K)}+\frac{2.1388-1.942}{179.916-160}\times(175-160)\text{kJ/(kg·K)}\\&=2.09\text{kJ/(kg·K)}\end{aligned}$$

说明:

① 利用水蒸气表查取水和水蒸气的状态参数时,必须先判断出其具体状态才能确定该选择哪一种表进行查取。

② 在利用未饱和水与过热蒸汽表做线性插值时,切记线性内插只能在单相的未饱和水区或过热蒸汽区内进行,而不允许跨越表中粗黑线上、下的值进行内插。如遇这种情况,应另选用更详细的表,或使插值计算在单相区内进行。

③ 水蒸气状态的判别。

a) 当已知 p(或 t)和干度 x,为湿蒸汽。

b) 压力一定时,当 $t<t_s$ 时,为未饱和水;$t=t_s$,为饱和状态,但不能判断是饱和水、湿饱和蒸汽,还是干饱和蒸汽,此时还需其他参数如干度 x,才能判别具体状态;当 $t>t_s$ 时,为过热蒸汽。若 $t>t_c$(373.99℃),必定处于过热蒸汽状态。

c) 温度一定时,若 $p<p_s$,则为过热蒸汽;若 $p=p_s$,则为饱和状态,但不能判别具体的状态,此时还需其他参数如干度 x,才能判别具体状态(饱和水、湿饱和蒸汽、干饱和蒸汽);若 $p>p_s$,则为未饱和水。

d) 若已知 p(或 t)和另一个状态参数 z(如 h、s 或 v),则可由 p(或 t)先查"饱和水与干饱与蒸汽的热力性质表"得到饱和水的参数 z' 和干饱和蒸汽的参数 z'',然后通过比较判别。因为水蒸气产生过程中,其 h、s 或 v 都是单边增大的,所以有:

当 $z<z'$ 时,为未饱和水;当 $z'<z<z''$ 时,为湿饱和蒸汽,此时要求得 x,才能确定其他状态参数;当 $z>z''$ 时,为过热蒸汽。

5.4 水蒸气的 h—s 图

5.4.1 水蒸气 h—s 图的构成

利用水蒸气表确定水蒸气状态参数的优点是数值的准确度高,但由于水蒸气表上所给出的数据是不连续的,在遇到间隔中的状态时,需要用内插法求得,甚为不便。为了便于使用，热力工程中最常用的蒸汽图是焓—熵图（即 h—s 图），如图 5-6 所示。利用 h—s 图无需用内插法计算，可以很容易确定水蒸气的状态参数，而且可以更加直观方便地对水蒸气的热力过程进行分析计算。

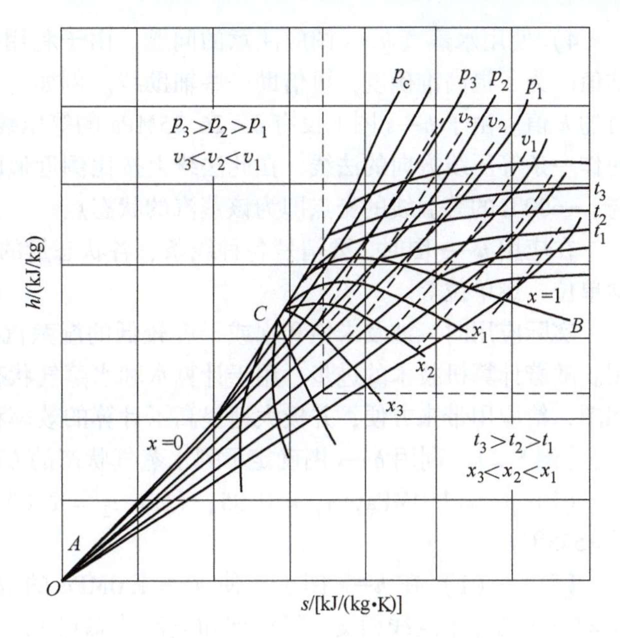

图 5-6 水蒸气的 h—s 图

h—s 图是以焓为纵坐标、以熵为横坐标构成的多维坐标图，它主要由一系列线群组成。图中绘制了等焓线群、等熵线群、等干度线群、等压线群、等温线群及等容线群。由于等容线与等压线在延伸方向上有些近似，为了便于区别，在通常的焓—熵图中，常将等容线印成红线或虚线，有时没有表示出来。

1）等焓线群和等熵线群。等焓线为水平线，等熵线为垂直线。

2）等干度线群。干度线是饱和区内特有的曲线，包括 $x=0$ 的饱和水线及 $x=1$ 的干饱和蒸汽线，从下往上，干度增大，如图 5-6 中所示，$x_3<x_2<x_1$。

3）等压线群。在 h—s 图上，等压线为一组自左下方向右上方延伸的呈发散状分布的线群，从左至右，压力逐渐下降，如图 5-6 中所示，$p_3>p_2>p_1$。在湿蒸汽区，等压线为一簇斜率为常数的直线；在过热区，随着压力的增高，等压线趋于陡峭。

4）等温线群。在湿蒸汽内，由于饱和压力与饱和温度具有一一对应关系，故等温线与等压线重合；在过热蒸汽区等温线与等压线自上界线（$x=1$）处分开，略向右上方延伸，随后逐渐趋于平坦。

5）等容线群。在 h—s 图上的走向与等压线相似，比等压线稍陡。但其表示的数值与等压线相反，从左至右，比体积逐渐升高，如图 5-6 中所示，$v_3<v_2<v_1$。

5.4.2 水蒸气 h—s 图的应用

1）利用 h—s 图可查取 $x>0.6$ 的湿蒸汽、干饱和蒸汽和过热蒸汽的参数值（如 h、s、x 及 v 等）。

在过热蒸汽区，根据压力和温度两个独立状态参数线的交点，读取相关的状态参数；在湿蒸汽区，根据压力（或温度）和干度两个状态参数线的交点，读取相关的状态参数；由饱和压力查取饱和温度（或由饱和温度查取饱和压力）时，还要借助 $x=1$ 的干饱和蒸汽线，由饱和压力线或饱和温度线与 $x=1$ 的线的交点，读取相关的状态参数。

2）水蒸气热力过程的分析计算。下节将详细介绍。

3）由于工程上用到的水蒸气，常常是过热蒸汽或干度 $x>0.6$ 的湿蒸汽，故 h—s 图的实用部分仅绘出了它的右上角部分，如图 5-6 所示。工程上实用的 h—s 图，是将这部分放大而绘制的。当需要确定未饱和水、饱和水以及干度较低的湿蒸汽的状态参数时，则需用“水和水蒸气热力性质表”来查取。

4）使用水蒸气 h—s 图应注意的问题。由于利用 h—s 图查取状态参数时，要通过目测估值。为了提高准确度，可借助一些辅助线。例如，要查取蒸汽在 $p=26.25\text{MPa}$，$t=600℃$ 时的 h 值。由于 h—s 图上没有 $p=26.25\text{MPa}$ 的等压线，为此可在等压线 26MPa 和 28MPa 之间作一条等压线方向的法线，在此法线上按比例近似画出 26.25MPa 的等压线，则该等压线与 $t=600℃$ 的等温线的交点即为该蒸汽的状态点。

在应用 h—s 图时，要清楚各种线条、各状态量的单位。如焓、熵线上 1mm 各代表多少焓单位、熵单位等。

实际应用时，涉及未饱和水或干度较低的湿蒸汽时，常常将水蒸气表与 h—s 图配合使用。随着计算机技术的进步，用于计算水和水蒸气状态参数的各种软件相继问世，以代替表和图，给应用带来方便，并极大地提高了计算的效率和精度。

【例 5-2】 利用 h—s 图确定下列水蒸气状态的 h、s 及 v：

（1）$p_1=1.0\text{MPa}$，$x_1=0.95$；（2）$t_2=250℃$ 的干饱和蒸汽；（3）$p_3=13\text{MPa}$，$t_3=535℃$。

【解】（1）在 h—s 图上，使 $p_1=1.0\text{MPa}$ 的等压线与 $x_1=0.95$ 的等干度线相交，得湿饱和蒸汽状态点 1，如图 5-7 所示，查得：$h_1=2682\text{kJ/kg}$，$s_1=6.36\text{kJ/(kg·K)}$，$v_1=0.185\text{m}^3/\text{kg}$。

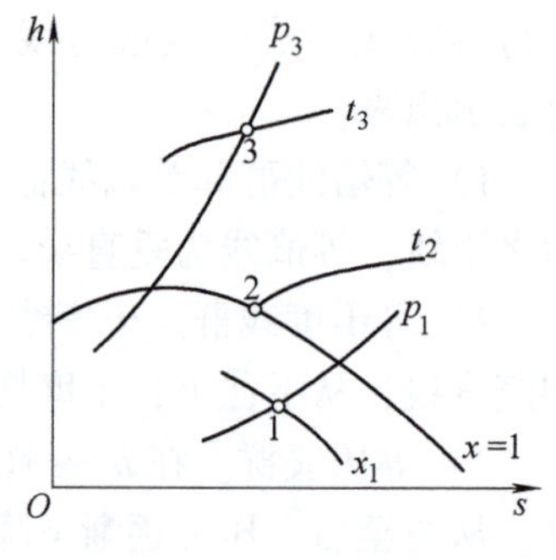

图 5-7 例 5-2 图

显然，利用 h—s 图确定湿蒸汽的状态参数要比水蒸气表方便得多。

（2）在 h—s 图上，使 $t_2=250℃$ 的等温线与 $x=1$ 的干饱和蒸汽线相交，得干蒸汽状态点 2，如图 5-7 所示，查得：$h_2=2800\text{kJ/kg}$，$s_2=6.07\text{kJ/(kg·K)}$，$v_2=0.05\text{m}^3/\text{kg}$。

（3）在 h—s 图上，使 $p_3=13\text{MPa}$ 的等压线与 $t_3=535℃$ 的等温线相交，得过热蒸汽状态点 3，如图 5-7 所示，查得：$h_3=3432\text{kJ/kg}$，$s_3=6.56\text{kJ/(kg·K)}$，$v_2=0.034\text{m}^3/\text{kg}$。

5.5 水蒸气的典型热力过程

水蒸气热力过程的分析和计算，与前面所讨论的理想气体热力过程的方法、步骤类似，即要确定初、终态的状态参数，求出过程中交换的热量、功量等，也可以在状态图上进行分析。但是，由于水蒸气没有适当而简单的状态方程，不能像理想气体那样依据理想气体的有关关系式对热力过程进行分析和计算，而一般是依据水蒸气图表对水蒸气热力过程进行分析和计算。尤其是 h—s 图的应用，给水蒸气热力过程的分析和计算带来了很大方便。

水蒸气的典型热力过程包括定容、定压、定温、绝热过程四种，在电厂蒸汽动力循环中，应用较多的是定压过程和绝热过程，以下着重应用 h—s 图分别讨论这两个过程。

分析水蒸气热力过程的一般步骤为：

1）根据初态的两个独立的已知参数，从表或图上查得其他未知参数。

2）根据过程特性，如定压过程或绝热过程，加上另一个终态参数即可在 h—s 图上确定进行的方向和终态，并查得终态参数。

3）根据已求得的初、终态参数，应用热力学第一和第二定律等基本方程计算功量和热量。

分析水蒸气热力过程的一般步骤简图如图 5-8 所示。

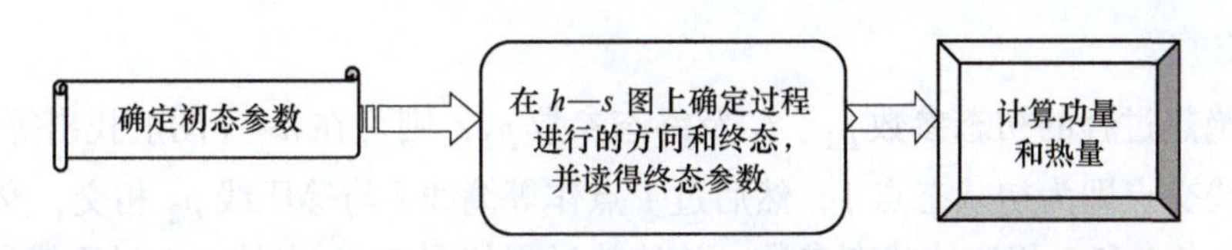

图 5-8 分析水蒸气热力过程的一般步骤简图

5.5.1 定压过程

在火电厂的蒸汽动力循环中，定压过程出现较多，如果忽略摩擦阻力和传热温差等不可逆因素，锅炉（包括各受热面）中的水的吸热过程、水蒸气在凝汽器中的凝结放热过程，锅炉给水在回热加热器中的吸热过程等都可看作理想的可逆定压过程。

若已知定压过程的初态参数 p、x_1 及终态参数 t_2，首先可在 h—s 图上找出等压线 p 和等干度线 x_1，两线交点即为初状态点1，查出相应的状态参数 h_1、v_1、t_1 及 s_1。然后过1点作等压线 p 与等温线 t_2 相交，交点即为终状态点2，进而可查出终态的参数 h_2、v_2 及 s_2。该定压过程如图5-9a中的1-2过程线所示。**注意**：此过程中 $p_1 = p_2 = p$。

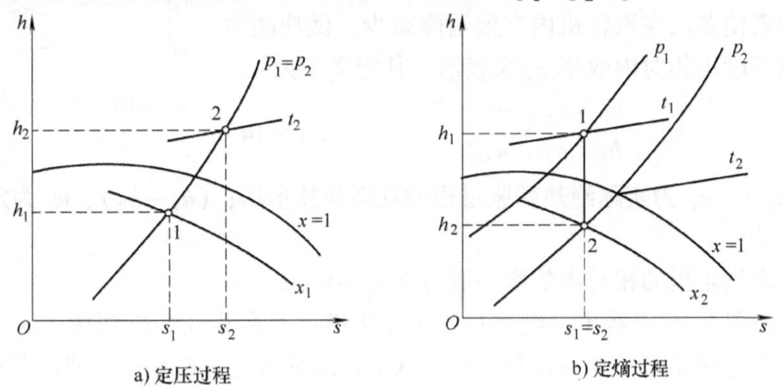

图 5-9 水蒸气的定压和绝热过程在 h—s 图上的表示

利用上述所查参数可进行下列计算：

$$q = \Delta h = h_2 - h_1 \tag{5-11}$$

即定压加热过程工质吸收的热量等于其焓升。还可进行下列有关计算。

$$\Delta u = h_2 - h_1 - p(v_2 - v_1) \tag{5-12}$$

$$w = q - \Delta u \text{ 或 } w = p(v_2 - v_1)$$

$$w_t = -\int_1^2 v\mathrm{d}p = 0$$

从图5-9a中可看出，定压过程沿1-2进行，水蒸气吸热膨胀且温度升高；反之沿2-1进行，则放热被压缩且温度下降。若湿蒸汽定压吸热膨胀，则会使其干度提高，最后可变为过热蒸汽；若过热蒸汽定压放热，则会被压缩向饱和蒸汽变化，进而可变为湿蒸汽。

5.5.2 可逆绝热过程（定熵过程）

绝热过程在热力工程中是常见的，如水蒸气在汽轮机或喷管内的过程，如果在绝热过程中忽略散热、摩擦等不可逆因素，则绝热过程就是可逆绝热过程（即定熵过程）。

1. 定熵过程

若已知绝热过程的初态参数 p_1、t_1 及终态参数 p_2，则可在 h—s 图上找出等压线 p_1 和等温线 t_1，两线交点即为初状态点 1，然后过 1 点作等熵线 s 与等压线 p_2 相交，交点即为终状态点 2，查出点 1 和 2 相应的状态参数。该绝热过程如图 5-9b 中的 1-2 过程线所示。

利用上述所查得参数可进行下列计算：

$$w_t = -\Delta h = h_1 - h_2 \tag{5-13}$$

即蒸汽在汽轮机内定熵过程的技术功等于其焓降。

2. 非定熵过程（实际绝热过程）

实际上，水蒸气在汽轮机或喷管中的绝热过程都存在摩擦等不可逆因素，因此都不是定熵过程，而是熵增过程。例如，已知汽轮机初态参数 p_1、t_1 和终态参数 p_2，定熵过程和实际绝热过程在 h—s 图上的表示，如图 5-10 所示，1-2 过程为定熵过程，1-2′过程为实际绝热过程。

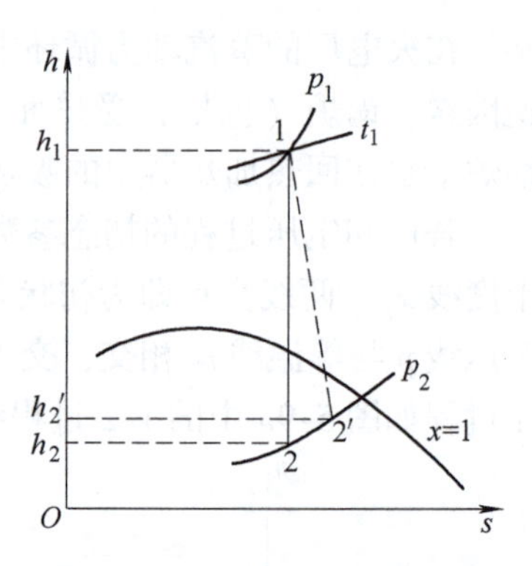

图 5-10 可逆绝热与实际绝热过程在 h—s 图上的表示

不可逆因素使蒸汽在汽轮机内有效焓降减少，做功能力下降，其影响程度用相对内效率 η_{ri} 来表示，其定义式为

$$\eta_{ri} = \frac{h_1 - h_{2'}}{h_1 - h_2} = \frac{w_t'}{w_t} \tag{5-14}$$

式中，$(h_1 - h_{2'})$、w_t' 为实际绝热膨胀过程的焓降和技术功；$(h_1 - h_2)$、w_t 为定熵膨胀过程的焓降和技术功。

近代大功率汽轮机的相对内效率一般为 0.85～0.92。

从图 5-9 和图 5-10 可看出，绝热过程沿 1-2 进行，水蒸气绝热膨胀，压力、温度均降低，若过热蒸汽绝热膨胀，则会使其过热度减小，最后可变为饱和蒸汽或湿蒸汽，同时干度会随着减小。

【例 5-3】 参数为 $p_1 = 5\text{MPa}$、$t_1 = 400℃$ 的水蒸气进入汽轮机绝热膨胀至 $p_2 = 0.004\text{MPa}$，设环境温度 $t_0 = 20℃$，求：(1) 若过程是可逆的，1kg 蒸汽所做的膨胀功及技术功各为多少？(2) 若汽轮机的相对内效率为 0.88，则其做功能力损失多少？

【解】 (1) 用 h—s 图确定初、终态参数（如图 5-10 所示）。

初态参数：$p_1 = 5\text{MPa}$，$t_1 = 400℃$，查 h—s 图得：$h_1 = 3197\text{kJ/kg}$，$v_1 = 0.058\text{m}^3/\text{kg}$，$s_1 = 6.65\text{kJ/(kg·K)}$，$u_1 = h_1 - p_1v_1 = 2907\text{kJ/kg}$。

终态参数：若不考虑损失，蒸汽做可逆绝热膨胀，即沿定熵线膨胀至 $p_2 = 0.004\text{MPa}$，此过程在 h—s 图上用一垂直线 1-2 表示，如图 5-10 所示，查附录中的 h—s 图得：

$h_2 = 2020\text{kJ/kg}$，$v_2 = 29\text{m}^3/\text{kg}$，$s_2 = s_1 = 6.65\text{kJ/(kg·K)}$，$u_2 = h_2 - p_2v_2 = 1904\text{kJ/kg}$。

则可逆膨胀功及技术功分别为

$$w = u_1 - u_2 = (2907 - 1904)\text{kJ/kg} = 1003\text{kJ/kg}$$

$$w_t = h_1 - h_2 = (3197 - 2020)\text{kJ/kg} = 1177\text{kJ/kg}$$

(2) 由于不可逆损失存在，故该汽轮机实际完成功量为

$$w_t' = \eta_{ri}w_t = 0.88 \times 1177\text{kJ/kg} = 1036\text{kJ/kg}$$

此不可逆过程在 h—s 图上用虚线 1-2′表示，如图 5-10 所示，按题意 $w_t' = h_1 - h_{2'}$，则

$$h_{2'} = h_1 - w_t' = (3197 - 1036)\text{kJ/kg} = 2161\text{kJ/kg}$$

这样利用两个参数 $p_{2'}=0.004\text{MPa}$ 和 $h_{2'}=2161\text{kJ/kg}$，即可确定实际过程的终态 $2'$，并在 h—s 图上查得 $s_{2'}=7.12\text{kJ/(kg·K)}$，故不可逆过程熵产为

$$\Delta s_g = s_{2'} - s_2 = (7.12-6.65)\text{kJ/(kg·K)} = 0.47\text{kJ/(kg·K)}$$

而做功能力损失 $I=T_0\Delta s=T_0\ (\Delta s_f+\Delta s_g)$，因绝热过程 $\Delta s_f=0$，则

$$I = T_0\Delta s_g = (273+20)\times 0.47\text{kJ/kg} = 137.7\text{kJ/kg}$$

5.6 湿空气的性质

5.6.1 干空气和湿空气

在自然界中，由于江河湖海里水的蒸发，使空气中总含有一些水蒸气，这种含有水蒸气的空气称为湿空气，不含水蒸气的空气称为干空气。湿空气可以看成是由水蒸气和干空气组成的混合气体。

工程上，由于空气中水蒸气的含量和变化都较小，常把湿空气当成理想混合气体来处理，因此，湿空气中水蒸气也可作为理想气体处理。但当空气中水蒸气的含量及所处的状态对所讨论的问题有重要影响时，如火电厂锅炉燃煤的加热干燥、采暖及冷却塔中水被空气冷却等过程，水蒸气的含量是不可忽略的。

5.6.2 湿空气应用实例

1. 加热过程及冷却过程

（1）加热过程　在火电厂制粉系统中，为便于磨煤机的制粉，常在其入口通入一部分热空气，用于吸收粗煤中的水分，起干燥作用，如图 5-11 所示。或用热空气预热进入炉膛的煤或煤粉，以强化其着火、燃烧和燃尽，提高锅炉效率。而这个热空气就是未饱和湿空气，它是在空气预热器中用锅炉尾部烟道中的烟气加热得到的，如图 5-12 所示。

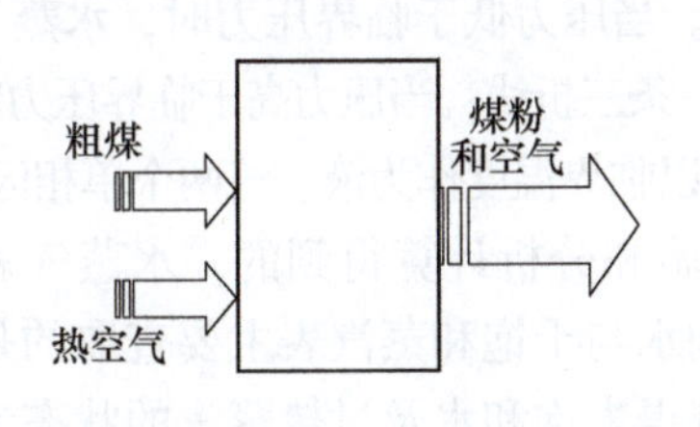

图 5-11　磨煤机中煤被热空气加热示意图

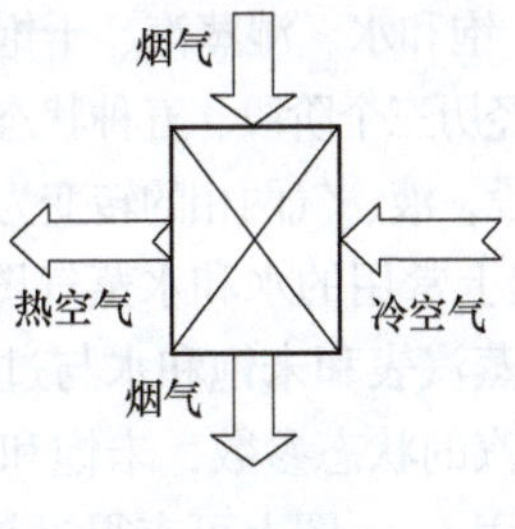

烟气
热空气
冷空气
烟气

图 5-12　空气预热器原理示意图

（2）冷却过程　对采用氢气冷却的发电机，由于氢气是依靠电解水得到的，因此氢气中含有水分，这会威胁到发电机的安全，需要将其水分尽量降低。对湿氢气进行定压冷却，其中的湿空气变为饱和状态，若继续冷却，温度达到露点时，水蒸气将凝结析出，达到冷却去湿即得到干燥的氢气的目的。

2. 循环水冷却塔

火电厂中，为了将冷却汽轮机排汽的冷却水循环使用，必须对其降温后才能继续使用。冷却塔就是利用蒸发冷却原理，使热水降温以获得工业循环冷却水的节水装置，在我国北方的火

电厂中广泛应用。图5-13为冷却塔工作原理示意图，热水（凝汽器的冷却水出水）向下喷淋，与自下而上的湿空气流接触，使热水得到冷却。装置中装有填料，用于增大两者的接触面积和接触时间。热水与空气间进行着复杂的传热和传质过程。结果是热水中一部分水蒸气蒸发，吸收汽化潜热，使热水降温，而湿空气温度升高，相对湿度增大，出口处湿空气可达到饱和或接近饱和状态，经空气冷却后的水储存于水池中，经循环水泵再输送到凝汽器中循环使用。

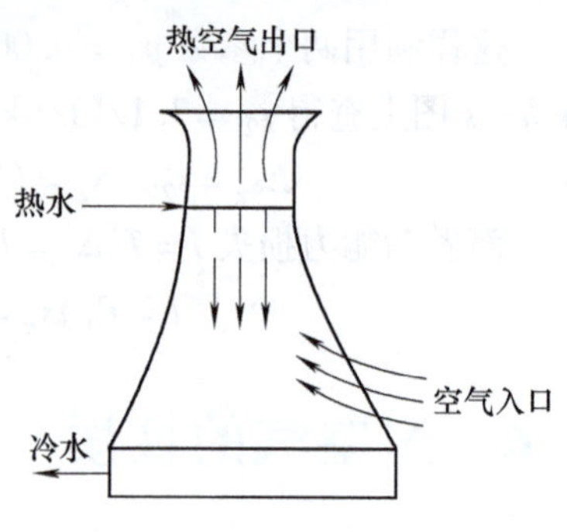

图5-13 冷却塔工作原理示意图

小 结

本章的内容包括水蒸气和湿空气的热力性质两部分。主要介绍水蒸气的汽化、凝结和饱和状态等有关基本概念，水蒸气的定压产生过程以及水蒸气热力性质图和表的结构和应用；简要介绍了湿空气有关基本概念和电厂设备中有关湿空气工作过程的特点。这些内容是分析和计算水蒸气和湿空气热力过程的理论基础。

学习本章应注意以下几点：

1. 学习水蒸气的热力性质时，要注意和理想气体的热力性质做对比。水蒸气是实际气体，其热力性质比理想气体要复杂得多。对其状态参数的确定，不能利用理想气体的状态方程式来确定，而常用其热力性质表和 h—s 图来查取。对其热力过程的分析计算，也不能利用由理想气体导出的结论，仅能利用由热力学第一、第二定律直接导出的关系式。

2. 水的汽化有蒸发和沸腾两种方式，工程上的水蒸气主要是通过定压加热以沸腾的方式产生的。学习中要充分理解饱和状态、饱和温度与饱和压力、饱和液体与饱和蒸汽的概念，饱和温度与饱和压力之间的一一对应关系。了解水蒸气 p—T 相图的结构及特点。

3. 水蒸气的定压产生过程在 p—v 图与 T—s 图上所表现的相变规律可归纳为：一点（临界点）、两线（饱和水线及干饱和蒸汽线）、三区（未饱和水区、湿蒸汽区及过热蒸汽区）和五态（未饱和水、饱和水、湿蒸汽、干饱和蒸汽及过热蒸汽）。当压力低于临界压力时，水蒸气的定压产生过程要经历三个阶段、五种状态，在 T—s 图上，是一条三折线；当压力高于临界压力时，不再存在汽化阶段，液、气两相的转变为一连续渐变过程，并以临界温度作为液、气两个单相区的分界。

4. 工程上常用的水和水蒸气图表上的数据是由实验和分析计算得到的，水蒸气表有饱和水与干饱和蒸汽表和未饱和水与过热蒸汽表两种。饱和水与干饱和蒸汽表主要查取的是饱和水及干饱和蒸汽的状态参数，未饱和水与过热蒸汽表可查得未饱和水及过热蒸汽的状态参数；而水蒸气的实用 h—s 图上可查得过热蒸汽、干饱和蒸汽及干度较大的湿蒸汽的状态参数。

5. 熟练而正确地使用水蒸气热力性质表和 h—s 图确定其状态参数、分析和计算水蒸气热力过程是本章的重点。水蒸气的定压过程、绝热过程在火电厂动力设备中经常遇到，应当熟练掌握对其进行分析计算的方法。

自测练习题

一、填空题（将适当的词语填入空格内，使句子正确、完整）

1. 水汽化方式有________和________两种，电厂锅炉中水汽化方式主要是____________。

2. 水蒸气的定压产生过程包括以下三个阶段：____________阶段、____________阶段和____________阶段。

3. 1kg水在电厂锅炉中定压加热成水蒸气，所吸收的热量等于锅炉出口____________的焓减去送入锅炉____________的焓。

4. 水的加热汽化过程在 p—v 图和 T—s 图上所表现的相变规律可归纳成：一点（________点）、两线（________线、________线）、三区（________区、________区、________区）和五态（________、________、________、________、________）。

5. 使水汽化的方法有________和________两种。

6. 水和水蒸气的热力性质表有____________和____________两种。

7. 蒸汽在汽轮机内的膨胀可近似看作________过程，如果不考虑摩擦及其他不可逆损耗，可认为这是一个________过程。

8. 水蒸气在汽轮机中绝热膨胀做功后，压力将________，温度将________，比体积将________，干度将________。

9. 对低于临界压力的水蒸气，使其凝结的方法有________和________两种，汽轮机排汽在凝汽器中的凝结属于____________方法。

10. 水在高参数锅炉的汽化过程中，________热和________热占的比例加大，而________热的比例减小。

11. 由未饱和湿空气变成饱和湿空气的途径有：____________，____________。

二、判断题（判断下列命题是否正确，若正确在［ ］内记“√”，错误在［ ］内记“×”）

1. 液体蒸发和沸腾都要温度达到一定值时才能发生。［ ］
2. 水蒸气的温度高于临界温度时，单靠增加压力不可能使其液化。［ ］
3. 在水的临界点，水与水蒸气具有相同的性质。［ ］
4. 未饱和水的温度都低于100℃。［ ］
5. 确定湿蒸汽的状态必须知道干度。［ ］
6. 电厂锅炉汽包内的蒸汽是过热蒸汽。［ ］
7. 水的汽化过程只能在定压下进行。［ ］
8. 过热蒸汽的温度一定高于饱和蒸汽的温度。［ ］
9. 超临界压力的锅炉设备中不需要设置汽包。［ ］
10. 饱和温度与饱和压力是一一对应关系，压力越高，则饱和温度越低。［ ］
11. 水蒸气 h—s 图中，湿蒸汽区的等温线和等压线重合。［ ］

三、选择题（下列各题答案中选一个正确答案编号填入［ ］内）

1. 定压下，水在汽化阶段的温度将［ ］。

（A）升高　（B）不变　（C）降低

2. 当水蒸气的压力升高时，h''-h'的值将［ ］。

（A）减小　（B）不变　（C）增大　（D）不能确定

3. 过热水蒸气的干度 x［ ］。

（A）等于1　（B）大于1　（C）小于1　（D）无意义

4. 能确定湿蒸汽状态的一组参数是［ ］。

（A）p、T　（B）p，x　（C）T，v'　（D）上述三者之一

5. 0.1MPa时水的饱和温度是99.64℃，下列属过热蒸汽状态的是［ ］。

（A）0.2MPa，104℃　（B）0.08MPa，99.64℃

（C）0.1MPa，99℃　（D）以上三种情况都不能确定

6. 电厂汽包出口的蒸汽状态是［ ］。

（A）湿饱和蒸汽　（B）过热蒸汽　（C）干饱和蒸汽　D）不能确定

7. 实用h—s图上不能查出水蒸气参数的状态是［ ］。

（A）湿蒸汽　（B）干饱和蒸汽　（C）过热蒸汽　（D）饱和水

8. 在同一压力下，过热蒸汽的比体积［ ］干饱和蒸汽的比体积。

（A）大于　（B）等于　（C）小于　（D）其他

9. 高于临界压力时，要使水从气态变为液态，采用［ ］方法可行。

（A）定温压缩　（B）降压扩容　（C）降温　（D）其他

10. 发现一热力管道泄漏出蒸汽，则可断定管道中输送的是［ ］。

（A）蒸汽　（B）高温水（$t>100$℃）

（C）汽水混合物　（D）上述三者之一

四、问答题

1. 有没有400℃的水？有没有20℃的过热蒸汽？

2. 为什么不能由t和p确定饱和状态的水或水蒸气的其他参数？

3. 给水泵入口处水的温度为160℃，那么泵入口处水在什么压力下会汽化？为防止水泵进口的水汽化，压力表读数应维持多少？

4. 为什么锅炉汽包里的排污水（高压热水）排放到低压容器（连续排污扩容器）后，部分热水会变为蒸汽？

5. 对于1000MW超超临界机组，为何必须采用直流锅炉？

6. 露点温度的测定对锅炉设备的运行有什么影响？

7. 为什么冬季的晴天气温虽然很低，但晒衣服容易干，而夏季闷热潮湿天气则不易干？

五、计算题

1. 利用水蒸气表及焓—熵图判定下列参数下的状态，并确定其h、s或x的值：

（1）$p=10$MPa，$t=200$℃；

（2）$t=200$℃，$v=0.5\text{m}^3/\text{kg}$；

（3）$p=1$MPa，$x=0.9$；

（4）$p=5$MPa，$t=400$℃。

2. 给水在210℃下送入锅炉，在定压10MPa下加热成550℃的过热蒸汽。试求：

（1）液体热和过热热；（2）1kg汽水吸收的总热量。

3. $p_1=9$MPa，$t_1=500$℃的蒸汽进入汽轮机可逆绝热膨胀到$p_2=0.005$MPa。求1kg蒸汽所做的技术功是多少？并作出其h—s图。

4. 蒸汽在$p_1=3$MPa，$x_1=0.95$状态下进入过热器，定压加热成过热蒸汽后送入汽轮机，再绝热膨胀到$p_2=0.01$MPa，$x_2=0.83$。求在过热器中加给每千克蒸汽的热量，并作出h—s图。

5. 某汽轮机进口蒸汽参数为$p_1=7$MPa，$t_1=500$℃，出口蒸汽参数为$p_2=0.005$MPa，蒸汽流量为3kg/s，设蒸汽在汽轮机中进行定熵膨胀过程，试求汽轮机产生的功率。

第 6 章　气体和蒸汽的流动

学习目标

1）掌握稳定流动的基本方程式及其适用条件。

2）了解声速及马赫数的概念；掌握喷管和扩压管定熵流动的基本特征；理解临界参数和滞止参数的概念；掌握临界压力比的概念及应用。

3）熟练掌握水蒸气在喷管中的流量及流速计算；掌握渐缩喷管和缩放喷管的选型及有关截面积的计算。

4）了解喷管中有摩擦流动时的特点及喷管速度系数和喷管效率的概念。

5）掌握绝热节流过程的特性及参数的变化规律，了解节流现象的工程应用。

6.1　一维稳定流动的基本方程式

工程上常见的管道或设备内的流动一般可视为稳定流动，即流道中任一点的热力状态及流动情况均不随时间而变化，但在系统的不同点上，其参数值可以不同。为了简化起见，可认为管道内垂直于轴向的任一截面上的各种参数值都均匀一致，工质的参数只沿管道轴向或流动方向发生变化。这种只在一个方向上有参数变化的流动称为一维稳定流动（也称一元稳定流动）。火电厂机组在稳定工况下运行时，工质在管道或设备内的流动情况接近于稳定流动。本章只讨论一维稳定流动。工程中有时还存在复杂的二维、三维流动的情况，这里不做介绍。

6.1.1　连续性方程

设有一任意流道⊖，如图 6-1 所示，流体从截面 1 流入，从截面 2 流出。由质量守恒定律可知，在稳定流动中，流道的任何截面上的质量流量都相等，并且不随时间而变化。若以 q_m 表示质量流量（kg/s）；以 A 表示截面积（m^2）；以 c 表示该截面上的流速（m/s）；以 V 表示截面上的体积流量（m^3/s）；以 v 表示截面上的比体积（m^3/kg），则有

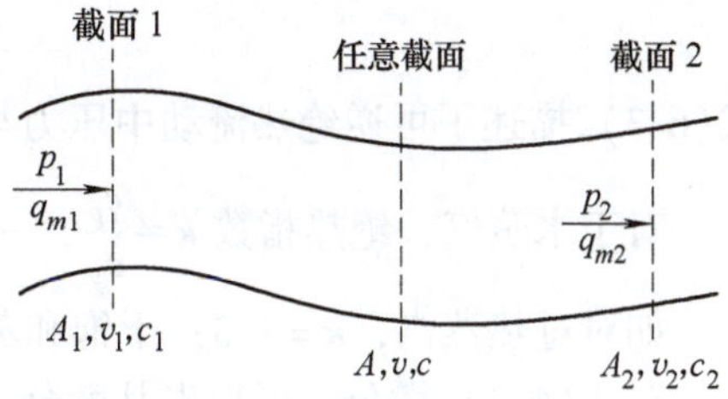

$$q_{m1}=q_{m2}=\cdots=q_m=\text{常数}$$

图 6-1　一维稳定流动示意图

由于

$$q_m=\rho V=\rho Ac=\frac{Ac}{v}$$

⊖ 输送流体的通道称为流道。

对于截面1可得

$$q_{m1}=\frac{A_1c_1}{v_1}$$

对于截面2可得

$$q_{m2}=\frac{A_2c_2}{v_2}$$

得

$$q_m=\frac{A_1c_1}{v_1}=\frac{A_2c_2}{v_2}=\cdots=\frac{Ac}{v}=常数 \tag{6-1}$$

式(6-1) 描述了流道内的流速、比体积和截面积之间的关系，是计算流道截面积和流量的基本公式。该式适用于任何工质的可逆与不可逆的一维稳定流动过程。

对于不可压缩流体（如液体），$dv=0$，流体速度的改变取决于截面积的改变，截面积 A 与流速 c 成反比（$A_1c_1=A_2c_2=Ac=$常数）；对于可压缩流体（如气体），流速的变化取决于截面积和比体积的综合变化。

6.1.2 稳定流动的能量方程式

在第2章2.5节中，已讨论了稳定流动能量方程应用于喷管、扩压管的特殊情况，得到了稳定流动能量方程应用于喷管与扩压管时的简化式，即式(2-24)

$$\frac{1}{2}(c_2^2-c_1^2)=h_1-h_2$$

具体应用时此式可改写为

$$h_1+\frac{1}{2}c_1^2=h_2+\frac{1}{2}c_2^2=h+\frac{1}{2}c^2=h_0=常数 \tag{6-2}$$

式中，h_0 为滞止焓或总焓（kJ/kg），即气流速度为零时的焓。

式(6-2) 表明，工质做绝热稳定流动又不对外做功时，任一截面上的焓与动能之和等于常数，即工质动能的增加等于其焓降。该式适用于任何工质在管道内的绝热稳定流动过程。

6.1.3 过程方程式

气体在管道内进行的绝热流动过程，如果不计摩擦和扰动，则可视为可逆绝热流动，即定熵流动过程。故任意两截面上气体的状态参数可用可逆绝热过程方程式描述，对于理想气体（定比热容时）有

$$pv^{\kappa}=常数 \tag{6-3}$$

式(6-3) 描述了可逆绝热流动中压力与比体积间的关系。

对于水蒸气，绝热指数 $\kappa\neq\frac{c_p}{c_V}$，一般取经验数据。

如对过热蒸汽，$\kappa=1.3$；干饱和蒸汽，$\kappa=1.135$。

对式(6-3) 微分，可得出其微分形式为

$$\frac{dp}{p}+\kappa\frac{dv}{v}=0 \tag{6-3a}$$

6.1.4 声速与马赫数

在研究气体高速流动时，特别是对可压缩性气体来说，声速和马赫数是两个十分重要的参数。

1. 声速（声速方程）

微弱扰动波在流体介质中的传播速度（注：此传播过程可按定熵过程处理）用符号 a 表示，单位为m/s。可用下式计算

$$a = \sqrt{\kappa p v} \tag{6-4}$$

对理想气体的定熵流动，可进一步写为

$$a = \sqrt{\kappa R_g T} \tag{6-4a}$$

式(6-4) 也称为声速方程。由此可知，声速不是一个固定不变的常数，它与流体的性质和热力状态有关，也是状态参数。在不同的流体中，声速不同；在同种流体中，声速又随其状态不同而变化，理想气体中的声速只与热力学温度有关。故通常把工质在某一状态（如 p、v、T 时）下的声速称为当地声速。

2. 马赫数

在研究气体流动时，常以当地声速作为气体流速的比较标准，将气体流速与当地声速的比值称为马赫数，用符号 Ma 表示，其定义式为气体的流速与当地声速的比值，即

$$Ma = \frac{c}{a} \tag{6-5}$$

根据马赫数的值，将流体的流动分为三类：

$Ma < 1$ 的流动，$c < a$，称为亚声速流动；

$Ma = 1$ 的流动，$c = a$，称为声速流动；

$Ma > 1$ 的流动，$c > a$，称为超声速流动。

连续性方程式、稳定流动能量方程式、可逆绝热过程方程式和声速方程是分析气体和水蒸气一维、稳定、不做功的定熵流动过程的理论基础，是对喷管和扩压管进行分析计算的主要依据。

【例6-1】 某地区夏天温度可以高达39℃，冬天温度可降至－10℃，试求这两个温度所对应的当地声速。

【解】 空气可视为理想气体，其绝热指数 $\kappa = 1.4$，气体常数 $R_g = 287\text{J/(kg·K)}$，由式(6-4a) 有

夏天 $t = 39$℃时　$a = \sqrt{\kappa R_g T} = \sqrt{1.4 \times 287 \times (39 + 273)}\ \text{m/s} = 354.06\text{m/s}$

冬天 $t = -10$℃时　$a = \sqrt{\kappa R_g T} = \sqrt{1.4 \times 287 \times (-10 + 273)}\ \text{m/s} = 325.07\text{m/s}$

6.2 管内定熵流动的基本特性

6.2.1 流速变化与压力变化间的关系

对稳定流动能量方程式 $\frac{1}{2}(c_2^2 - c_1^2) = h_1 - h_2$ 微分，可得出其微分形式为

$$c\mathrm{d}c = -\mathrm{d}h$$

对可逆绝热（定熵）过程，由热力学第一定律有 $\delta q = \mathrm{d}h - v\mathrm{d}p = 0$，即有

$$\mathrm{d}h = v\mathrm{d}p$$

比较上两式，可得

$$c\mathrm{d}c = -v\mathrm{d}p \tag{6-6}$$

式(6-6) 适用于可逆绝热（定熵）过程，该式表明，在流动中，速度变化 dc 和压力变化 dp 的符号相反。气体流速增加（dc >0），必导致气体压力下降（dp <0），这就是喷管的流动特性。反之，气体流速减小（dc <0），则气体压力升高（dp >0），这就是扩压管的流动特性。

6.2.2 流速变化与比体积变化间的关系

同理，根据稳定流动的基本方程，可推导（略）出气体流速变化与比体积变化间的关系为

$$Ma^2\frac{\mathrm{d}c}{c} = \frac{\mathrm{d}v}{v} \tag{6-7}$$

式(6-7) 也可写为$\frac{\mathrm{d}v}{\mathrm{d}c} = Ma^2\frac{v}{c} > 0$，由此可知，定熵流动中，气体比体积 d$v$ 的变化与流速的变化 dc 是同向的，其变化程度与气流的马赫数有关。气体比体积增加，则流速增大；反之，气体比体积减小，则流速降低。在亚声速范围内流动时，因 $Ma<1$，所以$\frac{\mathrm{d}v}{v} < \frac{\mathrm{d}c}{c}$，即比体积的变化率小于流速的变化率；在超声速范围内流动时，因 $Ma>1$，所以$\frac{\mathrm{d}v}{v} > \frac{\mathrm{d}c}{c}$，即比体积的变化率大于流速的变化率。可见，亚声速流动和超声速流动的特性是不相同的。

6.2.3 管道截面变化的规律

喷管的三种形式

同理，根据稳定流动的基本方程，可推导（略）出截面积变化与流速变化的关系为

$$\frac{\mathrm{d}A}{A} = (Ma^2 - 1)\frac{\mathrm{d}c}{c} \tag{6-8}$$

（截面变化）（流动范围）（速度变化）

此式也称为管内流动的特征方程，它是分析管内气流的流速变化与对应的截面积变化关系的理论依据。

喷管和扩压管是工程上两种常用的变截面短管。在喷管和扩压管中进行能量转换的同时，工质的流动速度和热力状态也同时都在变化。喷管是利用气流降压使其升速的管道，如蒸汽在汽轮机喷管内的流动。扩压管是利用气流降速而使其升压的管道，如气体在叶轮式压气机中的流动。

1. 喷管的截面变化规律

渐缩喷管内的流动过程

喷管的作用是使气流降压增速（dp <0，dc >0），将流体的压力势能转变为动能。按其外形不同，喷管可分为渐缩型（dA <0）、渐扩型（dA >0）和缩放型（dA <0 至 dA >0）三种类型，参见表 6-1。根据式(6-8) 讨论如下：

1）当流入喷管的气流速度是 $Ma<1$ 的亚声速气流时，此时 $Ma^2-1<0$，且 dc >0，由式(6-8) 可知，等式右边为负，必须使 dA <0 才能满足式(6-8) 的要求，即喷管截面积沿流动方向是逐渐缩小的。这种截面积沿流动方向逐渐缩小的喷管称为渐缩型

喷管，见表6-1。渐缩型喷管的出口气流速度不可能无限增大，最高可达到当地声速（$Ma=1$），而绝不会超过当地声速（$Ma>1$），这可由式(6-8）证明。因此，此类喷管中的气流速度一般为亚声速（$Ma<1$），最大的出口速度也就是达到声速。

2）当流入喷管的气流速度是 $Ma>1$ 的超声速气流时，此时 $Ma^2-1>0$，则式(6-8）等式右边为正值，必须使 $dA>0$ 才能满足式(6-8）的要求，即喷管截面积沿流动方向是逐渐扩大的。这种截面积沿流动方向逐渐扩大的喷管称为渐扩型喷管，见表6-1。导弹、火箭尾部的喷管就是此种类型。

3）若要将 $Ma<1$ 的亚声速气流增大到成为 $Ma>1$ 的超声速气流，则喷管截面积应由渐缩（$dA<0$）转变为渐扩（$dA>0$），相当于将上述两类喷管连接成为一个整体。这种喷管称为渐缩渐扩型喷管，简称缩放型喷管，也叫拉伐尔（Laval）喷管。渐缩与渐扩的分界面，即最小截面称为喉部，参见表6-1。

表6-1　喷管和扩压管的截面积与流速的变化关系

参数	$Ma<1$	$Ma>1$	喷管：$Ma<1$ 转 $Ma>1$ 扩压管：$Ma>1$ 转 $Ma<1$
$dc>0$ 喷管 $dp<0$	$Ma<1$ $dA<0$ 渐缩型	$Ma>1$ $dA>0$ 渐扩型	$Ma<1$　$Ma=1$　$Ma>1$ $dA<0$　$dA=0$　$dA>0$ 缩放型
$dp>0$ 扩压管 $dc<0$	$Ma<1$ $dA>0$ 渐扩型	$Ma>1$ $dA<0$ 渐缩型	$Ma>1$　$Ma=1$　$Ma<1$ $dA<0$　$dA=0$　$dA>0$ 缩放型

在缩放型喷管中，渐缩部分气流速度为亚声速，而渐扩部分为超声速（即在设计工况下，气流能完全膨胀），在喉部达到当地声速（$Ma=1$），此时气流达到临界状态，相应的各种参数称为临界参数，显然临界流速和当地声速相等。缩放型喷管中各参数沿轴向方向的变化情况如图6-2所示，即流速增加（$dc>0$），压力下降（$dp<0$）、比体积增加（$dv>0$），当地声速下降（$da<0$）。但当出口背压 p_B 比设计出口压力 p_2 高时（即在非设计工况时），气流在渐扩部分加速到超声速，然后在某一截面处产生冲击波，使压力跃升，流速急剧降到亚声速再按扩压方式升压至背压流出喷管。因为发生冲击波过程是不可逆的，有能量损失，故应避免发生。

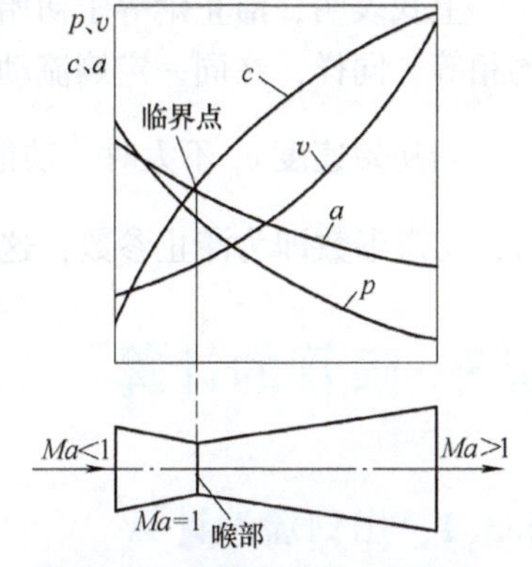

图6-2　缩放型喷管中沿轴向方向各参数的变化示意图

工程上的喷管进口流速一般都较低，Ma 总是小于1。因此，常用的喷管形式为渐缩型喷管和缩放型喷管两种。

2. 扩压管的截面变化规律

扩压管的作用与喷管相反，即是使气流降速增压（$dc<0$，$dp>0$），将流体的动能转变为压力势能。按其外形不同，扩压管可分为渐扩型（$dA>0$）、渐缩型（$dA<0$）和缩放型（$dA<0$ 至 $dA>0$）三种类型，见表6-1。仍可根据式(6-8）来讨论其特点。

当流入扩压管的气流速度是 $Ma<1$ 的亚声速气流时，只能选择渐扩型（$dA>0$）扩压管；当流入扩压管的气流速度是 $Ma>1$ 的超声速气流时，只能选择渐缩型（$dA<0$）扩压管；若要将流入扩压管的超声速气流（$Ma>1$）降低到亚声速气流（$Ma<1$），则扩压管截面积应先由渐缩（$dA<0$）再转变为渐扩（$dA>0$），这种扩压管称为渐缩渐扩型扩压管，简称缩放型扩压管，见表6-1。

6.2.4 临界参数与滞止参数

1. 临界参数

对缩放型喷管或扩压管，在最小截面（也称喉部）处，气体流速等于当地声速，此时气流的状态称为临界状态，气流的相应参数称为临界参数。其参数用下标 cr 表示，如临界压力 p_{cr}、临界流速 c_{cr}、临界流量 q_{cr}等。

临界压力 p_{cr}是流动分析中的一个重要参数，可以用来作为选择喷管或扩压管的流道形状的判断依据。

2. 滞止参数

在喷管的分析计算中，入口流速 c_1 的大小会影响出口状态的参数值。在定熵流动过程中，为简化计算，常采用定熵滞止参数。将具有一定初始速度的气流，在定熵条件下，将其速度降为零，这时的参数称为定熵滞止参数，简称滞止参数。如图 6-3 所示，1-0 为定熵滞止过程，0 点为等熵滞止状态，滞止参数记作 p_0、T_0、v_0、h_0 等。

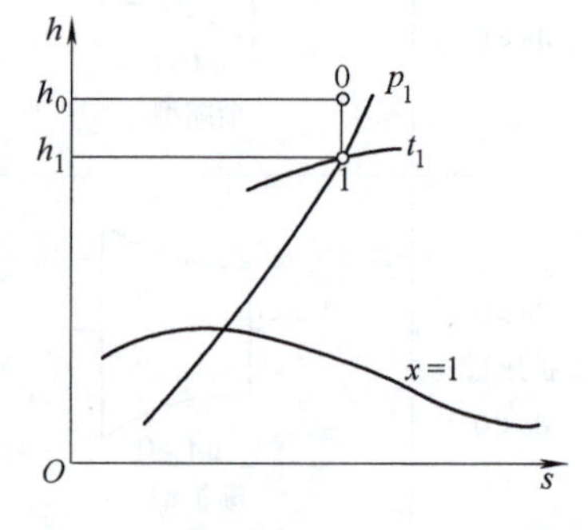

图 6-3 水蒸气等熵滞止过程示意图

由能量方程式(6-2）得到滞止焓的表达式为

$$h_0=h_1+\frac{1}{2}c_1^2=h_2+\frac{1}{2}c_2^2=h+\frac{1}{2}c^2 \tag{6-9}$$

上式表明，滞止焓等于初始焓与动能之和，而且在同一定熵流动过程中各截面的滞止焓均相等。同样，在同一定熵流动过程中各截面的其他滞止参数也均相等。

当初始速度 c_1 不大时，动能$\frac{1}{2}c_1^2$ 与初始焓 h_1 相比微不足道，可忽略不计，这时 $h_0=h_1$，初态参数即为滞止参数，这样处理不会产生较大误差，在工程上是允许的。

6.3 喷管的计算

6.3.1 出口流速计算

如在喷管中进行的是定熵流动过程，则由稳定流动的能量方程式(6-2）可得

$$c_2 = \sqrt{2(h_1 - h_2) + c_1^2} = \sqrt{2(h_0 - h_2)} \tag{6-10}$$

式中，c_1、c_2 分别为喷管进、出口截面上的流速；h_1、h_2 分别为喷管进、出口截面上气体的焓；h_0 为滞止焓。

一般喷管进口流速 c_1 比出口流速 c_2 小得多，可认为 $c_1 \approx 0$ 时，则上式可简化为

$$c_2 = \sqrt{2(h_1 - h_2)} = 1.414\sqrt{(h_1 - h_2)} \tag{6-10a}$$

该式适用于任何工质的可逆与不可逆流动过程。

对于水蒸气，式(6-10a) 中 h_1 及 h_2 的值可由喷管进、出口参数 p_1、t_1、p_2 及定熵过程的特性在 h—s 图上确定，如图 6-4 所示。

对可逆流动的理想气体，比热容为定值时，应用关系式 $h = c_pT$，也可导出相应公式来计算流速。

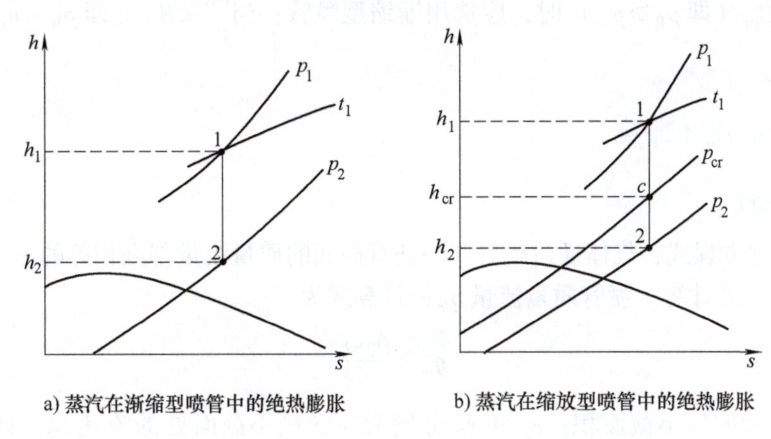

图 6-4　蒸汽在喷管中流动的进、出口参数的确定

6.3.2　临界压力比及临界流速

1. 临界压力比 β_{cr}

喷管内临界截面上的压力 p_{cr} 与入口压力 p_1 （入口速度 $c_1 \approx 0$）之比称为临界压力比，即

$$\beta_{cr} = \frac{p_{cr}}{p_1} \tag{6-11}$$

临界压力比的数值仅取决于工质的性质。单原子气体，$\beta_{cr} = 0.487$；双原子气体，$\beta_{cr} = 0.528$；多原子气体，$\beta_{cr} = 0.546$；过热蒸汽，$\beta_{cr} = 0.546$；干饱和蒸汽，$\beta_{cr} = 0.577$。可见各类工质的 β_{cr} 为 0.5 左右，这说明当工质从滞止压力降到一半压力左右时，气流达到临界状态，其速度达到临界流速或当地声速。应用时可通过临界压力比算出临界压力 $p_{cr} = \beta_{cr}p_1$。

2. 临界流速 c_{cr}

由能量方程式可得喷管内定熵流动的临界流速计算式为

$$c_{cr} = \sqrt{2(h_1 - h_{cr})} \tag{6-12}$$

式中，h_{cr} 可由喷管进口和临界参数 p_1、t_1、p_{cr} 及定熵过程的特性在 h—s 图上确定。

6.3.3 喷管的形状选择

喷管形状的选择，一般情况下，给定的工作条件是指已知喷管进口的气体状态（p_1 及 t_1）、流量 q_m 及背压 p_B（喷管出口外的介质压力）。为使气体在喷管内充分膨胀至背压（即 $p_2=p_B$），应根据背压和临界压力之间的大小关系来选择喷管形状，见表6-2。

表6-2 喷管的外形选择

环境背压 p_B	选用的喷管形式	出口速度	入口速度
$p_B \geqslant p_{cr}=\beta_{cr}p_1$	渐缩型	$c_2<c_{cr}$	$c_1<a=c_{cr}$
$p_B<p_{cr}=\beta_{cr}p_1$	缩放型	$c_2>c_{cr}$	$c_1<a=c_{cr}$

即当$\frac{p_B}{p_1}\geqslant\beta_{cr}$（即 $p_B\geqslant p_{cr}$）时，应选用渐缩型喷管；当$\frac{p_B}{p_1}<\beta_{cr}$（即 $p_B<p_{cr}$）时，应选用缩放型喷管。

6.3.4 喷管的尺寸计算

1. 流量计算

根据连续性方程式，气体通过喷管某一任意截面的质量流量都是相等的，一般取出口截面（最小截面）来计算。喷管质量流量 q_m 的计算式为

$$q_m=\frac{A_2c_2}{v_2} \tag{6-13}$$

式中，A_2 为喷管的最小截面积；c_2 和 v_2 分别为喷管最小截面处的流速和比体积，对水蒸气，其值可由喷管进出口参数 p_1、t_1、p_2及过程定熵的特性在 h—s 图上查得，对理想气体，可由状态方程求得。

2. 喷管尺寸（截面积）计算

根据连续性方程可求得喷管截面积为

$$A=\frac{q_mv}{c} \tag{6-14}$$

1）对渐缩型喷管，只需计算出口截面积 A_2，即

$$A_2=\frac{q_mv_2}{c_2} \tag{6-14a}$$

2）对缩放型喷管，除计算出口截面积 A_2 外，还需计算最小截面积 A_{min}。最小截面积 A_{min}为

$$A_{min}=\frac{q_mv_{cr}}{c_{cr}} \tag{6-14b}$$

6.3.5 喷管内有摩擦阻力的绝热流动

由于流体都存在黏性，因此，实际流动过程中喷管出口气流的流速比定熵流动出口气流的流速要小，即实际有摩擦的绝热流动过程为熵增过程。如汽轮机喷管内蒸汽的实际流动过程就是一个熵增过程。

图6-5为水蒸气在喷管内有摩擦的绝热流动过程的 h—s 图。1-2为理想的定熵流动过程，1-2′为有摩擦的实际流动过程。工程中常用喷管速度系数 φ 来度量实际出口流速的下降程度。将喷管出口的实际流速 $c_{2'}$ 与定熵流动出口的理想流速 c_2 之比称为喷管速度系数 φ，即 $\varphi=\dfrac{c_{2'}}{c_2}$。$\varphi$ 值的大小取决于喷管的类型、材料、表面情况及工质性质等，通常由实验测定，一般为0.92~0.98，渐缩型喷管的 φ 值比缩放型喷管的 φ 值大一些。这样喷管出口的实际流速 $c_{2'}$ 为

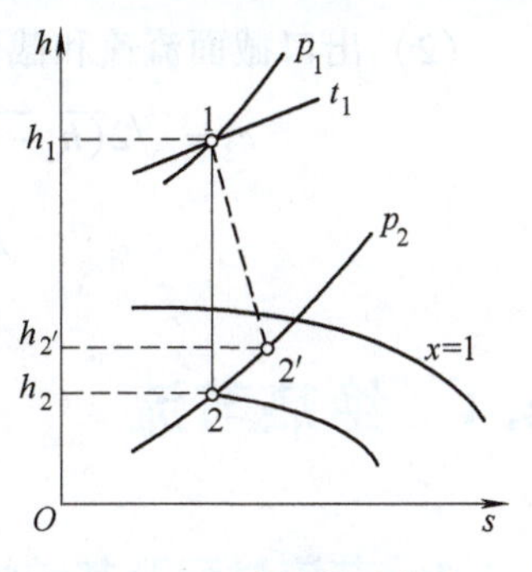

图6-5　有摩擦的绝热流动过程的 h—s 图

$$c_{2'}=\varphi c_2=\varphi\sqrt{2(h_1-h_2)} \tag{6-15}$$

除喷管速度系数 φ 外，工程上还常用喷管效率来衡量喷管能量转换的完善程度。即喷管出口的实际动能与相同初态、相同压力降的等熵流动出口动能之比称为喷管的效率，用符号 η_n 表示，显然有 $\eta_n=\varphi^2$。

【例6-2】　压力为2MPa、温度为490℃的过热蒸汽流经渐缩型喷管，定熵膨胀进入背压为0.1MPa的空间，假设 $c_1\approx 0$，求该喷管出口截面上的压力和流速。

【解】　已知进入喷管入口的为过热蒸汽，$\beta_{cr}=0.546$，则

$$p_{cr}=\beta_{cr}p_1=0.546\times 2\text{MPa}=1.092\text{MPa}$$

由于 $p_B=0.1\text{MPa}<P_{cr}$，根据渐缩型喷管的降压能力，可得：$p_2=p_{cr}=1.092\text{MPa}$。

由 p_1、t_1 和 p_2 在水蒸气的 h—s 图上查得

$$h_1=3445\text{kJ/kg}\qquad h_2=3240\text{kJ/kg}$$

则喷管出口流速为

$$c_2=c_{cr}=\sqrt{2(h_1-h_2)}=\sqrt{2\times(3445-3240)\times 10^3}\,\text{m/s}=640.3\text{m/s}$$

说明：①求流速时要特别注意单位。通常查水蒸气图或表得到的焓值的单位为kJ/kg，代入公式求流速时要将其化为国际单位J/kg；②对于渐缩型喷管的计算，气体出口压力的确定是很必要的，因为并不是 p_2 总能降到背压 p_B，决不可以不加判断地就认为 $p_2=p_B$，否则，其计算结果与实际状况不符，是错误的。

【例6-3】　某汽轮机一中间级，其喷管进口蒸汽参数为 $p_1=0.7\text{MPa}$、$t_1=300℃$，$c_1\approx 0$，喷管的背压为 $p_B=0.2\text{MPa}$，通过一只喷管的蒸汽流量为1.2kg/s。试选择喷管的外形，并计算其尺寸。

【解】　由已知条件可知，喷管进口为过热蒸汽，$\beta_{cr}=0.546$。

则

$$p_{cr}=\beta_{cr}p_1=0.546\times 0.7\text{MPa}=0.3822\text{MPa}$$

由于 $p_B=0.2\text{MPa}<p_{cr}$，根据喷管的选型原则可知，应选择缩放型喷管，此时 $p_2=p_B$。

由 p_1、t_1、p_{cr} 和 $p_2=p_B=0.2\text{MPa}$ 在 h—s 图上查得

$$h_1=3055\text{kJ/kg},\ h_{cr}=2920\text{kJ/kg},\ h_2=2788\text{kJ/kg}$$

$$v_{cr}=0.58\text{m}^3/\text{kg},\ v_2=0.98\text{m}^3/\text{kg}$$

（1）最小截面流速和截面积计算

$$c_{cr}=\sqrt{2(h_1-h_{cr})}=\sqrt{2\times(3055-2920)\times 10^3}\,\text{m/s}=519.62\text{m/s}$$

$$A_{min}=\frac{q_m v_{cr}}{c_{cr}}=\frac{1.2\times 0.58}{519.62}\text{m}^2=0.0013\text{m}^2$$

（2）出口截面流速和截面积计算

$$c_2=\sqrt{2(h_1-h_2)}=\sqrt{2\times(3055-2788)\times10^3}\text{ m/s}=730.75\text{m/s}$$

$$A_2=\frac{q_m v_2}{c_2}=\frac{1.2\times0.98}{730.75}\text{m}^2=0.0016\text{m}^2$$

6.4 绝热节流

6.4.1 节流过程及其特性

火电厂中的管道上阀门和流量孔板是很多的，当流体在管道中流经这类设备时，压力会急剧下降。流体在管道内流经阀门或其他流通截面突然缩小的流道后，造成工质压力下降的现象称为节流。一般在节流过程中，流体流速高，时间短，来不及与外界进行热交换，可视为绝热的，则称为绝热节流，简称节流。

图6-6为流体流经孔板时节流过程的示意图。当流体流向孔口时，在孔口附近气流的截面面积突然收缩，由连续性方程可知，流体的流速增大，焓和压力均下降。直至流过孔口时气流达到最小截面积。流体流过孔口后，流体的截面积又逐渐增大，流体的流速逐渐降低而压力和焓逐渐增大，最后达到稳定。由于流体在孔口附近发生严重的涡流和摩擦，造成了不可逆的压力损失，压力下降的程度（Δp）取决于管径和缩口的大小、流速的高低及流体的性质等因素。因而节流过程是典型的不可逆过程，整个节流过程中，流体参数变化很复杂，不能用热力学方法进行分析。但在离孔口稍远的上下游1-1和2-2截面处，流动情况基本稳定，两截面之间的流动可以近似地用稳定流动能量方程式进行分析计算。为此，我们只研究节流前后处于平衡状态的1-1截面和2-2截面上的参数变化。

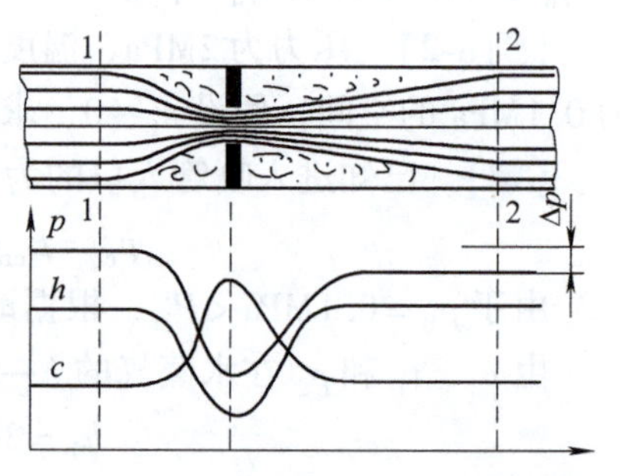

图6-6 绝热节流过程及参数变化特点

由于两个截面上流速差别不大，动能变化可以忽略；节流过程对外不做轴功；工质流过两个截面之间的时间很短，与外界的热量交换很少，可以近似认为节流过程是绝热的。于是，根据稳定流动的能量方程$\left(h_1+\frac{1}{2}c_1^2=h_2+\frac{1}{2}c_2^2\right)$可得绝热节流的能量方程式为

$$h_2=h_1 \tag{6-16}$$

上式表明，在忽略动能、位能变化的绝热节流过程中，节流前后工质的焓值相等。但是，在两个截面之间，特别是孔口附近，由于流速变化很大，焓值并非处处相等，因此不可将绝热节流过程理解为定焓过程。节流前，热能转变为动能，焓值下降；节流后，由于涡流和摩擦而产生的局部能量损失转变成热能被流体吸收，焓值又增加，这样使绝热节流前后的焓值相等。但由于绝热节流过程导致不可逆损失，使过程熵增加，做功能力下降。

因此，绝热节流过程的特性及节流前后的状态参数变化特点可总结为：

1）节流过程是一种典型的不可逆过程，熵增大，即 $s_2 > s_1$。

2）节流产生压力损失，节流后压力下降，即 $p_2 < p_1$。

3）节流前后焓值相等（$\Delta h = 0$），即 $h_1 = h_2$，但绝热节流过程不是等焓过程，即 $dh \neq 0$。

4）节流后比体积增大，即 $v_2 > v_1$。

5）节流的温度效应。由于节流后温度变化与流体性质有关，将绝热节流后流体的温度变化称为节流的温度效应。有三种情况，若节流后温度下降（$T_2 < T_1$），称为节流冷效应；若节流后温度升高（$T_2 > T_1$），称为节流热效应；若节流后温度不变（$T_2 = T_1$），称为节流零效应。

对于理想气体，只有节流零效应，因为 $h_2 = h_1$，由于理想气体的焓是温度的单值函数，故有 $T_2 = T_1$。

对于水蒸气，绝热节流过程在 h—s 图上的表示如图6-7所示。虽然节流前后焓值相等，但焓不仅是温度的函数，还与压力有关。一般情况下，节流后温度是下降的。节流前的状态1（p_1、t_1），从1点作水平线与节流后的压力 $p_{1'}$ 交于1′点。点1′为节流后的状态点。节流后，温度降低，熵增加，即 $t_{1'} < t_1$，$s_{1'} > s_1$。而且节流后，水蒸气的做功能力也下降，即$(h_{1'} - h_{2'}) < (h_1 - h_2)$。因此汽水管道上的各种关断阀门，在运行中需要全开的要尽量全开，否则会造成节流损失。

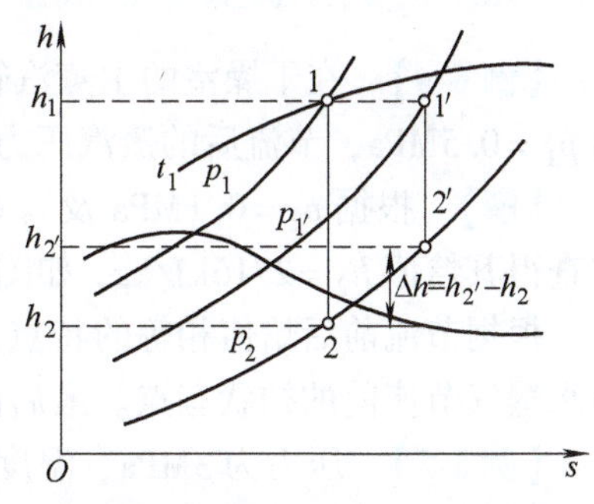

图6-7　水蒸气绝热节流示意图

湿饱和蒸汽节流后干度将增大，还可以变为干饱和蒸汽或过热蒸汽。该特点可用来测定湿饱和蒸汽的干度。

6.4.2　绝热节流的应用

1）利用节流降低工质的压力。有些场合如热用户，需要降低蒸汽的压力，就可以通过节流阀来实现。

2）利用节流调节汽轮机的功率。调节汽轮机电功率时，在汽轮机进汽参数不变的情况下，有时通过改变调节汽门的开度来调节进入汽轮机的蒸汽量和蒸汽参数，就可以调节汽轮机的功率。

3）利用节流时压力降低与流量的对应关系制成孔板、喷管或文丘里管流量计。

4）利用节流减少汽轮机轴封系统的蒸汽泄漏量、给水泵的漏水量等。图6-8所示，为汽轮机的梳齿形汽封装置，蒸汽每经过一个汽封齿都经历一次节流。在汽轮机内外压差（$p_1 - p_2$）不变的情况下，当汽封齿数增加时，每一汽封齿前后压力差减小，而漏汽量与汽封齿前后压差大小成正比，压差减小，则漏汽量也减小了。给水泵利用节流减少其漏水量的原理与此相似。

5）利用节流特点测量湿蒸汽的干度。如图6-9所示，1-2为节流过程。若已知节流前 p_1 和节流后的 p_2、t_2，则可在 h—s 图上由 p_2、t_2 得到状态点2，并查得其焓值，根据节流前后焓值相等的特点，由点2引等焓线与 p_1 的等压线相交于状态点1，则可查出节流前湿蒸汽的干度 x_1。

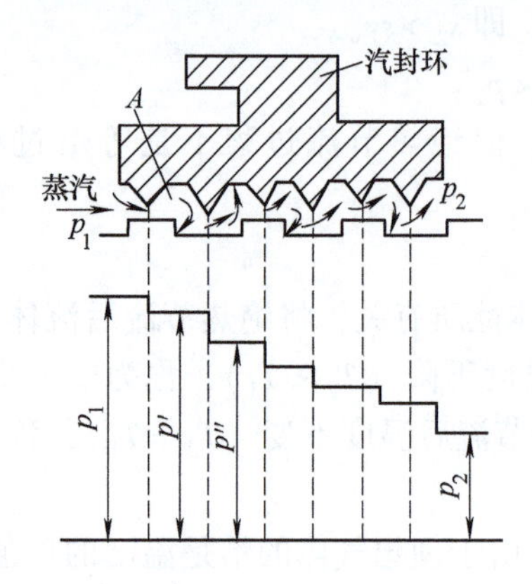

图 6-8 汽轮机梳齿形汽封装置示意图

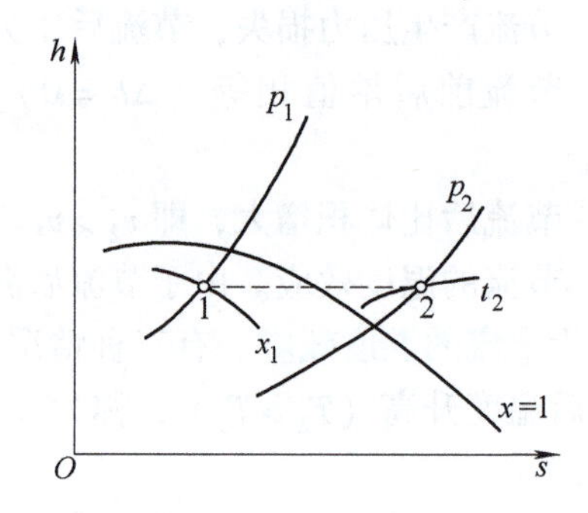

图 6-9 水蒸气绝热节流前湿蒸汽干度确定

【例 6-4】 在干燥室的主蒸汽管道上，用蒸汽干度计测得下列数据：节流前的湿蒸汽压力 $p_1=0.5\text{MPa}$，节流后的蒸汽压力 $p_2=0.1\text{MPa}$，温度 $t_2=120℃$，求节流前湿蒸汽的干度。

【解】 根据 $p_2=0.1\text{MPa}$ 及 $t_2=120℃$，在水蒸气的 $h—s$ 图上查得节流后的终状态点 2，并查得其焓值 $h_2=2716\text{kJ/kg}$，如图 6-9 所示。

根据节流前后焓值相等的特点，由点 2 引等焓线与 $p_1=0.5\text{MPa}$ 的等压线相交点 1，即为水蒸气节流前的初状态点。最后由 $h—s$ 图查得节流前湿蒸汽的干度为 $x_1=0.986$。

【例 6-5】 压力为 3MPa、温度为 450℃ 的蒸汽经节流压力降为 0.5MPa，然后定熵膨胀至 0.01MPa，求绝热节流后蒸汽温度为多少？熵变为多少？由于节流，技术功损失了多少？

【解】 已知 $p_1=3\text{MPa}$、$t_1=450℃$、$p_{1'}=0.5\text{MPa}$、$p_2=0.01\text{MPa}$。由 p_1、t_1 在水蒸气的 $h—s$ 图上确定点 1，如图 6-10 所示，查得

$$h_1=3350\text{kJ/kg} \quad s_1=7.1\text{kJ/(kg·K)}$$

因绝热节流前后焓值相等，故由 $h_1=h_{1'}$ 及 $p_{1'}$ 可确定出节流后的状态点 1′，查得

$$t_{1'}=440℃ \quad s_{1'}=7.49\text{kJ/(kg·K)}$$

因此，节流前后熵变量为

$$\Delta s=s_{1'}-s_1=(7.94-7.1)\text{kJ/(kg·K)}$$
$$=0.84\text{kJ/(kg·K)}$$

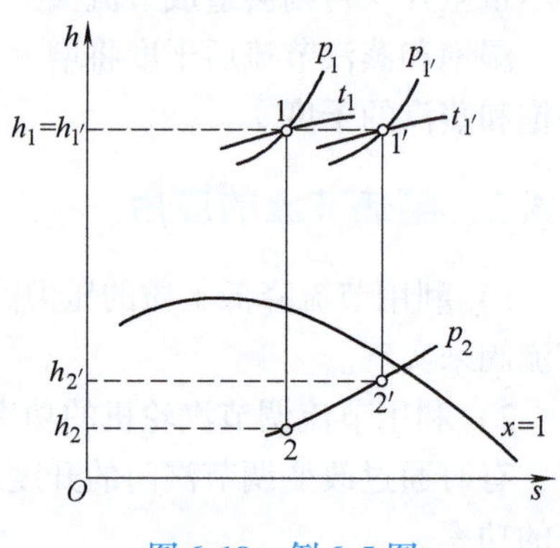

图 6-10 例 6-5 图

$\Delta s>0$，可见绝热节流过程是个不可逆过程。

若蒸汽无节流定熵膨胀至 $p_2=0.01\text{MPa}$，由水蒸气的 $h—s$ 图查得 $h_2=2250\text{kJ/kg}$，则无节流时蒸汽所做的技术功为

$$w_t=h_1-h_2=(3350-2250)\text{kJ/kg}=1100\text{kJ/kg}$$

若节流后的蒸汽定熵膨胀至相同压力 0.01MPa，由水蒸气的 $h—s$ 图查得 $h_{2'}=2512\text{kJ/kg}$，则有节流时蒸汽所做的技术功为

$$w_t'=h_{1'}-h_{2'}=h_1-h_{2'}=(3350-2512)\text{kJ/kg}=838\text{kJ/kg}$$

则绝热节流使技术功减少量为

$$w_t-w_t'=(1100-838)\text{kJ/kg}=262\text{kJ/kg}$$

结果表明，由于节流使水蒸气的做功能力下降了。

小　结

本章主要介绍了气体和蒸汽流动过程中遵循的基本方程，并以此为依据讨论了喷管和扩压管的截面积变化规律，介绍了流体在喷管中流动时流速和流量的计算公式及绝热节流过程的特点及应用。

学习本章应注意以下几点：

1. 管内定熵流动所遵循的三个基本方程（连续性方程、能量方程及过程方程）及其应用。连续性方程主要用于计算喷管中气体流量或喷管截面积，能量方程主要用于计算喷管出口流速或临界流速。

2. 喷管和扩压管的截面积变化与速度、压力变化之间的关系。由 $c\mathrm{d}c=-v\mathrm{d}p$ 可知，喷管和扩压管中气体的速度变化与压力变化始终是相反的；喷管和扩压管的截面积变化可通过管内流动的特征方程进行分析，如对于喷管：$\mathrm{d}c>0$，则喷管截面积的变化规律完全取决于管内气流的流动特性（Ma 的大小）。喷管有渐缩型、渐扩型和缩放型三种类型，工程上常用的是渐缩型和缩放型喷管。渐缩型喷管出口的气流流速最大只能达到当地声速，缩放型喷管出口的气流流速在设计工况下可超过当地声速。

3. 在研究气体高速流动时，声速和马赫数是两个十分重要的参数。气体的流速与当地声速的比值 $Ma=\dfrac{c}{a}$，称为马赫数。$Ma<1$ 为亚声速流动；$Ma=1$ 为声速流动；$Ma>1$ 为超声速流动。不同的流动各有特点。

4. 喷管形状的选择和计算。喷管形状选择的原则是使气流在喷管内能充分膨胀。

当喷管出口背压 $p_B=p_{cr}$时，应选用渐缩型喷管，这时喷管的出口压力 $p_2=p_B=p_{cr}$，出口流速 $c_2=a$，质量流量 $q_m=q_{m,\max}$；

当喷管出口背压 $p_B<p_{cr}$时，应选用缩放型喷管，在设计工况下，有 $p_2=p_B<p_{cr}$，$c_2>a$，$q_m=q_{m,\max}$。

对已有的渐缩型喷管，当喷管出口背压 $p_B<p_{cr}$时，喷管的出口压力最多只能降低到 p_{cr}，即 $p_2=p_{cr}>p_B$，出口流速 $c_2=a=c_{cr}$，质量流量 $q_m=q_{m,\max}$。由 p_{cr}降低到 p_B 的过程在喷管外部进行，这部分压差并没有转变成气流的动能而被损失了，即是非完全膨胀过程。

喷管计算时，首先需要根据工质的性质由 β_{cr}确定临界压力 p_{cr}（$p_{cr}=\beta_{cr}p_1$），然后根据计算目的，通过比较背压 p_B 与 p_{cr}大小来选择喷管形状，或者判断喷管内流动膨胀情况（完全膨胀或非完全膨胀），再根据实际出口参数进行相应的计算。

1）对于渐缩型喷管，仅需计算出口处的流量和截面积；

2）对于缩放型喷管，不仅要计算出口处的流量和截面积，还要计算喉部的流量和截面积。

5. 喷管内具有摩擦阻力的绝热流动。由于流体存在粘性，往往不可避免地存在摩擦，实际流动过程中喷管出口气流的流速较定熵流动时出口气流的流速小，工程中常用喷管速度系数 φ 和喷管效率 η_n 两个指标来衡量喷管能量转换的完善程度。

6. 绝热节流是工程上常见的一种现象，理想气体和水蒸气节流前后气体状态参数的变化为：$p_2<p_1$，$h_2=h_1$，$v_2>v_1$，$s_2>s_1$；对水蒸气 $t_2<t_1$，对理想气体 $t_2=t_1$。

对于绝热节流有利的一面，我们要充分利用，而对于其不利的一面，我们应尽量避免。

如汽水管道上的各种关断阀门，在运行中需要全开的尽量全开，否则会造成节流损失。

7. 喷管计算有关公式汇总见表6-3。

表6-3 喷管计算公式汇总表

<table>
<tr><th>名称</th><th>公式</th><th>适用条件</th><th>用途</th></tr>
<tr><td>临界压力比</td><td>$\beta_{cr}=\frac{p_{cr}}{p_1}=\left(\frac{2}{\kappa+1}\right)^{\frac{\kappa}{\kappa-1}}$</td><td>定比热容理想气体，定熵流动。对于水蒸气，κ 采用经验数据</td><td>用来判断流动是否达到或超过临界状态</td></tr>
<tr><td rowspan="2">出口流速</td><td>$c_2=\sqrt{2(h_0-h_2)}$</td><td>$c_1\neq0$，任何气体，定熵流动</td><td rowspan="2">计算出口的流速</td></tr>
<tr><td>$c_2=\sqrt{2(h_1-h_2)}$</td><td>$c_1=0$，任何气体，定熵流动</td></tr>
<tr><td rowspan="2">临界流速</td><td>$c_{cr}=\sqrt{2(h_0-h_{cr})}$</td><td>$c_1\neq0$，任何气体，定熵流动</td><td rowspan="2">计算最小截面处的临界流速</td></tr>
<tr><td>$c_{cr}=\sqrt{2(h_1-h_{cr})}$</td><td>$c_1=0$，任何气体，定熵流动</td></tr>
<tr><td>流量</td><td>$q_m=\frac{A_2c_2}{v_2}$</td><td>任何气体，稳定流动</td><td>计算最小截面处的流量</td></tr>
<tr><td rowspan="2">截面积</td><td>$A_2=\frac{q_mv_2}{c_2}$</td><td>渐缩喷管，任何气体，稳定流动</td><td>计算出口截面积</td></tr>
<tr><td>$A_{min}=\frac{q_mv_{cr}}{c_{cr}}$
$A_2=\frac{q_mv_2}{c_2}$</td><td>缩放喷管，任何气体，稳定流动</td><td>计算喉部和出口截面积</td></tr>
</table>

自测练习题

一、填空题（将适当的词语填入空格内，使句子正确、完整）

1. 渐缩型喷管的出口处气体速度一般为________，最高速度可达到________；而在设计工况下运行时，缩放型喷管的出口处气体速度为________。

2. 工质经喷管后，其参数变化趋势为：压力将________、比体积将________、焓将________、流速将________。

3. 工质稳定流经缩放型喷管，当进口压力不变时，降低背压，其出口流速将________，流量________。

4. 当背压低于临界压力时，应选用________型喷管，以使气流充分膨胀。

5. 湿蒸汽经绝热节流后，将可能变成为________蒸汽；干饱和蒸汽经绝热节流后，将变成为________蒸汽。

6. 当气流以超声速流入变截面短管时，作为喷管，其截面变化宜采用________型，作为扩压管，其截面变化宜采用________型。

7. 流体流经扩压管后，其流速将________，压力将________，比体积将________。

二、判断题（判断下列命题是否正确，若正确在 [ ] 内记“√”，错误在 [ ] 内记“×”）

1. 声速是状态参数。 [ ]
2. 气流通过渐缩型管道时流速一定增加。 [ ]
3. 只要背压足够低，渐缩型喷管中气流流速也能达到超声速。 [ ]
4. 超声速气流的流速一定大于亚声速气流的流速。 [ ]
5. 对于渐缩型喷管，若初态参数和背压一定，则出口截面积越大，流速就越大。 [ ]
6. 空气经阀门绝热节流后，压力降低，温度降低。 [ ]
7. 绝热节流后工质的熵必定增加。 [ ]
8. 绝热节流过程是等焓过程。 [ ]
9. 绝热节流前后焓值相等，故能量的品质不变。 [ ]

三、选择题（下列各题答案中选一个正确答案编号填入 [ ] 内）

1. 工程上不常用的喷管类型是 [ ]。
(A) 渐缩型喷管　(B) 渐扩型喷管　(C) 缩放型喷管
2. 为使亚声速气流增速至超声速应采用 [ ]。
(A) 渐扩型喷管　(B) 渐缩型喷管　(C) 缩放型喷管
3. 为使超声速气流增速应采用 [ ]。
(A) 渐扩型喷管　(B) 渐缩型喷管　(C) 缩放型喷管
4. 当背压低于临界压力时，渐缩型喷管出口工质的流动状态是 [ ]。
(A) 亚声速流动　(B) 声速流动　(C) 超声速流动
5. 水蒸气在喷管中做定熵流动时，其参数的变化规律为 [ ]。
(A) $dc>0$，$dh>0$，$dp>0$　(B) $dc>0$，$dh<0$，$dp>0$
(C) $dc>0$，$dh>0$，$dp<0$　(D) $dc>0$，$dh<0$，$dp<0$
6. 干饱和蒸汽绝热节流后，其状态将变为 [ ]。
(A) 过热蒸汽　(B) 湿蒸汽　(C) 饱和水
7. 下列各项中哪一项不是绝热节流过程的特征 [ ]。
(A) 节流会产生压力降　(B) 节流过程是一个等焓过程
(C) 节流过程是不可逆过程　(D) 节流将引起工质做功能力降低
8. 理想气体绝热节流前后参数变化是 [ ]。
(A) $\Delta T<0$　$\Delta p<0$　$\Delta s>0$　(B) $\Delta T=0$　$\Delta p<0$　$\Delta s>0$
(C) $\Delta T=0$　$\Delta p>0$　$\Delta s>0$　(D) $\Delta T=0$　$\Delta p<0$　$\Delta s=0$

四、问答题

1. 如何应用$\frac{dA}{A}=(Ma^2-1)\frac{dc}{c}$来分析喷管截面的变化规律？
2. 气体流经喷管，流速增大的必要条件是喷管进出口截面上气体应存在压力差，此说法对吗？
3. 为什么渐缩型喷管不能获得超声速气流，而缩放型喷管能获得超声速气流？
4. 背压低于临界压力时，渐缩型喷管内工质的流动情况如何？
5. 缩放型喷管工作时，当出口背压低于或高于设计背压时，将会发生什么现象？

6. 绝热节流过程为什么不能称为定焓过程？水蒸气节流后状态参数如何变化？

五、计算题

1. 蒸汽参数 $p_1=1.6\text{MPa}$、$t_1=400℃$，经喷管流入压力为 0.1MPa 的空间。问应选择什么形式的喷管？若 $q_m=4.5\text{kg/s}$，求流速及截面积。

2. 初态 $p_1=1.5\text{MPa}$、$t_1=400℃$ 的水蒸气经喷管流入压力为 1MPa 的空间，喷管出口面积为 2cm^2，求 c_2 及 q_m。

3. 初态 $p_1=3\text{MPa}$、$t_1=300℃$ 的水蒸气经喷管绝热膨胀到 $p_2=0.5\text{MPa}$、$q_m=14\text{kg/s}$，请计算有关流速及截面积。

4. 已知压力为 $p_1=0.4\text{MPa}$ 的干饱和蒸汽经渐缩喷管定熵膨胀到 $p_B=0.3\text{MPa}$ 的空间，求喷管出口流速 c_2。若外界压力降到 $p_B=0.2\text{MPa}$，则喷管的出口流速有何变化？

5. 某渐缩型喷管的进口压力 $p_1=2\text{MPa}$，温度 $t_1=400℃$，喷管后部空间的压力 $p_B=1.5\text{MPa}$，蒸汽在喷管中流动时存在摩擦阻力，速度系数 $\varphi=0.95$，求蒸汽在喷管出口的实际速度及焓值。

6. 初态 $p_1=2\text{MPa}$、$t_1=400℃$ 的蒸汽，经绝热节流后压力降为 1.6MPa，再经喷管射入背压为 1.2MPa 的容器中，问应选用何种形式的喷管？若出口截面积为 2cm^2，求出口流速、质量流量及因节流带来的能量损失；并将全部过程表示在 h—s 图上。

第 7 章　蒸汽动力装置循环

学习目标

1）了解分析蒸汽动力装置循环的方法及步骤，会应用等效卡诺循环分析法分析比较各种动力循环的热经济性。

2）了解以饱和蒸汽为工质的卡诺循环的组成及在实际中未被采用的原因。掌握朗肯循环的构成及热经济性指标计算。会分析蒸汽参数对朗肯循环热效率的影响，知道提高朗肯循环热效率的基本途径及方法。

3）知道再热循环、回热循环、热电循环的构成，能通过参数坐标图来分析各种循环的特点，理解采用再热循环和回热循环的意义。

4）能熟练进行朗肯循环、回热循环、再热循环的分析计算，会熟练确定循环中的参数、能量转换关系，会计算各类循环的经济性指标；会计算一级抽汽回热循环的抽汽率。

5）了解热电联产循环、燃气—蒸汽联合循环、核电站动力循环的构成及特点。

7.1　朗肯循环

7.1.1　以水蒸气为工质的卡诺循环

从第 4 章的学习可知，卡诺循环是由两个可逆的定温过程和两个可逆的绝热过程组成；且在同温限范围内，卡诺循环的热效率最高。火电厂以水蒸气为工质，从理论上讲，水蒸气在湿饱和蒸汽区可实现定温加热和定温放热，可以实现卡诺循环，如图 7-1 所示。4-1 为可逆定温吸热过程，1-2 为可逆绝热膨胀过程，2-3 为可逆定温放热过程，3-4 为可逆绝热压缩过程。

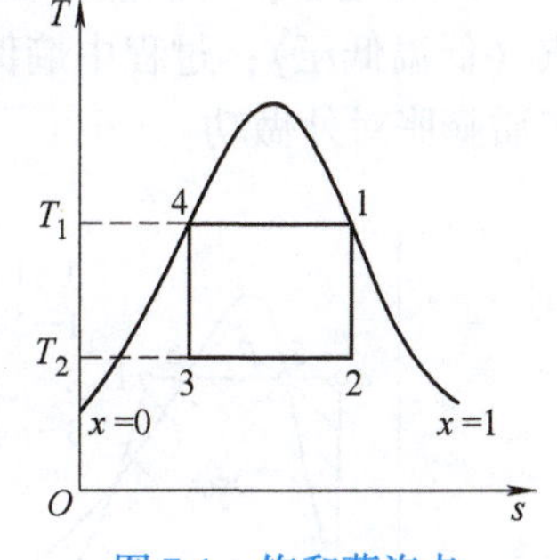

图 7-1　饱和蒸汽卡诺循环的 T—s 图

1. 水蒸气完成卡诺循环存在的问题

1）加热温度 T_1 受临界温度（374℃）的限制，不可能太高。

2）放热温度 T_2 受环境温度及排汽干度（$x_2>0.85$）的限制，不能太低。

3）从凝汽器出来的 3 点状态为湿蒸汽，压缩这样的汽水两相混合物所需压缩机尺寸庞大，耗功量也很多，且工作极不稳定，所以实现 3-4 的压缩过程极为不易。

2. 卡诺循环的改进——朗肯循环

鉴于以上三点原因，水蒸气卡诺循环的热效率并不高，且不利于汽轮机的安全运行，所以在实际循环中并不采用。但在此基础之上进行如下改进，就得到火电厂切实可行的最简单的、最基本的理想蒸汽动力循环——朗肯循环。

1）将锅炉产生的饱和蒸汽，通过过热器加热成为过热蒸汽后进入汽轮机做功，使锅炉中的加热过程变为定压加热，这样既可提高循环的平均吸热温度，又可提高汽轮机排汽干度。

2）将在汽轮机中做完功的蒸汽通过凝汽器全部凝结成饱和水，这样所需的压缩机就改为体积小且耗功小的水泵，压缩过程较易实现。

7.1.2 朗肯循环的组成

朗肯循环是最基本的蒸汽动力装置循环，火力发电厂的各种较复杂的蒸汽动力装置循环都是在朗肯循环的基础上予以改进而得到的，因此，分析朗肯循环是研究其他复杂的蒸汽动力装置循环的基础。

朗肯循环的组成

朗肯循环系统主要由锅炉、汽轮机、凝汽器和给水泵四大基本热力设备组成。用管道把四个设备连接起来，组成一个封闭的系统，系统内工质为水和水蒸气，其装置系统图如图7-2所示。水和水蒸气在四个设备中分别进行四个热力过程，完成一个热力循环，从而连续地将热能转换为机械能。图7-3至图7-6为朗肯循环的p—v图、T—s图、简化T—s图和h—s图，循环所经历的四个热力过程如下。

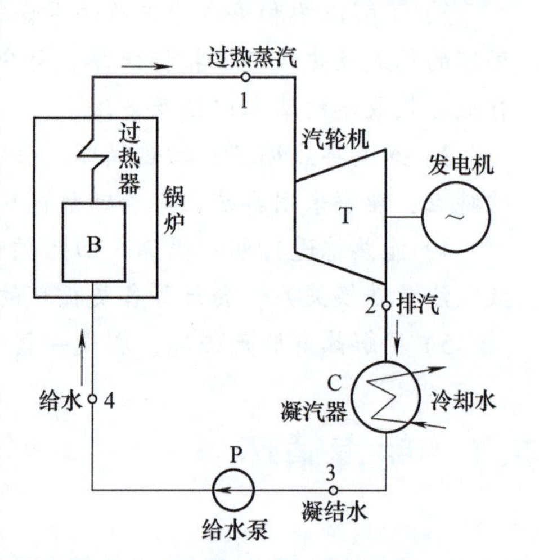

图7-2 朗肯循环装置系统示意图

4→5→6→1过程：给水在锅炉中定压吸热过程，水→饱和蒸汽→过热蒸汽，此过程实际就是水蒸气的定压产生过程，它包括预热、汽化、过热三个阶段，过程中压力p_1保持不变，比体积、温度（汽化阶段5-6过程温度不变）、熵都是增加的，工质与外界无功的交换。

1→2过程：过热蒸汽在汽轮机内绝热（定熵）膨胀过程，过热蒸汽（高温高压）→排汽（低温低压）；过程中熵保持不变，压力由p_1降为p_2，比体积增加，温度下降，过程中工质膨胀对外做功。

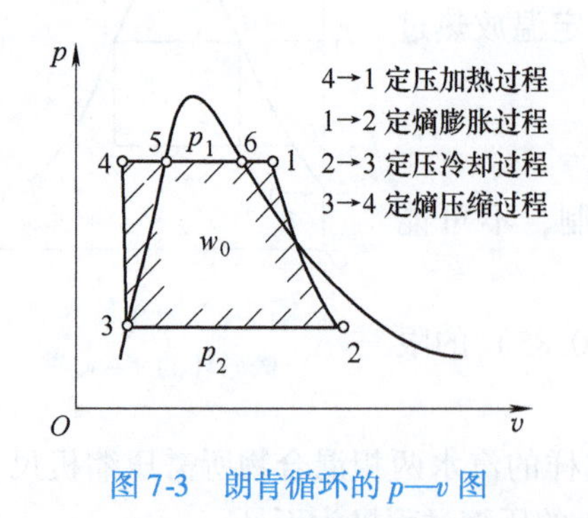

图7-3 朗肯循环的p—v图

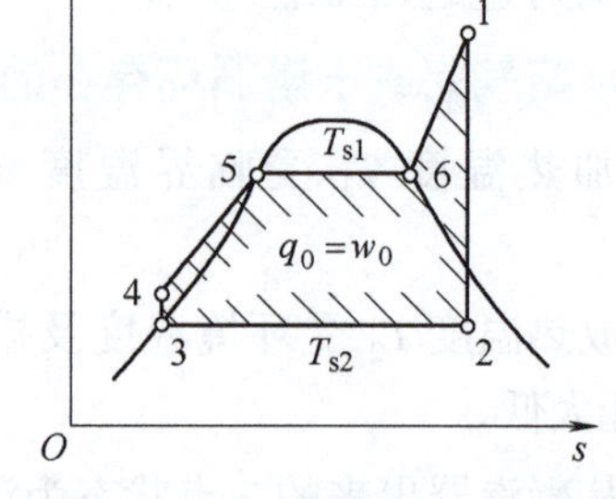

图7-4 朗肯循环的T—s图

2→3过程，汽轮机排汽（也称为乏汽，通常是湿蒸汽）在凝汽器内定压放热过程，排汽→凝结水（即是p_2压力下的饱和水）；过程中压力p_2保持不变，比体积下降，温度不变，熵减少，工质与外界也无功的交换。

3→4过程，凝结水在水泵中的定熵压缩过程，凝结水（低压）→给水（高压）；过程中熵保持不变，外界对工质做压缩功，压力由 p_2 上升至 p_1。由于水的压缩性很小，在给水泵中被定熵压缩后温度升高很小，比体积和温度几乎不变化，因此，在 $T—s$ 图上，3、4 点几乎重合。这样，朗肯循环的 $T—s$ 图可简化为图7-5。

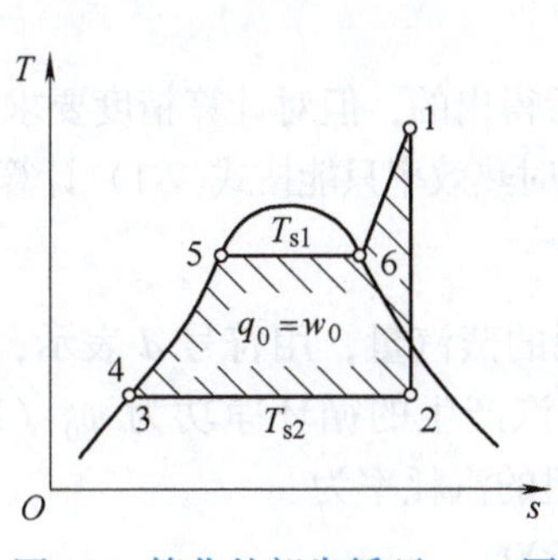

图7-5　简化的朗肯循环 $T—s$ 图

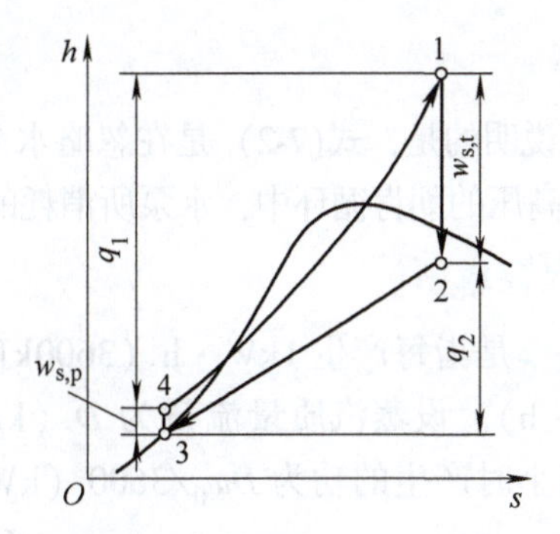

图 7-6　朗肯循环的 $h—s$ 图

7.1.3　朗肯循环的热经济指标计算

评价蒸汽动力装置循环热经济性的指标主要有热效率、汽耗率和热耗率。对理想的朗肯循环，忽略工质在各种设备及管道中的各种能量损失，忽略流入、流出各种设备的动力和重力势能的变化，在正常工况下，工质处于稳定流动状态。根据稳定流动能量方程可计算工质在各设备中的吸热量、放热量、对外做的功和外界对工质做的功，从而计算出热效率和汽耗率。计算时所需的各点状态参数可由已知条件查水及水蒸气的热力性质图或表得到，如图 7-6 所示。

1. 热效率

1kg 水在锅炉内定压加热过程 4→5→6→1 中吸收的热量 q_1 为

$$q_1 = h_1 - h_4$$

1kg 水蒸气在汽轮机内的定熵膨胀过程 1→2 中对外所做的轴功 $w_{s,t}$ 为

$$w_{s,t} = h_1 - h_2$$

1kg 水蒸气在凝汽器内的定压放热过程 2→3 中放出的热量 q_2 为

$$q_2 = h_2 - h_3$$

1kg 水在水泵内的定熵压缩过程 3→4 中消耗的轴功 $w_{s,p}$ 为

$$w_{s,p} = h_4 - h_3$$

循环净功为

$$w_0 = w_{s,t} - w_{s,p} = (h_1 - h_2) - (h_4 - h_3)$$

循环净热量 q_0 为

$$q_0 = q_1 - q_2 = (h_1 - h_4) - (h_2 - h_3) = w_0$$

由此得朗肯循环的热效率为

$$\eta_t = \frac{w_0}{q_1} = \frac{w_{s,t} - w_{s,p}}{q_1} = \frac{(h_1 - h_2) - (h_4 - h_3)}{h_1 - h_4} \tag{7-1}$$

式中，h_1 为汽轮机入口新蒸汽（过热蒸汽）的焓（kJ/kg）；h_2 为汽轮机出口排汽的焓（kJ/kg）；h_3 为凝汽器出口凝结水的焓（kJ/kg），也是 p_2 压力下饱和水的焓，即 $h_3 = h_2'$；

h_4 为锅炉入口给水的焓（kJ/kg）。

通常给水泵所消耗的功远小于汽轮机做功，在 p_1、t_1 较低时，常忽略不计，即 $w_{s,p} \approx 0$，$h_4 \approx h_3 = h_{2'}$，则朗肯循环的热效率公式可简化为

$$\eta_t = \frac{h_1 - h_2}{h_1 - h_{2'}} \tag{7-2}$$

需要说明的是，式(7-2) 是在忽略水泵所消耗的功之后得出的，但对计算精度要求较高时，或在高温高压的朗肯循环中，水泵所消耗的功不能忽略，此时热效率只能按式(7-1) 计算。

2. 汽耗率

汽耗率是指每产生 1kW · h（3600kJ）的功需要消耗的蒸汽量，用符号 d 表示，单位为 kg/(kW · h)。设蒸汽质量流量为 D（kg/h），每 1kg 蒸汽产生的循环净功为 w_0（kJ/kg），则机组每小时产生的功为 $Dw_0/3600$（kW · h），因此机组的汽耗率为

$$d = \frac{D}{Dw_0/3600} = \frac{3600}{w_0} = \frac{3600}{h_1 - h_2} \tag{7-3}$$

3. 热耗率

热耗率是指每产生 1kW · h（3600kJ）的功需要锅炉提供的热量，用符号 q 表示，单位为 kJ/(kW · h)。由于每产生 1kW · h 的功所消耗的蒸汽质量为 d（kg），每 1kg 蒸汽吸热量为 q_1（kJ/kg），则热耗率为

$$q = dq_1 = d\ (h_1 - h_{2'}) \tag{7-4}$$

4. 煤耗率

煤耗率是指每产生 1kW · h（3600kJ）的功所消耗的煤的量。对于以煤为燃料的蒸汽动力装置来讲，煤耗率是一个常用的直接经济指标。由于各种煤的发热量不同，为便于比较，常采用标准煤耗率［即每产生 1kW · h（3600kJ）的功所消耗的标准煤的量］来表示，用符号 b_b 表示，单位为 kg（标准煤）/(kW · h)，标准煤的低位发热量 $Q_{net,ar}$ = 29270kJ/kg，则有

$$b_b = \frac{B}{w_0} = \frac{3600}{\eta_t Q_{net,ar}} = \frac{3600}{29270\eta_t} = \frac{0.123}{\eta_t} \tag{7-5}$$

式中，B 为发电厂的煤耗量（kg/h）。

实际计算时，分母要用火电厂的总效率，即分母还要乘上锅炉的效率、管道的效率、汽轮机相对内效率、机械效率及发电机效率等。

热效率、热耗率、煤耗率都是反映机组运行状态好坏的热经济指标，热效率高、煤耗率低则循环经济性高；而汽耗率不是直接的热经济指标，汽耗率低，热效率不一定就高。但是在功率一定的条件下，汽耗率的大小反映了设备尺寸的大小，与设备投资费用有关。

5. 朗肯循环分析

朗肯循环是现代蒸汽动力循环的基本形式，其热效率一般小于40%。其主要原因如下：

1）未饱和水的预热温度较低，使朗肯循环的平均吸热温度不高。

2）冷源损失较大，循环吸热中60%～70%的能量作为冷源损失排放了。

因而实际蒸汽动力装置循环都是在朗肯循环的基础上进行了改进，如采用回热循环、再热循环、热电联合循环等。

以上讨论的朗肯循环是理想的可逆循环，实际上，水和蒸汽在动力装置循环中的各过程

都是不可逆的，如锅炉内烟气与水、烟气与蒸汽间的温差换热，汽轮机、水泵中的摩擦、机械传动等，凝汽器内汽轮机的排汽与冷却水间的温差换热，水和蒸汽在各设备中的散热和节流等。这些损失可归结为热力学三种典型的不可逆损失，即温差传热的不可逆损失、具有摩擦的不可逆损失和节流的不可逆损失，尤其是蒸汽在汽轮机内理想的可逆膨胀过程和实际的绝热膨胀过程差别较为显著。

7.1.4 提高朗肯循环热效率的基本途径

对火力发电厂来讲，提高热效率、节省燃料是十分重要的。例如，一个装机容量1000MW的火力发电厂每天消耗7000～10000t标准煤，如果将其热效率提高百分之一，每天就可节省近百吨煤。因此，分析影响热效率的因素并寻找提高热效率的途径是人们最关心的问题。

1. 改变蒸汽参数

由式(7-2)知，影响朗肯循环热效率的因素有进入汽轮机的蒸汽焓 h_1、汽轮机的排汽焓 h_2 和凝结水焓 $h_{2'}$，而 h_1 由蒸汽的初参数（即新蒸汽的压力 p_1 和温度 T_1）决定，h_2 和 $h_{2'}$ 由蒸汽的终参数，即汽轮机排汽压力 p_2 决定。因此有

$$\eta_t=\frac{h_1-h_2}{h_1-h_{2'}}=f\ (p_1,\ T_1,\ p_2)$$

由热力学第二定律知，对于任何一个可逆循环，其热效率都可用吸热过程平均温度 $\overline{T}_1$、放热过程平均温度 $\overline{T}_2$ 表示的等效卡诺循环热效率公式 $\eta_t=1-\dfrac{\overline{T}_2}{\overline{T}_1}$来分析计算，由此可知，提高 $\overline{T}_1$ 或降低 $\overline{T}_2$，都可提高朗肯循环的热效率。

1）提高蒸汽的初温 T_1。在相同的初压 p_1 和背压 p_2 下，初温由 T_1 提高到 $T_{1'}$，朗肯循环则变为1′2′34561′，如图7-7所示。初温的提高增加了循环的高温加热段，使循环的平均吸热温度提高（$\overline{T}_{1'}>\overline{T}_1$），在平均放热温度 $\overline{T}_2$ 不变的情况下，循环的热效率得到提高。另外，提高蒸汽初温 T_1，可使汽轮机出口乏汽的干度增大（$x_{2'}>x_2$），这将减少汽轮机末几级叶片的水冲击、汽蚀，减少湿汽损失，且有利于汽轮机的安全运行。

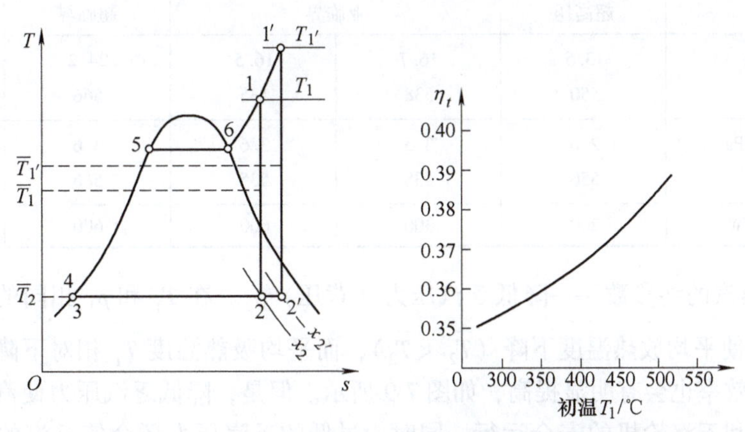

图7-7 初温 T_1 对朗肯循环热效率的影响示意图

但初温的提高一方面使汽轮机出口乏汽的比体积增大，设备尺寸变大；另一方面，还要受到锅炉过热器和汽轮机高压端金属材料的耐高温性能的限制，故目前初温还限制在600℃左右。2006年11月我国首台在华能玉环电厂投入商业化运行的单机容量为1000MW超超临界机组，参数26.25MPa/600℃/600℃，即进入汽轮机的蒸汽初温度为600℃、初压力为26.25MPa，再热蒸汽温度为600℃，设计电厂效率为43.8%，供电煤耗为284g/(kW·h)。

2）提高蒸汽初压 p_1。在相同的初温 T_1 和背压 p_2 下，同理，提高初压 p_1 可提高平均吸热温度（$\overline{T}_{1'} > \overline{T}_1$），从而提高朗肯循环的热效率，如图7-8所示。

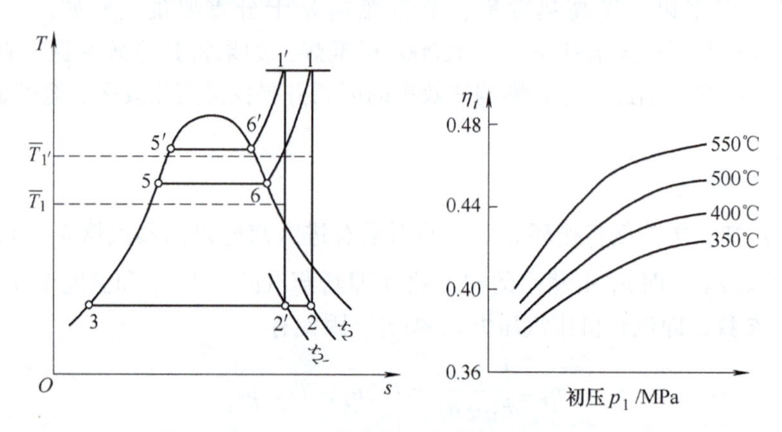

图7-8 初压 p_1 对朗肯循环热效率的影响示意图

此外，提高蒸汽初压将会使乏汽干度降低（$x_{2'} < x_2$），当干度较低而水分过多时，由于水滴的冲击，会影响汽轮机叶片的使用寿命及汽轮机的安全、经济运行。因此，实际应用中，一般采用同时提高蒸汽的初温 T_1 和初压 p_1 的方法，用 T_1 提高时排汽干度的增加来抵消 p_1 提高时排汽干度的下降，这样既能提高热效率，又能保证汽轮机叶片良好的工作条件。

现代蒸汽动力装置循环朝着提高初参数的方向发展，表7-1为国产再热机组蒸汽参数举例。

表7-1 国产再热机组蒸汽参数举例

特性参数	参数等级				
	超高压	亚临界		超临界	超超临界
初压/MPa 初温/℃	13.5 550	16.7 538	16.5 535	24.2 566	26.25 605
再热压力/MPa 温度/℃	2.6 550	3.5 538	3.6 535	3.6 566	5.1 603
单机功率/MW	200	300	600	600	1000

3）降低蒸汽的终参数——降低乏汽压力（背压）p_2。在 T_1 和 p_1 相同的情况下，若降低终参数 p_2，使平均放热温度下降（$\overline{T}_{2'} < \overline{T}_2$），而平均吸热温度 $\overline{T}_1$ 相对下降得极少，因此朗肯循环的热效率也会有明显提高，如图7-9所示。但是，降低乏汽压力使汽轮机排汽干度下降，这将不利于汽轮机的安全运行；同时，过低的乏汽压力还会使乏汽的比体积大大增加，从而导致汽轮机尾部尺寸加大；另外，乏汽压力的降低还要受到环境温度的限制。目前

火电厂常用的乏汽压力为0.004~0.005MPa，其对应的饱和温度在28℃左右，它比凝汽器中的冷却水温度略高，降低p_2已没有多大潜力。

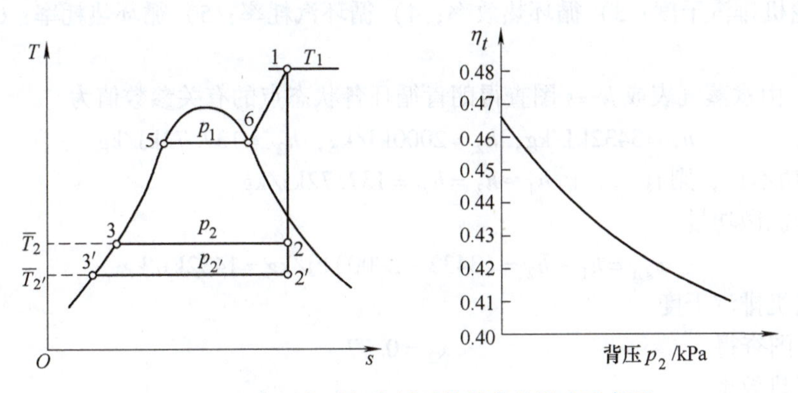

图7-9 乏汽压力对朗肯循环热效率的影响示意图

对于火电厂，由于冬、夏季节环境气温的变化，t_2也随之变化，即p_2也会改变，热效率η_t也会改变。因而，机组冬季运行时的热效率比夏季高，北方的机组比南方的热效率要高些。

2. 改变循环方式

由上述分析知，为了提高蒸汽动力装置的热效率，提高蒸汽初参数受到金属材料性能和乏汽干度的限制；另外降低背压也受到环境限制，因而通过调整蒸汽参数来提高循环的热效率，潜力是有限的，因此得从其他方面寻求方法。人们在实践中，在朗肯循环的基础上改进循环方式，开发了一些较复杂的动力循环，如目前有蒸汽中间再热循环、给水回热加热循环、再热-回热循环、热电联产循环、燃气-蒸汽联合循环方式等，以达到提高循环热效率的目的。本章后面将分析这些循环。

3. 减小循环中的各种不可逆损失

如减少温差传热的不可逆损失、有摩擦的不可逆损失和节流的不可逆损失等。

【例7-1】 能否不让乏汽凝结放出热量，而用压缩机直接将乏汽压入锅炉（即取消凝汽器），从而减少冷源损失，提高热效率？

【解】 不能。可从以下三个方面加以说明：

1）根据热力学第二定律：单一热源的热机是不可能实现热变功的。不让乏汽凝结放热的循环，即是只有热源而无冷源的单一热源的热机装置，这是违背热力学第二定律的。因此若想实现连续的热变功，必须要以向冷源放热作为前提条件。

2）由于乏汽比体积很大，比同压力下的饱和水要大一千多倍，如果直接用压缩机压缩乏汽进入锅炉，压缩机的体积就会非常庞大，耗功也很多，甚至会超出汽轮机的膨胀功，使整个循环不仅无功输出，反而要消耗外界动力，不能起到节能和提高热效率的作用。

3）从循环的T—s图可知，膨胀终点乏汽的熵大于乏汽凝结放热终点饱和水的熵，在汽轮机排汽压力下要从乏汽状态变为饱和水状态，不经历一个放热使熵减少的过程是不可能实现的。

因此，蒸汽动力装置循环中，必须要有凝汽器中的乏汽凝结向循环冷却水放出热量这一过程（自发过程），这实际上是热变功（非自发过程）的补偿条件。

【例 7-2】 某火力发电厂，蒸汽初参数为 $p_1=13\text{MPa}$、$t_1=535℃$，汽轮机排汽压力为 $p_2=0.005\text{MPa}$。若该电厂按朗肯循环工作，水泵所消耗的功不计，试求：1）汽轮机做功量；2）汽轮机排汽干度；3）循环热效率；4）循环汽耗率；5）循环热耗率；6）循环标准煤耗率。

【解】 由水蒸气表或 h—s 图查得朗肯循环各状态点的有关参数值为

$$h_1=3432\text{kJ/kg},\ h_2=2000\text{kJ/kg},\ h_{2'}=137.72\text{kJ/kg}$$

由于耗功不计，则有 $h_4\approx h_3=h_{2'}=137.72\text{kJ/kg}$

1）汽轮机做功量

$$w_{s,t}=h_1-h_2=(3432-2000)\text{kJ/kg}=1432\text{kJ/kg}$$

2）汽轮机排汽干度

由 h—s 图查得 $x_2=0.77$

3）循环热效率

循环吸热量为 $q_1=h_1-h_4=3432\text{kJ/kg}-137.72\text{kJ/kg}=3294.28\text{kJ/kg}$

循环热效率为 $$\eta_t=\frac{w_0}{q_1}=\frac{1432}{3294.28}=43.47\%$$

4）循环汽耗率为 $$d=\frac{3600}{w_0}=\frac{3600}{1432}\text{kg/(kW·h)}=2.51\text{kg/(kW·h)}$$

5）循环热耗率为 $$q=dq_1=2.51\times3294.28\text{kg/(kW·h)}=8268.64\text{kJ/(kW·h)}$$

6）循环标准煤耗率为

$$b_b=\frac{B}{w_0}=\frac{3600}{29270\eta_t}=\frac{3600}{29270\times0.4347}\text{kg/(kW·h)}=0.283\text{kg/(kW·h)}$$

说明：本例中，忽略了水泵消耗的功，由于机组参数较高，其计算结果是有一定误差的，可用于一般的估算。但若机组参数升高，容量增大，泵耗功比例也会随之增大，所以，对于高参数机组，在精确分析机组热经济性时是不可忽略水泵耗功的。

7.2 再热循环

再热循环

由上节分析可知，为了提高热效率，可采用提高汽轮机的进汽温度和压力办法，但压力的提高会使汽轮机排汽干度降低，而温度的提高又要求设备材料耐高温性能的提高，为了解决这一矛盾，常采用蒸汽中间再热的方法。即把在汽轮机高压缸中做了一部分功后的蒸汽抽出，通过管道引入锅炉再热器中加热升温，然后再送回到汽轮机的中、低压缸中继续膨胀做功的循环，这种循环称为中间再热循环，简称再热循环。

7.2.1 再热循环的装置系统图和 T—s 图

图 7-10 和图 7-11 分别为再热循环的装置系统图和 T—s 图。将汽轮机高压缸中膨胀到某一中间状态 a（压力为 p_a）的蒸汽，重新引入锅炉的再热器中定压加热升温至状态 b（温度为 t_b，一般升高到新蒸汽初温 $t_b=t_1$），然后再送回到汽轮机的中、低压缸中继续膨胀做功。与朗肯循环装置系统相比，它多了再热器及相应管道。

在图 7-11 中，过程 1-a 为新蒸汽在汽轮机高压缸内的绝热膨胀过程，压力从 p_1 降到某个中间压力 p_a；过程 a-b 为高压缸排汽在再热器中的定压加热过程，压力为 p_a，温度升高到

t_b；过程 b-2 为再热后的蒸汽在汽轮机低压缸内的绝热膨胀过程，压力从 p_a 降到乏汽压力 p_2；其他过程与朗肯循环相同。

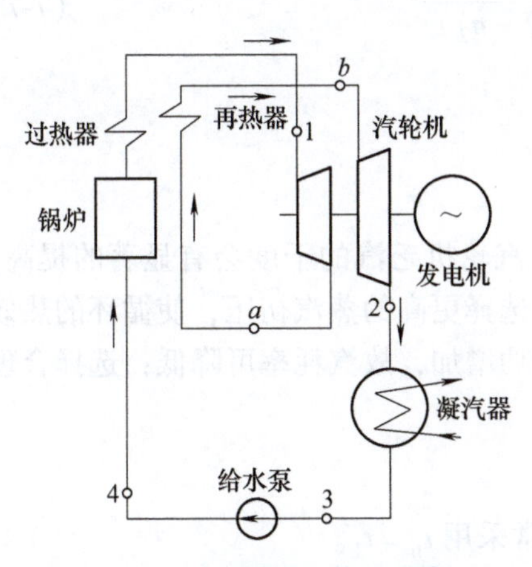

图 7-10　再热循环的装置系统图

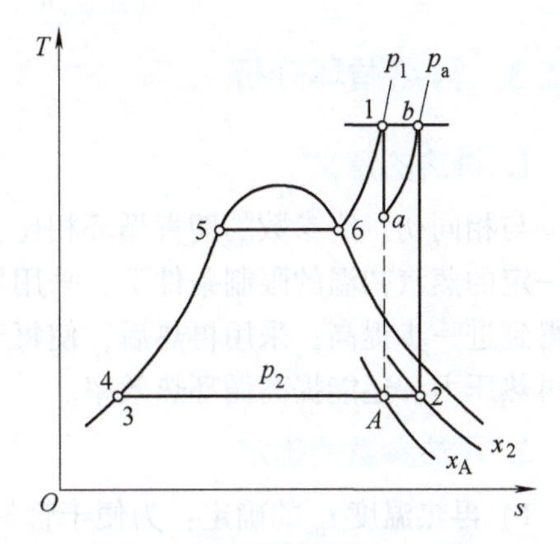

图 7-11　再热循环的 T—s 图

从图 7-11 可知，若没有再热，则蒸汽在汽轮机内从初压 p_1 膨胀到背压 p_2，按过程线 1-A 进行，排汽干度为 x_A；而采用蒸汽中间再热（过程按 a-b 进行）后，则蒸汽在汽轮机内从状态 b 膨胀到相同的背压 p_2 按过程线 b-2 进行，排汽干度为 x_2。可见，蒸汽经过中间再热后，排汽干度明显提高了，即 $x_2>x_A$，这样就极大地减轻了湿蒸汽对汽轮机尾部叶片的冲击和侵蚀，有利于汽轮机的安全高效运行。

7.2.2　再热循环的热经济指标计算

1. 热效率

1kg 工质在再热循环中的吸热量 q_1 由两部分组成：一部分为工质从锅炉（省煤器、蒸发受热面、过热器）中的吸热量 (h_1-h_4)，另一部分为再热蒸汽从锅炉再热器中的吸热量 (h_b-h_a)，即

$$q_1=(h_1-h_4)+(h_b-h_a)$$

1kg 工质在再热循环过程中所做的净功也由三部分组成：一部分为新蒸汽在汽轮机高压缸中的做功量 (h_1-h_a)，另一部分为再热蒸汽在汽轮机低压缸中的做功量 (h_b-h_2)，还有水泵所消耗的功 (h_4-h_3)，即

$$w_0=(h_1-h_a)+(h_b-h_2)-(h_4-h_3)$$

故得再热循环的热效率为

$$\eta_t=\frac{w_0}{q_1}=\frac{(h_1-h_a)+(h_b-h_2)-(h_4-h_3)}{(h_1-h_4)+(h_b-h_a)} \tag{7-6}$$

若忽略泵耗功，则 $h_4\approx h_3=h_{2'}$，上式可写为

$$\eta_t=\frac{w_0}{q_1}=\frac{(h_1-h_a)+(h_b-h_2)}{(h_1-h_{2'})+(h_b-h_a)} \tag{7-6a}$$

式中，h_1 为新蒸汽的焓（kJ/kg）；h_a 为再热器入口蒸汽的焓（kJ/kg）；h_b 为再热器出口蒸汽的焓（kJ/kg）；h_2 为汽轮机低压缸排汽焓（kJ/kg）；h_4 为锅炉给水焓（kJ/kg）；h_3 为凝结水水焓（kJ/kg），其值为 p_2 压力下饱和水焓 $h_{2'}$。

2. 汽耗率

再热循环的汽耗率为

$$d=\frac{3600}{w_0}=\frac{3600}{(h_1-h_a)+(h_b-h_2)} \tag{7-7}$$

7.2.3 再热循环分析

1. 再热的意义

与相同初、终参数的朗肯循环相比，采用再热后，汽轮机乏汽的干度会有显著的提高。在一定的蒸汽初温的限制条件下，采用再热循环就可以选择更高的蒸汽初压，使循环的热效率得到进一步提高；采用再热后，使每千克蒸汽所做的功增加，故汽耗率可降低；选择合理的再热压力，还能提高循环热效率。

2. 再热参数的确定

1）再热温度 t_b 的确定：为便于管材的选用，我国常采用 $t_b=t_1$。

2）再热压力 p_a 的确定：从式(7-6) 中很难分析比较再热循环和朗肯循环的热效率的高低，但从 T—s 图可以看到，再热部分相当于在朗肯循环的基础上附加了一个循环 a-b-2-A-a。只要再热过程 a-b 的平均吸热温度高于原来朗肯循环的加热过程 4-1 的平均吸热温度，再热循环的热效率就高于原来循环的热效率。若提高再热压力 p_a，再热过程 a-b 的平均吸热将提高，则循环的热效率提高。但再热压力不能过高，因为附加循环的再热过程的吸热量占整个吸热过程的吸热量比例甚小，对整个再热循环的平均吸热温度的提高不大，因而对热效率的影响不大；同时再热压力过高对汽轮机排汽干度 x_2 提高改善较少，从而失去了采用再热循环提高汽轮机乏汽干度的意义。因此，再热压力的选择既要考虑其对循环热效率的影响，又要考虑使汽轮机的乏汽干度符合汽轮机安全运行的要求（不能太低），故存在一个最佳的再热压力，目前，再热压力一般在（20%～30%）p_1 范围内选取。

3. 再热次数的确定

通常一次再热可使循环热效率提高 2%～5%。再热循环只适用于高参数大容量（单机容量 125MW 及以上）机组。由于采用再热增加了设备、管道及系统投资，且给管理运行带来不便，当初压低于 10MPa 时，一般不采用再热，初压在临界压力以内的机组一般只采用一次中间再热，超过临界参数的机组才考虑采用二次再热。据测算，二次再热机组热效率比常规一次再热机组约高 2%～3%，二氧化碳减排约 3.6%。目前，我国已投入运行多台二次再热机组，其中，于 2015 年投产的国电泰州电厂 3 号机组是全球首台百万千瓦二次再热机组，参数为 31MPa/600℃/610℃/610℃，由国内自主设计制造，发电效率达到 47.8%，超过国外最好水平约 1 个百分点，发电标准煤耗 256.9g/(kW · h)，比国外最好水平低 6g/(kW · h)。

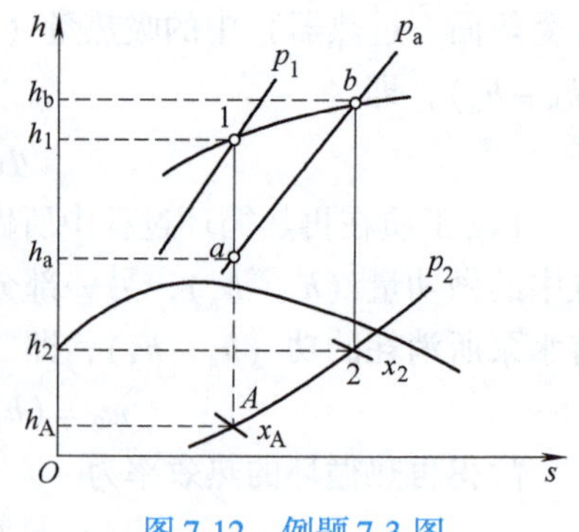

图 7-12 例题 7-3 图

【例 7-3】 某蒸汽动力装置采用一次再热循环方式工作。新蒸汽参数为 $p_1=17\text{MPa}$、$t_1=550℃$，中间再热压力为 $p_a=3.5\text{MPa}$，蒸汽在再热器内定压加热至 $t_b=t_1=550℃$，然后在低压缸内继续膨胀至 $p_2=0.005\text{MPa}$。水泵所消耗的功不计。试确定再热循环的热效率、汽轮机排汽干度，并与相同初、终参数的朗肯循环做比较。

【解】 根据已知参数，如图7-12所示，在 h—s 图上查得各状态点的参数值为

$$h_1 = 3429\text{kJ/kg},\ h_a = 2980\text{kJ/kg}$$
$$h_b = 3568\text{kJ/kg},\ h_2 = 2227\text{kJ/kg}$$
$$h_A = 1965\text{kJ/kg},\ x_A = 0.754,\ x_2 = 0.862$$

根据 $p_2 = 0.005\text{MPa}$ 查饱和水蒸气表得

$$h_{2'} = 137.72\text{kJ/kg}$$

再热循环的热效率为

$$\eta_t = \frac{w_0}{q_1} = \frac{(h_1 - h_a) + (h_b - h_2)}{(h_1 - h_{2'}) + (h_b - h_a)} = \frac{(3429 - 2980) + (3568 - 2227)}{(3429 - 137.72) + (3568 - 2980)} = 46.14\%$$

相同初、终参数的朗肯循环的热效率为

$$\eta_t' = \frac{w_0}{q_1} = \frac{h_1 - h_A}{h_1 - h_{2'}} = \frac{3429 - 1965}{3429 - 137.72} = 44.48\%$$

比较：与相同初、终参数的朗肯循环相比，采用再热以后，不仅提高了汽轮机的排汽干度，而且还提高了循环热效率。

7.3 回热循环

回热循环

朗肯循环的热效率一般低于40%，其主要原因是由于进入锅炉的给水温度太低（水汽化过程中的预热阶段温度较低）致使循环的平均吸热温度 $\overline{T}_1$ 不高。因为朗肯循环的锅炉给水的温度就是凝汽器压力 p_2 对应的饱和温度，如当 $p_2 = 0.005\text{MPa}$ 时，给水的温度约为32.9℃。如果用在汽轮机内做功后的蒸汽加热进入锅炉之前的给水，减少从高温热源的吸热量，则循环的平均吸热温度将会有较大的提高。但是，利用乏汽加热是不可能的，因为乏汽的温度与给水的温度相等。目前采用的一种切实可行的方案是从汽轮机中间抽出部分已做过功但压力尚不太低的少量蒸汽来加热进入锅炉之前的低温给水，这种方法称为给水回热。有给水回热的蒸汽循环称为蒸汽回热循环，在现代大中型蒸汽动力装置中普遍采用，可以有效提高循环热效率。

7.3.1 回热循环的装置系统图和 T—s 图

图7-13和图7-14分别为一级抽汽回热循环的装置系统图和 T—s 图。1kg压力为 p_1、温度为 t_1 的新蒸汽（状态点1）进入汽轮机中，绝热膨胀到某一压力 p_0（状态点0）时，将 αkg蒸汽从汽轮机中抽出引入至回热加热器中去加热凝结水。而剩余的（$1-\alpha$）kg蒸汽在汽轮机中继续绝热膨胀做功，压力降至乏汽压力 p_2（状态点2），然后进入凝汽器，被循环冷却水冷却成乏汽压力 p_2 下的凝结水（状态点3）再经凝结水泵升压后送入回热加热器，在其中被 αkg抽汽加热并汇合成1kg的饱和水（p_0 状态下的状态点0′），最后经给水泵升压后（状态点 F）再进入锅炉加热成为新蒸汽（状态点1），完成循环。从图7-14中可看出，由于采用了回热，水在锅炉中的吸热过程由4-1变为 F-1，这样提高了平均吸热温度，从而提高了循环的热效率。

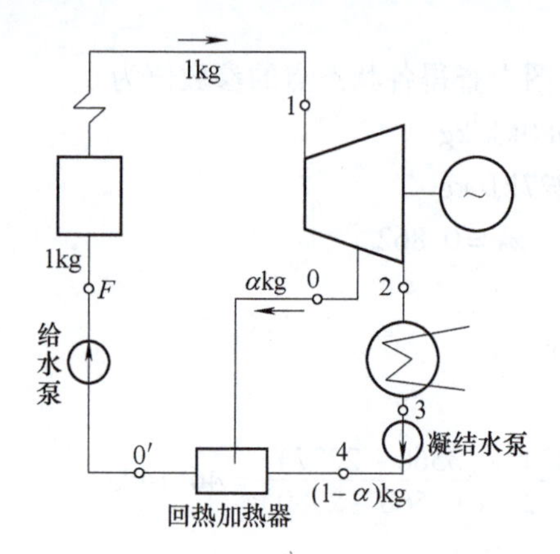

图7-13 一级抽汽回热循环的装置系统

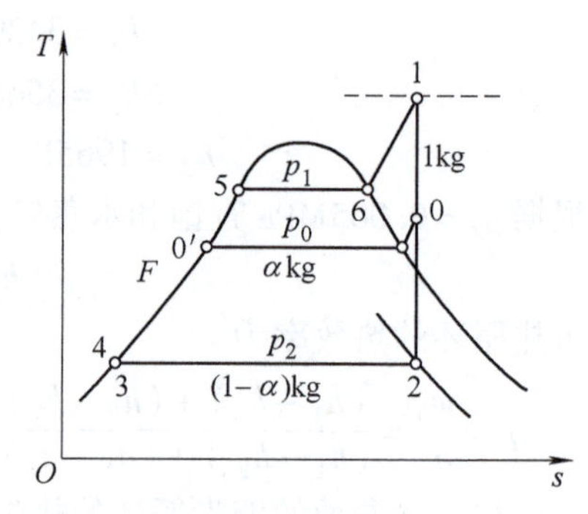

图7-14 一级抽汽回热循环的 T—s 图

应当指出，图7-13所示回热加热器为混合式换热器，即抽汽与被加热的凝结水直接混合进行热交换，而电厂大都采用表面式回热器，即抽汽不与被加热的凝结水直接混合，而是通过金属壁面加热凝结水的，但其抽汽回热的作用相同。由于工质经历不同过程时有质量的变化，因此 T—s 图上各吸、放热过程线下所包围的面积不能直接代表热量的多少，但用 T—s 图分析回热循环仍很重要。

由于水泵加压对水的温升很小，同时也可视为绝热的，故在 T—s 图上，凝结水泵内的绝热压缩过程（3-4）和给水泵内的绝热压缩过程（$0'$-F）表示为一点。

7.3.2 回热循环的热经济性指标计算

1. 一级抽汽回热循环的热经济性指标计算

（1）抽汽率 α 由于抽汽回热，造成工质在各个过程中的流量不同，因而回热循环的计算首先要确定抽汽率。进入汽轮机的1kg蒸汽中所抽出的蒸汽量叫抽汽率，用符号 α 表示。为了分析方便，回热加热器以混合式的为例，因此抽汽与被加热的水直接混合，出口水温被加热到抽汽压力下的饱和温度。

抽汽率可由回热加热器的热平衡方程式来确定。如图7-15所示，如果不考虑散热损失，αkg 抽汽所放出的热量就等于（$1-\alpha$）kg 凝结水所吸收的热量，忽略凝结水泵耗功（$h_4=h_2'$），即

$$\alpha(h_0-h_0')=(1-\alpha)(h_0'-h_2')$$

由此求得抽汽率为

$$\alpha=\frac{h_0'-h_2'}{h_0-h_2'} \tag{7-8}$$

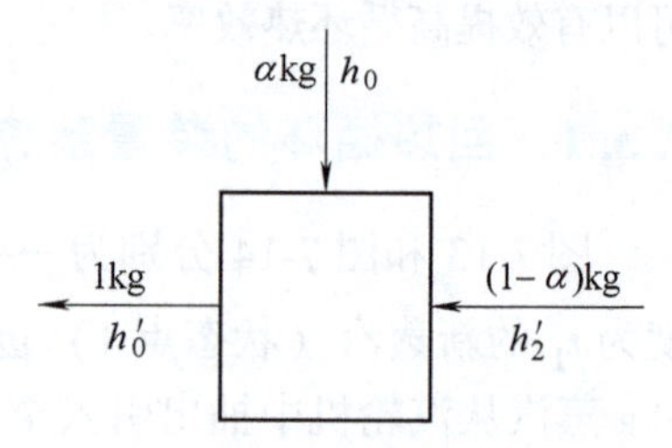

图7-15 回热加热器的热平衡图

（2）热效率（忽略泵耗功） 循环中1kg工质在锅炉中（F-1过程）的吸热量为

$$q_1=h_1-h_0'$$

循环中1kg工质做的净功包括两部分：在汽轮机中，1kg工质从压力 p_1 绝热膨胀到 p_0（1—0过程）所做的功（h_1-h_0）和（$1-\alpha$）kg工质从 p_0 绝热膨胀到 p_2（0-2过程）所做的功（$1-\alpha$）（h_0-h_2），即有

$$w_0=(h_1-h_0)+(1-\alpha)(h_0-h_2)$$

则一级抽汽回热循环的热效率为

$$\eta_t = \frac{w_0}{q_1} = \frac{(h_1 - h_0) + (1-\alpha)(h_0 - h_2)}{h_1 - h_0'} \tag{7-9}$$

（3）汽耗率和热耗率　一级抽汽回热循环的汽耗率为

$$d = \frac{3600}{w_0} = \frac{3600}{(h_1 - h_0) + (1-\alpha)(h_0 - h_2)} \tag{7-10}$$

一级抽汽回热循环的热耗率为

$$q_0 = dq_1 = d(h_1 - h_0') \tag{7-11}$$

2. 两级抽汽回热循环的热经济性指标计算

两级抽汽回热循环如图7-16所示，其中图7-16a为其装置系统图，7-16b为其 *T*—*s* 图。

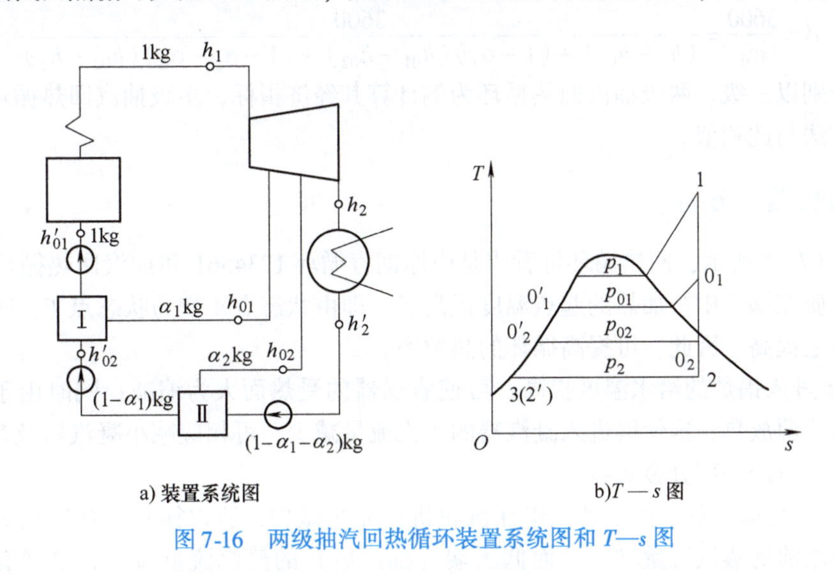

a) 装置系统图　　b) *T*—*s* 图

图7-16　两级抽汽回热循环装置系统图和 *T*—*s* 图

（1）抽汽率 α　为了分析方便，暂不考虑水泵耗功。两级抽汽加热器的热平衡图如图7-17所示。

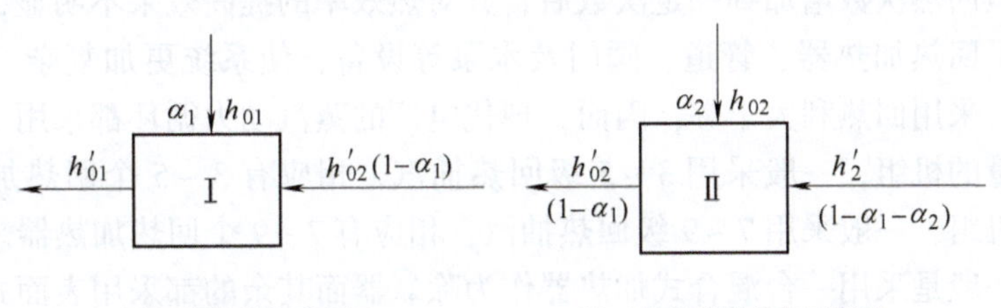

a) 一号加热器的热平衡图　　b) 二号加热器的热平衡图

图7-17　两级抽汽加热器的热平衡图

如图7-17a所示，列出一号回热加热器的热平衡方程式

$$\alpha_1(h_{01} - h_{01}') = (1-\alpha_1)(h_{01}' - h_{02}')$$

整理得

$$\alpha_1 = \frac{h_{01}' - h_{02}'}{h_{01} - h_{02}'} \tag{7-12}$$

如图7-17b所示，列出二号回热加热器的热平衡方程式

$$\alpha_2(h_{02} - h_{02}') = (1-\alpha_1-\alpha_2)(h_{02}' - h_2')$$

第7章

整理得
$$\alpha_2 = \frac{(1-\alpha_1)(h_{02}'-h_2')}{h_{02}-h_2'} \tag{7-13}$$

（2）两级抽汽回热循环的净功

$$w_0 = (h_1 - h_{01}) + (1-\alpha_1)(h_{01}-h_{02}) + (1-\alpha_1-\alpha_2)(h_{02}-h_2)$$

（3）两级抽汽回热循环的吸热量

$$q_1 = h_1 - h_{01}'$$

（4）两级抽汽回热循环的热效率

$$\eta_t = \frac{w_0}{q_1} = \frac{(h_1 - h_{01}) + (1-\alpha_1)(h_{01}-h_{02}) + (1-\alpha_1-\alpha_2)(h_{02}-h_2)}{h_1 - h_{01}'} \tag{7-14}$$

（5）两级抽汽回热循环的汽耗率

$$d = \frac{3600}{w_0} = \frac{3600}{(h_1 - h_{01}) + (1-\alpha_1)(h_{01}-h_{02}) + (1-\alpha_1-\alpha_2)(h_{02}-h_2)} \tag{7-15}$$

以上分别以一级、两级抽汽回热循环为例计算其经济指标，多级抽汽回热循环的热经济指标计算方法与此相似。

7.3.3 回热循环分析

1）如图 7-14 所示，回热循环可看成是由原朗肯循环 1234561 和抽汽回热循环 100′F561 组成的，工质在锅炉中被加热的起点温度提高了，即由状态点 4 变为状态点 F，吸热过程的平均温度随之提高，因此，可提高循环的热效率。

2）由于进入锅炉的给水温度提高，可使省煤器的受热面大为缩减；同时由于抽汽不进入凝汽器向冷源放热，这使得进入凝汽器的乏汽流量减少，可相应减小凝汽器及其辅助设备的尺寸，从而节约一部分金属材料。

3）采用回热循环后，由于抽汽未在汽轮机中完全做功，所以循环汽耗率增大，使汽轮机高压端抽汽前的蒸汽流量增加，而低压端（抽汽后）的蒸汽流量减少，这样有利于汽轮机设计中解决第一级叶片太短和最末级叶片太长的矛盾，即有利于汽轮机结构的改进。

4）从理论上讲，回热级数越多，热效率提高越多，因此，现代蒸汽动力循环都采用多级回热循环。但回热次数增加到一定次数后，其对热效率的提高效果不明显，同时，采用抽汽回热，增加了回热加热器、管道、阀门及水泵等设备，使系统更加复杂，投资相应也增加。综合考虑，采用回热利大于弊，因而，现代电厂的蒸汽动力循环都采用了回热循环。对低参数、小容量的机组，一般采用 3 ~ 5 级回热抽汽，相应有 3 ~ 5 个回热加热器；对高参数、大容量的机组，一般采用 7 ~ 9 级回热抽汽，相应有 7 ~ 9 个回热加热器。

现代机组一般是采用一台混合式加热器作为除氧器而其余的都采用表面式加热器，并结合再热循环。图 7-18 所示为引进美国西屋公司制造技术，哈尔滨汽轮机厂制造的 N600-16.67/537/537 型机组原则性热力系统图，该机组采用“三高、四低、一除氧”（即有三台高压表面式回热加热器 H1 ~ H3、四台低压表面式回热加热器 H5 ~ H8、一台除氧器 HD）的抽汽回热系统，并采用了一次再热循环方式。

7.3.4 同时采用回热和再热的蒸汽动力循环

现代高参数大型机组的蒸汽动力循环都广泛采用一次再热与多次回热的循环。为了解其热经济指标的计算方法，以最简单的采用一级回热和一次再热的蒸汽动力装置循环为例来说明，图 7-19 为其装置系统图和 T—s 图。

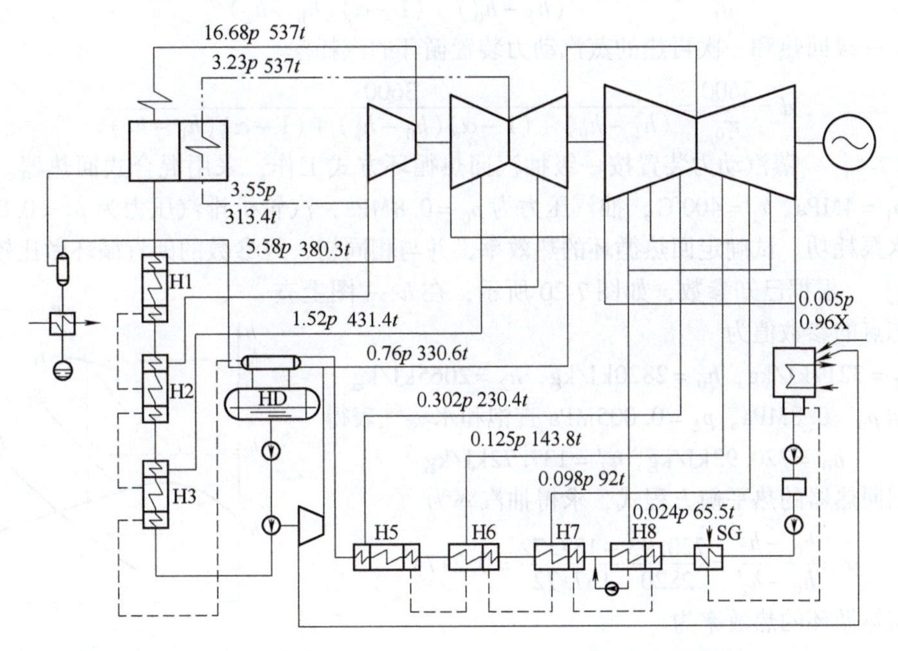

图 7-18　N600-16. 67/537/537 型机组原则性热力系统图

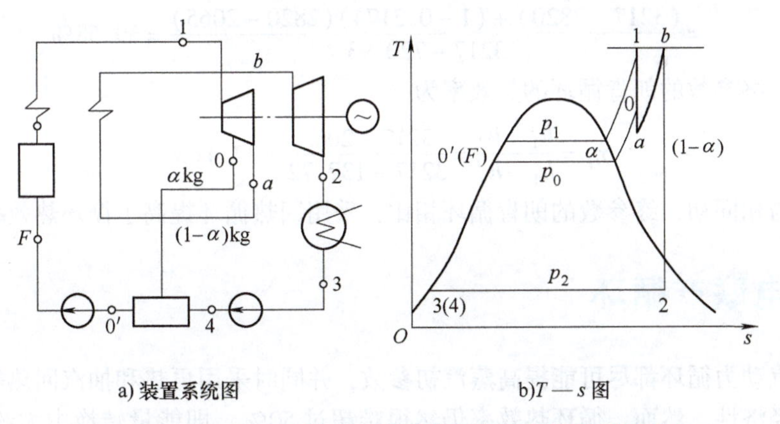

a) 装置系统图　　b) T—s 图

图 7-19　采用一级回热和一次再热的蒸汽动力装置循环图

(1) 抽汽率 α　为了分析方便，暂不考虑水泵耗功。列出回热加热器的热平衡方程式为

$$\alpha(h_0 - h_0') = (1 - \alpha)(h_0' - h_2')$$

整理得

$$\alpha = \frac{h_0' - h_2'}{h_0 - h_2'} \tag{7-16}$$

(2) 一级回热和一次再热的蒸汽动力装置循环的净功

$$w_0 = (h_1 - h_0) + (1 - \alpha)(h_0 - h_a) + (1 - \alpha)(h_b - h_2)$$

(3) 一级回热和一次再热的蒸汽动力装置循环的吸热量

$$q_1 = (h_1 - h_0') + (1 - \alpha)(h_b - h_a)$$

(4) 一级回热和一次再热的蒸汽动力装置循环的热效率

$$\eta_t = \frac{w_0}{q_1} = \frac{(h_1 - h_0) + (1-\alpha)(h_0 - h_a) + (1-\alpha)(h_b - h_2)}{(h_1 - h_0') + (1-\alpha)(h_b - h_a)} \tag{7-17}$$

（5）一级回热和一次再热的蒸汽动力装置循环的汽耗率

$$d = \frac{3600}{w_0} = \frac{3600}{(h_1 - h_0) + (1-\alpha)(h_0 - h_a) + (1-\alpha)(h_b - h_2)} \tag{7-18}$$

【例7-4】 蒸汽动力装置按一级抽汽回热循环方式工作，采用混合式回热器。新蒸汽参数为 $p_1 = 4\text{MPa}$、$t_1 = 400℃$，抽汽压力为 $p_0 = 0.8\text{MPa}$，汽轮机排汽压力为 $p_2 = 0.005\text{MPa}$，不考虑水泵耗功。试确定回热循环的热效率，并与相同初、终参数的朗肯循环做比较。

【解】 根据已知参数，如图7-20所示，在 $h—s$ 图上查得各状态点的参数值为

$$h_1 = 3217\text{kJ/kg},\ h_0 = 2820\text{kJ/kg},\ h_2 = 2065\text{kJ/kg}$$

根据 $p_0 = 0.8\text{MPa}$、$p_2 = 0.005\text{MPa}$ 查饱和水蒸气表得

$$h_0' = 720.93\text{kJ/kg},\ h_2' = 137.72\text{kJ/kg}$$

根据回热器的热平衡方程式，求得抽汽率为

$$\alpha = \frac{h_0' - h_2'}{h_0 - h_2'} = \frac{720.93 - 137.72}{2820 - 137.72} = 0.2174$$

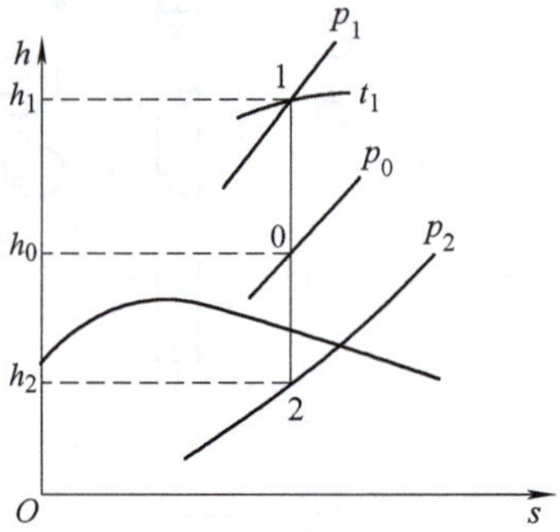

则回热循环的热效率为

$$\eta_t = \frac{w_0}{q_1} = \frac{(h_1 - h_0) + (1-\alpha)(h_0 - h_2)}{h_1 - h_0'}$$

$$= \frac{(3217 - 2820) + (1 - 0.2174)(2820 - 2065)}{3217 - 720.93} = 39.58\%$$

图7-20 例题7-4图

相同初、终参数的朗肯循环的热效率为

$$\eta_t' = \frac{h_1 - h_2}{h_1 - h_2'} = \frac{3217 - 2065}{3217 - 137.72} = 37.41\%$$

比较：与相同初、终参数的朗肯循环相比，采用回热循环提高了循环热效率。

7.4 热电联产循环

现代蒸汽动力循环都尽可能提高蒸汽初参数，并同时采用再热和抽汽回热等措施以提高能量利用的经济性。然而，循环热效率仍然很难超过50%，即能量转换中大约有50%的能量未被利用而散失到环境中去了。

采用热电联产循环，就是供电与供热联合生产，能量利用中将高压、高温的蒸汽用于发电，低压、低温的蒸汽供给热用户，如印染、造纸、化工、采暖、通风等，基本做到“能级匹配”，按用户的需要按质供应能量。这是能源的一种“梯级利用”方式，也是经济用能倡导的方向。这种既能发电又能供热的蒸汽动力循环称为热电联产循环，具有这种循环的电厂称为热电厂。在北方寒冷地区或者有固定热量需要的大型工厂，热电联产的方式得到了广泛利用，是国家鼓励发展的节能措施。

供热的汽压，工业用汽一般为0.24～0.8MPa，生活用汽一般为0.12～0.25MPa。热电联产循环大体分为两种类型：一种是采用背压式汽轮机的热电联产循环，此方式最简单，如图7-21a所示；另一种是采用调节抽汽式汽轮机的热电联产循环，此方式应用较普遍，如图7-21b所示。

1. 背压式汽轮机热电联产循环

利用汽轮机的排汽供热给热用户，排汽压力大于0.1MPa，这种汽轮机称为背压式汽轮机，相应的循环称为背压式汽轮机热电联产循环。

由于背压的提高，循环热效率低于同参数朗肯循环的热效率。但由于热电联产循环实现了热能的合理利用，因此评价其循环的热经济性，除了采用循环热效率以外，还应同时结合热电联产能量利用系数 K 来反映。热电联产能量利用系数为

$$K=\frac{\text{被利用的能量}}{\text{工质从热源得到的能量}}=\frac{w_0+q_2}{q_1} \tag{7-19}$$

理论上，工质从热源得到的能量，一部分转变为功，另一部分以热能的形式供给热用户，$K=1$。但实际上，由于各种损失，一般 $K=65\%\sim70\%$。

从热电联产利用的角度来看，由于利用了汽轮机排汽的热能，故背压式汽轮机联产循环的能量利用系数高于同参数的朗肯循环。所以，在热电联产循环中，必须用热效率 η_t 和 K 能量利用系数共同来评价循环的经济性。

背压式汽轮机热电联产循环能量利用系数高，无凝汽器及附属设备，因此系统简单，投资费用低。但由于供热的蒸汽全部通过汽轮机，因此供电和供热相互影响，无法自由调节热和电供应比例。例如，热用户不需要供热了，那么整个机组就得停止运行。因而要求热用户的热负荷比较稳定，常用于需汽量很大的企业自备电厂中。

2. 调节抽汽式汽轮机热电联产循环

为了克服背压式汽轮机热电联产循环供电和供热相互影响的缺点，目前热电厂普遍采用的是调节抽汽式热电联产循环，如图7-21b所示，它是将背压式汽轮机和凝汽式汽轮机合二为一，利用可调抽汽供热，是热电厂常采用的一种供热方式。

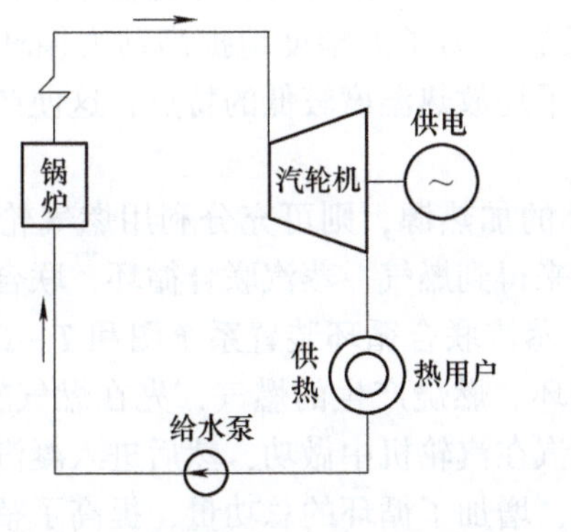

a) 背压式汽轮机热电联供循环系统图

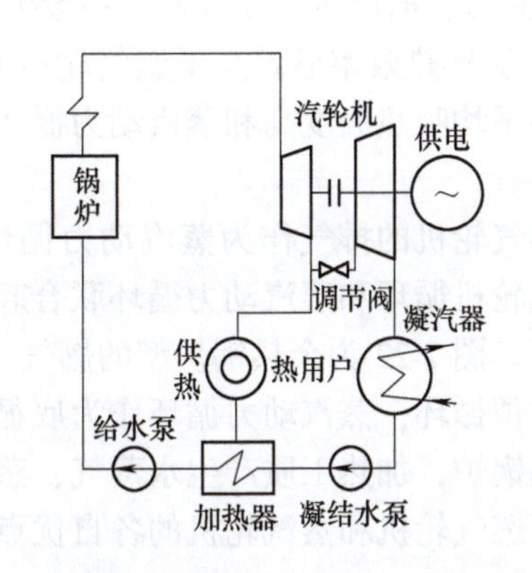

b) 调节抽汽式汽轮机热电联供循环系统图

图7-21　热电联产循环的两种方式

通过调节阀的调节，可同时满足供电、供热的需要，例如当要求热负荷增大而电负荷不变时，可通过增大锅炉蒸发量来满足热负荷增大的要求，同时适当关小调节阀，使低压缸少做的功等于高压缸多做的功，来维持电负荷不变；反之亦然。同样，当要求电负荷增大而热负荷不变时，可通过增大锅炉蒸发量，同时适当开大调节阀，使高、低压缸做功同时增加，而热负荷不变，来满足要求；反之亦然。当然它还可以用不同压力的抽汽来满足各种热用户的不同要求。

当其他条件一定，由于调节抽汽式汽轮机的背压更低，因此这种热电联产循环的热效率比背压式汽轮机热电联产循环要高。但由于仍有部分蒸汽进入凝汽器，存在冷源损失，所以其热电联产能量利用系数比背压式汽轮机热电联产循环低。

由于热电联产的节能效果明显，《中华人民共和国节约能源法》第三十九条（一）中明确规定："推广热电联产、集中供热，提高热电机组的利用率，发展热能梯级利用技术，热、电、冷联产技术和热、电、煤气三联供技术，提高热能综合利用率。"

7.5 燃气—蒸汽联合循环简介

1. 燃气轮机装置简介

燃气轮机装置是一种以空气和燃气为工质、内燃、连续回转的叶轮式热能动力设备。简单的定压燃气轮机装置主要由压气机、燃烧室和燃气轮机本体三大部件组成，如图7-22a中的燃气轮机装置部分所示。空气被压气机连续地吸入和压缩，压力提高，同时温度也相应提高；接着流入燃烧室，在其中空气与燃料混合燃烧成为高温高压的燃气；燃气在燃气轮机中膨胀做功，推动燃气轮机带动压气机和外负荷一起高速旋转；从燃气轮机中排出的乏气压力降低，最后排至大气中放热。这样，燃气轮机就把燃料的化学能转变成热能，又把部分热能转变成机械能。一般燃气轮机中所输出功率的2/3左右被用来驱动压气机，其余的1/3左右驱动外负荷如发电机等。

2. 燃气—蒸汽联合循环

目前，燃气轮机装置循环中，燃气轮机的进气温度虽高达1000～1300℃，但排气温度仍有400～650℃，故其循环热效率较低，仅为30%左右。而蒸汽动力循环的上限温度不高，一般不超过600℃，但放热温度较低，一般为30～38℃，现代大型超超临界机组的热效率可达到45%，其循环热效率显著高于燃气轮机装置。为了大幅度地提高动力循环效率，利用燃气轮机循环平均吸热温度高和蒸汽动力循环平均放热温度较低的特点，这便产生了燃气—蒸汽联合循环。

如果把燃气轮机的排气作为蒸汽动力循环的加热源，则可充分利用燃气轮机排出的热量，即把燃气轮机循环和蒸汽动力循环联合起来得到燃气—蒸汽联合循环，联合循环的热效率将大大提高。图7-22为余热锅炉型的燃气—蒸汽联合循环装置系统图和T—s图。把燃气轮机循环作为顶循环，蒸汽动力循环作为底循环。燃烧产生的燃气，先在燃气轮机中做功，然后排入余热锅炉，加热工质产生水蒸气，蒸汽在汽轮机中做功，然后进入凝汽器放热。整个循环利用了燃气轮机和蒸汽轮机的各自优点，增加了循环的总功量，提高了整体循环的热效率。

燃气—蒸汽联合循环装置主要以气、油为燃料，随着技术的发展，联合循环的形式有多种，除余热锅炉型的燃气—蒸汽联合循环装置外，还有整体煤气化燃气—蒸汽联合循环、补燃余热锅炉联合循环、增压锅炉联合循环等。

对于图7-22所示系统，在理想情况下，燃气轮机装置的定压放热量Q_{41}可完全被余热锅炉加以利用产生水蒸气。实际上，由于传热过程的不可逆损失，仅有过程4-5排出的热量得到利用，过程5-1排出的热量排向大气而未得到利用，故联合循环的热效率为

$$\eta_t = 1 - \frac{Q_2}{Q_1} = 1 - \frac{Q_{bc} + Q_{51}}{Q_{23}} \tag{7-20}$$

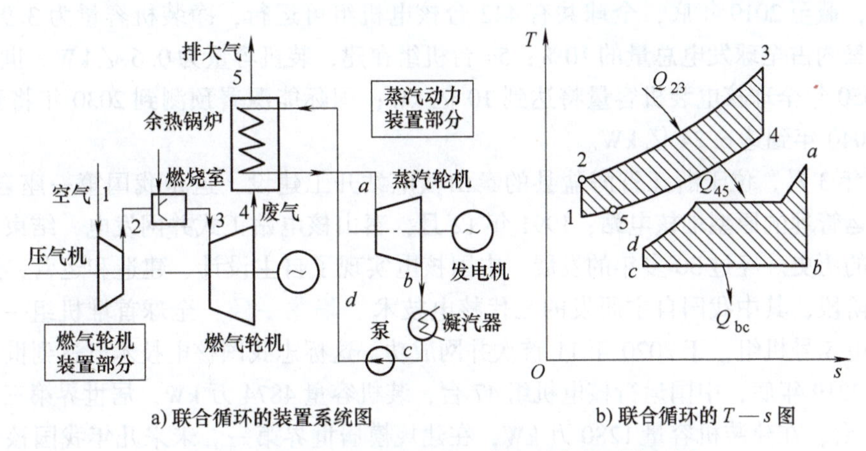

图 7-22　余热锅炉型的燃气—蒸汽联合循环装置图

3. 燃气—蒸汽联合循环发电的主要特点

1）有较高的热效率。由于燃气—蒸汽联合循环充分利用了燃气轮机装置与蒸汽动力装置的优点，具有较高的平均吸热温度和较低的平均放热温度，循环热效率高于单纯的蒸汽动力循环和燃气轮机循环。现有联合循环的效率已经超过58%，其热效率之高，不仅远远超过现有燃煤火电厂，甚至比超临界参数的燃煤火电厂的预期值（45.2%～47.7%）还要优越。其循环效率高于最先进的现代化超临界机组而稳居各类火电之首。

2）环保性能好，对环境的污染少。可实现较低排放，联合循环不排放 SO_2 及飞灰和灰渣，CO_2 的排放量降低1/2～2/3，燃气轮机噪声可做隔声处理。燃气轮机不需要大量冷却水，一般燃气轮机单循环只需火电厂的2%～10%的用水量，联合循环也只需同容量火电厂的1/3左右。环保性能居于现有各类火电之上。

3）在建造方面。同等条件下单位造价较低，建设周期短，且可分期建设，建设用地也较少。联合循环机组单位容量造价约为常规机组的2/3；由于燃气轮机在制造厂完成了最大可能装配后才装箱运往现场，施工安装方便，因而大大缩短建设工期。还可分单循环和联合循环两期建设，一般单循环只需5～6个月就可商业运行，而联合循环一般可在当年投运。联合循环电厂无须煤场、输煤系统、除灰等系统，厂区占地面积仅为同容量火电厂的1/3左右。

4）可燃用多种燃料：可用天然气、轻柴油、重油、高炉煤气（掺少量焦炉煤气或天然气）、焦炉煤气、转炉煤气等作为燃料。

总之，燃气—蒸汽联合循环有一系列的技术优势和经济优势，大力发展联合循环电厂具有广阔的前景。但燃气轮机直接烧油或天然气，发电成本高，而且目前我国在重型燃汽轮机方面技术水平有限，主要设备需要进口。

7.6　核能发电厂循环

1. 核电发展概况

核电作为安全、清洁、经济的能源，是目前现时有效、可规模替代化石燃料的优质能源。出于对能源安全和环境保护问题的考虑，核电逐步得到世界上许多国家的重视。自1954年世界上第一座核电站建成以来，核电的发展速度很快。据世界核协会（WNA）发布数据显示，截至2019年底，全球共有442台核电机组可运行，净装机容量为3.92亿kW，核电发电量约占全球发电总量的10%；54台机组在建，装机容量为0.6亿kW。世界核协会预测到2050年全球核电装机容量将达到10亿kW；国际能源署预测到2030年将到达5.43亿kW，2040年到达6.24亿kW。

1985年3月，位于浙江省海盐县的秦山核电站开工建设，这是我国第一座自行设计、制造和营运管理的原型堆核电站；1991年12月，秦山核电站正式并网发电，结束了我国大陆无核电的历史。经过30多年的发展，中国核电实现了自主设计、建造和运营，进入安全高效发展阶段，其中我国自主研发的三代核电技术“华龙一号”全球首堆机组——中核集团福清核电5号机组，于2020年11首次并网成功，这标志我国核电技术已达到世界先进水平。截止2019年底，中国运行核电机组47台，装机容量4874万kW，居世界第三；在建核电机组11台，在建装机容量1280万kW，在建规模居世界第一。未来几年我国核电建设或将进一步迎来加速时代，预计2030年、2035年核电发展规模将达到1.31亿kW、1.69亿kW，发电量占比达到10.0%、13.5%。

2. 核电站的工作原理

核能即原子核能，又称原子能，是原子结构发生变化时放出的能量。目前，核能有裂变能和聚变能两种。裂变能是指一些重金属元素（如铀、钚等）的原子核发生分裂反应时放出的巨大的能量，这一分裂过程称为裂变反应，原子弹就是根据这个原理制造出来的；聚变能是指一些轻元素如氢的同位素氘、氚等的原子核发生聚合反应时放出的巨大的能量，这一聚合过程称为聚变反应（又称热核反应），氢弹就是根据这个原理制造出来的。目前核能发电使用的主要是裂变能。

将原子核裂变释放的核能转换成热能，再转变为电能的系统和设施，通常称为核电站。核电站利用核能产生蒸汽的系统称为核蒸汽供应系统，这个系统通过核燃料的核裂变能加热外回路的水来产生蒸汽。从原理上讲，核电站实现了核能—热能—电能的能量转换。反应堆是核电站的关键设备，链式裂变反应就在其中进行，它将核能转变为热能。目前世界上核电站采用的反应堆有压水堆、沸水堆、快堆以及高温气冷堆等，但使用比较广泛的是压水堆。

3. 压水堆核电站的组成

以压水堆为热源的核电站称为压水堆核电站。它主要由核岛和常规岛两部分组成，如图7-23所示。整个一回路系统被称为“核供汽系统”，也称为核岛，它相当于火电厂的锅炉系统，主要由反应堆、蒸汽发生器、反应堆冷却剂泵（也称为主泵）、稳压器、冷却剂管道等组成。为了确保系统安全，将整个一回路系统的主要设备集中安装在立式圆柱状或球形安全壳内。二回路系统与火电厂的汽轮发电机系统基本相同，称为常规岛，它主要由蒸汽发生器二次侧、汽轮发电机机组、凝汽器、凝结水泵、给水泵、低压加热器和中间汽水分离再热器等组成。二回路系统的设备均安装在汽轮发电机厂房内。

核电站中的能量转换借助于三个回路来实现。一回路是指反应堆冷却剂（用于输送堆芯热量的载体）在主泵的驱动下经反应堆压力容器、蒸汽发生器，再回到主泵，如此循环往复，构成一个密闭的循环回路。它的主要作用是通过反应堆冷却剂从堆芯带走核裂变产生的热能并进入蒸汽发生器，通过传热管传递给二回路的水，使水沸腾产生蒸汽。二回路中蒸汽发生器的给水吸收了一回路传来的热量变成高压蒸汽，然后推动汽轮机，带动发电机发电。做功后的乏气在凝汽器内冷却而凝结成水，再由给水泵送至加热器，加热后重新返回蒸

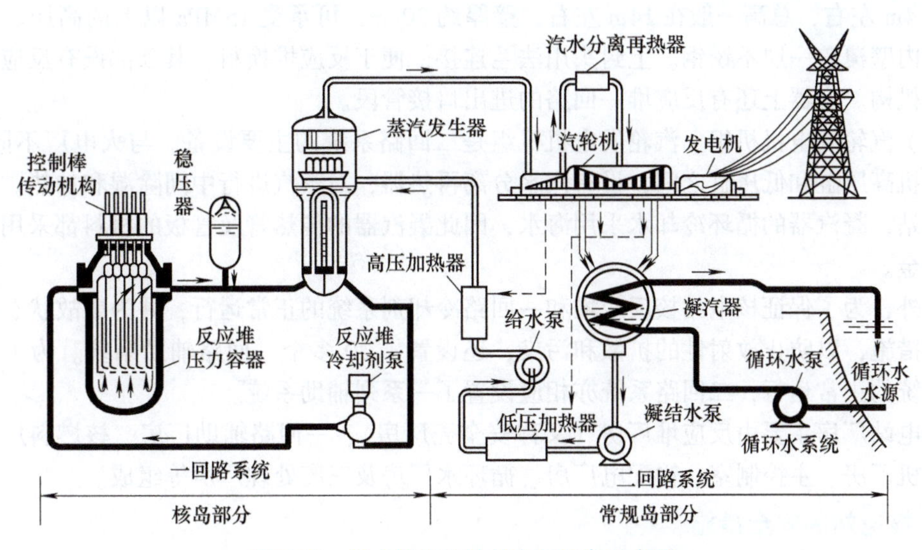

图7-23　压水堆核电站的主要设备示意图

汽发生器，再变成高压蒸汽推动汽轮发电机组做功发电。这样构成第二个密闭循环回路。三回路系统是循环冷却水（海水等）系统，与火力发电厂的循环冷却水系统一样，它的作用是吸收汽轮机乏汽放热并将其冷凝为水，然后冷却水将弃热带出电厂。

（1）蒸汽发生器　蒸汽发生器是一种热交换设备，同时也是一回路和二回路交汇的设备。在设备中，冷却剂把从核蒸汽供应系统带出的热量传给二回路给水，使之产生一定压力、一定温度和一定干度的蒸汽。1000MW核电机组的一回路通常有三个环路，每个环路中各有一台蒸汽发生器。压水堆核电站的蒸汽发生器有两种类型：一种是带汽水分离器的饱和蒸汽发生器，一种是产生稍过热蒸汽的直流式蒸汽发生器，在近代核电厂中，以前者应用较广。大亚湾核电站的蒸汽发生器采用立式饱和蒸汽发生器。

（2）主泵　反应堆冷却剂泵又称主泵，它是一回路中高速转动的设备。其作用是提供动力使冷却剂在一回路中不断循环流动，及时带走堆内所产生的核反应热量并送到蒸汽发生器，传递给二回路给水。所以它也是主要设备，为保证主泵的安全可靠性，一方面设置有备用电源，另一方面，泵和电动机分开，电动机在上部，电动机上设有飞轮，以增加泵的转动惯量，当主泵断电时，泵仍能继续转动几分钟。为防止带放射性的冷却水泄漏，泵轴上还设有三道密封，由两道流体静压和一道机械密封串联组成。主泵主要有屏式泵和轴封泵两种类型。

（3）稳压器　稳压器又称为容积补偿器，它的作用是补偿一回路冷却水温度变化引起的回路水体积的变化，以及调节和控制一回路系统冷却剂的工作压力。稳压器常采用直立式电加热稳压器。结构呈圆柱形筒体，容器顶部设置有抑制压力升高的喷雾器，底部设有升高压力的电加热元件。正常运行时，稳压器内一半容积为水，另一半为保持一定压力的蒸汽。开启电加热元件可使热水汽化，从而提高压力，上部喷雾冷水，可使蒸汽凝结降低压力。

（4）反应堆压力容器　反应堆压力容器是用来包容和支承堆芯核燃料组件、控制组件、堆内构件和反应堆冷却剂的钢制承压容器，也称反应堆压力壳。由于压力容器包容了反应堆的活性区和其他必要设备，其结构形式随不同堆型而异。轻水堆核电站的压力容器均为圆筒形结构，通常用含锰、钼、镍的低合金钢制成。百万千瓦级的大功率压水堆压力容器的内径多在4.4m左右，总高一般在14m左右，壁厚约20cm，可承受15MPa以上的高压。为了抗腐蚀，内壁覆盖一层不锈钢。上封头用法兰连接，便于反应堆换料，其顶部设有反应堆控制棒驱动机构。容器上还有反应堆一回路的进出口接管段。

(5) 汽轮发电机机组　汽轮发电机机组是二回路系统的主要设备。与火电厂不同的是，在汽轮机高压缸和低压缸之间，设有汽水分离再热器，对蒸汽进行中间除湿和加热。对于临海核电站，凝汽器的循环冷却水采用海水，因此凝汽器的传热管及管板的材料都采用抗腐蚀的钛合金。

另外，为了保证核电站核反应堆和一回路冷却剂系统的正常运行，并为事故状态提供安全保护措施，以防止放射性的扩散和污染，还设置了20多个一回路辅助系统。为了保证二回路系统的正常运行，二回路系统亦相应设置了一系列辅助系统。

核电站厂房主要由反应堆厂房（又称安全壳厂房）、一回路辅助厂房、核燃料厂房、汽轮发电机厂房、主控制室、输配电厂房、循环水厂房及三废处理厂房等组成。

4. 核电站的安全措施

为了阻止放射性物质向外扩散，核电站结构设计上的最重要安全措施之一，是在放射源与人之间设置多道屏障，力求最大限度地包容放射性物质，尽可能地减少放射性物质对周围的释放量。

最为重要的有以下四道屏障，如图7-24所示。

(1) 第一道屏障　燃料芯块，将核燃料放在氧化铀陶瓷芯块中，并使得98%以上的裂变产物和气体产物保存在芯块内。

(2) 第二道屏障　燃料包壳，将燃料芯块密封在锆合金的包壳中，构成核燃料芯棒。

(3) 第三道屏障　反应堆压力壳，将燃料芯棒封闭在20cm以上的钢质耐高压系统中。

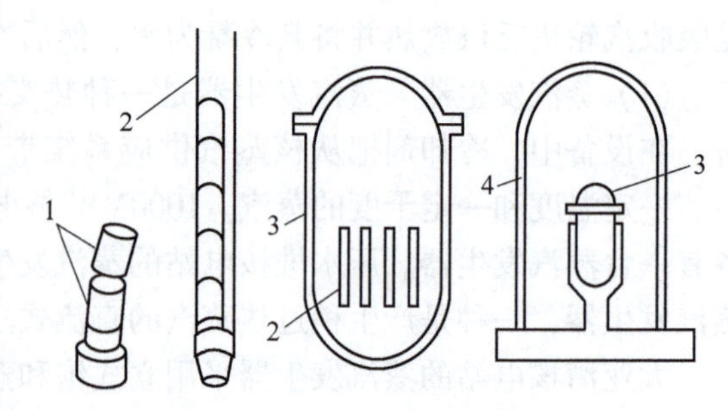

图7-24　核电站四道屏障示意图

1—燃料芯块　2—燃料芯棒　3—压力壳　4—安全壳

(4) 第四道屏障　安全壳，它是内径约40m、壁厚约1m、内表面加有0.6cm的钢衬、高约65~70m的圆柱状或球形预应力混凝土大型建筑物。它将一回路系统中带放射性物质的主要设备包容在一起，以防止放射性物质向外扩散。即使在核电站发生最严重事故时，放射性物质仍能全部被封闭在安全壳内不致影响到周围环境。

设计上还考虑了多重保护措施。因任何原因不能正常停堆时，控制棒自动落入堆内，实行自动紧急停堆；如任何原因控制棒不能正常插入时，高浓度硼酸水自动喷入堆内，实现自动紧急停堆。发生自然灾害（如地震、海啸、热带风暴、洪水等）时安全停闭核电厂；甚至在设计上还考虑了厂区附近若发生堤坝坍塌、飞机坠毁、交通事故和化工厂事故之类的事件时，仍能保证反应堆是安全的。

小　结

本章分别介绍了火电厂普遍应用的几种蒸汽动力装置循环的系统组成、工作原理及循环在参数坐标图（T—s图）上的表示方法，重点讨论了蒸汽动力装置的基本循环——朗肯循环、再热循环、回热循环的热效率计算，还从循环的组成上分析了提高蒸汽动力循环热效率的措施，如采用再热循环、回热循环、热电联合循环等。简要介绍了燃气—蒸汽联合循环、核电站动力循环的组成及特点。

学习本章应注意以下几点：

1. 采用再热和回热的意义（与朗肯循环对比）。

再热可提高乏汽的干度、从而有利于汽轮机的安全运行。与相同初、终参数的朗肯循环相比较，合理选择再热参数（再热压力和再热温度，主要是再热压力），可提高高温段的平均吸热温度，从而提高循环的热效率，降低汽耗率。当然，再热使系统变复杂，给运行操作带来不便。

抽汽回热可提高低温段的平均吸热温度，从而提高循环的热效率。理论上抽汽级数越多，加热器中的传热温差越小，传热中的不可逆损失就越小，从而循环热效率就越高。但级数的增多会使投资增加，因而，抽汽回热级数存在最佳值，通常为3～9级。火电厂的各种蒸汽动力装置几乎毫无例外地采用了回热循环。

2. 热电联产循环的两种供热方式；注意比较热电联产循环与单纯供电的动力循环在装置构成上的差别；在评价热电联产循环的经济性时，应同时给出热效率和能量利用系数两个指标。

3. 提高蒸汽动力装置热经济性的途径和措施，应从改变蒸汽参数、改变循环方式以及如何减小循环过程中的不可逆损失等方面进行分析。

4. 在计算各种蒸汽动力循环的热效率时，要注意各循环中的净功 w_0 和吸热量 q_1 的计算。现将主要计算公式(不考虑水泵耗功) 列入表7-2 中。

表7-2　蒸汽动力循环主要计算公式和说明

序号	主要公式	说　明
1)	$\eta_t=\dfrac{w_0}{q_1}=\dfrac{h_1-h_2}{h_1-h_2'}$ $d=\dfrac{3600}{w_0}=\dfrac{3600}{h_1-h_2}$	朗肯循环热效率和汽耗率计算
2)	$\eta_t=\dfrac{w_0}{q_1}=\dfrac{(h_1-h_a)+(h_b-h_2)}{(h_1-h_2')+(h_b-h_a)}$ $d=\dfrac{3600}{w_0}=\dfrac{3600}{(h_1-h_a)+(h_b-h_2)}$	再热循环热效率和汽耗率计算
3)	$\alpha=\dfrac{h_0'-h_2'}{h_0-h_2'}$ $\eta_t=\dfrac{w_0}{q_1}=\dfrac{(h_1-h_0)+(1-\alpha)(h_0-h_2)}{(h_1-h_0')}$ $d=\dfrac{3600}{w_0}=\dfrac{3600}{(h_1-h_0)+(1-\alpha)(h_0-h_2)}$	一级抽汽回热循环抽汽率、热效率和汽耗率计算
4)	$K=\dfrac{w_0+q_2}{q_1}$	热电联产能量利用系数

5. 由于利用 T—s 图进行循环分析比较方便，建议熟记各种循环的 T—s 图，至于一些循环热效率的计算公式，根据 T—s 图可方便地导出，故不必死记，可把重点放在 T—s 图分析上。本章是工程热力学的最后一章，也是热力学基本理论的综合应用部分，所以在学习中应

注意将前面所学内容加以总结和运用，归纳出影响蒸汽动力装置循环经济性的主要因素及提高循环热效率的基本途径和方法。

自测练习题

一、填空题（将适当的词语填入空格内，使句子正确、完整）

1. 朗肯循环的定压吸热过程是在________中进行的，绝热膨胀过程是在________中进行的，在凝汽器中发生的是________过程，在水泵中进行的是________过程。

2. 相同参数下，回热循环与朗肯循环相比，汽耗率________，循环热效率________，1kg 蒸汽在汽轮机内做功________。

3. 相同参数下，再热循环与朗肯循环相比，当采用最佳再热参数时，循环热效率________，排汽干度________，1kg 蒸汽在汽轮机内做功________。

4. 衡量热电厂热经济性的主要指标是循环________和能量________。

5. 减少凝汽式电厂冷源损失的有效办法是采用________。

6. 多级抽汽回热循环的好处是：既能提高锅炉给水的________，又能使抽汽在汽轮机中尽可能多________。

7. 根据供热方式的不同，热电联产循环所采用的汽轮机有________和________两种。

8. 从蒸汽参数考虑，提高________和________，降低________，均可提高循环热效率。

9. 原子核能有________变能和________变能两种，目前，从实用上来讲，核能发电是利用________能。

10. 压力堆核电站一回路系统的主要设备有反应堆、________、________、________。

二、判断题（判断下列命题是否正确，若正确在 [ ] 内记“√”，错误在 [ ] 内记“×”）

1. 在朗肯循环中，从凝汽器出来的工质状态是饱和水。 [ ]

2. 实际的蒸汽动力装置中，由于采用回热循环后使热效率提高，所以每千克蒸汽在汽轮机中的做功量将增加。 [ ]

3. 再热循环的再热压力越高对循环越有利。 [ ]

4. 蒸汽动力循环采用回热的主要目的是提高汽轮机排汽干度。 [ ]

5. 与相同初、终参数的朗肯循环相比较，采用回热循环后将使循环的热效率和汽耗率都增大。 [ ]

6. 单级抽汽回热循环中，回热抽汽压力越高越能提高循环热效率。 [ ]

7. 对蒸汽动力循环来说，汽耗率越大，则循环就越不经济。 [ ]

8. 热电联产循环中，能量利用系数 K 越大，则热电联产循环越经济。 [ ]

9. 汽轮机的排汽压力总是高于循环冷却水温度所对应的饱和压力。 [ ]

10. 在朗肯循环的基础上采用再热就一定能提高热效率。 [ ]

11. 抽汽回热的抽汽级数越多，循环热效率越高。 [ ]

三、选择题（下列各题答案中选一个正确答案编号填入 [ ] 内）

1. 蒸汽动力装置的基本循环是 [ ]。

(A) 朗肯循环 (B) 卡诺循环 (C) 再热循环

2. 再热循环的首要目的是［　　］。

（A）提高热效率　（B）提高排汽干度　（C）降低汽耗率

3. 同一机组汽轮机排汽的温度比锅炉的给水温度要［　　］。

（A）低些　（B）高些　（C）相等

4. 提高蒸汽初温后，汽轮机的排汽干度将［　　］。

（A）升高　（B）下降　（C）不变　（D）可能升高也可能下降

5. 纯凝汽电厂的蒸汽动力循环中汽轮机的排汽状态是［　　］。

（A）干饱和蒸汽　（B）湿饱和蒸汽　（C）过热蒸汽

6. 抽汽回热循环改善了朗肯循环，其根本原因在于［　　］。

（A）每千克水蒸气的做功量增加了　（B）排汽的热能得到了充分利用

（C）循环的平均吸热温度提高了　（D）循环的平均放热温度降低了

7. 朗肯循环中为提高汽轮机的排汽干度，可以［　　］。

（A）提高初压　（B）提高初温　（C）降低排汽压力　（D）采用回热

8. 蒸汽在汽轮机中发生不可逆绝热膨胀过程后，其熵变化为［　　］。

（A）熵增大　（B）熵减小　（C）熵不变

9. 理论上，汽轮机排汽在凝汽器中被冷却成水，其状态应是［　　］。

（A）饱和水　（B）未饱和水　（C）湿蒸汽

10. 压力堆核电站中产生水蒸气（用于推动汽轮机）的设备是［　　］。

（A）反应堆　（B）主泵　（C）蒸汽发生器　（D）锅炉

四、问答题

1. 为什么以水蒸气为工质的卡诺循环在实际蒸汽动力装置中未被采用？

2. 朗肯循环是如何针对以水蒸气为工质的卡诺循环无法实现的困难而改进得到的？

3. 分析蒸汽参数对朗肯循环热效率的影响。

4. 为什么再热循环已成为高参数、大容量机组的必然趋势？

5. 能否在蒸汽动力循环中，将全部蒸汽抽出来用于回热，这样就可取消凝汽器，从而提高循环热效率？

6. 何为抽汽回热？采用回热循环有何意义？

7. 热电联产循环是在什么情况下产生的？热电厂汽轮机有哪几种供热方式？各有何优缺点？

8. 简要说明提高蒸汽动力循环热经济性的主要方法和途径。

9. 请通过互联网查找世界和我国燃气—蒸汽联合循环发展现状。

10. 请通过互联网查找世界和我国核电发展现状。

五、计算题

1. 某电厂汽轮机进口蒸汽参数为 $p_1=2.6\text{MPa}$、$t_1=420℃$，排汽压力 $p_2=0.004\text{MPa}$，利用一级抽汽加热凝结水，抽汽压力 $p_0=0.12\text{MPa}$。求抽汽率、热效率、汽耗率、并与同参数朗肯循环比较，画出一级抽汽回热循环的 p—v 图或 T—s 图。

2. 朗肯循环蒸汽参数为 $t_1=500℃$、$p_2=0.04\text{MPa}$，试计算当 p_1 分别为 4MPa、9MPa、14MPa 时的循环热效率及排汽干度。

3. 朗肯循环蒸汽参数为 $p_1=10\text{MPa}$、$p_2=0.04\text{MPa}$，试计算当 t_1 分别为 400℃、500℃、600℃时的循环热效率、汽耗率及排汽干度。

4. 朗肯循环蒸汽参数为 $p_1 = 3\text{MPa}$、$t_1 = 400℃$，试计算当 p_2 分别为 0.004MPa 和 0.1MPa 时的循环热效率、汽耗率及排汽干度。

5. 某发电厂按再热循环工作，蒸汽参数为 $p_1 = 13\text{MPa}$、$t_1 = 550℃$，再热压力为 $p_a = 2.6\text{MPa}$，再热蒸汽温度为 $t_b = 550℃$，汽轮机排汽压力 $p_2 = 0.005\text{MPa}$，不计水泵耗功，试求：

（1）由于再热使乏汽干度提高多少？

（2）由于再热使循环热效率提高多少？

（3）此循环的汽耗率为多少？

第二篇 传热学

第8章 导热

学习目标

1）了解热量传递的三种基本方式及特点，了解学习传热学的方法。

2）掌握温度场、稳态导热、等温面及温度梯度等概念，理解温度梯度的物理意义及其矢量性质，理解热量、热流量和热流密度的概念与区别。

3）掌握傅里叶定律的数学表达式及式中各物理量的含义，了解影响材料导热系数的主要因素，以及温度和湿度对保温材料保温性能的影响。

4）熟练掌握傅里叶定律在一维稳态温度场中的具体应用，能利用热路图分析法计算单层（多层）平壁及圆筒壁的一维稳态导热问题。能准确理解热阻的概念，并能正确表达出平壁及圆筒壁的导热热阻。

5）了解非稳态导热的特点及热扩散率的物理意义，了解火电厂中有关设备的非稳态导热现象的特点。

8.1 传热学概述

1. 传热现象和传热学概念

传热学是一门研究热量传递规律的科学。热力学第二定律指出，只要有温度差存在，热量就会自发地从高温物体传向低温物体，或从物体的高温部分传向低温部分。温度差的存在是自然界普遍的现象，因此热量传递也普遍存在于自然界。在热能动力、新能源、微电子、核能、航空航天、生命科学与生物技术等科学技术领域中都存在热传递现象。

在火力发电厂的能量转换过程中，很多方面是和热量传递密切相关的。例如在锅炉设备中，燃料燃烧所放出的热量，经各种金属受热面（水冷壁、过热器、空气预热器等）传递给水、蒸汽和空气，从而使水得以汽化、蒸汽得以过热和空气得到加热；在汽轮机中做功后的乏汽排入凝汽器，将汽化潜热传递给冷却水，而使自身冷凝成为凝结水。

应用传热学解决工程实际问题主要涉及两个方面的问题：一是增强传热，增大传热量，以缩小换热设备的几何尺寸或提高设备的换热能力，如电厂中对锅炉水冷壁进行除焦清灰、对凝汽器铜管进行清洗、水冷壁采用内螺纹管等都可以实现增强传热；二是削弱传热，减少热量损失，节约能源，如对各热力设备及蒸汽管道均敷设有保温层，其主要目的在于减小其向大气环境的散热损失。

按照物体的温度与时间的关系，热量的传递过程可分为稳态和非稳态传热过程。物体中各点温度不随时间变化的热量传递过程，称为稳态传热过程；反之则称为非稳态传热过程。如电厂中的各种热力设备在稳定工况下运行时的传热过程是稳态传热过程；而在机组启停、变工况时所经历的是非稳态传热过程。各种热力设备的设计和分析计算常常是以稳态工况为依据，本书主要讨论稳态传热过程。

热量传递过程是十分复杂的，按照传热原理，热量传递有导热（热传导）、热对流和热辐射三种基本方式。后文将详细分析这三种基本方式。

2. 传热过程

工程实际中，热量的传递往往是导热、热对流、热辐射三种方式综合作用的结果，如锅炉的再热器中烟气与水蒸气之间的传热，此时，烟气通过辐射与对流两种方式将热量传递给管子外表面，然后通过导热将热量由管子外壁面传到管子内壁面；再通过对流与辐射将热量由管子内壁面传给水蒸气。这种高温流体通过固体壁面将热量传给低温流体的过程称为传热过程。

火力发电厂的许多热力设备中都存在传热过程，如：

1）锅炉炉膛中水冷壁的传热过程：

水冷壁：高温烟气（火焰）$\xrightarrow{\text{对流换热、辐射换热}}$管子外壁$\xrightarrow{\text{导热}}$管子内壁$\xrightarrow{\text{对流换热}}$管内的工质（水）

2）凝汽器的传热过程：

凝汽器：汽轮机排汽$\xrightarrow{\text{凝结换热}}$凝汽器铜管外壁$\xrightarrow{\text{导热}}$管子内壁$\xrightarrow{\text{对流换热}}$循环水。锅炉中的受热面如过热器、再热器、省煤器，其热量传递方式和水冷壁类似。

另外，在生活中也存在类似的现象。冬天，在我国北方采用的暖气设备的热传递过程为：暖气或热水$\xrightarrow{\text{对流换热}}$管子内壁$\xrightarrow{\text{导热}}$管子外壁$\xrightarrow{\text{对流换热、辐射换热}}$室内环境。

由此可见，传热过程至少包括串联着的三个环节，如图 8-1 所示，即：

① 热流体→壁面高温侧。

② 壁面高温侧→壁面低温侧。

③ 壁面低温侧→冷流体。

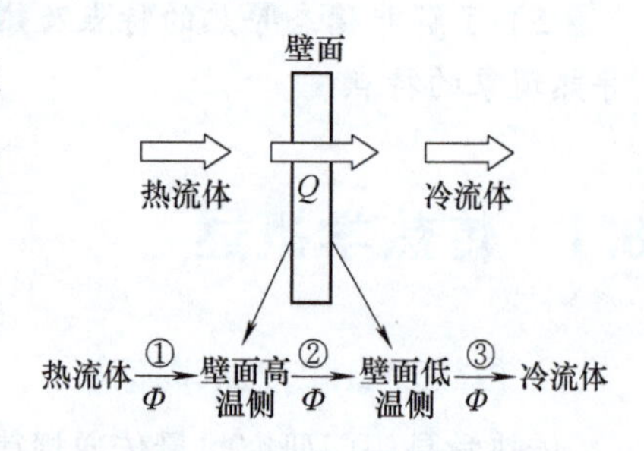

图 8-1 传热过程示意图

8.2 导热的基本概念及基本定律

8.2.1 基本概念

1. 导热的定义、特点及其微观本质

（1）导热的定义　当物体内部存在温度差（也就是物体内部能量分布不均匀）时，在物体内部没有宏观位移的情况下，热量会从物体的高温部分传到低温部分；此外，不同温度的物体互相接触时，在相互没有物质转移的情况下，热量也会从高温物体传递到低温物体，如

图 8-2 所示。我们将接触物体之间或物体内部各部分之间由于存在温度差而发生的热量传递现象称为导热（也称为热传导）。例如，手握金属棒的一端，将另一端伸进灼热的火炉，就会有热量通过金属棒传到手掌，这种热量传递现象就是由导热引起的；火电厂中锅炉过热器管内壁与外壁之间的热传递、汽轮机壁的散热也属于导热。微观上，导热是由于物体的分子、原子、自由电子等微观粒子的热运动而引起的热量传递现象。

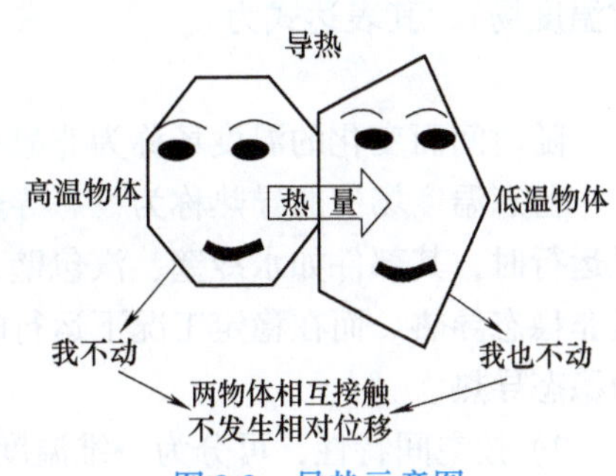

图 8-2　导热示意图

（2）导热的特点

1）导热是物质的属性。导热现象既可以发生在固体内部或接触的固体间，也可发生在静止的液体和气体之中。但单纯的导热只发生在固体内部或固体之间，液体和气体在发生导热的同时往往伴随有对流现象。

2）导热过程总是发生在两个互相接触的物体之间或同一物体中温度不同的两部分之间。

3）导热过程中物体各部分之间不发生宏观的相对位移，如图 8-2 所示。

（3）导热的微观本质　导热是依靠物体内部分子、原子及自由电子等微观粒子的热运动而产生的热量传递。由于各种物质组成的差别，不同种类物质的导热机理是不同的。

1）气体。导热是气体分子不规则热运动时相互碰撞的结果，分子温度越高，动能越大，不同能量水平的分子间相互碰撞，使热能从高温处传到低温处。

2）金属。金属中有许多自由电子，它们在晶格之间像气体分子那样运动，自由电子的运动在导电固体的导热中起主导作用。

3）非金属。导热是通过晶格结构的振动所产生的弹性波来实现的，即原子、分子在其平衡位置附近的振动来实现的。

4）液体。存在两种不同的观点：第一种观点类似于气体，只是复杂些，因液体分子的间距较近，分子间的作用力对碰撞的影响比气体大；第二种观点类似于非导电固体，主要依靠弹性波（晶格的振动，原子、分子在其平衡位置附近的振动产生的）的作用。

2. 温度场

（1）温度场的概念　像电场和磁场一样，物体中存在着温度的场，称为温度场，它是各时刻物体中各点温度分布的总称，也称为温度分布。为便于分析和描述，温度场常用等温面或等温线来表示，如图 8-3 和图 8-4 所示；有的用三维立体彩色图像表示温度场。

一般情况下，物体的温度场是空间坐标和时间的函数，其在直角坐标系中的数学表达式为

$$t=f(x,y,z,\tau) \tag{8-1}$$

式中，x，y，z 为空间坐标；τ 为时间坐标。

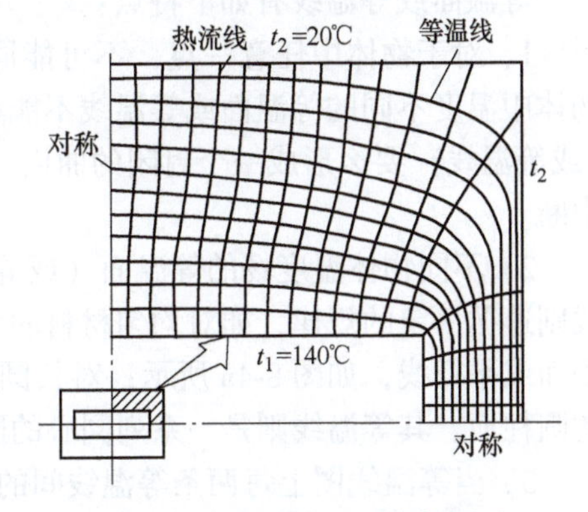

图 8-3　某墙角内的温度场图示

（2）温度场的分类

1）按时间特性，可分为稳态温度场和非稳态温度场。

不随时间而变化的温度场称为稳态温度场（定

常温度场)，其表达式为

$$t=f(x,y,z) \tag{8-1a}$$

随时间而变化的温度场称为非稳态温度场（非定常温度场)，其表达式为式(8-1)。

稳态温度场中的导热称为稳态导热。例如，火电厂中锅炉、汽轮机在启动、停机和变工况运行时，其部件如水冷壁、汽包壁、气缸壁等的温度场均为非稳态温度场，其导热过程就是非稳态导热。而在稳定工况下运行时，这些温度场均可视为稳态温度场，其导热过程可视为稳态导热。

2）按空间特性，可分为一维温度场、二维温度场和三维温度场。

一维温度场是指温度仅在一个空间方向上发生变化的温度场，其表达式为

$$t=f(x,\tau) \tag{8-1b}$$

二（或三）维温度场是指温度在两（或三）个空间方向上发生变化的温度场，其表达式分别为

$$t=f(x,y,\tau) \tag{8-1c}$$

$$t=f(x,y,z,\tau) \tag{8-1d}$$

在某种特殊情况下，物体的温度仅在一个方向上发生变化，而且是稳态的，这种温度仅在一个方向变化的稳态温度场称为一维稳态温度场，其表达式为

$$t=f(x) \tag{8-1e}$$

在一维稳态温度场中所发生的导热称为一维稳态导热。本章主要分析通过大平壁和长圆筒壁的一维稳态导热问题。

3. 等温面及等温线

为形象地表示物体内的温度分布，常使用等温面或等温线来表示温度场；温度场中，同一时刻温度相同的各点连成的线或面称为等温线或等温面。如果用一个平面和一组等温面相交，就会得到一组温度各不相同的等温线。物体的温度场可以用一组等温面或等温线来表示，如图 8-4 所示。当然，等温面上的任何一条线都是等温线。

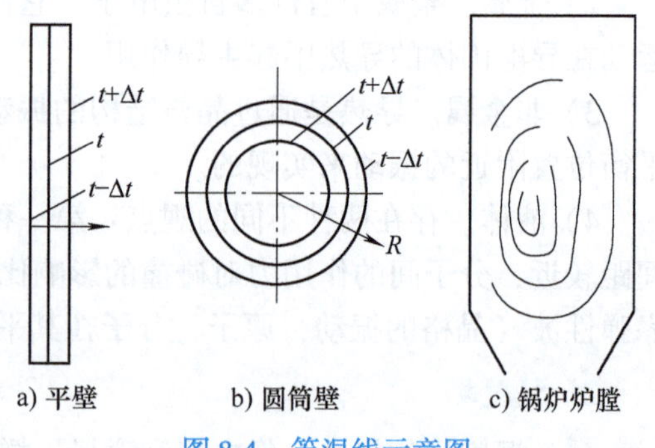

图 8-4 等温线示意图

等温面或等温线有如下特点：

1）对于物体中任意一点，不可能同时具有两个或两个以上温度，所以，在同一时刻，物体中温度不同的等温面或等温线不能相交；在连续的温度场内，物体中的任何一个等温面（或等温线）要么形成一个封闭的曲面（或曲线)，要么终止于物体的边缘，不会在物体内中断。

2）不同物体温度场的等温面（或等温线）形状各异。形状规则的物体的等温面或等温线则遵循一定的规律，如对均匀材料的大平壁稳态导热，其壁内等温面或线就是一系列平行平面或平行线，如图 8-4a 所示；对长圆筒壁的稳态导热，圆筒壁内的等温面是一系列同轴的圆柱面，其等温线则是一系列同心的圆，如图 8-4b 所示。

3）当等温线图上每两条等温线间的温度间隔 Δt 相等时，等温线的疏密程度可直观反映出不同区域导热热流密度的大小。等温线越稀疏，则该区域热流密度越小；反之，越大。

4. 温度梯度

1）定义。由热力学第二定律可知，物体中存在温差就有热量传递。因而，在等温面上不可能存在热量的传递，热量传递只能在不同的等温面之间进行。如图 8-5 所示，温度场中温度沿某一方向 x 的变化在数学上可以用该方向上的温度变化率（即偏导数）来表示，即

$$\frac{\partial t}{\partial x}=\lim_{\Delta x \to 0}\frac{\Delta t}{\Delta x}$$

温度变化率$\frac{\partial t}{\partial x}$是标量。很明显，两等温面间热量传递总是沿着最短的途径进行，即沿着该等温面或等温线的法线方向进行，因为沿等温面（或等温线）的法线方向温度变化率最大。所以定义：沿等温面法线方向的温度变化率为温度梯度，以 grad$t$ 表示。即

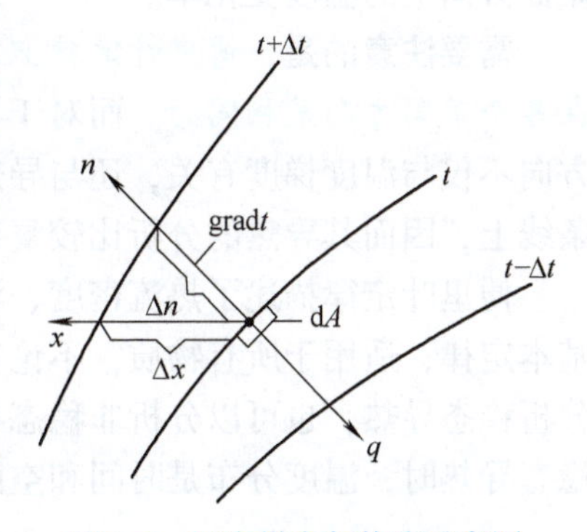

图 8-5 温度梯度与热流示意图

$$\text{grad}\ t=\vec{n}\lim_{\Delta n \to 0}\frac{\Delta t}{\Delta n}=\vec{n}\frac{\partial t}{\partial n} \tag{8-2}$$

2）物理意义。温度梯度用来表示温度场中温度变化的强烈程度。

3）特点。温度梯度是一个矢量，具有方向性。它的方向是沿等温面的法线方向，由低温指向高温，与热流方向相反，如图 8-5 所示。

5. 热流密度

单位时间内经由单位面积所传递的热流量称为热流密度（热流通量），用 q 表示，单位为 W/m^2。很显然，热流密度为

$$q=\frac{\Phi}{A} \tag{8-3}$$

式中，Φ 为垂直通过面积 A 的热流量；q 为热流密度。

8.2.2 基本定律

在物体的导热过程中，其热量传递与哪些因素有关呢？法国数学家、物理学家傅里叶在对导热过程进行大量实验研究的基础上，发现了导热热流密度与温度梯度的关系，于 1822 年提出了导热的基本定律——傅里叶定律。对于物性参数不随方向变化的各向同性物体，傅里叶定律的数学表达式为

$$q=-\lambda \text{grad}t=-\lambda\frac{\partial t}{\partial n} \tag{8-4}$$

式中，grad$t$ 为空间某点的温度梯度；n 表示通过该点的等温线上的法向单位矢量，并指向温度升高的方向；负号表示热量传递方向与温度升高方向相反；λ 为导热材料的导热系数（或热导率），是表示物体导热能力大小的物性量，单位是 W/(m · K)。

若导热面积为 A，由式(8-4) 可得热流量的表达式

$$\Phi=-\lambda A\frac{\partial t}{\partial n} \tag{8-4a}$$

傅里叶定律表明，导热热流密度的大小与温度梯度的绝对值成正比，其方向与温度梯度位于等温面同一法线上，但指向温度降低的方向，即与温度梯度的方向相反，如图 8-5 所

示。亦可理解为，在导热现象中，单位时间内通过给定截面所传递的热量，正比于垂直于该截面方向上的温度变化率。

需要注意的是，傅里叶定律只适用于均匀的各向同性材料，即认为材料的导热系数 λ 在各个不同方向是相同的。而对于各向异性的材料，其导热系数随方向而变化，热流密度的方向不仅与温度梯度有关，还与导热系数的方向性有关，热流密度与温度梯度不一定在同一条线上，因而其导热的分析比较复杂，本书不讨论此类情况。

傅里叶定律描述了热流密度、温度梯度及物体导热系数之间的关系，是分析导热问题的基本定律，适用于所有物质，不论它处于固态、液态或气态。另外，傅里叶定律既可以用于分析稳态导热，也可以分析非稳态导热。分析稳态导热时，温度分布不随时间改变，分析非稳态导热时，温度分布是时间和空间的函数。

对一维稳态导热，温度梯度$\frac{\partial t}{\partial n}=\frac{\mathrm{d}t}{\mathrm{d}x}$，则傅里叶定律可表示为

$$q=-\lambda\frac{\mathrm{d}t}{\mathrm{d}x} \tag{8-4b}$$

8.2.3 导热系数和保温材料

1. 导热系数的含义

导热系数（或称热导率）是物质的重要热物性参数，它表示该物质导热能力的大小。根据傅里叶定律的数学表达式(8-4) 可知：

$$\lambda=-\frac{q}{\mathrm{grad}t} \tag{8-5}$$

式中，负号表示温度梯度的方向与热流密度的方向相反，保证导热系数 λ 取正值。该式说明，导热系数数值上等于在单位温度梯度作用下物体内所产生的热流密度，其单位为 W/(m·K) 或 W/(m·℃)，是工程设计中合理选择材料的重要依据。各种物质的导热系数数值均由实验确定，可以从相关资料中查取。

2. 导热系数的特点

导热系数与物质种类、结构和状态密切相关，与物质几何形状无关，它反映了物质微观粒子传递热量的特性，不同物质的导热机理是不同的，各种物质的导热系数相差很大。图 8-6 为各类物质的导热系数数值的大致范围及随温度变化的情况。表 8-1 为几种典型材料的导热系数。从表中我们可以看出，物质的导热系数具有以下特点：

1）一般金属的导热系数大于非金属的导热系数，这是因为金属的导热主要是靠自由电子的运动和分子或晶格的振动来进行的，且以自由电子的运动为主，而非金属固体是以分子或晶格的振动为主。

2）导电性能好的金属的导热性能也好，这是由于金属的导热和导电机理主要都是靠自由电子的运动来进行的。表 8-1 中，银、铜和铝是良好的导电

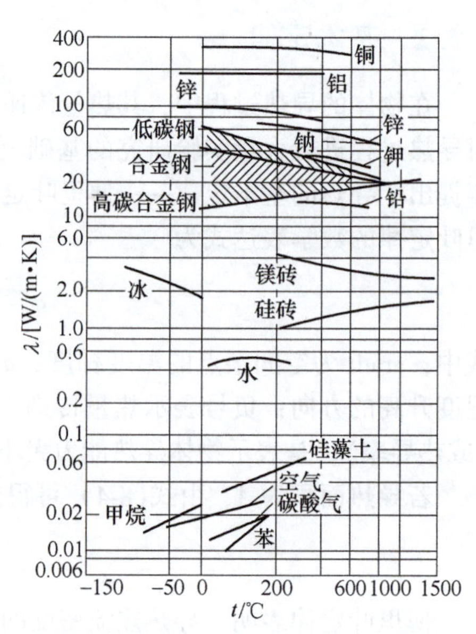

图 8-6 各类物质导热系数数值的大致范围

体，同时也是良好的导热体。因而电厂中的回热加热器、凝汽器常采用铜管作为传热管。同时，纯金属的导热系数大于其合金，如纯铜比黄铜的 λ 数值大，这是因为合金中的杂质（或其他金属）破坏了晶格的振动，并且阻碍了自由电子的运动。

表 8-1　几种典型材料的导热系数

材料名称	λ/［W/(m·K)］	材料名称	λ/［W/(m·K)］
纯银	427	水	0.599
纯铜	398	空气	0.0259
黄铜（70% Cu，30% Zn）	109	润滑油	0.146
纯铝	236	水垢	1～3
纯铁	81.1	烟垢	0.1～0.3
碳钢	49.8	水（0℃）	0.551
普通钢	30～50	冰（0℃）	2.22
大理石	2.70	水蒸气（0℃）	0.183
松木（垂直木纹）	0.15	松木（平行木纹）	0.35
玻璃	0.65～0.71	保温材料	<0.08

3）对同一物质而言，通常有 $\lambda_{固态}>\lambda_{液态}>\lambda_{气态}$。表 8-1 中，同在 0℃时，冰、水和水蒸气的导热系数有 $\lambda_{冰}>\lambda_{水}>\lambda_{水蒸气}$。

4）对于各向异性的物体，如木材、石墨及用纤维、树脂等增强或黏合的复合材料等，导热系数还与方向有关，如松木，平行木纹方向上的导热系数大于垂直木纹方向上导热系数，这是由于一般木材顺纹方向的质地密实，而垂直于木纹方向的质地较为疏松的缘故。因而对于各向异性的物体必须指明某方向的导热系数才有实际意义，本章只限于各向同性的物体。

5）温度会影响材料的导热系数。导热系数的影响因素较多，主要取决于物质的种类、结构与物理状态，此外，温度、密度、湿度等因素对导热系数也有较大的影响。一般来讲，所有物质的导热系数都是温度的函数 $\lambda=f(t)$，在工业上和日常生活中常见的温度范围内，绝大多数材料的导热系数可以近似认为随温度呈线性变化，可表示为

$$\lambda=\lambda_0(1+bt) \tag{8-6}$$

式中，t 为温度；b 为实验测定的常数，其数值与物质的种类有关；λ_0 为按式(8-6) 计算的材料在 0℃下的导热系数值，并非材料在 0℃下的导热系数真实值，如图 8-7 所示，即为该直线延长与纵坐标的截距。

各种物质的导热系数随温度的变化规律大不相同，一般来说，随温度升高，气体的导热系数增大（因气体分子热运动加剧），非金属的导热系数增大，而金属的导热系数则减小（因自由电子的移动阻力增大），大多数液体的导热系数减小（除水和甘油外）。

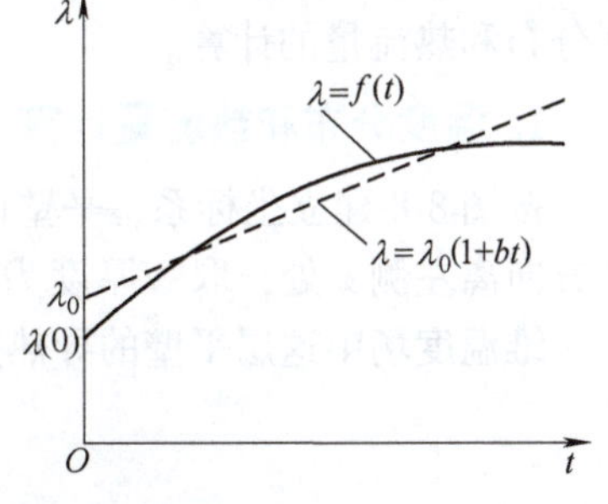

图 8-7　导热系数 λ 与温度 t 的关系

3. 保温材料（隔热、绝热材料）

（1）定义　日常工作中，人们习惯上把导热系数小的非金属材料称为保温材料（又称隔热材料或绝热材料）。

至于小到多少值才算是保温材料，则与各国的具体情况有关。目前，我国国家标准（GB/T 4272—2008）规定，当平均温度不高于298K（25℃）时，把导热系数小于0.08W/(m·K)的材料称为保温材料。

保温材料导热系数的界定值大小反映了一个国家保温材料的生产技术及节能的水平，导热系数值越小，其生产技术及节能的水平越高。我国国家标准规定的保温材料导热系数的界定值随着我国技术进步也在不断改进和完善，在20世纪50年代，导热系数的界定值为0.23W/(m·K)，20世纪80年代导热系数界定值为0.14W/(m·K)（GB 4272—1984），20世纪90年代导热系数界定值为0.12W/(m·K)（GB/T 4272—1992）。

（2）特征　保温材料具有良好的隔热性能。这是因为这种材料内部有许多小的空隙，而空隙的几何尺寸应小到不能形成明显的自然对流，此时材料中的热量转移一部分依靠固体导热，一部分依靠微小气孔的导热和辐射换热。由于填充空隙的是空气或其他导热系数很低的气体（如氟利昂蒸气），因此保温材料有很好的隔热性能。

（3）电厂中常用的保温材料　石棉、矿渣棉、硅藻土和膨胀珍珠岩等常用于电厂热力设备的保温。它们都是多孔性结构材料，孔隙中充满了导热系数很小的静止的空气［空气在20℃时的导热系数只有0.0259W/(m.K)］，使其保温性能增强。

（4）温度和湿度对保温材料性能的影响　保温材料的导热系数一般随温度的升高而增大；保温材料含有水分后，保温性能会下降［如干砖的导热系数为0.35W/(m·K)，水的导热系数为0.599W/(m·K)，湿砖的导热系数为1W/(m·K)］，因此保温材料应尽量保持干燥。所以，露天管道和设备保温时都要采取外包保护层等防水防潮措施。

8.3 通过平壁的一维稳态导热

工程中有许多常见的导热现象可归结为温度仅沿一个方向变化而与时间无关的一维稳态传热过程。例如，通过电厂锅炉炉墙和较长蒸汽管道管壁的导热等。本节和下节将重点分析通过平壁、圆筒壁的一维稳态导热。

8.3.1 单层平壁导热

单层平壁
稳态导热

设单层平壁厚度为δ，导热系数λ为常数，平壁两侧温度分别为t_{w1}、t_{w2}，恒温且$t_{w1}>t_{w2}$。如果平壁的高度与宽度远大于其厚度（大于10倍以上时），则称为无限大平壁。此时，温度沿厚度方向上的变化率远大于高度和宽度方向，即可视为一维稳态导热，如图8-8所示。下面讨论平壁内的温度分布和热流量的计算。

1. 温度分布和热流量计算

按图8-8建立坐标系，平壁内温度只在x方向变化，属一维温度场。假设在平壁内沿壁厚方向离左侧x处，取一厚度为dx的薄层平壁，薄层温度差为dt。根据傅里叶定律可知，在一维温度场中这层平壁的导热热流密度可用下式描述：

$$q=-\lambda\frac{\mathrm{d}t}{\mathrm{d}x}$$

将上式分离变量得

$$dt = -\frac{q}{\lambda}dx$$

对稳态导热，沿热流方向的热流量为常数，同时，平壁沿热量传递方向的传热面积 A 一定，则热流密度 q 为常数。所以对上式积分得出平壁一维温度场的数学描述式

$$t = -\frac{q}{\lambda}x + c \tag{8-7}$$

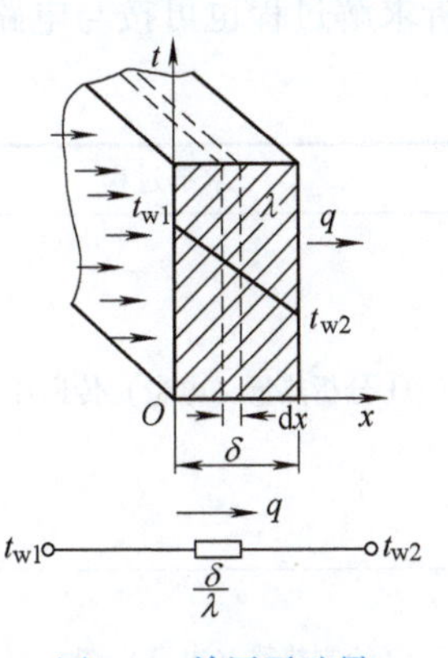

图 8-8 单层平壁导热及热路图

式(8-7) 表明，单层平壁稳态导热时壁内温度呈直线分布，直线斜率为负，其值与导热系数有关，如图 8-8 所示。式中的积分常数 c 可由边界条件确定，将边界条件（$x=0$ 时，$t=t_{w1}$）和（$x=\delta$ 时，$t=t_{w2}$）分别代入后，可得单层平壁稳态导热的热流密度为

$$q = \lambda\frac{(t_{w1}-t_{w2})}{\delta} = \lambda\frac{\Delta t}{\delta} \tag{8-8}$$

则其热流量（$\Phi = Aq$）为

$$\Phi = \lambda A\frac{(t_{w1}-t_{w2})}{\delta} = \lambda A\frac{\Delta t}{\delta} \tag{8-8a}$$

此两式是通过平壁稳态导热的热流量（热流密度）的计算公式，它们揭示了 Φ（或 q）与 λ、δ 和 Δt 之间的关系。它适用于 λ 为常数，单层平壁两侧温差不大的情况。若单层平壁两侧温差较大（超过50℃），材料的 λ 随温度变化较大，则常将该层平壁的算术平均温度代入式(8-6) 计算平均导热系数，然后代入公式计算热流量。

2. 热路图分析法在单层平壁的应用

热量传递是自然界的一种转换过程，与自然界的其他转换过程类似，如电量的转换，动量、质量等的转换。其共同规律可表示为

$$过程的转移量 = \frac{过程的动力}{过程的阻力}$$

对于热量传递问题，同样有

$$过程的转移量（热量） = \frac{热量转移过程的动力}{热量转移过程的阻力（热阻）} \tag{8-9}$$

这样，将式(8-8) 和式(8-8a) 分别改写成如下形式

$$q = \frac{\Delta t_{w1} - t_{w2}}{\frac{\delta}{\lambda}} = \frac{\Delta t}{r_\lambda} \tag{8-10}$$

$$\Phi = \frac{t_{w1} - t_{w2}}{\frac{\delta}{\lambda A}} = \frac{\Delta t}{R_\lambda} \tag{8-10a}$$

式(8-10) 中，$r_\lambda = \frac{\delta}{\lambda}$，称为单层平壁单位面积的导热热阻，单位为（$m^2 \cdot ℃$）/W；式(8-10a) 中，$R_\lambda = \frac{\delta}{\lambda A}$，称为单层平壁总面积的导热热阻，单位为℃/W。

可见，单层平壁导热问题的热流量计算和电路中利用欧姆定律计算电流非常类似，其分

析求解过程也可按与电路分析法类似的热路图分析方法来考虑，见表 8-2。

表 8-2 单层平壁导热与电量传递求解过程比较

求解过程	电量的传递	单层平壁导热
①分析热量（电量）传递环节	I R U	t t_{w1} λ q t_{w2} O δ dx x
②绘制热路（电路）图	U_1 电流I 电阻R U_2	t_{w1} q $\frac{\delta}{\lambda}$ t_{w2}
③求出热量（电量）过程转移的动力	电势差：ΔU（V）	温差：$\Delta t = t_{w1} - t_{w2}$
④求出热量（电量）过程转移的阻力	电阻：R	热阻：$r_\lambda = \frac{\delta}{\lambda}$
⑤过程的转移量 = $\frac{过程的动力}{过程的阻力}$	电流：$I = \frac{U_1 - U_2}{R} = \frac{\Delta U}{R}$	热流密度：$q = \frac{\Delta t}{r_\lambda}$

从表 8-2 中可看出，过程中热流量与电量的求解思路都是一样的，这样，电路分析中常用的串并联原则同样也适用于热路分析过程。

8.3.2 多层平壁导热

设有三层不同材料组成的多层平壁（如锅炉炉墙），如图 8-9 所示。各层的厚度分别为 δ_1、δ_2、δ_3；导热系数分别为 λ_1、λ_2、λ_3；两侧壁面温度均保持 t_{w1} 和 t_{w4} 且恒定。在稳态情况下，通过各层平壁的热流密度应该相同，且等于通过多层平壁的热流密度，即 $q = q_1 = q_2 = q_3$。假设层与层间接触良好，没有附加热阻（接触热阻），也就是说通过层间分界面时不会发生温度下降现象。对于多层平壁导热问题，可以采用与串联电阻叠加原则类似的串联热阻叠加原则来进行分析。

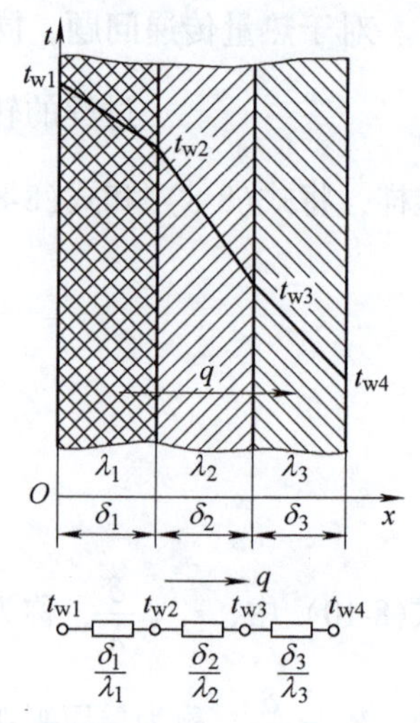

图 8-9 三层平壁导热及热路图

根据串联热阻叠加原则：在一个串联的热量传递过程中，若通过各串联环节的热流量相同，则串联过程的总热阻等于各串联环节的分热阻之和。其热路图如图 8-9 所示。

各层导热单位面积分热阻为

$$r_{\lambda i} = \frac{\delta_i}{\lambda_i} \quad (i = 1,\ 2,\ 3)$$

三层平壁导热的单位面积总热阻为

$$\Sigma r_\lambda = r_{\lambda 1} + r_{\lambda 2} + r_{\lambda 3} = \frac{\delta_1}{\lambda_1} + \frac{\delta_2}{\lambda_2} + \frac{\delta_3}{\lambda_3}$$

则热流密度为

$$q=\frac{\Delta t}{\Sigma r_{\lambda}}=\frac{t_{w1}-t_{w4}}{\dfrac{\delta_1}{\lambda_1}+\dfrac{\delta_2}{\lambda_2}+\dfrac{\delta_3}{\lambda_3}} \tag{8-11}$$

通过整个平壁的热流量为

$$\Phi=\frac{\Delta t}{\Sigma R_{\lambda}}=\frac{A(t_{w1}-t_{w4})}{\dfrac{\delta_1}{\lambda_1}+\dfrac{\delta_2}{\lambda_2}+\dfrac{\delta_3}{\lambda_3}} \tag{8-11a}$$

式中，$\Sigma R_{\lambda}=R_{\lambda1}+R_{\lambda2}+R_{\lambda3}=\dfrac{\delta_1}{\lambda_1 A}+\dfrac{\delta_2}{\lambda_2 A}+\dfrac{\delta_3}{\lambda_3 A}$为三层平壁导热的总导热热阻，其同样可按串联热阻叠加原则处理。

对于三层平壁的稳态导热，也可根据式(8-8）分别列出各层的热流密度的三个表达式，再根据稳态导热的特点，即 $q=q_1=q_2=q_3$，然后联立求解，同样可得到式(8-11)。

同理，通过多层（n 层）平壁导热的热流密度为

$$q=\frac{t_{w1}-t_{w(n+1)}}{\sum_{i=1}^{n} r_{\lambda i}}=\frac{t_{w1}-t_{w(n+1)}}{\sum_{i=1}^{n}\dfrac{\delta_i}{\lambda_i}} \tag{8-12}$$

由此可见，多层平壁稳态导热的热流量与多层平壁两外壁面间的温度差成正比，与各层平壁的导热热阻之和成反比。

多层平壁的每一层内温度分布均呈直线，但由于各层材料的导热系数不同，所以整个多层平壁中温度分布为一条折线，如图 8-9 所示。各层间壁面的温度可由下式求得。

$$t_{w(i+1)}=t_{wi}-q\frac{\delta_i}{\lambda_i}\qquad i=1,\ 2,\ 3,\ \cdots,\ n \tag{8-13}$$

【例 8-1】 某炉墙厚为 13cm，总面积为 20m^2，炉墙平均导热系数为 1.04W/(m·K)，内、外壁温分别是 520℃及 50℃。(1）试计算通过炉墙的热损失；(2）如果所燃用的煤的发热量是 2.09×10^4kJ/kg，问每天因热损失要消耗多少千克煤？(3）为了使热损失减少 20%，将在外表面覆盖一层导热系数为 0.11W/(m·K）的保温材料，若覆盖后内、外壁温度不变，试确定所需的保温层厚度。

【解】 (1）由于炉墙厚度相对于高和宽是很小的，可看作是无限大平壁，因而此题为单层平壁的一维稳态导热问题，由式(8-10a）可得炉墙的热损失为

$$\Phi=\lambda A\frac{\Delta t}{\delta}=\frac{1.04\times20\times(520-50)}{0.13}\text{W}=75.2\text{kW}$$

(2）每天因热损失的耗煤量为

$$m=\frac{24\times3600\times75.2}{2.09\times10^4}\text{kg}=310.9\text{kg}$$

(3）覆盖保温层后为两层平壁的导热问题，设所需保温层厚为 δ_2，则有

$$\Phi'=A\frac{\Delta t}{\left(\dfrac{\delta}{\lambda}+\dfrac{\delta_2}{\lambda_2}\right)}=\lambda A\frac{\Delta t}{\delta}\times80\%$$

故得

$$\delta_2=0.25\frac{\delta}{\lambda}\lambda_2=0.25\times\frac{130}{1.04}\times0.11\text{mm}=3.43\text{mm}$$

可见，保温材料能起到很好的绝热效果。

【例 8-2】 由三层材料组成的加热炉炉墙，第一层为耐火砖，第二层为硅藻土绝热层，第三层为红砖，各层的厚度及导热系数分别为 $\delta_1 = 240\text{mm}$，$\lambda_1 = 1.04\text{W/(m·℃)}$，$\delta_2 = 50\text{mm}$，$\lambda_2 = 0.15\text{W/(m·℃)}$，$\delta_3 = 115\text{mm}$，$\lambda_3 = 0.63\text{W/(m·℃)}$。炉墙内侧耐火砖的表面温度为1000℃。炉墙外侧红砖的表面温度为60℃。试计算硅藻土层的平均温度及通过炉墙的导热热流密度。

【解】 $\delta_1 = 0.24\text{m}$，$\lambda_1 = 1.04\text{W/(m·℃)}$，$\delta_2 = 0.05\text{m}$，$\lambda_2 = 0.15\text{W/(m·℃)}$

$\delta_3 = 0.115\text{m}$，$\lambda_3 = 0.63\text{W/(m·℃)}$，$t_{w1} = 1000℃$ $t_{w4} = 60℃$

按热路分析法求解此题的步骤为：

1）分析热量传递环节。

2）绘制热路图。

3）化简热路图。

4）求出热量过程转移的动力。

5）求出热量过程转移的阻力。

6）代入相应公式，计算过程转移量，即：过程的转移量 = $\dfrac{\text{过程的动力}}{\text{过程的阻力}}$

其中：1）~3）步骤如图 8-10 所示。

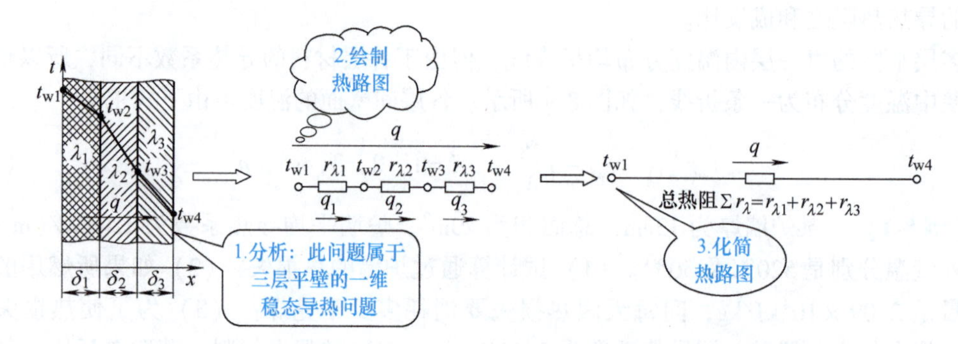

图 8-10 多层平壁（炉墙）导热分析及热路图的绘制和化简

4）~6）步骤实际上可合在一起进行，这里直接由式(8-11) 计算，即

$$q = \frac{t_{w1} - t_{w4}}{\dfrac{\delta_1}{\lambda_1} + \dfrac{\delta_2}{\lambda_2} + \dfrac{\delta_3}{\lambda_3}} = \frac{1000 - 60}{\dfrac{0.24}{1.04} + \dfrac{0.05}{0.15} + \dfrac{0.115}{0.63}}\text{W/m}^2 = 1259\text{W/m}^2$$

第二层为硅藻土绝热层，要计算其平均温度，则先计算其壁面两侧的温度 t_{w2} 和 t_{w3}。

由 $q = q_1 = q_2 = q_3$ 及 $q = \dfrac{\Delta t}{\dfrac{\delta}{\lambda}}$ 可得

$$t_{w2} = t_{w1} - q\frac{\delta_1}{\lambda_1} = \left(1000 - 1259 \times \frac{0.24}{1.04}\right)℃ = 710℃$$

$$t_{w3} = t_{w2} - q\frac{\delta_2}{\lambda_2} = \left(710 - 1259 \times \frac{0.05}{0.15}\right)℃ = 290.3℃$$

硅藻土层的平均温度为

$$\frac{t_{w2}+t_{w3}}{2}=\frac{710+290.3}{2}℃=500.15℃$$

分析：三层材料（耐火砖、硅藻土绝热层和红砖）的温差分别为290℃、419.7℃和230.3℃，硅藻土绝热层导热系数最小，热阻最大，两侧温差就最大。

8.4 通过圆筒壁的一维稳态导热

工程中的许多导热体是圆筒形的，如电厂中锅炉的过热器、再热器、省煤器，汽轮机设备及系统中的高低压加热器、凝汽器、冷油器和各种热力管道等都采用圆筒形结构，涉及圆筒壁的导热问题，为此，分析单层及多层圆筒壁导热问题具有很重要的意义。

由于管路的长度远远大于管壁的厚度，在热流量计算中，可忽略轴向的温度变化，而仅考虑沿径向的温度变化，即 $t=f(r)$。管壁内外的温度可看作是均匀的，即温度场是轴对称的，所以圆筒壁的导热仍然可视为一维稳态导热。对于稳态导热，圆筒壁与平壁的相同之处在于沿热流方向上的不同等温面间的热流量 Φ 是相等的；不同之处在于，圆筒壁的导热面积随着半径的增大而增大，因而沿半径方向传递的热流密度 q 是随着半径的增大而减小的，为便于分析计算，圆筒壁的导热计算是求整个管壁的热流量 Φ 或单位管长的热流量 Φ_L，而不是热流密度 q。

8.4.1 单层长圆筒壁的一维稳态导热

1. 温度分布和热流量计算

图8-11所示为一单层圆筒壁。圆筒内、外半径分别为 r_1、r_2，内、外两侧壁温均匀恒定且分别为 t_{w1}、t_{w2}，设 $t_{w1}>t_{w2}$；导热系数 λ 为常数；圆筒壁的长度 L 远大于圆筒的管径 d（通常取 $L/d>10$），可视为无限长圆筒壁，温度只沿半径方向发生变化，即 $t=f(r)$，可以视为一维径向稳态导热。

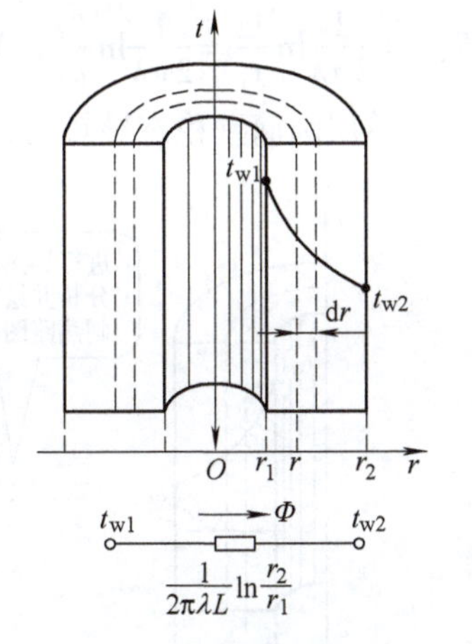

图8-11 单层圆筒壁的导热及热路图

在圆筒壁内 r 处，以两等温面为界，取一厚度为 $\mathrm{d}r$ 薄圆筒壁，此处的温度梯度为$\frac{\mathrm{d}t}{\mathrm{d}r}$，根据傅里叶定律，通过此薄圆筒壁的导热热流量为

$$\Phi=-\lambda A\frac{\mathrm{d}t}{\mathrm{d}r}=-\lambda 2\pi rL\frac{\mathrm{d}t}{\mathrm{d}r}$$

将上式分离变量有

$$\mathrm{d}t=-\frac{\Phi}{2\pi\lambda L}\frac{\mathrm{d}r}{r}$$

上式中只有半径 r 是变量，其余参数都是常数，对上式积分可得

$$t=-\frac{\Phi}{2\pi\lambda L}\ln r+c \quad（c\text{为积分常数}） \tag{8-14}$$

式(8-14)表明，单层圆筒壁稳态导热时，壁内温度呈一对数曲线分布，而并非如平壁那样的直线，如图8-11所示。式(8-14)中的积分常数 c 由边界条件确定，把（$r=r_1$，$t=t_{w1}$）和（$r=r_2$，$t=t_{w2}$）两个边界条件分别代入式(8-14)得

$$t_{w1} = -\frac{\Phi}{2\pi\lambda L}\ln r_1 + c \tag{8-14a}$$

$$t_{w2} = -\frac{\Phi}{2\pi\lambda L}\ln r_2 + c \tag{8-14b}$$

将式(8-14a) 和式(8-14b) 两式相减得

$$t_{w1} - t_{w2} = \frac{\Phi}{2\pi\lambda L}(\ln r_2 - \ln r_1) = \frac{\Phi}{2\pi\lambda L}\ln\frac{r_2}{r_1} = \frac{\Phi}{2\pi\lambda L}\ln\frac{d_2}{d_1}$$

由此可得单层圆筒壁稳态导热的热流量为

$$\Phi = \frac{t_{w1} - t_{w2}}{\dfrac{1}{2\pi\lambda L}\ln\dfrac{r_2}{r_1}} = \frac{\Delta t}{R_\lambda} \tag{8-15}$$

由于圆筒壁沿径向导热面积随着半径变化，热流密度 q 也会随之变化，用热流密度来研究圆筒壁导热问题就很不方便，于是引入圆筒壁单位长度的热流量 Φ_L（也称为线热流量）这一概念，Φ_L 定义为通过单位长度圆筒壁的热流量，它不会因为半径的变化而变化，在圆筒壁稳态导热时，表现为常数。式(8-15) 两边除以 L 得

$$\Phi_L = \frac{\Phi}{L} = \frac{t_{w1} - t_{w2}}{\dfrac{1}{2\pi\lambda}\ln\dfrac{r_2}{r_1}} = \frac{\Delta t}{R_{\lambda,L}} \tag{8-16}$$

式中，$R_\lambda = \frac{1}{2\pi\lambda L}\ln\frac{r_2}{r_1} = \frac{1}{2\pi\lambda L}\ln\frac{d_2}{d_1}$，为总管长为 L 的单层圆筒壁导热热阻，其单位为℃/W；$R_{\lambda,L} = \frac{1}{2\pi\lambda}\ln\frac{r_2}{r_1} = \frac{1}{2\pi\lambda}\ln\frac{d_2}{d_1}$，为单层圆筒壁导热单位管长的导热热阻，其单位为（m · ℃)/W。

单层圆筒壁稳态导热问题也符合热路分析法，其图解过程如图 8-12 所示。

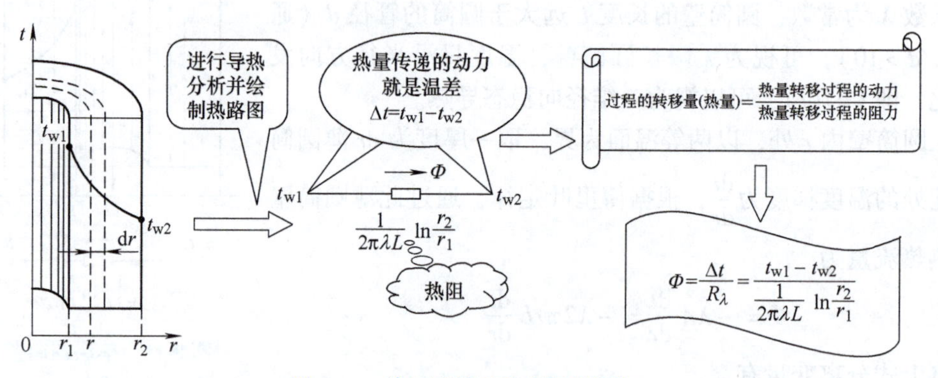

图 8-12 单层圆筒壁稳态导热图解

2. 圆筒壁导热的简化计算

在工程中，当圆筒壁较薄$\left(\frac{d_2}{d_1} < 2\right)$时，可将圆筒壁导热的热流密度和热流量近似用平壁导热计算公式［式(8-10) 或式(8-10a)］来计算，其厚度用 $\delta = \frac{1}{2}(d_2 - d_1)$，其导热面积用平均直径 $d_m = \frac{1}{2}$（$d_1 + d_2$）计算出的平均导热面积 $A_m = \pi d_m L$。

【例8-3】 外径为150mm、壁温为250℃的管道，外敷导热系数为0.12W/(m·℃)的某保温材料，为使单位长度热损失不大于160W/m，求保温材料的厚度。设保温材料层外壁温度为40℃。

【解】 分析题意可知，此问题属于单层圆筒壁稳态导热问题，其求解过程如图8-12所示。

首先绘制热路图，如图8-13所示。由热路图并根据式(8-16)求解。

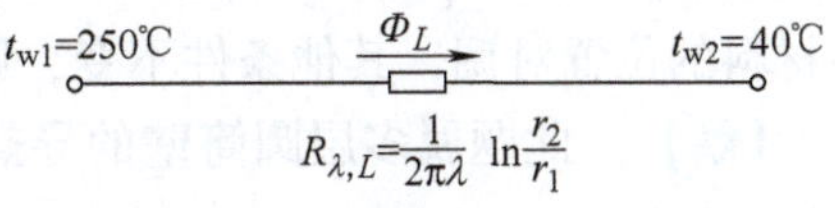

t_{w1}=250℃ Φ_L t_{w2}=40℃

$R_{\lambda,L}=\frac{1}{2\pi\lambda}\ln\frac{r_2}{r_1}$

图8-13 例题8-3热路图

代入数据可求解出 $r_2=201.5\text{mm}$，得保温材料层的厚度为 $\delta=r_2-r_1=(201.5-75)\text{mm}=126.5\text{mm}$。

可见，导热问题的求解实际上不需要死记公式，只要正确画出热路图，且正确写出热阻的表达式，就可根据式(8-9)求解。

8.4.2 多层圆筒壁导热

工程实际中经常涉及多层圆筒壁的导热问题，如电厂中的主蒸汽管道、采暖用的送汽(水)管道等，在管道外都包有保温层和保护层，锅炉水冷壁，除金属管壁外，其内表面有水垢层，外表面有灰垢层，各层材料的导热系数相差较大，这就构成了多层圆筒壁的导热问题。下面以三层圆筒壁为例进行分析。

如图8-14所示。已知各层材料的导热系数分别为 λ_1、λ_2、λ_3，从内到外各层内外半径分别为 r_1、r_2、r_3、r_4；假设层与层间接触良好，各层之间相接触的两表面温度相同；管壁内外表面温度分别为 t_{w1} 和 t_{w4} 且恒定，$t_{w1}>t_{w4}$。管子的壁厚远小于管子的长度，可视为一维稳态导热问题，则通过每层管壁的线热流量 Φ_L 都相等。

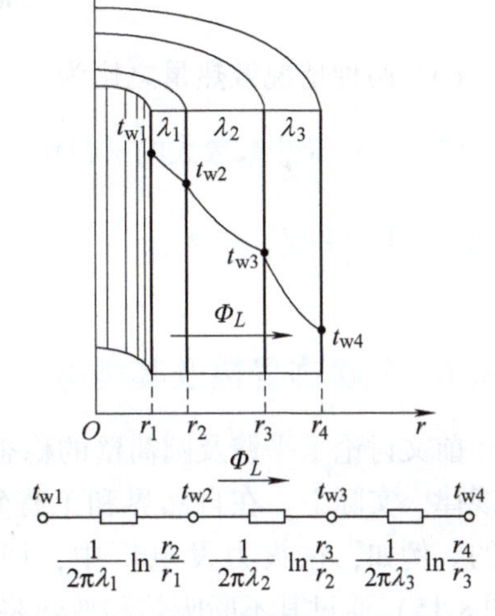

图8-14 三层圆筒壁的导热图解

此问题与多层平壁导热相类似，仍然可以采用热路分析法，画出其热路图，如图8-14所示。

根据串联热路热阻的叠加原则，则三层总圆筒壁导热的对应线热流量的总热阻为

$$\Sigma R_{\lambda,L}=\frac{1}{2\pi\lambda_1}\ln\frac{r_2}{r_1}+\frac{1}{2\pi\lambda_2}\ln\frac{r_3}{r_2}+\frac{1}{2\pi\lambda_3}\ln\frac{r_4}{r_3}$$

故线热流量为

$$\Phi_L=\frac{t_{w1}-t_{w4}}{\frac{1}{2\pi\lambda_1}\ln\frac{r_2}{r_1}+\frac{1}{2\pi\lambda_2}\ln\frac{r_3}{r_2}+\frac{1}{2\pi\lambda_3}\ln\frac{r_4}{r_3}} \tag{8-17}$$

同理，对 n 层圆筒壁的稳态导热，其线热流量为

$$\Phi_L=\frac{\Delta t}{\Sigma R_{\lambda,L}}=\frac{t_{w1}-t_{w(n+1)}}{\sum\limits_{i=1}^{n}\frac{1}{2\pi\lambda_i}\ln\frac{r_{i+1}}{r_i}} \tag{8-18}$$

由式(8-18)可见，通过多层圆筒壁的线热流量与其内外壁的温度差成正比，与单位长度的总导热热阻成反比。

与多层平壁相似，各层接触面间的温度的计算式为

$$t_{w(i+1)} = t_{wi} - \frac{\Phi_L}{2\pi\lambda_i}\ln\frac{r_{i+1}}{r_i} \quad i = 1, 2, 3, \cdots, n \tag{8-19}$$

显然，多层圆筒壁的稳态导热的壁内温度分布为几条对数曲线构成的曲折线。

【例 8-4】 某管道外径为 r，外壁温度为 t_{w1}，如外包两层厚度均为 r（即 $\delta_2 = \delta_3 = r$）、导热系数分别为 λ_1 和 λ_2（且 $\lambda_1 = 2\lambda_2$）的保温材料，外层外表面温度为 t_{w3}。如将两层保温材料的位置对调，其他条件不变，则保温情况变化如何？由此能得出什么结论。

【解】 此题属多层圆筒壁的导热问题。依题意管道外径为 $r_1 = r$，$r_2 = 2r$，$r_3 = 3r$，则 $r_2/r_1 = 2$，$r_3/r_2 = 3/2$

（1）导热系数大的在里面时，其热路图与图 8-14 类似，只是这里仅有两个导热热阻，其线热流量为

$$\Phi_L = \frac{t_{w1} - t_{w3}}{\dfrac{1}{2\pi\lambda_1}\ln\dfrac{r_2}{r_1} + \dfrac{1}{2\pi\lambda_2}\ln\dfrac{r_3}{r_2}} = \frac{\Delta t}{\dfrac{1}{2\pi 2\lambda_2}\ln 2 + \dfrac{1}{2\pi\lambda_2}\ln\dfrac{3}{2}} = \frac{\lambda_2\Delta t}{0.11969}$$

（2）导热系数大的在外面时，同理可得线热流量为

$$\Phi_L' = \frac{t_{w1} - t_{w3}}{\dfrac{1}{2\pi\lambda_2}\ln 2 + \dfrac{1}{2\pi 2\lambda_2}\ln\dfrac{3}{2}} = \frac{\lambda_2\Delta t}{0.1426}$$

（3）两种情况散热量之比为 $\dfrac{\Phi_L}{\Phi_L'} = \dfrac{0.1426}{0.11969} = 1.19$

结论：将导热系数大的材料包在管道外面，而导热系数小的材料放在里层对保温更有利。

8.5 非稳态导热

8.5.1 非稳态导热及其类型

前文讨论了平壁及圆筒壁的稳态导热问题，即温度场不随时间而改变的稳态状态下的导热规律。实际上，在自然界和工程领域中很多导热过程是非稳态的。例如，在火力发电厂中，回转式空气预热器中的转子（图 8-15）通过其不断吸热和放热将热量由烟气传给空气，转子在吸放热量工作过程中其温度交替的升高和下降；又如，当机组在启、停和变工况运行阶段，许多设备内部的温度都处于不断变化过程中，如机组启动时，锅炉、汽轮机等设备及连接管道的温度是逐渐升高的；而当机组停运时其温度又是随时间而逐渐降低的。在日常生活中，室外空气温度和太阳辐射的周期性变化所引起房屋围护结构（墙壁、屋顶等）或桥梁等巨大结构物的温度场随时间的变化引起的导热过程。我们把物体的温度随时间而变化的导热过程称为非稳态导热。

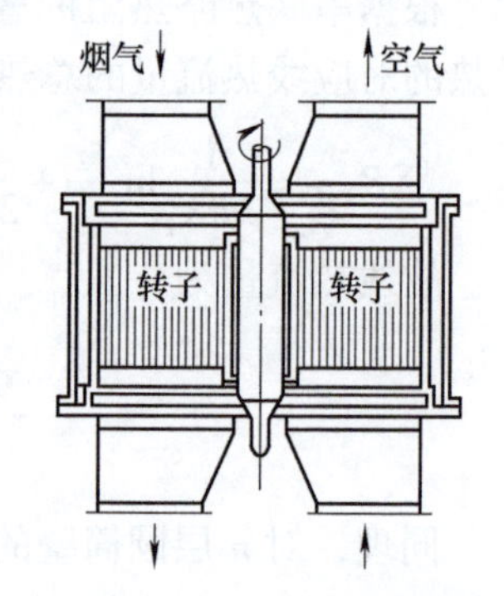

图 8-15 回转式空气预热器

归纳起来，非稳态导热一般可分为如下两种形式。

1. 有规律的周期性非稳态导热

在有规律的周期性非稳态导热过程中，导热体内各点上的温度虽然随时间而变化，但遵循着一定的规律，即随时间做重复性的循环变化。如图 8-15 所示的火电厂中的回转式空气预热器，其工作原理是冷空气、热烟气依次交替地流过相同的换热面，换热面周期性地从烟气（热流体）吸收积蓄热量，然后向空气（冷流体）释放热量，从而实现冷、热流体的热量交换。在连续的运行中，虽然换热面吸收和放出的热量相等，但热传递过程却是非稳态的。在工作过程中，蓄热板发生周期性加热或冷却现象，蓄热板内各点温度也发生周期性变化。故这类导热的特点是物体的温度呈周期性变化。

2. 非周期性非稳态导热

非周期性非稳态导热是导热体内的温度随时间的变化不是周期性的非稳态导热。如锅炉、蒸汽轮机等在启、停和变工况运行时的设备温度变化情况。许多工程问题需要确定物体内部温度场随时间的变化，或确定其内部温度达某一极限值所需的时间。如热力设备启动、变动工况时，急剧的温度变化会使部件因热应力而破坏。

3. 非稳态导热的主要特点

1）非稳态导热过程中，物体内温度不仅与空间位置有关，而且与时间有关。

2）非稳态导热过程中，在与热流量方向相垂直的不同截面上热流量不相等，这是非稳态导热区别于稳态导热的一个主要特点。

3）影响稳态导热强弱的主要因素是导热系数 λ，而影响非稳态导热强弱的主要因素除导热系数外，还与物体的密度、比热容等物性参数有关，即与热扩散率 a 有关。

8.5.2 热扩散率 a

在非稳态导热过程中，物体内部各点的温度会随时间不断变化，仿佛温度会从物体中的一个部分向另一部分传播。为什么有的物体的温度变化（传播）快，有的慢，这不仅决定于材料的导热能力，而且与材料的蓄热能力有关。而综合反应材料导热能力和蓄热能力相对大小的物性参数就是材料的热扩散率，用符号 a 表示，其定义式为

$$a = \lambda / \rho c \tag{8-20}$$

式中，分子 λ 为导热系数，表征物体的导热能力；分母 ρc 是物体单位体积的热容量，表征物体温度变化时升高或降低 1K 所需吸收或放出的热量。不同材料在相同的加热或冷却条件下，a 值越大，意味着物体的导热能力越强而蓄热能力越弱，所以，a 反映在非稳态导热过程中物体的热量扩散能力，因此称为热扩散率。从宏观表现上看，材料的 a 值越大，其温度变化传播越快，即物体内各部分温度趋于均匀一致的能力越强。所以，a 反映非稳态导热过程中物体的“导温”能力，因此热扩散率习惯上又称为导温系数。不同材料的热扩散率相差很大，一般导热系数大的材料其热扩散率也大。

应注意热扩散率与导热系数的联系与区别，导热系数只表明材料的导热能力，而热扩散率综合考虑了材料的导热能力和蓄热能力，因而能准确反映物体中温度变化的快慢。对于非稳态导热过程，由于物体本身不断地吸收或放出热量，显然，影响其导热的因素不仅与反映导热能力大小的导热系数有关，还与物体的蓄热能力有关，因而决定物体内温度分布的是热扩散率而不是导热系数，热扩散率是对非稳态导热过程有重要影响的热物性参数。对于稳态导热过程，物体内部不再储存或放出热量而只进行热量的传递，各点的温度不随时间而变，

热扩散率也就失去了意义，而导热系数对过程有很大的影响，因此导热系数是决定稳态导热过程热传递的重要热物性参数。

8.5.3 火电厂非稳态导热实例分析

下面以火电厂汽包锅炉在锅炉冷态启动上水、锅炉升温升压及汽轮机启动过程为例分析锅炉汽包壁及汽轮机汽缸壁非稳态导热过程。

1. 锅炉汽包壁非稳态导热分析

(1) 温差和热应力分析　发电机组冷态启动过程中，锅炉汽包上水之前，汽包壁温度接近于环境温度，在锅炉上水过程中，汽包的受热是不均匀的。一定温度的给水进入汽包，汽包下半部内壁受热，壁温上升，而汽包上半部壁温的升高滞后，故汽包下半部壁温高于上半部。另外，由于汽包壁较厚（一般约为100mm），其内壁温度升高较快而外表面温度上升较慢，内、外壁之间也存在一定的温差。汽包上下壁、内外壁温差的存在，温度高的一侧受热膨胀，温度低的一侧则阻止膨胀，因此使汽包内侧和下壁产生受压应力，外侧和上壁受拉应力，如图8-16所示。这种由壁内温度不均匀而引起的应力统称为热应力。温差越大，所产生的热应力也越大，过大的热应力将会使汽包弯曲变形，从而影响汽包的安全及使用寿命。温差的大小主要取决于金属受热或冷却的速度和金属壁的厚度。

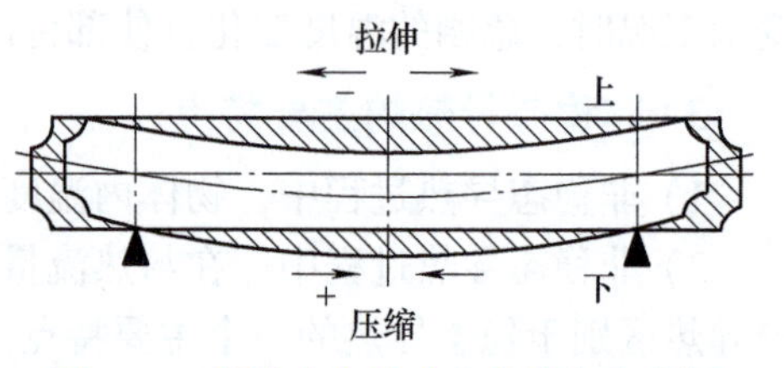

图8-16　锅炉冷态启动上水汽包应力图

(2) 保护措施　上水时要保证汽包的安全，是通过控制汽包上下壁、内外壁温差在规定范围内来控制汽包热应力使其符合要求，实现方法是控制上水温度和速度。

在锅炉升压过程中，也会有汽包壁温差而带来的热应力问题，运行时应严格控制升压速度，使汽包上下壁、内外壁温差保证在规定范围内。

2. 汽轮机缸壁非稳态导热分析

(1) 温差和热应力分析　汽轮机的启动和升负荷对缸壁是一个加热过程，而停机和减负荷是一个冷却过程。因此汽轮机在启动和停机中也存在着非稳态导热问题。

启动时，随着蒸汽进入汽缸，因为汽缸壁较厚，温度从内壁传播到外壁需要足够的时间，这就导致汽缸内壁温度大于外壁温度。和汽包壁类似，汽缸内壁要膨胀，会受到温度较低的外壁的阻碍，于是在内壁附近引起一个附加的压缩应力，而内壁的膨胀又使得外壁受到一个附加的拉伸应力。温差越大，热应力也越大。当热应力过大时，会使汽缸发生变形甚至产生裂纹。

(2) 保护措施　为了保证启动时汽轮机的安全，与锅炉汽包的保护类似，就是要控制汽缸壁内外温差在规定范围内。

除在运行上严格控制升温速度外，还在结构上采取了如下措施。

1）现代大型机组都设有法兰螺栓加热系统，用来控制法兰与螺栓的温差。

2）高、中压缸采用双缸结构，将汽缸制成内、外两层缸，夹层中通以中等压力的蒸汽，这样缸壁厚度相对减小，每层汽缸内、外壁温差相应减小。

3）对汽缸采用优质保温材料，以减少缸壁的散热损失，并使下缸的保温层比上缸保温层稍厚。

以上简要介绍了锅炉汽包及汽轮机汽缸的非稳态导热相关问题。同样，在火力发电厂机组启动、停运和变工况运行中其他很多设备都存在非稳态导热过程。为了保证设备的安全，都必须注意对设备采取相应的保护措施。

小 结

本章首先介绍了传热学的内容及学习方法，接着介绍了温度场、等温面（线）、温度梯度、热流量（热流密度）、热阻及保温材料等基本概念；详细介绍了导热的定义及其特点、导热系数及其影响因素，提出了导热的基本定律——傅里叶定律，进而应用傅里叶定律详细分析了通过大平壁和长圆筒的一维稳态导热的温度分布和导热量的计算。本章还简要介绍了非稳态导热及其特点。

学习本章应注意以下几点：

1）注意热量 Q、热流量 Φ、热流密度 q 和线热流量 Φ_L 的区别和联系。热力学中的热量指总的换热量，传热学中引入了时间的概念，强调热量传递是需要时间的，如表8-3所示。

表8-3 热量、热流量、热流密度和线热流量的比较

概 念	符 号	单 位	含义及说明
热量	Q	J	某过程中，物体间因温差而传递的总能量，与时间无关
热流量	Φ	W(J/s)	单位时间传递的热量，与时间有关
热流密度	$q=\Phi/A$	W/m^2	单位时间通过单位面积的热量，与时间和面积有关
线热流量	$\Phi_L=\Phi/L$	W/m	单位时间通过单位长度圆筒壁的热流量，与时间和管长有关

2）掌握傅里叶定律的数学表达式及式中各量含义，特别是式中负号的含义，表示热量传递的方向与温度梯度的方向相反。

3）应用热路图分析计算大平壁及长圆筒壁的一维稳态导热时，应注意各种情况的热阻区别和温度分布特点。现将其汇总于表8-4中。

表8-4 平壁和圆筒壁导热热阻比较表

导热方式	对应总面积		对应单位面积/单位管长		壁内温度分布
	热阻（R_λ）	热流量 Φ	热阻（$r_\lambda/R_{\lambda,L}$）	热流密度 q/线热流量 Φ_L	
单层平壁	$R_\lambda=\dfrac{\delta}{\lambda A}$	$\Phi=\dfrac{\Delta t}{R_\lambda}$	$r_\lambda=\dfrac{\delta}{\lambda}$	$q=\dfrac{\Delta t}{r_\lambda}$	温度呈线性关系，表现为直线
多层平壁	$\Sigma R_\lambda=\sum\limits_{i=1}^{n}\dfrac{\delta_i}{\lambda_i A}$	$\Phi=\dfrac{\Delta t}{\Sigma R_\lambda}$	$\Sigma r_\lambda=\sum\limits_{i=1}^{n}\dfrac{\delta_i}{\lambda_i}$	$q=\dfrac{\Delta t}{\Sigma r_\lambda}$	多层平壁中温度分布为一条折线
单层圆筒壁	$R_\lambda=\dfrac{1}{2\pi\lambda L}\ln\dfrac{r_2}{r_1}$	$\Phi=\dfrac{\Delta t}{R_\lambda}$	$R_{\lambda,L}=\dfrac{1}{2\pi\lambda}\ln\dfrac{r_2}{r_1}$	$\Phi_L=\dfrac{\Delta t}{R_{\lambda,L}}$	单层圆筒壁稳定导热时壁内温度呈对数曲线分布
多层圆筒壁	$\Sigma R_\lambda=\sum\limits_{i=1}^{n}\dfrac{1}{2\pi\lambda_i L}\ln\dfrac{r_{i+1}}{r_i}$	$\Phi=\dfrac{\Delta t}{\Sigma R_\lambda}$	$\Sigma R_{\lambda,L}=\sum\limits_{i=1}^{n}\dfrac{1}{2\pi\lambda_i}\ln\dfrac{r_{i+1}}{r_i}$	$\Phi_L=\dfrac{\Delta t}{\Sigma R_{\lambda,L}}$	多层圆筒壁中温度分布为几条对数曲线构成的曲折线

导热问题的分析计算主要利用了热阻的概念及热路图。热阻（热路图）分析法与电学中的电阻（电路图）分析法是一致的，这一分析方法在整个传热学的学习中非常重要，读者应很好把握。热路与电路的相似性表现在：热路中的温度差 Δt 类似于电路中的电势 ΔU，是热流的驱动力；热路中的热阻类似于电阻，是热流的阻力；热路的热流量 Φ（热流密度 q 或线热流量 Φ_L）类似于电路中的电流 I。所以，只要熟练掌握了这一分析方法，正确地画出热路图，并表示出各分热阻的表达式，一维稳定导热问题的分析计算就简单了。

4）应注意热扩散率与导热系数的联系与区别，导热系数只表明材料的导热能力，而热扩散率综合考虑了材料的导热能力和蓄热能力，因而能准确反映物体中温度变化的快慢。

自测练习题

一、填空题（将适当的词语填入空格内，使句子正确、完整）

1. 温度梯度是一个沿等温面法线方向的矢量，正向朝着________的方向，与热量传递方向________。

2. 导热系数在数值上等于单位________作用下的热流密度，单位为________。

3. 单位时间内导热量与________、________及________成正比。

4. 电厂中常用的保温材料有________、________、________等，这些保温材料都是________结构材料，当保温材料受潮后，保温性能将________。

5. 对单层平壁的稳态导热，其壁内温度分布呈一条________；对多层平壁的稳态导热，其壁内温度分布呈一条________。

6. 对单层圆筒壁的稳态导热，其壁内温度分布呈一条________；对多层圆筒壁的稳态导热，其壁内温度分布呈一条________。

7. 圆筒壁稳态导热时，沿半径方向的热流量相同，热流密度________，而圆筒壁单位长度的热流量________。

8. 导热系数反映了材料的________能力；而热扩散率则表示材料非稳态导热时“传播”________的快慢能力。

9. 在汽轮机启动时，为减小汽缸壁热应力，应控制蒸汽的________。

二、判断题（判断下列命题是否正确，若正确在［ ］内记“√”，错误在［ ］内记“×”）

1. 导热只能发生在固体内或接触的固体间，不会在流体中发生。［ ］
2. 单层平壁内稳态导热的温度分布呈对数曲线分布。［ ］
3. 相同温度下，1mm 厚铜板的热阻比 1mm 厚钢板的导热热阻小。［ ］
4. 温度梯度与热量传递的方向相反。［ ］
5. 在等温面的切线方向上单位长度的温度变化率就是温度梯度。［ ］
6. 单层圆筒壁内稳态导热的温度分布呈对数曲线分布。［ ］
7. 导热系数越小的物体其绝热性能越好。［ ］
8. 同一物体内，等温线都是相互平行的。［ ］
9. 傅里叶定律只适用于稳定导热问题，对不稳定导热不适用。［ ］
10. 热量传递只能发生在不同的等温面之间。［ ］

三、选择题（下列各题答案中选一个正确答案编号填入［　　］内）

1. $t=f(x, y, z, \tau)$ 表示［　　］。

（A）稳态温度场　（B）二维非稳态温度场　（C）三维非稳态温度场

2. $t=f(x)$ 表示［　　］。

（A）非稳态温度场　（B）一维稳态温度场　（C）二维稳态温度场

3. 温度梯度是一个沿等温面［　　］方向的矢量。

（A）切线　（B）法线　（C）任意

4. 对于不同的物质，通常情况下其导热系数相对大小关系为［　　］。

（A）$\lambda_{气体}>\lambda_{液体}>\lambda_{金属}$　（B）$\lambda_{金属}>\lambda_{气体}>\lambda_{液体}$　（C）$\lambda_{金属}>\lambda_{液体}>\lambda_{气体}$

5. 热水瓶保温，其中减小导热的措施是［　　］。

（A）双层玻璃　（B）抽真空　（C）玻璃上镀银

6. 在三层平壁稳态导热系统中，已测得各层（层间）壁温 t_{w1}、t_{w2}、t_{w3}、t_{w4} 依次为600℃、500℃、200℃及100℃，各层热阻在总热阻中所占的比例为［　　］。

（A）10%，10%，10%　（B）20%，60%，20%　（C）40%，20%，40%

7. 冬天用手摸相同温度的铁块和木块，觉得铁块更凉，这是因为［　　］。

（A）铁块的导热系数大于木块的

（B）铁块的比热大于木块的

（C）铁块的热扩散率大于木块的

8. 导热量一定时，壁面两侧的温差越大，则该层的热阻［　　］。

（A）越小　（B）越大　（C）不变

四、问答题

1. 何谓傅里叶定律？写出其数学表达式，并写出一维稳态温度场中的傅里叶公式。

2. 什么叫等温线？在温度场中，任意两条不同温度的等温线是否可能相交？为什么？

3. 按照导热能力的大小，由大到小排列材料：木材、红砖、空气、水、铁、棉花。

4. 两根不同直径的蒸汽管道，外面覆盖材料相同、厚度相同的保温层。如果两管内表面温度及保温层外表面温度相同，问两管每米长度的热损失哪个大？为什么？

5. 如图8-17所示的双层平壁中，厚度相等，导热系数 λ_1、λ_2 为定值，试问图中三条温度分布曲线a、b、c各在什么条件下（λ_1、λ_2 相对大小）成立？

6. 有三层平壁，如图8-18所示，已测得 t_{w1}、t_{w2}、t_{w3} 和 t_{w4} 依次为600℃、400℃、150℃和50℃，在稳态情况下哪层壁的导热热阻最大？若假定各层壁厚相等，试比较各层导热系数 λ_1、λ_2 和 λ_3 的相对大小。

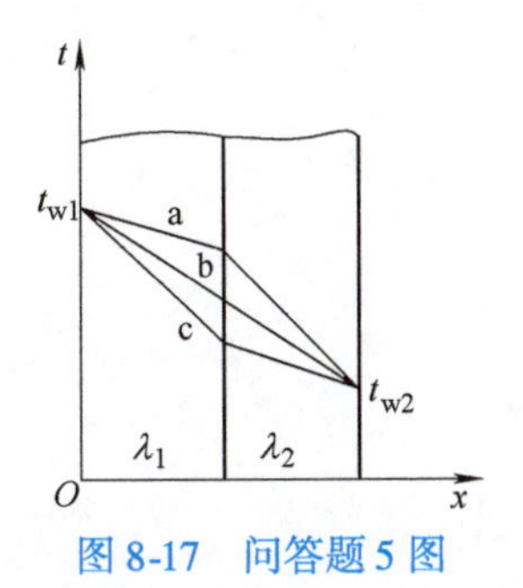

图8-17　问答题5图

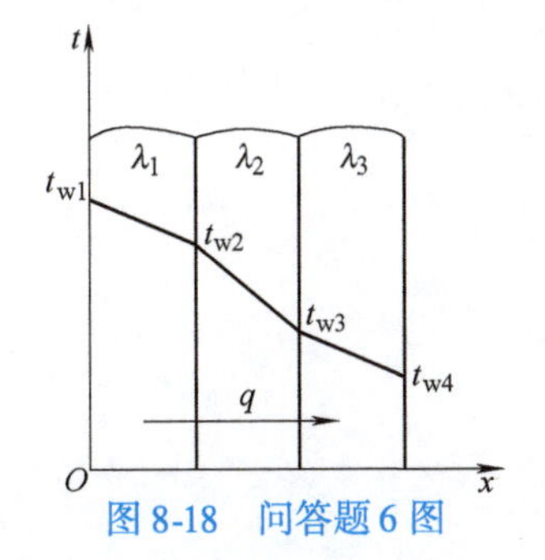

图8-18　问答题6图

第8章

五、计算题

1. 砖墙厚15cm，导热系数为0.6W/(m·℃)，在砖墙外侧敷设保温材料，其导热系数为0.14W/(m·℃)，为使热流密度不超过1000W/m²，问需敷设多厚的保温材料？设砖墙内侧壁温为900℃，保温材料的外侧壁温为20℃。

2. 有一炉墙由三层平壁组成，一层厚为$\delta_1=120$mm的耐火砖［$\lambda_1=0.93$W/(m·℃)］，一层厚为$\delta_3=250$mm的红砖［$\lambda_3=0.7$W/(m·℃)］，两层砖之间填入$\delta_2=50$mm的硅藻土填料［$\lambda_2=0.14$W/(m·℃)］所砌成。若炉墙内表面温度为$t_{w1}=980$℃，外表面温度为$t_{w4}=45$℃，试求炉墙散热量及层与层之间接触面上的温度，并画出炉墙内的温度分布曲线。

3. 为测定一种材料的导热系数，用该材料做成厚为5mm的大平板。在稳态过程条件下，保持平板两表面间的温差为30℃，并测得通过平板的热流密度为6210W/m²。试确定该材料的导热系数。

4. 有一热风管道$d_1/d_2=160\text{mm}/170\text{mm}$，管壁导热系数为$\lambda_1=58.2$W/(m·℃)，管外包着两层保温层，里层$\delta_2=30$mm、$\lambda_2=0.175$W/(m·℃)，外层$\delta_3=50$mm、$\lambda_3=0.0932$W/(m·℃)。热风管道内表面温度$t_{w1}=200$℃，外表面温度$t_{w4}=50$℃。求$\Phi_L$、$t_{w2}$和$t_{w3}$。

5. 一双层玻璃窗由两层厚度为3mm的玻璃组成，其间空气隙厚度为6mm。设面向室内的玻璃表面温度与面向室外的玻璃温度分别为20℃和－15℃。已知玻璃的导热系数为0.78W/(m·℃)，空气的导热系数为0.025W/(m·℃)，玻璃窗的尺寸是670mm×440mm。试确定该双层玻璃窗的热损失。如果采用单层玻璃窗，其他条件不变，其热损失是双层玻璃窗的多少倍？

6. 一外径为100mm，内径为85mm的蒸汽管道，管材的导热系数$\lambda_1=40$W/(m·℃)，其内表面温度为180℃，若采用$\lambda_2=0.053$W/(m·℃)的绝热材料进行保温，并要求保温层外表面温度不高于40℃，蒸汽管道允许的热损失为$\Phi_L=52.3$W/m。问绝热材料层厚度应为多少？

7. 在一根外径为100mm的热力管道外拟包覆两层绝热材料，一种材料的导热系数为0.06W/(m·℃)，另一种的为0.18W/(m·℃)，两种材料的厚度都取为75mm。试比较把导热系数小的材料紧贴管壁和把导热系数大的材料紧贴管壁这两种方法对保温效果的影响，这种影响对于平壁的情形是否存在？假设在两种做法中，绝热层内、外表面的总温差保持不变。

第9章　对流换热

学习目标

1) 理解热对流和对流换热的概念及区别，了解对流换热过程的热传递机理、边界层的概念及特点。

2) 掌握牛顿冷却公式及式中各量含义，理解表面传热系数 h 的确定方法；了解影响对流换热的主要因素。

3) 理解研究对流换热问题时所常用的准则数及其物理意义。

4) 理解常见的各种无相变对流换热过程（如管内强制对流换热、管外横向绕流管束时的强制对流换热以及大空间自然对流换热）的换热特点；会正确选择不同换热情况下的准则方程（即准则关系式）进行换热计算。

5) 对相变对流换热，掌握蒸汽膜状凝结换热的特点及影响因素，大容器沸腾换热过程的四个阶段及其特点以及临界热负荷的工程指导意义；掌握管内沸腾换热的流动及换热特征；了解沸腾传热恶化及防止措施。

9.1　对流换热概述

9.1.1　对流换热的概念

在日常生活及工业生产中存在这样的现象：夏天天气热的时候，人们喜欢在室外有风的地方纳凉或开启电风扇；冬天天冷的时候，人们却喜欢在无风的地方或用暖气、空调取暖；计算机的 CPU 上安装风扇来散热；电厂锅炉里燃料燃烧后生产的烟气通过过热器、再热器、省煤器等受热面来加热工质等。这些现象实际上都涉及流体流动过程中伴随的热量传递现象。

1. 热对流与对流换热的概念

热对流是指流体发生宏观运动时，由于流体中温度不同的各部分之间发生相对位移，致使流体冷、热部分相互掺混而引起的热量传递现象。热对流只能发生在流体（液体和气体）中，它是热量传递的三种基本方式之一。

但在实际生产及生活中，常常遇到的并不是只在流体内部进行的单纯热对流，而是流体和直接接触的固体壁面间的对流换热。如夏天人们使用风扇来纳凉，就是通过加强空气（流体）与人体皮肤（壁面）之间的换热，从而带走人体的热量。又如电厂的过热器、省煤器、再热器等设备，都是烟气与管子壁面进行换热的过程。我们把发生在流体和与之接触的不同温度的固体壁面之间的热量传递过程，称为对流换热，如图 9-1 所示。对流换热是比导热更为复杂的一种换热过程，对流换热过程既包括流体内部各部分之间因位移所产生的对流作用，同时也包括流体与壁面之间以及流体内部的导热作用，所以对流换热是热对流和热传导两种基本热传递方式综合作用的热传递过程，显然，它不属于热量传递的三种基本方式之一。

对流换热有如下特点：

1）流体与壁面必须直接接触，而且流体与壁面间必须有温差且存在相对运动。

2）对流换热既存在流体内的热对流，也有流体和壁面间的热传导。

3）换热过程中没有热量形式的转化。

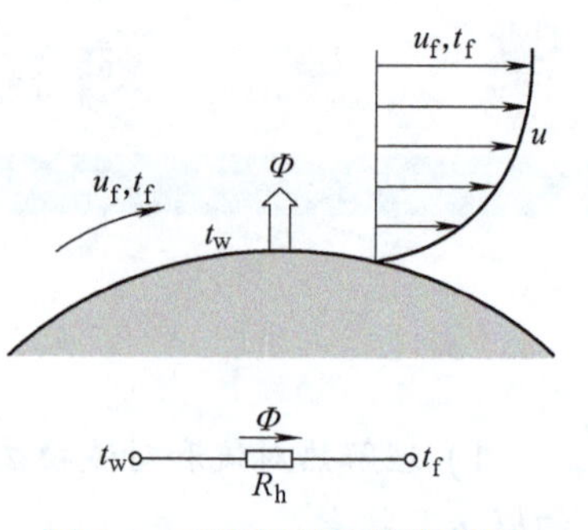

图 9-1 对流换热及其热路图

2. 对流换热的机理

流体的流动状态、流动状况（即速度分布）以及温度分布直接影响着对流换热过程，因此，分析对流换热必然涉及流动状态和边界层的概念。

（1）层流与紊流 流体的流动状态可以分为层流和紊流两种类型。层流时，流体质点沿流动方向做直线运动，质点和流层间彼此不掺混；而紊流时，流体质点不仅有沿流动方向的运动，还有垂直于流动方向的运动，流层间相互掺混。因而紊流时的对流换热效果会更强。

（2）速度边界层 图 9-2 所示为流体纵掠平板的流动情况，当具有粘性的流体流过壁面时，就会在壁面上产生粘滞力。由于粘滞力的影响，靠近壁面流体的速度下降，形成一个在 y 方向上速度变化很大的流体薄层，称为速度边界层（或称流动边界层）。在边界层内，离壁面越近流速越小，在紧贴壁面处的流速 $u=0$，但远离壁面处的流体流速不受影响，仍然保持来流速度 u_∞。我们通常把沿 y 方向从紧贴壁面处达到来流速度的 99%（$u=0.99u_\infty$）处之间的距离定义为速度边界层的厚度，用 δ 表示。边界层的厚度 δ 一般很小，与壁面尺寸 l 相比是极小量，即 $\delta \ll l$，它与流体性质、流速和壁面状况等有关。

随着流体的流动，流体在流动方向（x 方向）上的流态是变化的。在流体入口处，粘滞力占主导作用，速度梯度相当大，流体呈现层流状态，形成层流段。流体继续流动，层流边界点开始逐渐偏离壁面，向 y 方向移动。当流体到达一定距离 x_c 时，流体的惯性力逐渐强于流体的粘滞力，使边界层内的流动变得不稳定起来，流态朝着紊流方向过渡，形成过渡段。随着流动的距离继续增加，流体呈现旺盛紊流状态，形成紊流段。

边界层从层流开始向紊流过渡的距离 x_c 称为临界距离，其大小与流体的物性、流速及壁面情况等有关，可由实验确定。

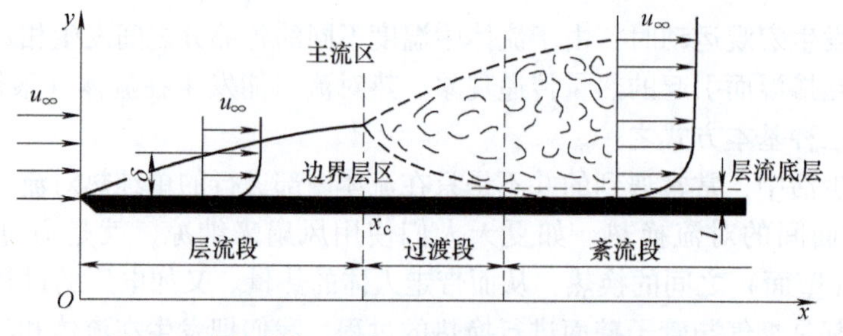

图 9-2 流体纵掠平板的速度边界层的形成和发展过程

速度边界层
和热边界层

在紊流段，流体在 y 方向上，由于紧贴壁面处的粘滞力仍占主导作用，致使贴附于壁面的一极薄层的流体仍保持层流的状态，这一薄层流体称为层流底层，底层之上为紊流层。层流底层内的热量传递主要以热传导方式进行。

(3) 温度边界层　图 9-3 表示了当主流温度为 t_∞ 的流体流过表面温度为 t_w 的壁面时，流体沿壁面法线方向上的温度变化情况。在壁面附近将形成一层温度变化较大的流体薄层，称为温度边界层或热边界层。在边界层内，当 $y=0$ 时，流体温度接近壁温 t_w；当 $y=\delta_t$ 时，流体温度接近主流温度 t_∞。通常将流体从 t_w 到 $0.99t_\infty$ 的距离称为温度边界层的厚度，用 δ_t 表示。对流换热主要发生在温度边界层内。

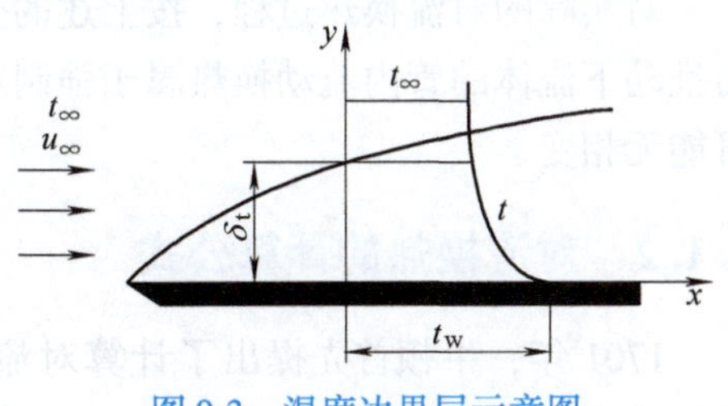

图 9-3　温度边界层示意图

(4) 边界层的特点及其与对流换热的关系　速度边界层和温度边界层相比较，二者既有联系又有区别。虽然流体速度的分布影响着流体温度的分布，但是二者的分布曲线并不相同，一般来说速度边界层和温度边界层的厚度并不相等，有时它们的起始点也不相同。

1) 边界层厚度（δ 或 δ_t）相对于壁面尺寸 l 是极小量，即 $\delta \ll l$，$\delta_t \ll l$。

2) 流场可划分为主流区和边界层区，只有速度边界层内才显示出粘性对流动的影响，速度边界层存在较大的速度梯度，是发生动量扩散的主要区域；温度边界层内存在较大的温度梯度，是发生热量扩散的主要区域；速度（温度）边界层外的速度（温度）梯度可忽略。

3) 边界层流态分层流和紊流，而紊流边界层内仍有层流底层；层流底层内速度和温度梯度远大于紊流核心区。

4) 在层流边界层和层流底层内，沿壁面法线方向上的热量传递主要依靠导热作用。紊流边界层的主要热阻在层流底层。但在层流底层以外，对流的作用仍然占主导作用。

当流体在壁面上流动时，其紧贴壁面的极薄的层流底层相对于壁面几乎是不流动的。壁面与流体间的热量传递必须通过这个层流底层，热量传递的方式只能是导热，因此对流换热量实际上就等于层流底层的导热量。流体在流过壁面时，其层流底层越薄，对流换热就越强烈。

因此，对流换热实际上是依靠层流底层的导热和层流底层以外的对流共同作用的结果。

3. 对流换热的分类

对流换热分类依据较多，见表 9-1。

表 9-1　对流换热分类

名称	分类依据	类　型	说　明
对流换热分类	流体运动的起因	自然对流换热	流体在不均匀的体积力（重力、离心力、电磁力等）的作用下产生的流动。本书只涉及重力作用下，即由于流体热、冷各部分的密度不同而引起流体的流动
		强制对流换热	流体在外部动力（如风机、水泵）作用下产生的流动，如电厂高压加热器换热管内给水就是在给水泵作用下的流动
	流体与固体壁面的接触方式	内部流动换热	分为管内或槽内，如电厂锅炉省煤器管中给水的流动
		外部流动换热	外掠平板、圆管、管束等，如电厂锅炉省煤器管外烟气的流动
	流体的运动状态	层流流动换热	整个流场呈一簇互相平行的流线，流体各层之间互不混合，层间热量传递主要依靠分子扩散和导热作用
		紊流流动换热	流体质点不规则运动，紊流区主要依靠流体微团的热对流进行热传递，而在紧靠壁面的层流底层主要靠导热进行热传递
	流体在换热中是否发生相变	无相变对流换热	流体流动时为单相流体
		有相变对流换热	流体流动过程可能发生沸腾、凝结等相变过程，如电厂凝汽器中汽轮机排汽与铜管外壁的凝结换热过程

对实际的对流换热过程，按上述的分类，总是可以将其归入相应的类型中。例如，在外力推动下流体的管内流动换热属于强制对流换热，可以为层流也可以为紊流，可能有相变也可能无相变。

9.1.2 对流换热的计算公式

1701年，牛顿首先提出了计算对流换热热流量的基本关系式，常称为牛顿冷却定律，其形式为

$$\Phi = hA(t_w - t_f) = hA\Delta t \tag{9-1}$$

或

$$q = h(t_w - t_f) = h\Delta t \tag{9-2}$$

式中，$\Delta t = t_w - t_f$ 为流体与壁面的温度差；t_w 为物体表面的温度（℃）；t_f 为流体的温度（℃）；A 为流体与壁面的接触面积（m^2）；比例系数 h 称为表面传热系数（以前又常称为对流换热系数），单位为 $W/(m^2 \cdot ℃)$，它是一个反映对流换热过程强弱的物理量，表示单位温差作用下通过单位面积的热流量。

利用热阻的概念，可将式(9-1)、式(9-2) 改写为

$$\Phi = \frac{\Delta t}{1/hA} = \frac{\Delta t}{R_h} \tag{9-1a}$$

$$q = \frac{\Delta t}{1/h} = \frac{\Delta t}{r_h} \tag{9-2a}$$

式中，$r_h = \frac{1}{h}$、$R_h = \frac{1}{hA}$分别为单位换热面积和总换热面积的对流换热热阻，热阻与表面传热系数成反比。于是，分析对流换热也可像导热一样用热路图来表示，如图9-1所示。

9.1.3 影响对流换热的因素

由于对流换热过程是热对流与导热综合作用的结果，这就使得对流换热现象极为复杂。显然，一切支配流体导热和热对流作用的因素，如流动起因、流动状态、流体的种类和物性、壁面几何参数等都会影响对流换热。

1. 流动的起因

按照流体运动发生的原因来分，流体的运动分为两种：一种是自然对流，即由于流体各部分温度不同所引起的密度差异而产生的流动，此时的对流换热属于自然对流换热，如暖气片放热、电厂中热力设备（管道）的散热等；另一种是强制运动（又称受迫运动），即流体在外力（泵、风机、水压头）作用下所产生的流动，此时的对流换热属于强制对流换热，如在锅炉中，风机作用下流动的烟气与各受热面（过热器、省煤器和再热器等）的对流换热等。一般而言，强制对流的流速较自然对流高，因而同一流体的强制表面传热系数比自然对流表面传热系数大。

2. 流体的运动状态

流体的流动存在着层流和紊流两种不同状态，不同的流体流态其换热规律和换热效果不同。在层流状态下，热量转移主要依靠导热。在紊流状态下，紊流核心中的热量转移依靠流

体各部分的剧烈位移，但在紧靠壁面的层流底层主要靠导热进行热传递。一般而言，对同一种流体，紊流表面传热系数比层流表面传热系数大。

3. 流体的物理性质

流体的物性因种类、温度、压力而变化。影响换热过程的物理参数有：导热系数 λ、比热容 c_p、密度 ρ、动力粘度 μ、体积膨胀系数 β 等。流体的导热系数越大，其导热热阻越小，换热越强。比热容和密度大的流体，单位体积能携带更多的热量，从而使对流作用传递的热量提高。

4. 流体有无相变

流体在换热过程中有相变（沸腾或凝结）发生的对流换热称为相变对流换热，无相变发生的换热称为无相变对流换热（单相对流换热）。当流体发生相变时，流体吸收或放出汽化潜热，对同一种流体，潜热要比显热换热剧烈得多，这种特性使有相变的换热过程较无相变时的对流换热强烈得多，即 $h_{相变} > h_{单相}$。另外，沸腾时蒸汽汽泡或凝结时液滴的运动增加了流体内部的扰动，破坏了层流底层，减小了换热热阻，从而强化了对流换热。

5. 换热表面的几何因素

换热表面的几何因素主要指换热壁面的形状、大小、状况（光滑或粗糙程度）以及流体与壁面间的相对位置。几何因素影响流体的流态、速度分布和温度分布，从而影响对流换热的强弱。如流体在管内强制对流与管外强制对流时，其换热规律与换热强度不同，在平板表面加热空气自然对流换热时，热面朝上与热面朝下的换热强度也不同。

总之，流体和固体表面之间的换热过程是极其复杂的，影响对流换热的因素很多，表面传热系数是多变量的函数。

9.2　对流换热的研究方法

前文已提及对流换热热流量的计算公式——牛顿冷却公式，虽然揭示了对流换热量与温差、换热面积和表面传热系数之间的关系，其形式也简单，但因为公式中的表面传热系数 h 是一个复杂过程量，它与换热过程中许多因素有关，所以要建立一个普遍适用的 h 计算公式是相当困难的，故对流换热过程的分析计算关键是确定表面传热系数（或过程的相应热阻）。目前工程上采用的 h 计算公式，通常是根据相似理论，将影响对流换热的许多因素（物理量）组合在若干个无量纲数（即准则）中，然后再用实验的方法确定这些准则间的关系，即得到不同情况下计算表面传热系数的准则方程（即实验关联式）。本书对各种情况下的计算公式的由来及推导不做详细介绍，只介绍计算表面传热系数的一般方法、公式的选择及应用。

1. 对流换热的常用准则

所谓准则，是指在相似理论指导下，通过分析影响对流换热的各种因素，由若干个物理量归纳组成的无因次量，也称为相似准则，它具有一定的物理意义，其物理意义由组成准则的物理量确定。对流换热常用的准则及物理意义见表9-2。

表 9-2 对流换热常用准则及物理意义

准则名称	定义式	物理意义	备 注
努塞尔特准则 Nu	$Nu=\frac{hl}{\lambda}$	反映流体对流换热能力与导热能力的相对大小，可体现对流换热的强弱程度	待定准则（h 为待求量）
雷诺准则 Re	$Re=\frac{ul}{\nu}$	反映流体流动时惯性力与粘性力的相对大小，可体现强制对流换热时流态对换热的影响，可用来判断流态	已定准则
普朗特准则 Pr	$Pr=\frac{\nu}{a}$	反映流体流动时动量扩散能力与热量扩散能力的相对大小，可体现对流换热时流体物性对换热的影响	已定准则
格拉晓夫准则 Gr	$Gr=\frac{g\beta\Delta tl^3}{\nu^2}$	反映流体自然对流时浮升力与粘性力的相对大小，可体现自然对流换热时流态对换热的影响	已定准则

表 9-2 所示各准则定义式中：h 为表面传热系数［W/(m^2 · ℃)］；l 为对换热起主要作用的壁面几何尺寸，即特征尺寸（m）；λ 为流体的导热系数［W/(m · ℃)］；u 为流体的流速（m/s）；ν 为流体的运动粘度（m^2/s）；a 为流体的热扩散率（m^2/s）；β 为流体的体积膨胀系数（1/K）；g 为流体的重力加速度（m/s^2）；Δt 为流体与壁面间的温差（℃）。

在以上四个准则中，只有 Nu 为待定准则（含有未知量表面传热系数 h 的准则），其他三个均为已定准则（全部由已知量组成的准则）。由 Nu 的定义式可得

$$h=\frac{\lambda}{l}Nu \tag{9-3}$$

可见，只要确定了 Nu，就可计算得到表面传热系数 h，然后根据牛顿冷却公式计算换热量及其他参数。

2. 准则间的关系及准则方程

由于影响对流换热的各物理量之间存在一定的函数关系，因而由这些物理量组成的相似准则之间也必然存在一定的函数关系。相似准则之间的函数关系称为准则方程（准则关系式）。根据各对流换热过程的主要特点，由相似理论做指导，通过实验整理出准则间的原则性函数关系式(即原则性准则方程)。

1）强制对流的原则性准则方程为

$$Nu=f(Re,Pr) \tag{9-4}$$

2）自然对流的原则性准则方程为

$$Nu=f(Gr,Pr) \tag{9-5}$$

对于各种对流换热问题的具体准则方程，经科技工作者的理论分析和实验研究，对大多数常见的情况，都已获得了准则方程。本书后面只介绍几种典型的对流换热情况的准则方程，并以此来介绍求解对流问题的方法，其他的换热问题需另查阅相关资料。

3. 对流换热计算的一般步骤

上述的准则方程中，只有 Nu 包含有表面传热系数 h，而其他准则 Re、Gr 和 Pr 中所包含的量都是已知量，因而可通过方程求出 Nu，再确定 h。进行换热计算的主要步骤如下：

1）先根据已知条件整理出与 Nu 有关的量（Re、Gr 或 Pr）。

2）根据换热情况选择合适的准则方程，进而求出 Nu。

3）再根据式(9-3) 求出表面传热系数 h。

4）然后由牛顿冷却公式［式(9-1)、式(9-2)］计算换热量或者换热面积 A。

4. 应用准则方程时注意的问题

对于各种不同情况下的对流换热，具体准则方程由实验确定。在使用由实验整理得到的准则方程时，应注意以下几点：

(1) 应用范围　每一个准则方程都有其应用范围，如 *Re*、*Pr* 等准则数的数值范围规定。因为这些方程是在相应的条件下而得出的，如果超出其应用范围，则计算结果可能误差很大。

(2) 定性温度的选取　在计算相似准则时，由于准则中所包含的流体物性参数都与流体的温度有关，而对流换热时流体的温度又是变化的，为此需要确定一个决定流体物性的温度，这一确定各准则数中流体物性的温度称为定性温度。定性温度的确定必须按所选用准则方程的规定来选取。

定性温度的确定一般有以下三种方式：

1）通道内流动常取流体进出口截面的平均温度 t_f。

2）取固体壁面温度 t_w。

3）取固体壁面与流体的平均温度 $t_m = \dfrac{t_f + t_w}{2}$。

在准则方程中，常用下标来表示应选取的定性温度，如 Nu_f、Re_f、Pr_f 中的下标“f”均表示定性温度取流体的平均温度 t_f；同理这些准则中的下标如果有“w”或“m”，则表示定性温度分别取流体的固体壁面温度 t_w 或固体壁面与流体的平均温度 t_m。

(3) 特征尺寸选取　包含在准则数（*Nu*、*Pr* 等）中的几何尺寸 l 称为特征尺寸（也称为定型尺寸）。它反映了流场的几何特征，对于不同的流场，特征尺寸 l 的选择是不同的。特征尺寸通常按如下方法选取。

1）当流体在管内流动时，取管子内径 d_1 作为特征尺寸。

2）当流体横向绕流单管时，取管子外径 d_2 作为特征尺寸。

3）当流体流过大平壁时，取平壁长度 l 为特征尺寸。

4）对于非圆形槽道内的流动，取当量直径 d_e 为特征尺寸。当量直径 d_e 为

$$d_e = \frac{4A}{U} \tag{9-6}$$

式中，A 为流体流道的横截面面积（m^2）；U 为被流体润湿的流道周长（m）。

(4) 特征流速的选取　*Re* 准则中的流体速度称特征流速。特征流速反映了流体流场的流动特征，对于不同的流场，特征流速的选择是不同的，如管内流动一般取截面上的平均速度 u_m；横掠单管一般取来流速度 u_f；流体在管外绕流管束时，取最小流通截面的最大速度 u_{max}；流体流过平板时，一般取来流速度 u_f。总之应按方程要求来选取。

以上特征尺寸、定性温度和特征流速三个量应根据各种情况的准则方程要求选用。

9.3 流体无相变的对流换热

对于工程中常见的绝大多数无相变的对流换热问题，主要有管内强制对流换热、流体绕流圆管对流换热、流体沿平壁流动时的对流换热和大空间自然对流换热。本书对对流换热理论不做过多的探讨。熟悉不同换热情况的特点，能正确选择相应准则方程，并利用准则方程进行对流换热的有关计算，这对于分析热力设备的传热问题是十分重要的。

9.3.1 管内强制对流换热

在电厂的很多地方都存在管内无相变强制流动的对流换热情况，如电厂高、低压回热加热器中管道内的给水、凝结水与管壁的换热，凝汽器的冷却水与管壁的换热，省煤器管内的给水与管内壁的换热等，都属于管内无相变的对流换热。

1. 管内强制对流换热的特点及影响因素

（1）流动入口段与充分发展段

1）流体流态特征。流体在管内流动过程中，无论层流还是紊流，其流动存在着两个明显的流动区段，即流动入口（或发展）区段和流动充分发展区段，如图9-4所示。在流体流入管内与管壁面接触时，由于流体粘性力的作用在近壁处会形成流动边界层。随着流体逐步向管内深入，边界层的厚度也会逐步增厚，当边界层的厚度等于管子的半径时（$\delta = R_1$），边界层在管子中心处汇合，此时管内流动为定型流动。那么，从管子进口到边界层汇合处的这段管长内的流动称为管内流动入口段，而进入定型流动的区域称为流动充分发展段。类似地，在有热交换的情况下，其热边界层同流动边界层有相似的发展情况，也存在热入口段和热充分发展段。流动入口段和热入口段的长度不一定相等，取决于流体的 Pr，若 $Pr<1$，流动入口段比热入口段长；若 $Pr>1$，情况则相反。

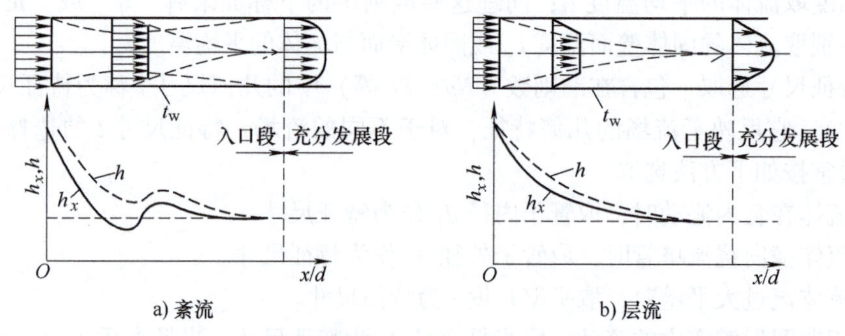

图9-4 管内流体流动特征及 h_x 变化示意图

据实验测定，流体在管内流动时，$Re<2300$ 时，为层流流动；当 $2300<Re<10^4$ 时，为过渡流动；当 $Re>10^4$ 时，为旺盛紊流流动。故通常将2300作为管内强制流动的临界雷诺数（Re_c），即层流向紊流过渡时的雷诺数。

2）局部表面传热系数 h_x 变化。流体的管内流动存在流动入口段和流动充分发展段，且其流态也不断发生变化，这必然导致边界层厚度发生变化，从而使表面传热系数 h_x 也随之变化。在入口处边界层最薄，局部表面传热系数 h_x 有最高值，对流换热较强。随着边界层的增厚，h_x 将沿流动方向逐渐减小，对流换热逐渐减弱。但层流和紊流时局部表面传热系数 h_x 随管长的变化是不同的，在层流时，h_x 趋于稳定的距离较长，在紊流时，当边界层转变为紊流后，h_x 迅速回升，直到进入热充分发展段后保持不变。

3）入口段的影响——入口效应。从图9-4可以看出，在流动入口段，无论是层流还是紊流，由于边界层较薄，表面传热系数要比充分发展段高，这种现象称为入口效应。由于常用的准则方程是在长管（$l/d \geqslant 60$）时导出的，工程中的管道大多属于长管，但对于某些特殊情况，如对短管（$l/d<60$），在计算其平均表面传热系数时必须考虑入口效应的影响，通常是把由准则方程计算所得的结果乘以管长修正系数 C_l 进行校正，即

$$h_{短} = C_l h \tag{9-7}$$

工程上常见的是管内紊流流动，其修正系数为

$$C_l = 1 + (d/l)^{0.7} \tag{9-7a}$$

（2）物性场不均匀的影响　当流体在管内流动过程中被管壁加热或被管壁冷却时，流动为非等温过程。这时，流体的温度不仅沿管道长度发生变化，而且沿截面也要改变，因而流体的物性也随之而变。对于液体来说，主要是粘性随温度而变化；对于气体，除粘性外，密度和导热系数也随温度不同而改变。而准则方程中，流体的物性是按定性温度来确定的，因而当流体与壁面温差较大时，流体的物性参数（如粘度）有较大变化，因而对速度分布和热量传递会产生较大影响，从而影响到表面传热系数的大小。故此时需要引入温度修正系数 C_t，通常是把由准则方程计算所得的结果乘以温度修正系数 C_t 进行校正，不同情况下的 C_t 值如下。

对于液体，有

$$C_t = (\mu_f/\mu_w)^n \tag{9-8}$$

对于气体，有

$$C_t = (T_f/T_w)^{0.55} \tag{9-9}$$

式(9-8) 中，加热液体时 $n=0.11$，冷却液体时 $n=0.25$，μ_f 及 μ_w 分别为按流体平均温度及壁面温度计算的液体动力粘度；式(9-9) 中，T_f 及 T_w 分别为流体平均温度及壁面温度的热力学温度，该公式适用于气体被加热的情况；对于气体被冷却时，$C_t=1$。

（3）管子的几何特征的影响　生产实际中经常会碰到非直非圆形管道。对于非圆形管道如椭圆管、矩形管及套管间的流体流动，特征尺寸由 d 改为当量直径 d_e；对于非直管道如弯曲管道中的螺旋形管，流体通道呈螺旋形。流体在弯曲的通道中流动时产生的离心力，将在流场中形成二次环流，如图 9-5 所示。二次环流的产生增加了流体的扰动，使对流换热增强，而且管的弯曲半径越小，二次环流的影响越大。

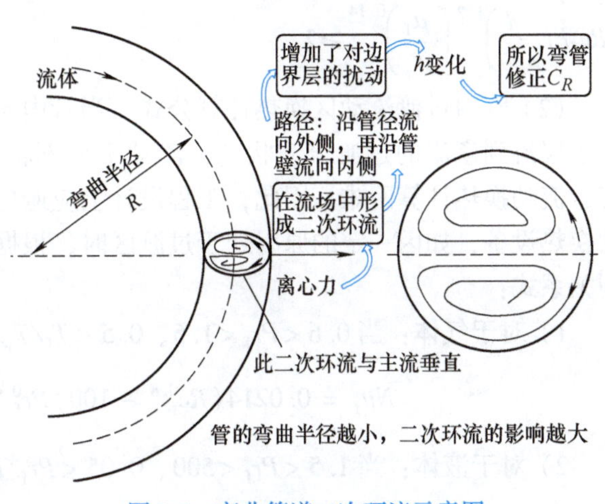

图 9-5　弯曲管道二次环流示意图

因此对于在有弯曲管道内的流体流动换热情况，必须考虑弯管二次环流带来的影响，常将平直管计算出来的表面传热系数乘以弯管修正系数 C_R 来校正，即

$$h_{弯} = C_R h \tag{9-10}$$

式(9-10) 中的弯管修正系数 C_R 主要与流体种类有关，其计算公式如下：

对于气体，有

$$C_R = 1 + 1.77\frac{d}{R} \tag{9-10a}$$

对于液体，有

$$C_R = 1 + 10.3\left(\frac{d}{R}\right)^3 \tag{9-10b}$$

式(9-10a)、式(9-10b) 中的 d 为管子内径、R 为弯曲管的曲率半径。

对于电厂锅炉的众多蛇形管受热面，如对流式过热器、对流式再热器、省煤器等，虽然有大量弯头存在，但因为直管段所占整个受热面比例大，弯头对整个受热面管组的平均表面传热系数影响不大，弯管修正系数 C_R 可近似取为 1。

2. 管内强制对流换热的计算

对于管内强制对流换热，无论管内流态是层流、过渡区还是紊流，其特征量的选择是相同的，即：

1) 特征尺寸为圆管内径 d，非圆管为当量直径 d_e。

2) 定性温度为流体在管内流动进、出口的平均温度 $t_f = (t_f' + t_f'')/2$。

3) 特征流速为流体平均温度下流动截面的平均流速 u_m。

(1) 管内层流换热计算公式　当管内流动的雷诺数 $Re < 2300$ 时，管内流体处于层流状态，由于层流时流体的进口段比较长，因而管长的影响通常直接从计算公式中体现出来。对于等壁温管内层流换热的平均努塞尔特数 Nu_f 的计算，一般采用塞特尔-塔特的准则关系式：

$$Nu_f = 1.86\left(Re_f Pr_f \frac{d}{l}\right)^{1/3}\left(\frac{\mu_f}{\mu_w}\right)^{0.14} \tag{9-11}$$

式中，μ_f 及 μ_w 分别为按流体平均温度及壁面温度计算的液体动力粘度。式(9-11) 的适用范围是：$Re < 2300$ 的处于均匀壁温的平直管；$0.48 < Pr_f < 16700$；$0.0044 < \frac{\mu_f}{\mu_w} < 9.75$；$\left(Re_f Pr_f \frac{d}{l}\right)^{1/3}\left(\frac{\mu_f}{\mu_w}\right)^{0.14} \geqslant 2$。

(2) 管内过渡流动区换热计算公式　当管内流动的雷诺数 $2300 < Re < 10^4$ 时，管内流体处于层流到紊流的过渡流动状态，流动十分不稳定，h_x 随 Re 的增大而增加，换热规律多变，流动换热计算困难。因此，工程设计上应避免采用管内过渡流动区段。对于实际使用中的换热设备，如因一定的原因处于过渡区时，根据流体的性质及流态特征可采用以下两个准则关系式：

1) 对于气体：当 $0.6 < Pr_f < 1.5$、$0.5 < T_f/T_w < 1.5$ 时，采用下式

$$Nu_f = 0.0214(Re_f^{0.8} - 100)Pr_f^{0.4}\left[1 + \left(\frac{d}{l}\right)^{2/3}\right]\left(\frac{T_f}{T_w}\right)^{0.45} \tag{9-12}$$

2) 对于液体：当 $1.5 < Pr_f < 500$、$0.05 < Pr_f/Pr_w < 20$ 时，采用下式

$$Nu_f = 0.012(Re_f^{0.87} - 280)Pr_f^{0.4}\left[1 + \left(\frac{d}{l}\right)^{2/3}\right]\left(\frac{Pr_f}{Pr_w}\right)^{0.11} \tag{9-13}$$

(3) 管内紊流换热计算公式　当管内流动的雷诺数 $Re \geqslant 10^4$ 时，管内流体处于旺盛的紊流状态。此时可采用迪图斯-贝尔特准则关系式计算：

$$Nu_f = 0.023 Re_f^{0.8} Pr_f^n \tag{9-14}$$

使用此准则方程时，应注意以下几点：

1) 适用范围：$10^4 < Re_f < 1.2 \times 10^5$，$0.7 < Pr_f < 120$；$l/d \geqslant 60$；温差 $\Delta t = (t_w - t_f)$ 较小 (即对于气体：$\Delta t = (t_w - t_f) \leqslant 50℃$、对于水：$20℃ \leqslant \Delta t = (t_w - t_f) \leqslant 30℃$，对于油类：$\Delta t \leqslant 10℃$)。

2) 流体被加热时 $n = 0.4$，流体被冷却时 $n = 0.3$。

实际应用中经常考虑到入口段、物性场的不均匀性、管子的几何特征的影响，这时应采用之前提及的管长修正系数 C_l、温度修正系数 C_t、弯管修正系数 C_R 加以修正，这样式(9-14)可表示为如下形式：

$$Nu_f = 0.023Re_f^{0.8}Pr_f^nC_lC_tC_R \tag{9-15}$$

上述准则方程只适用于普通光滑管道内的对流换热，对于粗糙管如内螺纹管等，在高雷诺数（紊流）情况下，其对流换热要比一般的光滑管道强，上述方程不再适用，需另查相关资料。

3. 管内强制对流换热的强化

工程上常需强化传热，而强化管内强制对流换热为常用手段，其思路在于提高管内流体表面传热系数 h 或减小对流换热热阻。为使问题简化，通过研究可得出影响管内强制对流换热表面传热系数的关系式为

$$h = f\left[c_p, \frac{u_m}{d_e}, C_l, C_t, C_R\right] \tag{9-16}$$

这样，根据影响对流换热的因素可知，强化对流换热的基本措施如下：

1）提高流速 u_m。由式(9-16）可知，提高流速 u_m 可提高 h；另外由对流换热理论可知，提高流速可能使流体的流动状态由层流转变为紊流，这样流体的扰动加大，h 增加；同时提高流速将使层流层或层流底层的厚度减小，热阻降低，从而使换热增强。

2）采用定压比热容 c_p 大的流体。例如发电机线圈冷却：水冷效果最好，氢冷次之，空冷最差。

3）合理采用弯管（或螺旋管）和短管。由式(9-7）和式(9-10）可知，$C_R>1$，$C_l>1$，在可能的情况下采用弯管和短管来强化对流换热。

4）结构上采取措施增强流体的扰动。如电厂锅炉水冷壁管高负荷区可采用内螺纹管。

5）减小管子当量直径 d_e。如受热面管子采用小直径管，采用扁管等异形管，采用内肋管等措施。如电厂锅炉中工作条件恶劣的再热器管，可采用内肋管。

但是采用这些措施的同时，还应考虑流动阻力的增加、现场实际情况及成本等因素，因此必须进行全面技术经济比较来确定合理的措施。

【例 9-1】　在一冷凝器中，冷却水以 1m/s 的流速流过内径为 10mm、长度为 3m 的铜管，冷却水的进、出口温度分别为 15℃和 65℃，试计算水与铜管壁间的表面传热系数。

【解】　此题属于水在管内的强制对流换热问题。

冷却水的平均温度为　$t_f = [(15+65)/2]℃ = 40℃$

从附表 5 未饱和水和饱和水的热物理参数表查得

$$\lambda_f = 0.64\text{W/(m}\cdot\text{K)},\ v_f = 0.659\times10^{-6}\text{m}^2\text{/s},\ Pr_f = 4.31。$$

雷诺数：$Re_f = \dfrac{ud}{v_f} = \dfrac{1\times0.01}{0.659\times10^{-6}} = 1.52\times10^4 > 10^4$，可判别管内流动属旺盛紊流。

根据管内强制紊流换热的准则方程式(9-14）可得

$$Nu_f = 0.023Re_f^{0.8}Pr_f^{0.4} = 91.4$$

则水与铜管壁间的表面传热系数为

$$h = \frac{\lambda_f}{d}Nu_f = \frac{0.64}{0.01}\times91.4\text{W/(m}^2\cdot\text{K)} = 5849.6\text{W/(m}^2\cdot\text{K)}$$

9.3.2 流体绕流圆管的对流换热

流体绕流圆管指的是管外流体流动方向与管轴线方向相互垂直时的流动，一般称为流体横掠圆管。此种流动方式在火力发电厂得到广泛应用。如电厂锅炉中烟气流过对流式过（再）热器、省煤器，电厂汽轮机设备系统的高、低压加热器中回热抽汽在受热面管外壁的流动等。

1. 流体横掠单管的对流换热

（1）流动特征——绕流脱体 流体沿着垂直于管子轴线的方向横掠管子表面时在管面上形成速度边界层，并能自由发展，不会受到邻近壁面存在的限制。

流体在圆柱体的前半部，由于流通截面的减小，流速会逐步增加而压力会逐步降低，流体压力势能转换为动能；在圆柱体的后半部，由于流通截面的增加，流速会逐步降低而压力会逐步增加，流体克服压力的增加而向前流动，流体动能转换为压力势能。由于流体粘性力的作用，边界层内靠近壁面处的流速较低，当其动量不足以克服压力的增加时，流体就会产生反向的流动，形成回流或漩涡，其结果是从壁面的某一位置 O 点开始使边界层从壁面分离，这种现象称之为绕流脱体。如图 9-6 所示，壁面出现脱体现象的位置 O 点称为绕流脱体的起点（或称分离点）。由于紊流边界层中流体的动能大于层流，故紊流的脱体点位置滞后于层流。

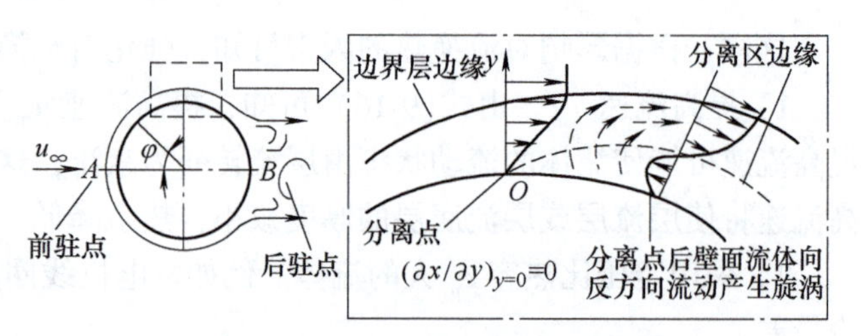

图 9-6 绕流脱体分离点示意图

雷诺数 Re（$Re=\dfrac{u_\infty d}{\nu}$，式中 u_∞ 为来流速度，d 为圆柱体外直径）的大小将决定流体横掠单管时是否会发生绕流脱体现象和分离点的位置。实验研究表明，流体绕流圆柱体的流动，当 $Re<5$ 时，流动不会发生分离现象；当 $10\leqslant Re\leqslant 1.5\times10^5$ 时，边界层为层流，流动分离点发生在 $\varphi=80°\sim85°$之间；当 $Re>1.5\times10^5$ 时，边界层在分离点前已转变为紊流，流动分离点在 $\varphi\approx140°$处。

（2）换热特征 流体横掠单管时的流动状况决定了其换热特征。在常热流条件下，经实验得到图 9-7 所示的流体横掠单管的局部努塞尔特准则 Nu_φ（与局部表面传热系数成正比）随角度 φ 的变化曲线。这些曲线都表明局部表面传热系数从管正面停滞点 A（$\varphi=0°$，也称前驻点）开始，由于层流边界层厚度的增加而下降。图中 Re 最低的两个工况，其脱体点前一直保持层流，在脱体点附近出现的 Nu_φ 最低值，随后因脱体区的混乱运动，Nu_φ 又趋于回升。图中 Re 较高的其

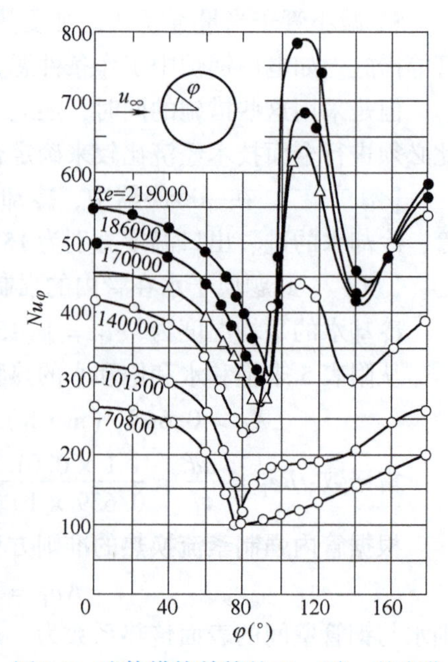

图 9-7 流体横掠单管的 Nu_φ 随 φ 的变化

他工况的曲线表明，壁面边界层发生脱体时已是紊流，Nu_{φ} 出现了两次低的数值，第一次相当于层流到紊流的转变区，另一次则发生在紊流边界层与壁面脱离的地方。

虽然局部表面传热系数是变化的，但在工程计算中，一般只求整个管周的平均表面传热系数，下文介绍的准则方程都是指平均表面传热系数。

2. 流体横掠管束的对流换热

为保证换热效果及布置的合理性，在实际工程中遇到的往往不是流体横掠单管的情况，而是流过由许多管子按照一定的排列组成的管束，如电厂中的省煤器、管式空气预热器等。流体横掠管束时，其流动将受到各排管子的连续干扰，比横掠单管的情况复杂得多。这样，其换热情况必须考虑管束排列方式、管排数、管子间距等因素的影响。

（1）流体横掠管束的影响因素

1）管子排列方式对换热的影响。管束的排列方式很多，最常见的有顺排和叉排两种，如图 9-8 所示。不管哪一种排列方式，流动情况都比单管时要复杂，这是因为管子之间相对紧密的排列造成各自流场间的相互影响，从而也就影响到流体与管壁之间的换热。

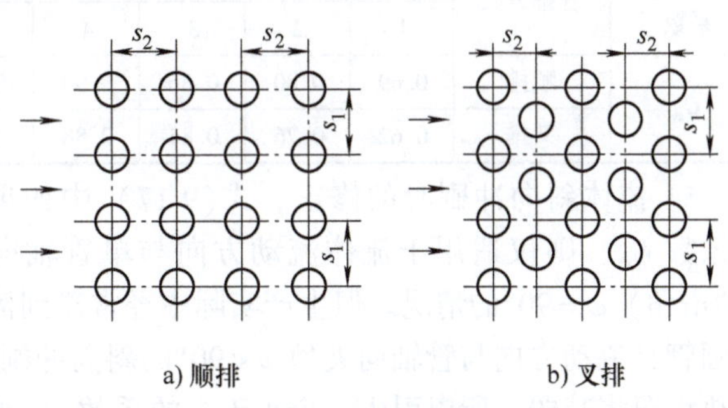

图 9-8　管束的排列方式

流体流过顺排和叉排管束时，其流动状况是不同的。顺排时，除了第一排外，管子的前后都处在涡流区中，不会受到流体的直接冲刷；叉排时，各排管子受到的冲刷比较接近，流体在管间弯曲、交替扩张和收缩的通道中流动要比顺排时在管间直通道中流动时的扰动剧烈得多。因此，在相同的条件下，叉排情况下的表面传热系数要比顺排大，即换热过程比顺排强烈，但相应的流动阻力也比顺排时大，而且不利于清洗，故排列方式的选择要全面权衡。

2）流动方向上管排数对换热的影响。流体流过顺排或叉排管束的第一排管面时的流动和换热情况与流过单管的情形是相似的。但从第二排管开始，顺排时管子的前后都处于前一排管的回流区中，流动和换热不同于第一排管；对于叉排排列，尽管从第二排管以后，流动情况与单管时类似，但由于前排造成的流场扰动会使流动和换热情形差别较大。这些都导致后排管的换热要好于第一排管，但从第三排管以后各排管之间的流动换热特征就没有多少差异了。但前几排管换热性能上的差异，对于整个管束换热性能的影响，会随着管排数的增加而减弱。实验结果表明，当管排数超过 20 排之后，换热性能就逐渐趋于稳定。

3）管子间距对换热的影响。管子间距的大小会影响流体在管束内的流动情况，从而影响换热。管子间距一般指的是横向节距和纵向节距。所谓横向节距，是指垂直于流体流动方向上两相邻管子轴线间的垂直距离 s_1；所谓纵向节距，是指平行于流体流动方向上两相邻管子轴线间的垂直距离 s_2，如图 9-8 所示。管间距也可采用相对节距 s/d 来表示，我们把 s_1/d 称为横向相对节距，s_2/d 称为纵向相对节距。

（2）流体横掠管束对流换热的计算　综上所述，流体横掠管束时的对流换热，除与管子的排列方式、管排数、管子间距有关外，还有流体的物性、管子管径等，也是影响管束换热的因素。流体横掠管束时的平均表面传热系数一般按下面的茹卡乌斯卡斯总结出的准则方程计算。

$$Nu_f = CRe_f^m Pr_f^{0.36}\left(\frac{Pr_f}{Pr_w}\right)^{0.25}\left(\frac{s_1}{s_2}\right)^p C_z C_\varphi \tag{9-17}$$

在使用式(9-17) 时应注意以下几点：

1）适用范围：$0.7 < Pr_f < 500$，$10^3 < Re_f < 2 \times 10^6$。

2）定性温度除 Pr_w 取壁温 t_w 外，其他均取流体的平均温度 t_f；特征尺寸为管外径 d；特征速度采用整个管束中最窄截面处的流速，即最大流速 u_{max}。

3）s_1、s_2 分别为横向节距和纵向节距（m）。

4）管排数少于20排时应引入修正系数 C_z，其选择见表9-3。

表9-3 流体横掠管束时管排修正系数 C_z 值

管排修正系数	管排方式	管排数 z									
		1	2	3	4	5	6	8	12	16	20
C_z	顺排	0.69	0.80	0.86	0.90	0.93	0.95	0.96	0.98	0.99	1.0
	叉排	0.62	0.76	0.84	0.88	0.92	0.95	0.96	0.98	0.99	1.0

5）流体斜向冲刷时的修正。式(9-17) 中如果无修正系数 C_φ，则仅适用于流体流动方向与单管轴向夹角（冲击角）$\varphi = 90°$的情况。但生产实际中经常碰到流体斜掠圆管且流动方向与管轴向夹角 $\varphi < 90°$的斜向冲刷情况，换热情况将减弱，所以引入一个小于1的系数 C_φ 加以修正。其值可在图9-9（C_φ—φ 图）中查取。

若 $\varphi = 0°$，则说明流体纵向流过管束，此时可按管内强制流动对流换热公式计算，特征尺寸取管束间流通截面的当量直径 d_e。

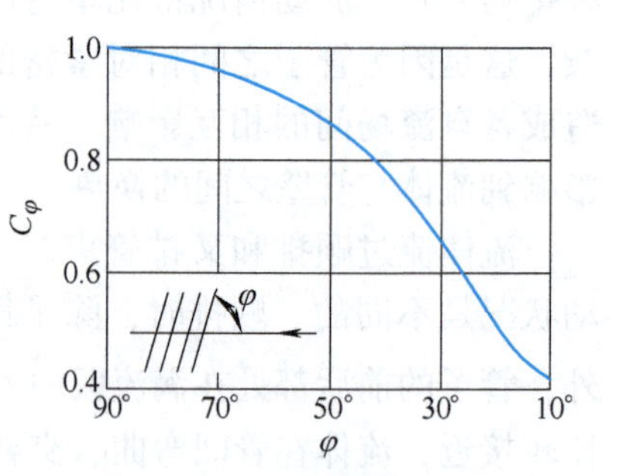

图9-9 修正系数 C_φ 随冲击角 φ 的变化

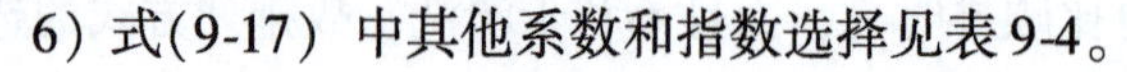
6）式(9-17) 中其他系数和指数选择见表9-4。

表9-4 式(9-17) 中的相关系数及指数选择表

管排方式	Re_f	C	m	p	备注
顺排	$10^3 \sim 2\times10^5$	0.27	0.63	0	
	$2\times10^5 \sim 2\times10^6$	0.021	0.84	0	
叉排	$10^3 \sim 2\times10^5$	0.35	0.60	0.2	$s_1/s_2 \leqslant 2$
	$10^3 \sim 2\times10^5$	0.40	0.60	0	$s_1/s_2 > 2$
	$2\times10^5 \sim 2\times10^6$	0.022	0.84	0	

【例9-2】 某锅炉厂生产的220t/h锅炉的低温段管式空气预热器的设计参数为：顺排布置，$s_1 = 76$mm，$s_2 = 57$mm，管子外径 $d_0 = 38$mm，壁厚 $\delta = 1.5$mm；空气横向冲刷管束，在空气平均温度为133℃时管间最大流速 $u_{max} = 6.03$m/s，空气流动方向上的总管排数为44排。设管壁平均温度 $t_w = 165$℃，求管束与空气间的表面传热系数。如将管束改为叉排，其余条件不变，则表面传热系数变为多少？

【解】 此题属于空气外掠管束的对流换热问题。

(1) 计算 $Re_{f,max}$。

由定性温度 $t_f = 133$℃查干空气热物理性质表得空气的物性参数为 $\lambda_f = 0.0344$W/(m·℃)，

$\nu_f=27.0\times10^{-6}\text{m}^2/\text{s}$，$Pr_f=0.684$，同理又由 $t_w=165℃$ 查得 $Pr_w=0.682$。

于是：$Re_{f,max}=\dfrac{u_{max}d_o}{\nu_f}=\dfrac{6.03\times0.038}{27.0\times10^{-6}}=8487$

(2) 求顺排时的表面传热系数。

根据流体横掠管束的准则方程式(9-17) 得 $Nu_f=CRe_f^{\ m}Pr_f^{0.36}\left(\dfrac{Pr_f}{Pr_w}\right)^{0.25}\left(\dfrac{s_1}{s_2}\right)^p C_zC_\varphi$，查表 9-3、表 9-4、查图 9-8 顺排时各系数及指数的值，并代入 $Nu_f=\dfrac{hd_o}{\lambda_f}$，则

$$\frac{h\times0.038}{0.0344}=0.27\times8487^{0.63}\times0.684^{0.36}\times\left(\frac{0.684}{0.682}\right)^{0.25}\times\left(\frac{0.076}{0.057}\right)^{0}\times1\times1$$

解得顺排时的表面传热系数为 $h=63.7\text{W}/(\text{m}^2\cdot℃)$。

(3) 求叉排时的表面传热系数。

同理，由准则方程式(9-17) 得 $Nu_f=CRe_f^{\ m}Pr_f^{0.36}\left(\dfrac{Pr_f}{Pr_w}\right)^{0.25}\left(\dfrac{s_1}{s_2}\right)^p C_zC_\varphi$，查表 9-3、表 9-4、查图 9-8 叉排时各系数及指数的值，并代入 $Nu_f=\dfrac{hd_o}{\lambda_f}$，则

$$\frac{h\times0.038}{0.0344}=0.35\times8487^{0.60}\times0.684^{0.36}\times\left(\frac{0.684}{0.682}\right)^{0.25}\times\left(\frac{0.076}{0.057}\right)^{0.2}\times1\times1$$

解得叉排时的表面传热系数为 $h=66.68\text{W}/(\text{m}^2\cdot℃)$。

结论：在相同条件下，叉排管束的表面传热系数大于顺排管束。

9.3.3 自然对流换热

在生产实际及自然界中，物体的自然冷却或加热都是以自然对流换热的方式实现的。例如，在偏僻地区，一些平时无人看管的小变电站或电话中继站等，其发热设备往往靠自然对流冷却。此外，管道、输电线的散热、电子元器件的散热、暖气片对室内空气的散热以及海洋环流、大气环流等都与自然对流有关。当温度较高，在进行换热计算时，自然对流换热因素是不可忽略的。

1. 自然对流换热概述

自由运动是指由于流体内部冷、热各部分之间的密度不同所引起的流体运动，在自由运动情况下的换热称为自然对流换热。

(1) 自然对流换热的分类　自然对流换热常按流体所处空间的大小以及其边界层发展是否受到影响，主要分为无限大空间的自然对流换热和有限空间的自然对流换热两类。无限大空间的自然对流换热是指流体处于相对很大的空间，边界层的发展不因空间限制受到干扰，而并非指几何尺寸的绝对大小。如电厂蒸汽管道及锅炉炉墙的散热、建筑物墙壁外表面的散热、室内冬天取暖用暖气片的散热等。有限空间的自然对流换热是指流体所处的空间相对狭小，边界层无法自由展开，如双层玻璃中空气夹层、平板太阳能集热器的集热板与盖板之间的空气夹层、直冷冰箱冷藏室等。

本书只介绍无限大空间的自然对流换热的特点及计算，对于有限空间的自然对流换热请参考相关文献。

(2) 自然对流产生的原因　所谓自然对流，是指由于流场密度不均匀分布，在浮升力的

作用下产生的流体运动过程。

实际上造成流体流场密度不均匀的原因很多，而引起自然对流的浮升力来自流体的密度梯度以及与该密度梯度成正比的体积力的联合作用，在地球引力场范围内体积力可以是重力、旋转运动导致的离心力、电磁场中的电磁力等。本书只讨论最常见的在重力场中的自然对流换热，其产生原因是由于固体壁面与流体或流体内部存在温差，使流体流场温度分布不均匀导致密度场分布不均匀，然后在重力场的作用下产生浮升力使流体流动而引起热量交换。所以说自然对流换热是流体与固体壁面之间或流体内部因温度不同引起的自然对流时发生的热量交换过程。

2. 大空间自然对流换热及其准则方程

在此以竖壁为例介绍大空间自然对流的特征和计算。

(1) 流动特征　假设等温竖壁的壁温高于流体的温度。板附近的流体被加热，因而密度降低（与远处未受影响的流体相比），从竖直平板的底部向上运动并发展成自然对流边界层。空气沿其表面做自由运动，空气层的厚度从下向上逐渐增加，在竖壁的下部，空气以层流的形式向上流动，如果竖壁足够高，在壁的上部一定位置发展成为紊流边界层，两者之间出现一过渡状态。至于是哪一种状态为主，要由换热表面与空气之间的温差大小来决定。在温差比较小时，换热过程比较缓慢，层流运动占优势；在温差比较大时，换热过程比较剧烈，紊流运动占优势，如图 9-10 所示。

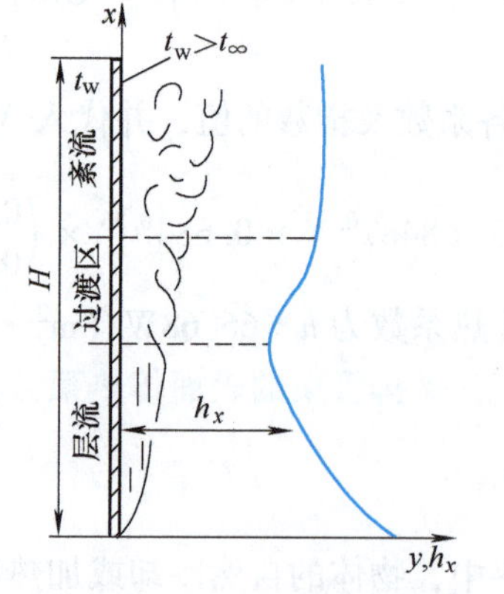

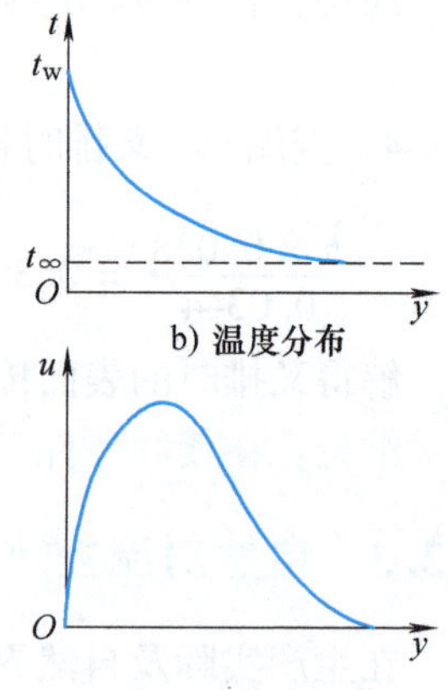

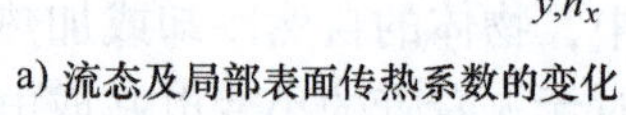

a) 流态及局部表面传热系数的变化　　c) 层流速度分布

图 9-10　竖壁自然对流换热示意图

关于大空间自然对流的流态判别，有的建议用瑞利（Rayleigh）准则 $Ra=GrPr$ 来判别，也有的建议用 Gr 来判别，在工程上，目前通常用 Ra 来判别流态。在常壁温条件下，当 $Ra=GrPr>10^9$ 时，流态为紊流。这与强制对流时用 Re 来判别流态不同。Gr 在反映自然对流换热过程中所起的作用与管内强制流动时 Re 的作用类似；但是当流体沿与之温度不同的壁面做自然对流时，流动与换热是紧密联系的，这样流体的物性参数也会对流态产生影响。所以，判别自然对流流态的准则主要与 Gr 有关。

空气在壁面附近形成温度边界层和速度边界层。紧贴壁面处，空气的温度等于壁温 t_w，随着远离壁面，温度逐渐降低，直至环境温度 t_∞，因此温度沿壁面法向方向呈下降趋势。由于粘性的作用，紧贴壁面处气体流速为零，随着远离壁面，速度才逐渐升高，但当气体与环境温度间的温差消失后，引起气体流动的浮升力随之消失，速度则变为零。因此，流动边界层内的速度分布沿法向方向具有两头小、中间大的特点。

(2) 换热特征　与管内强制流动、流体横掠圆管等一样，只要有边界层的存在与发展，则必然影响到对流换热，即竖壁的局部表面传热系数 h_x 也将随边界层的变化而发生变化。在竖壁的下部，由于层流底层的厚度自下而上逐渐增加，h_x 将沿壁的高度逐渐减小。在层流到紊流的过渡区中，由于边界层中紊流成分不断加强，h_x 逐渐增大。在紊流区中，h_x 保持为定值，而与竖壁高度无关。其换热特征如图 9-10 所示。

（3）大空间自然对流换热的计算　前文已介绍自然对流换热的原则性准则方程为

$$Nu = f(Gr, Pr)$$

所有类型的自然对流换热问题都有此种形式准则方程。对常壁温的大空间自然对流换热，经实验研究得出这一准则方程的具体形式为

$$Nu = C(GrPr)^n \tag{9-18}$$

在使用上式时，应注意以下几点：

1）定性温度取壁面和流体的平均温度 $t_m = \dfrac{t_f + t_w}{2}$。

2）特征尺寸及式中常数 C 和 n 的选择见表 9-5。

表 9-5　特征尺寸及式(9-18) 中常数 C 和 n 值选择表

壁面形状及位置	流动情况示意	特征尺寸	流动状态	C	n	适用范围 $(GrPr)^n$
竖平壁或竖圆柱	H	高度 H	层流	0.59	$\frac{1}{4}$	$10^4 \sim 10^9$
			紊流	0.10	$\frac{1}{3}$	$10^9 \sim 10^{13}$
水平圆筒		圆筒外径 d	层流	0.53	$\frac{1}{4}$	$10^4 \sim 10^9$
			紊流	0.13	$\frac{1}{3}$	$10^9 \sim 10^{12}$
热面朝上或冷面朝下的水平壁	或	矩形取两个边长的平均值；非规则平壁取面积与周长的比值；圆盘取 $0.9d$	层流	0.54	$\frac{1}{4}$	$2\times10^4 \sim 8\times10^6$
			紊流	0.15	$\frac{1}{3}$	$8\times10^6 \sim 10^{11}$
热面朝下或冷面朝上的水平壁	或		层流	0.58	$\frac{1}{5}$	$10^5 \sim 10^{11}$

【例 9-3】　某水平放置的蒸汽管道，保温层外径 $d_0 = 583\text{mm}$，壁温 $t_w = 48℃$，周围空气温度 $t_f = 23℃$。试计算保温层外壁的对流换热热流量。

【解】　此题属于水平圆管外的自然对流换热问题。

定性温度：$t_m = \dfrac{1}{2}(t_w + t_f) = \dfrac{1}{2}(48 + 23)℃ = 35.5℃$

由 t_m 查得空气的物性参数为：$\lambda = 0.0272\text{W}/(\text{m}\cdot℃)$，$\nu = 16.53\times10^{-6}\text{m}^2/\text{s}$，$Pr = 0.7$，$\beta = 1/T_m = 3.24\times10^{-3}\text{K}^{-1}$。故得

$$GrPr = \frac{g\beta\Delta t d_0^3}{\nu^2}Pr = \frac{9.81\times3.24\times10^{-3}\times(48-23)\times0.583^3}{(16.53\times10^{-6})^2}\times0.7 = 4.03\times10^8 < 10^9$$

由此可确定流态为层流。查表 9-5 得 $C = 0.53$、$n = \dfrac{1}{4}$。

根据大空间自然对流换热的准则方程 $Nu = C(GrPr)^n$，可得表面传热系数为

$$h = C(GrPr)^n \frac{\lambda}{d_0} = 0.53 \times (4.03 \times 10^8)^{\frac{1}{4}} \times \frac{0.0272}{0.583} \mathrm{W/m^2 \cdot K} = 3.5\mathrm{W/(m^2 \cdot K)}$$

则单位管长的对流换热热流量为

$$\Phi_L = h\pi d_0(t_w - t_f) = 3.5 \times 3.14 \times 0.583 \times (48 - 23)\mathrm{W/m} = 160.2\mathrm{W/m}$$

9.4 流体有相变的对流换热

在日常生活和生产实践中，流体有相变换热现象非常广泛，如蒸汽的凝结、液体的沸腾、液体的蒸发、液体的凝固以及固体的熔化等，特别是液体沸腾和蒸汽凝结的换热过程在工业生产实践中应用非常广泛。如在火电厂中，凝汽器设备把在汽轮机做过功的乏汽，被循环冷却水冷却成凝结水后送入锅炉内继续加热使用；又如锅炉中的水冷壁把饱和水加热汽化产生饱和蒸汽等。

在有相变换热过程中，流体都是在饱和温度下放出或者吸收汽化潜热，而在无相变的对流换热中，流体只对壁面放出或吸收显热，所以换热过程的性质以及换热强度都与单相流体的对流换热有明显的区别。一般情况下，凝结换热和沸腾换热的表面传热系数要比单相流体的对流换热高出几倍甚至几十倍。

有相变换热的最大特点是流体温度保持为相应压力下的饱和温度不变，并利用饱和温度和壁面温度间较小的差值达到较高的对流换热量。无论是沸腾还是凝结换热，其换热量仍可按牛顿冷却公式计算，只是换热温差 Δt 及表面传热系数 h 与无相变对流换热时不同。

本章只讨论应用非常广泛的液体沸腾和蒸汽凝结换热过程的特点和规律。

9.4.1 凝结换热

1. 凝结换热概述

(1) 凝结换热及分类　蒸汽与低于其压力对应的饱和温度的壁面接触时（即 $t_w < t_s$），将汽化潜热释放给固体壁面，并在壁面上形成凝结液的过程，称凝结换热。如电厂回热加热器中管外的加热蒸汽，把热量传递给水后凝结成疏水。按凝结液体在壁面上的形态不同有膜状凝结和珠状凝结两种形式。

如果凝结液能很好地润湿壁面，凝结液就会在壁面形成一层液膜，这种凝结现象称为膜状凝结；如果凝结液不能很好地润湿壁面，凝结液的表面张力大于它与壁面之间的附着力，则凝结液就会在壁面形成大大小小的液珠，这种凝结现象称为珠状凝结，如图9-11所示。究竟会发生哪一种凝结现象，取决于凝结液和壁面的物理性质，如凝结液的表面张力、壁面的粗糙度等。如果凝结液与壁面之间的附着力大于凝结液的表面张力，则形成膜状凝结；如果表面张力大于附着力，则形成珠状凝结。

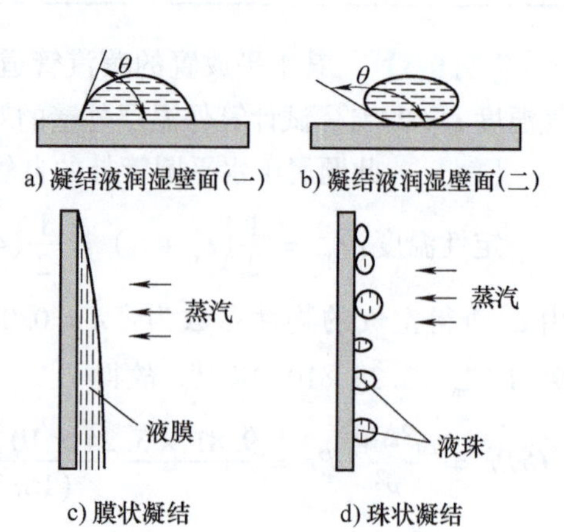

图9-11　蒸汽凝结的两种形式

(2) 膜状凝结与珠状凝结的换热特征　当发生膜状凝结时，由于冷凝壁面被冷凝液覆盖，液膜阻碍蒸汽与壁面的直接接触，蒸汽凝结放出的汽化潜热必须通过液膜后由壁面带走，因而液膜成为凝结换热的主要热阻。因此，如何排除凝结液、减小液膜厚度是强化膜状凝结时考虑的核心问题。

当发生珠状凝结时，由于液珠逐渐长大到一定尺寸后，在重力的影响下便沿壁滚下，在向下滚动的同时，扫清了沿途的液珠，因而大部分的蒸汽可以与壁面直接接触凝结，将汽化潜热直接传给冷壁面，没有凝结液膜引起的附加热阻，因此有较高的换热强度。所以，在其他条件相同时，珠状凝结的表面传热系数大于膜状凝结。实验表明，珠状凝结的表面传热系数可达23000~426000W/(m^2·℃)，约为膜状凝结的10~15倍。但由于珠状凝结的形成比较困难且不能持久，近些年来，有关科技工作者对形成珠状凝结的技术措施进行了大量的研究，也取得了可喜的研究成果，但终因珠状凝结的条件保持时间有限而不能在工业上推广应用。所以，工业上的凝结现象大多属膜状凝结。本节也只重点介绍膜状凝结换热的特点、计算方法和影响因素。

2. 膜状凝结换热的分析计算

如图9-12所示，开始凝结时液膜较薄，沿重力方向向下流动的速度较慢，呈现层流状态；随着蒸气的不断凝结，在流动方向上液膜越来越厚，达到一定值时层流转变为紊流。层流流动的液膜逐渐增厚使热阻增加，因此层流表面局部表面传热系数 h_x 逐渐减小。当出现紊流后，液膜处扰动增强，热阻主要集中在较薄的层流底层中，热阻较小，因此紊流表面局部表面传热系数 h_x 又逐渐升高。工程上水平放置的单管，膜状凝结时较少发生紊流，而水平放置的管束，只有上面管子的凝结液落到下面的管子上而使其液膜增厚至一定值时才可能发生紊流。

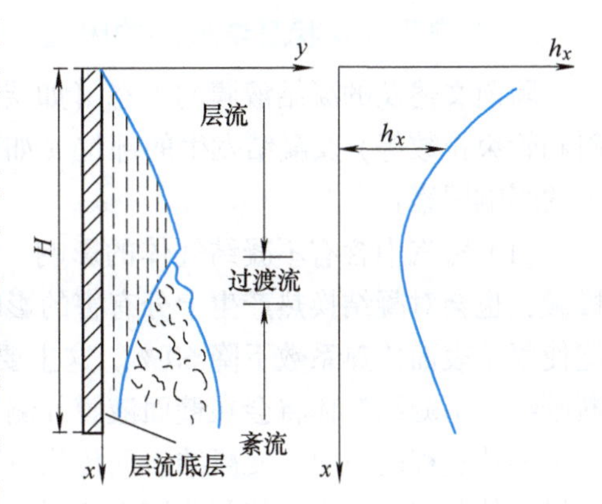

图9-12　膜状凝结流动及换热特征示意图

由于竖壁尺寸相对较大，所以可认为液膜的流动不受尺寸限制，能充分发展。这样，液膜的流动也就形成由上至下从层流到紊流的类似边界层的流动特征，其流态同样是用 Re 进行判别的。实验证明，对竖壁凝结换热，取临界雷诺值为 $Re_c=1600$，即当 $Re_c<1600$ 时，液膜内为层流状态，当 $Re_c\geqslant1600$ 时，液膜内为紊流状态；对水平管外壁凝结换热，取临界雷诺值为 $Re_c=3600$。

膜状凝结换热的平均表面传热系数 h 的计算式是通过实验总结出来的准则方程（经验公式）导出的。

（1）液膜为层流时（$Re_c<1600$）

$$h=C\left[\frac{g\rho_1^2\lambda_1^3 r}{\mu_1(t_s-t_w)l}\right]^{1/4} \tag{9-19}$$

式中，g 为重力加速度（m/s^2）；ρ_1 为凝结液的密度（kg/m^3）；λ_1 为凝结液的导热系数[W/(m·K)]；r 为汽化潜热（J/kg），由饱和温度查取；μ_1 为凝结液的动力粘度（Pa·K）；t_s 为蒸汽相应压力下的饱和温度（℃）；t_w 为壁面温度（℃）；C 为计算系数，对于竖壁（或竖管）取 $C=1.13$，对于水平管，取 $C=0.729$；l 为特征尺寸（m），对于竖壁（或竖管）取 $l=H$（高度，m），对于水平管，取 $l=d$（管外径，m）。

凝结液的物性参数按液膜层的平均温度 $t_m=(t_s+t_w)/2$ 来确定；如果在水平管的竖直平面上为多管布置，其数量为 n，管外径为 d，只需将式(9-19）中的特征尺寸取 $l=nd$ 即可。

（2）液膜为紊流时（$Re_c \geqslant 1600$） 对于液膜为紊流时，热量的传递方式如下：

1）靠近壁面极薄的层流底层依靠导热方式传递热量。

2）层流底层以外的紊流层以紊流传递的热量为主。

所以对于竖壁而言，紊流膜状换热时沿整个壁面上的平均表面传热系数应分段计算，公式为

$$h = h_l \frac{x_c}{H} + h_t\left(1 - \frac{x_c}{H}\right) \tag{9-20}$$

式中，h_l 为层流段的平均传热系数；h_t 为紊流段的平均传热系数；x_c 为层流转变为紊流时转折点的高度；H 为竖壁面总高度。

3. 影响蒸汽膜状凝结换热的因素

除前文述及的凝结液膜的流态（如层流和紊流）、凝结壁面的位置（如竖直、水平、倾斜和管束排数等）及凝结发生的部位（如内部和外部凝结）等影响膜状凝结换热外，还有以下的影响因素：

（1）蒸汽中含有不凝结气体的影响 蒸汽中含有不凝结气体（如空气）时，即使含量极微，也会对凝结换热产生十分有害的影响。经实验证实，如蒸汽中质量分数占1%的空气能使凝结表面传热系数下降60%。这主要是由两方面原因造成的：一方面，随着蒸汽的不断凝结，不凝结气体将会在壁面液膜外侧聚集而形成一层气膜，阻碍蒸汽与壁面的接触，增加了换热过程的阻力，使凝结表面传热系数下降；另一方面因含有不凝结气体，降低了汽—液界面的蒸汽分压力，使与分压力相对应的蒸汽的饱和温度 t_s 降低，使得冷凝换热温度差 $\Delta t=t_s-t_w$ 降低，即换热驱动力下降，从而使换热效果下降。所以电厂凝汽器都装设有高效能的抽气设备，以保证漏入的空气被及时抽出，提高凝汽器的工作效率。

（2）蒸汽流速和流动方向的影响 前面介绍的公式适用于蒸汽流速较低的情况（忽略了气—液界面上的粘性阻力），若蒸汽速度较高，如流速 $u>10\text{m/s}$，蒸汽流会在汽—液界面上产生粘性阻力，从而影响到液膜的流动。若蒸汽流动方向与液膜流动方向相同，则会加速液膜的流动，使液膜变薄，表面传热系数增大；若流动方向与液膜流动方向相反，则阻滞液膜流动，使其增厚，表面传热系数降低。但不论蒸汽速度方向如何，只要速度足够大，都可能驱赶或撕破液膜，而使换热阻力下降，表面传热系数增大，凝结换热增强。实验表明，当流速增加到40～50m/s时，表面传热系数将提高30%左右。通常当 $u<10\text{m/s}$ 时，不考虑流速对换热的影响。

（3）换热表面状况的影响 若凝结壁表面粗糙、不清洁、有结垢或生锈时，将增加凝结液膜的流动阻力，导致壁面液膜增厚，热阻增加；同时还会因污垢带来附加导热热阻，使表面传热系数下降。因此，电厂中的凝汽器、冷油器等表面式换热设备要求定期清洗、除垢、除锈、排油，以保持换热壁面的光滑和清洁。

（4）管排方式的影响 对单管：横放比竖放换热好，因管子横放时，管外液膜短而薄，换热热阻小；而竖放时液膜厚而长，换热热阻大。

对管束：火电厂中的凝结换热设备都是由管束组成的。第一排管子类似于单管的凝结换热，而下面各排管子都要受到上排管子凝结液的下落，使其液膜增厚，热阻加大，表面传热系数下降。但上排管凝结液下落时可能产生飞溅及对下排管凝结液造成冲击扰动，使表面传热系数增大。生产实际中管束常见的排列方式有顺排、叉排和辐向排列三种。不同的排列方式，其液膜的状态也不同，一般情况下，当管排数相同时，叉排表面传热系数最大，辐向排列次之，顺排最小。

4. 强化膜状凝结换热的措施

对于膜状凝结，液膜阻碍了蒸汽和壁面的接触，成为凝结换热的主要热阻。因此，如何快速排除凝结液膜、减小液膜的厚度是强化膜状凝结换热的主要方向。

1）采用各种高效强化传热管。如采用各种带有尖锋的低肋或锯齿管这类高效冷凝表面，可使凝结的液膜减薄。

2）采取引流措施，如利用离心力、低频振荡或加装导流装置等，使已凝结的液体尽快从表面上排泄掉。

3）有效及时排出不凝结气体，如在回热加热器中安装排气管，对负压运行的设备（凝汽器）使用抽气装置。

4）人为造成珠状凝结，如在冷凝壁面上涂上润湿能力差的材料等，但目前效果不甚理想。

随着技术的进步，强化膜状凝结换热的方法很多，有关详细介绍可参阅相关资料。

9.4.2 沸腾换热

1. 沸腾换热及类型

（1）沸腾的概念及特征　在一定压力下液体与高于其饱和温度的壁面接触时，液体被加热汽化并产生大量汽泡的现象称为沸腾；沸腾过程中液体与固体壁面的换热现象称为沸腾换热。如电厂中锅炉的水冷壁、沸腾式省煤器中被加热的流体侧的换热过程。

沸腾的特征是液体内部不断产生汽泡，这些汽泡在壁面上的某些地点（称为汽化核心）不断产生、长大，脱离壁面并向上浮升运动，使壁面和液体内部都受到强烈扰动。对同一种流体而言，沸腾换热强度远大于无相变的换热，如在常压下水的沸腾表面传热系数可达 $5\times10^4\mathrm{W/(m^2\cdot K)}$，而强制对流时的表面传热系数最高值才为 $10^4\mathrm{W/(m^2\cdot K)}$。

（2）沸腾的分类　沸腾的形式有多种，按发生的场合可分为大容器沸腾（或称池内沸腾）和管内沸腾（或称强制对流沸腾、有限空间沸腾）。如果液体具有自由表面，不存在外力作用下的整体运动，这样的沸腾称为大容器沸腾；如果液体在管内沸腾，液体在一定压差下处于强制对流运动状态，这样的沸腾称为管内沸腾。如火电厂锅炉水冷壁内的沸腾属于管内沸腾。

无论是大容器沸腾还是管内沸腾，都有过冷沸腾和饱和沸腾之分。如果液体的主体温度低于饱和温度，汽泡在固体壁面上生成、长大，脱离壁面后又会在液体中凝结消失，这样的沸腾称为过冷沸腾；若液体的主体温度达到或超过饱和温度、汽泡脱离壁面后会在液体中继续长大，直至冲出液体表面，这样的沸腾称为饱和沸腾。

下面主要介绍大容器沸腾和管内沸腾的换热情况。

2. 大容器沸腾换热的特点及计算

（1）大容器沸腾的特点　大容器沸腾中，加热壁面沉浸在具有自由表面的液体中，壁面上产生的汽泡能自由上升，并在上升过程中不受液体流动的影响，液体的运动只是由自然对流和汽泡扰动引起；由于汽泡形成和脱离时带走热量，使加热表面不断受到冷流体的冲刷和强烈的扰动，同时液体汽化吸收大量的汽化潜热；因而沸腾表面传热系数很大。

(2) 沸腾曲线及沸腾的四个阶段　随壁面过热度 Δt（$\Delta t = t_w - t_s$）的增加，沸腾换热表现出不同的传热规律。为了说明沸腾换热的换热特点，引入沸腾曲线的概念，即表示沸腾换热的热流密度 q 与壁面过热度 Δt 之间的变化关系曲线，称为沸腾曲线。图 9-13 为通过实验得出的水在 1 个标准大气压（1.013×10^5Pa）下的大容器饱和沸腾曲线。从曲线中可以看出，整个沸腾过程可分为自然对流、核态沸腾、过渡沸腾和膜态沸腾四个不同的换热阶段。

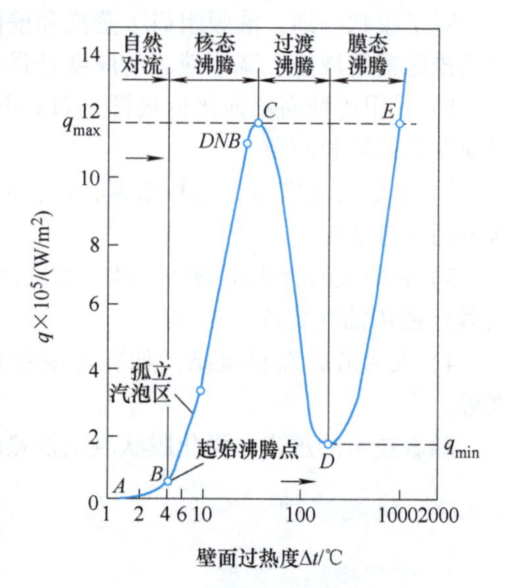

图 9-13　水在 1.013×10^5Pa 下大容器饱和沸腾曲线

1）自然对流阶段（AB 段）。该阶段加热面的温度较低，壁面过热度 Δt 较小（$\Delta t\leqslant4$℃），加热面上产生的汽泡数很少且不脱离壁面，表面传热系数和热流密度增加缓慢，液体的总体温度低于饱和温度，处于过冷沸腾状态。换热以沸腾液体的自然对流为主。由于存在一定程度的沸腾现象，在该区段的换热强度要比单纯的自然对流换热强。

2）核态沸腾阶段（BC 段）。随着 Δt 的增大（4℃ $<\Delta t\leqslant$ 50℃），液体的总体温度也不断地升高而达到或大于饱和温度。加热壁面的汽化核心逐步增多，在加热面上产生汽泡的数量增加，汽泡不断地在壁面上产生、长大、跃离，并在液体浮升力的作用下向上运动到达液体的自由面。大量汽泡脱离壁面及向上运动时，促进液体的强烈掺混和扰动，故表面传热系数和热流密度都迅速增加，换热以大量汽泡的运动为主要特征，所以也称为泡态沸腾阶段，由于此阶段温差小，换热强，因此在工业中被广泛利用。核态沸腾阶段的终点 C 为热流密度峰值点（q_{max}）。

3）过渡沸腾阶段（CD 段）。当 Δt 增大至过 C 点后（50℃ $<\Delta t\leqslant$ 150℃），加热面上产生的汽泡数大大增加，且汽泡的生成速率大于脱离速率，汽泡在壁面交替形成局部汽膜，但汽膜很不稳定。此时，形成的汽膜面积不大且汽膜会不时破裂成大汽泡脱离壁面，加热面呈现出局部汽膜和汽泡并存状态，因此属于核态沸腾向膜态沸腾转变的过渡沸腾（过渡态），由于热阻增加，表面传热系数与热流密度 q 均下降，且热流密度 q 迅速降低至极小值 q_{min}（D 点）。

4）膜态沸腾阶段（DE 段）。当达到 D 点（$\Delta t>$ 150℃）以后，汽泡迅速生成并结合，汽泡数目的剧增使局部的汽膜相互结合最终使壁面被汽膜完全覆盖，形成稳定的膜态沸腾，此时液体完全不能与加热壁面接触，汽化在汽液界面上进行，热量的传递过程变为加热面与蒸汽之间的对流和导热换热以及加热面与汽膜表面之间的辐射换热。此时虽然由于稳定汽膜的形成使对流及导热热阻增大，但因过热度较大且随着过热度的增加，辐射换热的作用迅速加强，膜态沸腾的传热系数和热流密度又会以较快的速率增加。

(3) 临界点和临界热流密度（q_{cr}）　由核态沸腾转变为膜态沸腾的转折点 C 称为临界

点。C 点对应的温差、热流密度（热负荷）和表面传热系数的数值分别称为临界温差 Δt_{cr}、临界热流密度（临界热负荷）q_{cr}和临界表面传热系数 h_{cr}。临界参数与液体的性质和所处的压力等有关。水在标准大气压下的临界参数约为 $\Delta t_{cr}=25℃$，$q_{cr}=q_{max}=1.45\times10^6 Pa$，$h_{cr}=5.8\times10^4 W/(m^2\cdot℃)$。

假设在加热功率不变的情况下，那么当逐步增大热流密度达到临界点 C 以后，只要热流密度再略有增加，工况将迅速由 C 点沿虚线 CE 跳到膜态沸腾线上的 E 点。虽然 C 点和 E 点的热流密度相同，但在 C 点上过热度只为20℃左右，而 E 点上的过热度却接近1000℃，加热面壁温将急剧上升到1000℃以上，加热面会因温度过高而导致设备烧毁，因此，常称 E 点为烧毁点。因此热流密度峰值 q_{max}是非常危险的数值，称为临界热流密度或临界热负荷。为了保证核态沸腾换热的安全，必须控制热流密度低于临界热流密度，这样就不会出现上述的温度飞升的现象。通常在核态沸腾区取一个比临界热流密度值略小且热流密度增大缓慢的点作为监控点，称为偏离核态沸腾点 *DNB*（Departure from Nucleate Boiling），生产中常将 *DNB* 点作为警戒点，将热负荷控制在 *DNB* 点热负荷以内。

以上介绍了在一个标准大气压下水的大容器饱和沸腾曲线。对于其他液体在不同的压力下的大容器饱和沸腾，都会得出类似的饱和沸腾曲线，即所有液体的大容器饱和沸腾现象都遵循类似的规律，只是各参数数值有所不同。

（4）大容器饱和核态沸腾换热的计算　由于沸腾换热过程的复杂性，通过理论分析来解决沸腾换热问题几乎是不可能的，因而实验研究常常是解决沸腾换热的主要途径。关于沸腾换热的计算有多种不同的计算关系式，由于电厂中主要是水的沸腾换热，这里给出工程上常用的适用于水的沸腾表面传热系数的计算式。

1）米海耶夫关联式。对于水在 $10^5\sim4\times10^6 Pa$ 压力下大容器饱和沸腾换热，米海耶夫推荐用下式计算表面传热系数：

$$h = 0.122\Delta t^{2.33}p^{0.5} \tag{9-21}$$

因为 $q=h\Delta t$，所以上式可改写为

$$h = 0.533q^{0.7}p^{0.15} \tag{9-22}$$

式(9-21)、式(9-22）中，h 为沸腾表面传热系数［$W/(m^2\cdot℃)$］；p 为沸腾绝对压力（Pa）；q 为热流密度（W/m^2）；$\Delta t=t_w-t_s$ 为壁面过热度（℃）。

2）临界热流密度（q_{cr}）的计算。工程中为了维持沸腾换热设备的安全高效运行，必须将热负荷控制在 q_{cr}以内，故计算 q_{cr}就显得很重要。常用朱泊（Zuber）推荐的半经验公式进行计算，即

$$q_{cr} = \frac{\pi}{24}r\rho_V^{1/2}[\sigma g(\rho_L-\rho_V)]^{1/4} \tag{9-23}$$

式中，r 为饱和温度 t_s 下液体的汽化潜热（J/kg）；ρ_L、ρ_V 分别为饱和液体和蒸汽的密度（kg/m^3）；σ 为汽—液界面的表面张力（N/m）；g 为当地重力加速度（m/s^2）。式中所有物性均按饱和温度查取。

3. 管内沸腾换热

（1）管内沸腾换热的主要特征

1）管内沸腾换热时，产生的蒸汽和液体混合在一起，形成气液两相流。

2）管的位置（竖放或横放）对换热过程有很大的影响。因为管的位置将强烈地影响沸

腾液体的运动性质和运动速度。

3）管内沸腾换热很大程度上取决于液体中的蒸汽含量（蒸汽干度），对于水和蒸汽两者的混合比不同，所得的汽水混合物的运动性质就各不相同，换热强度也不一样。因此，使得管内沸腾换热的流动和换热均很复杂。

（2）管内沸腾换热分析　在此以水流过竖管内产生的管内饱和沸腾为例来进行分析，其换热情况如图 9-14 所示。按液体的流动和换热特点大致可分为以下几个区段：

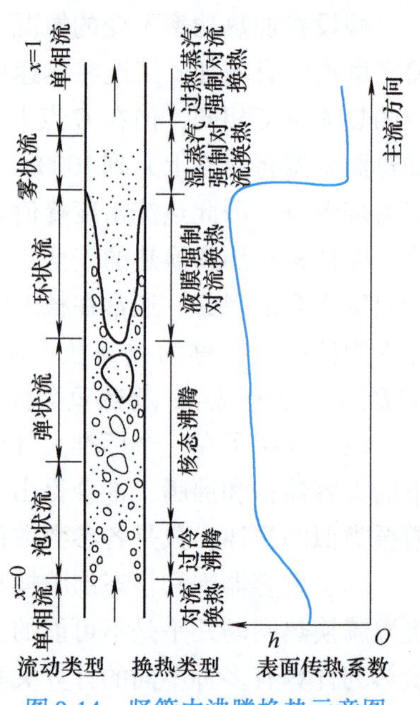

图 9-14　竖管内沸腾换热示意图

1）区段Ⅰ——过冷水的强制对流换热。

流动特征：单相水的强制流动，且水温低于饱和温度，管壁金属温度稍高于水温。

换热特征：管壁与水之间的换热为单相水的对流换热。沿着流动方向，由于水温的升高，表面传热系数略有增加。

2）区段Ⅱ——过冷沸腾。

流动特征：管壁温度高于水的饱和温度，紧贴壁面的水达到饱和温度并产生汽泡，但主流水温仍低于饱和温度。生成的汽泡脱离壁面进入主流后凝结成水而消失，为汽泡状流动的开始阶段。

换热特征：属于过冷沸腾。由于汽泡的产生并脱离壁面，增强了贴壁处水扰动，而且其汽泡凝结时释放汽化潜热，使表面传热系数有显著提高。

3）区域Ⅲ——核态沸腾。

流动特征：管壁温度高于水的饱和温度，管内水温均达到饱和温度，壁面上产生的汽泡被水流带走。在开始阶段，许多小汽泡分散地夹带在水流之中，形成汽泡状流动，随着汽泡的增多，小汽泡逐渐汇合成较大的汽弹，形成汽弹状流动。沿流动方向含气率逐渐增大。

换热特征：属于核态沸腾，表面传热系数很大，壁面过热度不高。

4）区域Ⅳ——液膜强制对流换热。

流动特征：管壁温度高于水的饱和温度，管内蒸汽及水的温度均为饱和温度，由于汽水混合物中的含汽率的增加，在管子中心部分形成一个高速流动的汽柱，汽柱中夹带一些细小水滴，其余部分的水被排挤紧贴在管子四周，形成环状液膜，即环状流动。

换热特征：换热状况很大程度上取决于液膜的厚薄，液膜越薄，热阻越小，表面传热系数越大。

5）区域Ⅴ——湿蒸汽强制对流换热。

流动特征：液膜被蒸干形成雾状流动，管壁温度高于水的饱和温度，管内湿蒸汽温度为饱和温度，汽流中存在一些水滴。

换热特征：液膜被蒸干管内壁直接与蒸汽接触，由于蒸汽的导热系数远低于水的导热系数，换热热阻大幅度上升，表面传热系数大幅度减小，管壁温度突然升高。此后随汽流中水滴的蒸发，蒸汽流速增大，表面传热系数又有所回升，壁温又逐渐下降。

6）区域Ⅵ——过热蒸汽强制对流换热。

流动特征：汽流中的水滴全部变为蒸汽，含汽率 $x=1$，湿蒸汽转变为过热蒸汽，为单相过热蒸汽强制流动过程，蒸汽温度大于水的饱和温度。

换热特征：随着过热蒸汽温度的升高，工质比体积加大，流速增加，使表面传热系数 h 略有增加，但管内工质对管壁冷却能力下降，使管壁温度也逐渐升高。

(3) 管内沸腾传热恶化及防止措施　因某种原因造成管内壁同蒸汽直接接触，使表面传热系数突然急剧下降、管壁温度迅速升高，可能导致管壁烧坏的现象，即出现所谓的传热恶化现象。按发生的原因和地点可分为第一、二类沸腾传热恶化。

1）第一类沸腾传热恶化。由于某种原因使管外热负荷非常高时，在核态沸腾区汽化中心密集，汽泡产生的速度大于汽泡脱离的速度，汽泡集合在管壁上形成汽膜，把水与管壁隔开，管壁直接同蒸汽接触，这种情况与大容器沸腾时的膜态沸腾非常相似，管子将超温，可能烧坏，称为第一类沸腾传热恶化。传热恶化发生在干度较低处，热负荷越高，发生偏离核态沸腾时的干度 x 值越小。在工程上把开始发生偏离核态沸腾时的热负荷称为临界热负荷 q_{cr}。影响临界热负荷的因素有工质的质量流速、质量含汽率和管子内径等。

2）第二类沸腾传热恶化。在由环状流动向雾状流动过渡的区域，由于液膜被蒸干或被气流撕破，也使管壁直接同蒸汽接触，表面传热系数明显下降。工程上把蒸干传热恶化现象称为第二类沸腾传热恶化。发生第二类沸腾传热恶化时的含汽率称为临界含汽率 x_{cr}。当热负荷较低时，发生蒸干时管壁温度仅升高几度到几十度，不会发生管壁金属超过材料的许用温度的情况。但当热负荷很高时，管壁温度会升高几百度。

由上述分析可知，防止沸腾传热恶化的思路就是设法提高易产生传热恶化区段的表面传热系数系数并破坏汽膜的生成，或者设法推迟开始沸腾传热恶化的部位，使之发生在低热负荷区。在火电厂中常采取以下措施来防止沸腾传热恶化的发生：适当增加质量流速，以推迟膜态沸腾；采用内螺纹管或装扰流子以增加对流体的扰动，强化换热，推迟发生膜态沸腾的地点，使之远离高热负荷区；还可通过改进燃烧方式，减小炉内热偏差，以避免水冷壁局部热负荷过高。

小　结

本章主要介绍了对流换热的有关概念、牛顿冷却公式、影响对流换热的主要因素和对流换热的研究方法等内容；较详细地分析了流体无相变的对流换热（包括管内强制对流换热、流体绕流圆管的对流换热、流体沿平壁流动时的对流换热、自然对流换热）和有相变的对流换热（凝结换热与沸腾换热）的流动特征、换热特征及计算表面传热系数的准则方程。

学习本章应注意以下几点：

1. 对流换热是流体流过固体壁面且由于其与壁面间存在温差时的热量传递现象，它是流体的宏观热运动（热对流）与流体的微观热运动（导热）综合作用的结果。无论何种对流换热，牛顿冷却公式 $\Phi=hA\Delta t$ 都是适用的，只是不同换热方式其表面传热系数 h 区别较大，对流换热问题的核心问题实质上就是对表面传热系数的分析与计算。

2. 表面传热系数 h 为一过程量，影响因素很多，而不像导热系数 λ 那样是物性参数，因而，不同对流换热过程的表面传热系数 h 的数量级相差很大。一般来说，液体对流换热比气体强；对同一种流体而言，强制对流换热比自然对流换热强，紊流换热比层流换热强，有相变的换热比无相变换热强。表9-6列出了几种流体在不同换热方式中，表面传热系数的大致范围。

表9-6 表面传热系数 h 的大致范围

对流换热类型	$h/[W/(m^2 \cdot K)]$	对流换热类型	$h/[W/(m^2 \cdot K)]$
空气自然对流	1~10	空气强制对流	20~100
水自然对流	200~1000	水强制对流	1000~15000
水沸腾	2500~35000	高压水蒸气强制对流	500~3500
水蒸气凝结	5000~25000		

3. 利用各种准则方程计算表面传热系数及换热量时，要注意方程的适用范围及条件和三个特征量的选取。由于对流换热的复杂性，大多数对流换热问题的分析求解是十分困难的，因此，本章介绍的一些准则方程都是通过相似理论指导实验得到的经验公式。

在无相变对流换热问题的定量计算中，应注意以下几个方面的问题：

1）判断问题的性质。这是正确求解对流换热问题的关键。流体有无发生相变？是自然对流还是强制对流？内部流动还是外部流动？流态是层流还是紊流？

2）根据实际换热情况选择正确的准则方程和三大特征量（即特征尺寸、定性温度及特征流速）。

3）对管内强制对流换热，注意短管效应修正、弯管修正和不均匀温度场引起的物性修正。

4）通过各种不同情形下的表面传热系数的大致范围，判断计算结果的正确性。

4. 在定性分析方面，注意影响对流换热、蒸汽膜状凝结换热的主要因素，大容器沸腾换热曲线及四个阶段的换热特点。

自测练习题

一、填空题（将适当的词语填入空格内，使句子正确、完整）

1. 对流换热时的热量传递是依靠流体与壁面接触层之间的________作用，以及流体内部的作用。

2. 按照流体流动产生的原因，对流换热可分为__________和__________两类。

3. 自然对流不需要__________，运动的强弱决定于__________大小。

4. 热力发电厂中水的相变换热有________和________两种方式。

5. 水沸腾时，汽泡的________和________是沸腾换热的主要特征。

6. 液体沸腾换热的四个阶段是____________、____________、____________和__________阶段。

7. 牛顿冷却公式为 $\Phi=$________ W。

8. 蒸汽凝结时，分为________凝结和________凝结两种方式，工程中常见的是__________方式。

9. 蒸汽在竖壁上凝结时，随着层流凝结液膜厚度的增加，局部表面传热系数由________逐渐________。

10. 对蒸汽在竖管外面凝结放热计算时，定型尺寸通常取__________。

二、判断题（判断下列命题是否正确，若正确在 [ ] 内记“√”，错误在 [ ] 内记“×”）

1. 对流换热是导热和热对流综合作用的结果。 [ ]
2. 紊流的流速一定比层流流速大。 [ ]
3. 在相同的 Re 及管束排数下，叉排管束的平均表面传热系数要比顺排管束强。 [ ]
4. 流体在管内强制运动换热时，在入口段的表面传热系数最小。 [ ]
5. 自然对流换热时流体的流态决定于雷诺准则和普朗特准则的乘积。 [ ]
6. 通常情况下，有相变的对流换热比单相流体的对流换热强。 [ ]
7. 沸腾换热设备的安全经济工作段是膜态沸腾段。 [ ]
8. 珠状凝结比膜状凝结换热强，因而工程中常见的凝结大多是珠状凝结。 [ ]
9. 蒸汽在管外凝结时，管子横放比竖放好。 [ ]

三、选择题（下列各题答案中选一个正确答案编号填入 [ ] 内）

1. 当流体粘性一定时，流速越高，其他条件相同时其表面传热系数则 [ ]。

（A）越大　（B）越小　（C）不变　D）无法判断

2. 当管内流动流体的 $Re<2300$ 时，管内流体的流态为 [ ]。

（A）层流　（B）紊流　（C）过渡区

3. 管内流体流态为紊流时，在其他条件相同时，流体与管壁的对流换热量 [ ] 层流时的对流换热量。

（A）大于　（B）小于　（C）等于

4. 流体横掠管束时，当管束排数超过 [ ] 时，一般可不考虑管子排数对整个管子的平均放热系数的影响。

（A）5 排以上　（B）10 排以上　（C）20 排以上

5. 相同条件下，发电机用下列哪种介质冷却效果好些 [ ]。

（A）氢气内冷　（B）水内冷　（C）空气内冷

6. 当管排数相同时，下列哪种管束排列方式的凝结表面传热系数最大 [ ]。

（A）叉排　（B）顺排　（C）辐向排列

7. 以下现象属于自由运动换热的是 [ ]。

（A）锅炉的炉墙散热　（B）空气预热器管外的换热

（C）水冷壁管内的换热

8. 水蒸气凝结的表面传热系数 [ ] 过热蒸汽强制对流时的表面传热系数。

（A）大于　（B）小于　（C）不一定

9. 通常情况下，下列几种流体表面传热系数的大小顺序排列正确的为 [ ]。

（A）$h_{水强制}>h_{空气强制}>h_{空气自然}>h_{水沸腾}$　（B）$h_{水沸腾}>h_{空气强制}>h_{水强制}>h_{空气自然}$

（C）$h_{水沸腾}>h_{水强制}>h_{空气强制}>h_{空气自然}$

10. 沸腾由核态沸腾转为膜态沸腾后，其表面传热系数下降，是因为 [ ]。

（A）汽膜的附加热阻很大　（B）汽泡运动不强烈

（C）产生的汽泡不多

11. 在凝结放热过程中，如蒸汽和液膜的流动方向相同，将使凝结放热系数 [ ]。

（A）增大　（B）减小　（C）不变

12. 在凝结放热过程中，若冷却表面粗糙不平，将使凝结放热系数 [ ]。

(A) 增大　　　　　(B) 减小　　　　　(C) 不变

四、问答题

1. 叙述对流换热的特点。

2. 冬天时，当你将手伸到室温下的水中时会感到很冷，但手在同一温度的空气中时并无这样冷的感觉，这是为什么？

3. 研究无相变对流换热时常用哪些准则？各有何物理意义？

4. 其他条件相同时，同一根管子横向冲刷与纵向冲刷相比较，哪种情况换热较强，为什么？

5. 简要说明蒸汽膜状凝结换热的影响因素。

6. 从换热角度讲，为什么电厂凝汽器必须配有抽空装置？

7. 两滴完全相同的水滴在大气压下分别滴在表面温度为120℃和400℃的铁板上，滴在哪一块铁板上的水滴先被蒸干？为什么？

8. 何谓沸腾换热的临界热负荷？它在工程实践中有何重要意义？

五、计算题

1. 30℃空气吹过150℃的热表面，如果空气与热表面之间的表面传热系数为205W/(m^2·K)，试计算这个热表面的对流散热量和单位面积换热热阻。

2. 空气以1.3m/s速度在内径为22mm、长为2.25m的管内流动，空气的平均温度为38.5℃，管壁温度为58℃，试求管内对流换热的表面传热系数。

3. 已知：在锅炉的空气预热器中，空气横向掠过一组叉排管束，s_1 = 80mm，s_2 = 50mm，管子外径 d = 40mm，空气在最小界面处的流速为6m/s，空气平均温度 t_f = 133℃，在流动方向上排数大于10，管壁平均温度为165℃。求：空气与管束间的平均表面传热系数。

4. 长 L = 10m、外径 d = 150mm 的蒸汽管道，外壁温度为55℃，水平通过室温为18℃的车间。设管壁与空气间的表面传热系数为9W/(m^2·K)，如不考虑辐射的影响，试计算管道外壁对空气的对流散热量。

5. 有一根水平放置的水蒸气管道，其保温层外径为583mm，外表面平均温度为48℃，周围空气温度为32℃。试计算每米长蒸汽管道上由于自然对流而引起的散热量。

6. 压力为 1.103×10^5Pa 的水蒸气在表面温度为60℃的圆管外表面冷凝，管长为1.5m，管子外径为100mm，设液膜为层流，求该管横置的凝结热流密度。

7. 压力为0.1MPa的水在一铜制平底锅内沸腾，底部受热面直径为30cm，加热面壁温保持为110℃。求对流换热量。

第10章 热辐射及辐射换热

学习目标

1）能理解热辐射的本质以及特点。

2）掌握热辐射、热射线、黑体、灰体、吸收比、黑度、角系数、有效辐射等基本概念。理解黑体和灰体（特别是黑体）作为两个理想模型，在辐射换热研究中所起的重要作用。

3）掌握四次方定律的实质以及黑体和实际物体辐射力的计算，理解普朗克定律、维恩位移定律、兰贝特定律和基尔霍夫定律的内容及得出的结论。

4）能利用空间辐射热阻及表面辐射热阻的概念及表达式，计算两物体（两黑体或两灰体）之间的辐射换热，并能绘制相应辐射换热的热路图。

5）了解强化与削弱辐射换热的主要途径，遮热板原理及应用；了解气体辐射和太阳辐射的主要特点。

10.1 热辐射的基本概念

10.1.1 热辐射的本质和特征

1. 热辐射与辐射换热

物体受某种因素激发而向外发射辐射能（电磁波运载的能量）的现象称为辐射，发射辐射能是各类物质的固有特性。由于激发辐射的原因不同，因而有不同的辐射，如电磁辐射、核辐射和热辐射等。仅仅是由于物体自身温度或内部微观粒子热运动的原因而产生的辐射，称为热辐射。

只要物体的温度高于热力学温度0K，就会向外发出热辐射。自然界中的物体都在不停地向外空间发出热辐射，同时又不断地吸收周围其他物体发出的辐射能。辐射换热就是指物体之间相互辐射和吸收的总效果。物体的温度越高，它辐射的能量就越强。若物体间温度不相等，高温物体辐射给低温物体的能量将大于低温物体向高温物体辐射的能量，其结果是热量从高温物体传给了低温物体，高温物体热力学能减少，温度下降，低温物体热力学能增加，其温度升高。当物体间处于热平衡时，虽然物体间的净辐射换热量为零，但辐射与吸收过程仍在进行，此时辐射与吸收处于动态平衡。因此辐射换热是一个动态过程。

热辐射的本质就是发射电磁波的过程。温度是物体产生热辐射的标志，热力学能是物体热辐射的能量来源。

日常生活和实际工程中存在着大量的辐射换热现象，例如，从太阳传到地球的热量，打开炉膛看火孔的门人们脸上立刻会感觉到灼热，锅炉炉膛火焰与受热面之间的换热等，这些都主要是依靠热辐射方式来进行换热的。

2. 热射线

各种电磁波的波长（λ）范围可从几万分之一微米（μm）到数千米，它们的名称和分类如图10-1所示。理论上，热辐射的波长范围包括整个波谱，但在日常生活和工业上常见的温度范围内，热辐射的波长主要在0.1~100μm范围，通常把波长在此范围内的电磁波称为热射线，包括部分紫外线（波长小于0.38μm）、全部可见光（波长为0.38~0.76μm）和部分红外线（波长大于0.76μm）三个波段。

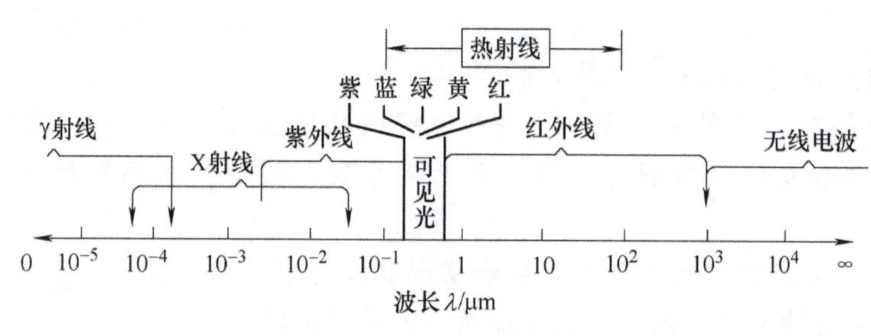

图10-1 电磁波的波谱

对于工程上的辐射体，热力学温度如果在2000K以下，其热辐射主要是红外辐射，而可见光的能量所占比例很少，通常可以忽略不计。

3. 热辐射的特点

热辐射是热量传递的三种方式之一，但热辐射现象不同于前文提及的导热和对流换热，热辐射的本质决定了热辐射过程有如下特点：

1）辐射换热与导热、对流换热不同，它不依赖物体的接触而进行热量传递；而导热和对流换热都必须由冷、热物体直接接触或通过中间介质相接触才能进行。热辐射不需中间介质，可以在真空中传递，在空间的传递依靠热射线为载运体。

2）辐射换热过程伴随着能量形式的两次转化，即物体的部分热力学能转化为电磁波能向外辐射，当此电磁波到达另一物体表面而被吸收时，电磁波能又转化为热力学能。即

热能（发射物体）⇒辐射能（电磁波携带）⇒热能（接收物体）

3）一切物体只要其温度$T>0K$，都会不断地发射热射线，即热辐射是物质的固有属性。

4）物体间以热辐射的方式进行的热量传递是双向的。当物体间有温差时，高温物体辐射给低温物体的能量大于低温物体辐射给高温物体的能量，因此总的结果是高温物体把能量传给低温物体。即使各个物体的温度相同，辐射换热仍在不断进行，只是每一物体辐射出去的能量，等于吸收的能量，从而处于辐射动态平衡的状态，此时物体间的辐射换热量为零。

10.1.2 物体的热辐射特性——吸收、反射和透射

1. 吸收比、反射比和穿透比

当外界的热射线投射到物体上时，遵循着可见光的规律，其中部分被物体吸收，部分被反射，其余则透过物体，如图10-2所示。

设投射到物体表面上全波长范围的总能量为Φ，被物体吸收的部分为Φ_α、被物体反射的部分为Φ_ρ、透射的部分为Φ_τ，根据能量守恒有

$$\Phi=\Phi_{\alpha}+\Phi_{\rho}+\Phi_{\tau}$$

等式两端同除以 Φ，可得

$$\frac{\Phi_{\alpha}}{\Phi}+\frac{\Phi_{\rho}}{\Phi}+\frac{\Phi_{\tau}}{\Phi}=1\Rightarrow\alpha+\rho+\tau=1 \tag{10-1}$$

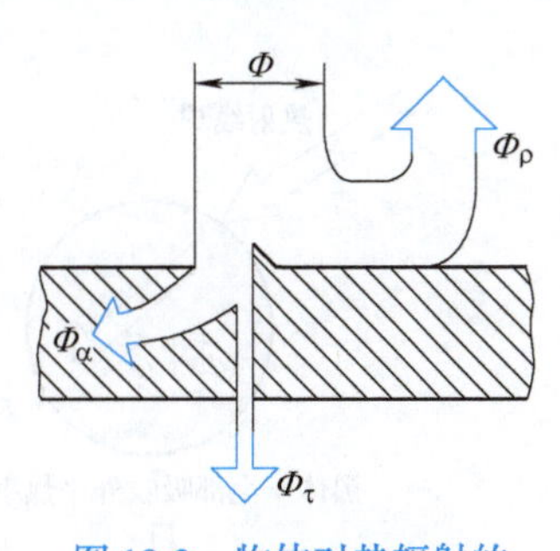

图 10-2　物体对热辐射的反射、吸收和穿透

式中，$\alpha=\frac{\Phi_{\alpha}}{\Phi}$称为物体的吸收比，表示投射的总能量中被吸收的能量所占份额；$\rho=\frac{\Phi_{\rho}}{\Phi}$称为物体的反射比，表示投射的总能量中被反射的能量所占份额；$\tau=\frac{\Phi_{\tau}}{\Phi}$称为物体的穿透比，表示投射的总能量中透过的能量所占份额。

如果投射能量是某一波长下的单色辐射，上述关系也同样适用，即

$$\alpha_{\lambda}+\rho_{\lambda}+\tau_{\lambda}=1 \tag{10-2}$$

式中，α_{λ}、ρ_{λ}、τ_{λ} 分别为单色吸收比、单色反射比和单色穿透比。

α、ρ、τ 和 α_{λ}、ρ_{λ}、τ_{λ} 是物体表面的辐射特性，它们和物体的性质、温度及表面状况有关。对全波长的特性 α、ρ、τ，还和投射能量的波长分布情况有关。

辐射能投射到物体表面有镜面反射和漫反射两种情况，如果从某方向投射的热射线其反射角等于入射角，这种反射称为镜面反射，如图 10-3 所示；当反射能均匀分布在各个方向时称为漫反射，如图 10-4 所示。对大部分非金属材料，由于表面较粗糙，故接近于漫反射。对光滑的金属表面、玻璃、塑料等，则会产生镜面反射或部分镜面反射现象。为使分析问题简便，本书后面所分析的参与辐射换热的灰体表面都视为是漫反射表面。

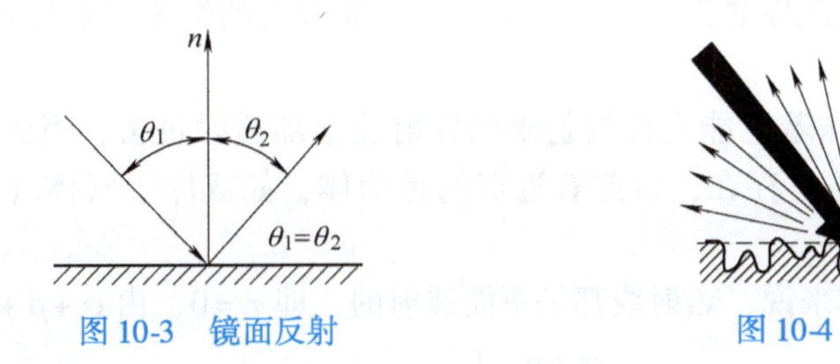

图 10-3　镜面反射　　图 10-4　漫反射

2. 理想辐射体

实际物体的辐射、吸收等特性是很复杂的，这给热辐射的研究带来很大困难。为研究问题方便，提出黑体、白体、透明体和灰体四种理想辐射体的概念，如图 10-5 所示。

对于 $\alpha=1$ 的物体，意味着它能全部吸收投射来的各种波长的辐射能，可见它是物体吸收能力最强的一种物体，因此称之为绝对黑体或黑体。后面将证明，在相同温度下，黑体的辐射能力也是最强的。在自然界中并不存在绝对黑体，只有近似的物体，如煤烟的吸收比达到 0.96。为研究起见，人们可以制造出近似的黑体。例如在高吸收比不透明材料构成的等壁温空腔上开一小孔，就可以把该小孔视为该温度下的黑体，如图 10-6 所示。

黑体的概念对于辐射换热的研究具有重要的意义，它可以作为工程材料的比较基准。通过对黑体的研究，在此基础上，引入一些修正系数就可以推广应用到实际物体中去。本书后面凡属黑体的物理量均加下角标 b。

对于 $\rho=1$ 的物体，意味着它能全部反射投射来的各种波长的辐射能，可见它是物体反

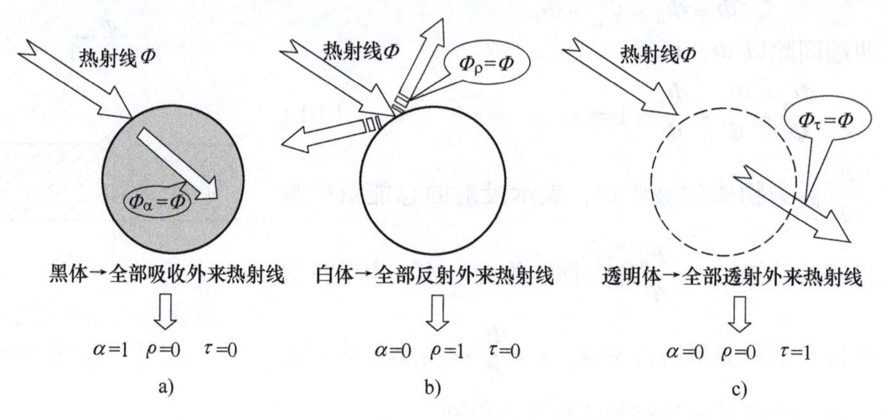

图 10-5 热辐射中的三种理想物体——黑体、白体和透明体

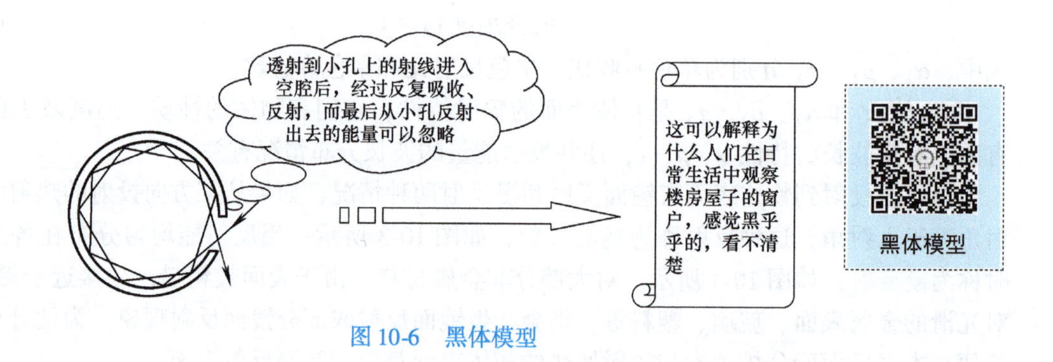

图 10-6 黑体模型

射能力最强的一种物体，因此称之为绝对白体或白体。如磨光的纯金反射比接近 0.98，近似于白体。

对于 $\tau=1$ 的物体，意味着它能允许投射来的辐射能全部透射过去，因此称为透明体。这种极限状况在自然界中并不存在，只能有近似的透明体，如双原子气体（氧气、氮气）可视为 $\tau=1$ 的透明体。

对大多数的固体和液体来说，热射线都是不能透射的，即 $\tau=0$，由 $\alpha+\rho+\tau=1$ 可知：

$$\alpha+\rho=1 \tag{10-3}$$

因此，对于大多数的固体和液体可得出以下结论：凡是善于吸收的物体就不善于反射，凡是善于反射的物体就不善于吸收。例如夏天人们总是喜欢穿白色衣服，这就是因为白色对可见光反射能力强，所以衣服吸收的可见光减少，从而感觉凉快些。

物体的波长辐射特性随波长的变化给辐射换热分析带来很大的困难。为了工程上分析计算简便，引入灰体的概念。所谓灰体，是指波长辐射特性不随波长而变化的假想物体，即 α_λ、ρ_λ、τ_λ 分别等于常数（与波长无关）。有如下关系

$$\alpha_\lambda=\alpha,\ \rho_\lambda=\rho,\ \tau_\lambda=\tau \tag{10-4}$$

即灰体的单色吸收比等于全波长吸收比，其大小与波长无关，只取决于灰体本身的性质。在热辐射的波长范围内，工程中的绝大多数材料都可以近似地作为灰体处理。实际上，黑体是灰体的一种特例，其 $\alpha_\lambda=\alpha=1$，只是工程中的材料的吸收比小于 1。

前面所提及的黑体、白体的概念均是对全波长电磁波而言，它与日常生活中所说的黑色物体与白色物体不同，颜色只是对可见光而言。而可见光在热辐射的波长范围中只占很小部

分，所以不能凭物体颜色的黑白来判断它对热辐射吸收比的大小。例如，白雪对我们肉眼而言是白色，那是因为它对可见光的反射比很高，吸收比很小，但实验证明，白雪对全波长的吸收比高达0.98，却有类似于黑体的性质；白布和黑布对可见光的吸收比差别很大，但对红外线的吸收比基本相同；再如，普通玻璃可以透过可见光，但它对于$\lambda>3\mu m$的红外线几乎是不透明体。

10.1.3　辐射力和黑度

1. 辐射力与单色辐射力

为了表示物体向外辐射能力的大小，引入辐射力的概念。辐射力是指发射物体在某一温度下，每单位表面积在单位时间内向半球空间所发射的全波长的总能量，用符号E表示，可用下式表示：

$$E=\frac{\Phi}{A} \tag{10-5}$$

式中，E为物体的辐射力（W/m^2）；Φ为物体单位时间辐射出去的总能量（W）；A为物体的表面积（m^2）。

由于不同波长的电磁波具有不同的辐射能，为描述其特点，引入单色辐射力的概念。某一温度下，单位时间内物体单位表面积向半球空间所有方向发射某一波长的辐射能称为单色辐射力，用符号E_λ表示，单位为$W/(m^2\cdot m)$。单色辐射力体现热辐射的波长性，反映物体在某一波长热辐射能力的大小，而辐射力从总体上表征物体热辐射能力的大小。根据上述定义，辐射力与单色辐射力之间的关系为

$$E=\int_0^\infty E_\lambda d\lambda \tag{10-6}$$

或

$$E_\lambda=\frac{dE}{d\lambda} \tag{10-6a}$$

物体的辐射力与材料的性质和温度有关。对于同一种材料，温度越高，其辐射力越强；对不同材料的物体，即使温度相同，其辐射力也不同。后面的定律将说明，同温度下黑体的辐射能力最强。

2. 黑度与单色黑度

为了计算实际物体的辐射力，这里先介绍黑度的概念。实际物体的辐射力E与同温度下黑体辐射力E_b之比称为黑度（又称发射率），用符号ε表示，即

$$\varepsilon=\frac{E}{E_b} \tag{10-7}$$

黑度的物理意义在于它表明了实际物体的辐射力接近黑体辐射力的程度。物体表面的黑度是一个物性参数，其值取决于物体的种类、表面温度和表面状况，即与物体本身的性质有关，而与外界因素无关。不同材料的黑度数值由实验测定，其值为0～1之间，常用工程材料的黑度可查相关资料。通常表面粗糙的物体或氧化金属表面具有较大的黑度，磨光的金属表面黑度较小；绝大多数非金属的黑度较大，为0.85～0.95，且与表面状况关系不大，在缺乏资料的情况时，可近似取0.9。

同理，同一温度下，不同材料就某一波长的单色辐射力是不同的，我们将实际物体的单色辐射力与同温度下黑体的单色辐射力的比值，称为实际物体的单色黑度（又称单色发射

率)，用符号 ε_λ 表示，即

$$\varepsilon_\lambda = \frac{E_\lambda}{E_{b\lambda}} \tag{10-8}$$

同理，单色黑度表明了实际物体的某波长下单色辐射力接近黑体单色辐射力的程度。

10.2 热辐射的基本定律

正如前一节所说，黑体是吸收比等于1的物体，也就是对投入辐射能够完全吸收的物体或物体表面，由于其对外界的辐射没有反射和穿透，因而黑体表面在给定的温度下发出的热射线是完全可以测定的。因此，热辐射规律的研究方法是：先研究黑体的辐射换热规律，然后再推广到实际物体中进行适当修正。本节将先介绍黑体辐射的基本定律（普朗克定律、维恩位移定律、斯蒂芬-玻尔兹曼定律和基尔霍夫定律)，然后再分析实际物体的辐射规律。

10.2.1 普朗克定律和维恩位移定律

1. 普朗克定律

当物体在一定温度下，其表面就向空间辐射不同波长的电磁波；不同波长的电磁波具有不同的辐射能，即单色辐射力不同。普朗克揭示了黑体的单色辐射力与波长、热力学温度之间的函数关系，即 $E_{b\lambda}=f(\lambda, T)$，此规律称为普朗克定律，其具体函数关系可表示为

$$E_{b\lambda} = \frac{c_1}{\lambda^5\left[e^{c_2/(\lambda T)}-1\right]} \tag{10-9}$$

式中，$E_{b\lambda}$ 为黑体的单色辐射力 [W/(m^2 · m)]；λ 为波长（m)；T 为热力学温度（K)；e为自然对数的底；c_1 为普朗克第一常数，$c_1=3.742\times10^{-16}$ W · m^2；c_2 为普朗克第二常数，$c_2=1.439\times10^{-2}$ m · K。

该关系式也可以用图形形象地表示出来，如图10-7所示。由图可看出如下特点：

1）同一波长下，黑体温度越高，对应的单色辐射力越大；某温度的曲线下的面积表示该温度下黑体的辐射力 E_b，因而随黑体温度的升高，其辐射力也增加。

2）在一定温度下，黑体的单色辐射力随波长连续变化，随着波长的增加，先是增大，然后又减小，而且波长很大或很小时，单色辐射力均趋于零，并在某一波长下有一最大值。

3）单色辐射力最大处的波长 λ_{max} 也随温度不同而变化，且随着温度的增高，曲线的峰值向左移动，即移向较短的波长。

4）从图中还可以看到，当黑体温度较低时，可见光波长范围内的辐射能量在总辐射能

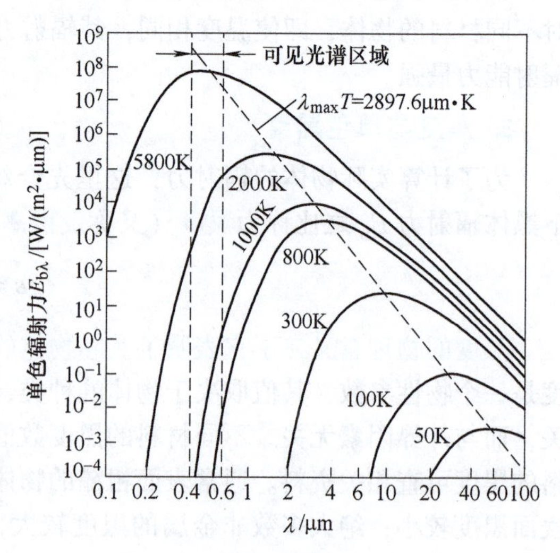

图10-7 黑体的单色辐射力与波长和温度的关系

量中所占的份额非常少，然而随着黑体温度的升高，这种情况却发生了变化。因此，在生活中我们会发现，冷物体不发光，热物体会发光，而且热物体的光亮会随着温度的升高逐渐发生变化，从暗红色、鲜红色、橘黄色直至变为亮白色。

2. 维恩位移定律

在温度不变的情况下，由普朗克定律关系式(10-9) 求极值，可以确定黑体的单色辐射力取得最大值的波长 λ_{max} 与热力学温度 T 之间的关系为

$$\lambda_{max}T = 2897.6\mu m \cdot K \tag{10-10}$$

此关系式称为维恩位移定律。该式表明，黑体最大单色辐射力所对应的波长 λ_{max} 和热力学温度 T 成反比，所以随着温度 T 增高，最大单色辐射力所对应的峰值波长 λ_{max} 逐渐向短波方向移动，如图 10-7 中的虚线所示。因此可由 λ_{max} 和 T 中任一个量求出另一个量，生产中常用仪器测得某近似黑体表面最大单色辐射力的波长 λ_{max}，然后由维恩位移定律即可得到该表面的热力学温度。如工业中常利用维恩位移定律制成辐射温度计来测量炉内火焰的温度；又如，利用式(10-10) 可以方便地估算出太阳表面的温度为 5800K，因为太阳可以近似视为黑体，用仪器测得太阳表面辐射的最大单色辐射力的波长 $\lambda_{max} = 0.5\mu m$，因而很容易知道其表面温度。同时可见，太阳辐射的最大单色辐射力的波长位于可见光的范围内，虽然可见光的波长范围很窄（0.38 ~ 0.76μm），但所占太阳辐射能的份额却很大（约为 44.6%），因此人的眼睛很明显感受到太阳辐射。

10.2.2 斯蒂芬-玻尔兹曼定律

在辐射换热的分析计算中，确定黑体辐射力非常重要。斯蒂芬-玻尔兹曼定律揭示了黑体的辐射力和绝对温度之间的关系。其函数关系式为

$$E_b = \sigma_b T^4 \tag{10-11}$$

式中，E_b 为黑体的辐射力（W/m^2）；T 为黑体的绝对温度（K）；$\sigma_b = 5.67 \times 10^{-8}$ [$W/(m^2 \cdot K^4)$]，称为斯蒂芬-玻尔兹曼常数，又称黑体辐射常数。

为了计算高温辐射的方便，可把上式改写为

$$E_b = c_o \left(\frac{T}{100}\right)^4 \tag{10-11a}$$

式中，$c_o = 5.67W/(m^2 \cdot K^4)$，称为黑体辐射系数。

该定律表明，黑体的辐射力仅是温度的函数，黑体的辐射力和绝对温度四次方成正比。故又称斯蒂芬-玻尔兹曼定律为四次方定律。

利用黑度的概念和四次方定律可方便地计算出实际物体的辐射力。

$$E = \varepsilon E_b = \varepsilon \sigma_b T^4 \tag{10-11b}$$

斯蒂芬-玻尔兹曼定律表达式可以直接根据辐射力与单色辐射力之间的关系式［式(10-6)］和普朗克定律表达式［式(10-9)］导出。

工程上有时常常需要计算黑体在一定的温度下发射的某一波长范围（或称波段）$\lambda_1 \sim \lambda_2$ 内的辐射能 $E_{b(\lambda_1-\lambda_2)}$（称为波段辐射力），如图 10-8 所示，很明显，$E_{b(\lambda_1-\lambda_2)}$ 在数值上等于图中阴影部分的面积。由积分概念有

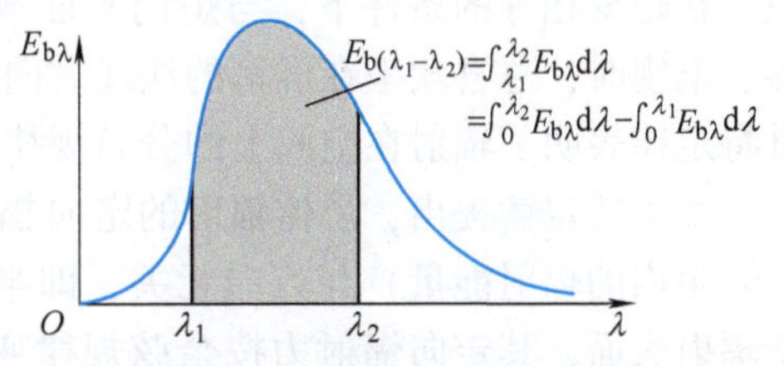

图 10-8　黑体的波段辐射力

$$E_{b(\lambda_1-\lambda_2)} = \int_{\lambda_1}^{\lambda_2} E_{b\lambda}\mathrm{d}\lambda = \int_{0}^{\lambda_2} E_{b\lambda}\mathrm{d}\lambda - \int_{0}^{\lambda_1} E_{b\lambda}\mathrm{d}\lambda \tag{10-12}$$

利用斯蒂芬-玻尔兹曼定律和普朗克定律可导出方便计算的 $E_{b(\lambda_1-\lambda_2)}$ 的计算式为

$$E_{b(\lambda_1-\lambda_2)} = [F_{b(0-\lambda_2)} - F_{b(0-\lambda_1)}]\sigma_b T^4 \tag{10-13}$$

式中，$F_{b(0-\lambda)}$ 则表示波长从 0 到 λ 的波长范围内黑体发出的辐射能在其辐射力中所占的份额，即黑体的波段辐射函数。为计算方便，黑体的波段辐射函数已制成表 10-1，可根据变量 λT 查出。

表 10-1 黑体波段辐射函数表

λT /μm · K	$F_{b(0-\lambda)}$ (%)	λT /μm · K	$F_{b(0-\lambda)}$ (%)	λT /μm · K	$F_{b(0-\lambda)}$ (%)	λT /μm · K	$F_{b(0-\lambda)}$ (%)
1000	0.0323	2800	22.82	6500	77.66	24000	99.12
1100	0.0916	3000	27.36	7000	80.83	26000	99.30
1200	0.214	3200	31.85	7500	93.46	28000	99.43
1300	0.434	3400	36.21	8000	85.65	30000	99.52
1400	0.782	3600	40.40	8500	87.47	35000	99.70
1500	1.290	3800	44.38	9000	89.07	40000	99.79
1600	1.979	4000	48.13	9500	90.32	45000	99.85
1700	2.862	4200	51.64	10000	91.43	50000	99.89
1800	3.946	4400	54.92	12000	94.51	55000	99.92
1900	5.225	4600	57.96	14000	96.29	60000	99.94
2000	6.690	4800	60.79	16000	97.38	70000	99.96
2200	10.11	5000	63.41	18000	98.08	80000	99.97
2400	14.05	5500	69.12	20000	98.56	90000	99.98
2600	18.32	6000	73.81	22000	98.89	100000	99.99

【例 10-1】 一炉膛内火焰的平均温度为 1500K，炉墙上有一直径为 20cm 的看火孔（视为黑体）。试计算当看火孔打开时向外辐射的功率；哪一种波长下的辐射能最多？

【解】 由四次方定律有

$$\Phi = A\sigma T^4 = \frac{\pi d^2}{4}\sigma T^4 = \frac{3.14\times 0.2^2}{4}\times 5.67\times 10^{-8}\times 1500^4\mathrm{W} = 9013\mathrm{W}$$

由维恩位移定律得最大辐射力时的波长为

$$\lambda_{max} = (2.8976\times 10^{-3}/1500)\mathrm{m} = 1.93\times 10^{-6}\mathrm{m}$$

10.2.3 兰贝特余弦定律

冬天人们成半圆形站在火炉边烤火，当打开炉门时，站在炉门正前方的人感到最热，这说明在距离相等的条件下，与炉门平面成法线方向的人体获得的辐射能量最多；人们看电影、电视时，总喜欢坐在屏幕的法线方向，如果坐在屏幕的切线方向，将无法观看节目。兰贝特定律表明了辐射在空间上的分布规律。

兰贝特定律提出，黑体辐射的定向辐射强度（单位时间内，单位可见辐射面积、单位立体角内的辐射能量）与方向无关，即半球空间的各个方向上的定向辐射强度相等。对于漫辐射表面，其定向辐射力按余弦规律变化，法线方向的定向辐射力最大，切线方向则为 0，所以兰贝特定律又称为兰贝特余弦定律。

10.2.4　实际物体的辐射特性和基尔霍夫定律

实际物体的辐射和吸收大多是在物体的表面进行，具有表面辐射的特性，其辐射特性与黑体有很大的区别，下面分别介绍实际物体的辐射特性和吸收特性以及二者之间的关系，也就是基尔霍夫定律所涉及的内容。

1. 实际物体的辐射特性

实际物体的单色辐射力随波长的变化较大。图 10-9a 是同温度下黑体、灰体和实际物体的单色辐射力随波长变化的示意图；图 10-9b 是黑体、灰体和实际物体的单色黑度随波长变化的示意图。从图中可以看出，实际物体的单色辐射力随波长的变化规律完全不同于黑体和灰体，同一波长下实际物体的单色辐射力比黑体的低，而且曲线并不光滑。

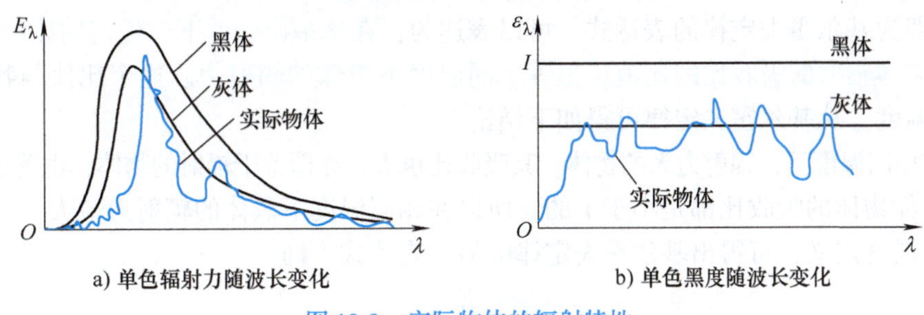

图 10-9　实际物体的辐射特性

实验结果发现，实际物体的辐射力并不严格遵循与热力学温度的四次方成正比，但在工程计算中，为了计算方便，仍认为一切实际物体的辐射力都与热力学温度的四次方成正比，可以根据式(10-11b) 来计算，而把由此引起的偏差包含在由实验确定的黑度 ε 数值之中。

前面介绍了吸收比 α 和单色吸收比 α_λ 的概念。对于黑体，能全部吸收不同方向、不同波长的辐射能，其 $\alpha=\alpha_\lambda=1$。但实际物体存在或多或少的反射，吸收比 α、α_λ 总是小于 1。实际物体的吸收特性很复杂，它不但与吸收物体本身的材料种类、温度和表面状况有关，还与发出辐射物体的材料种类、温度和表面状况有关。

实际物体的单色吸收比 α_λ 与黑体、灰体的不同，是波长的函数，即对波长具有选择性。有些材料（如磨光的铜和铝）的单色吸收比随波长变化不大；但有些材料（如粉墙面和白瓷砖）的单色吸收比随波长变化很大。人们经常利用这种选择性来为生产服务。例如，温室就是利用玻璃对阳光的吸收较少而对红外线吸收较多的特性，使大部分太阳能（短波）穿过玻璃进入室内，而阻止室内物体发射的辐射能（长波）透过玻璃散到室外，从而达到保温的目的。

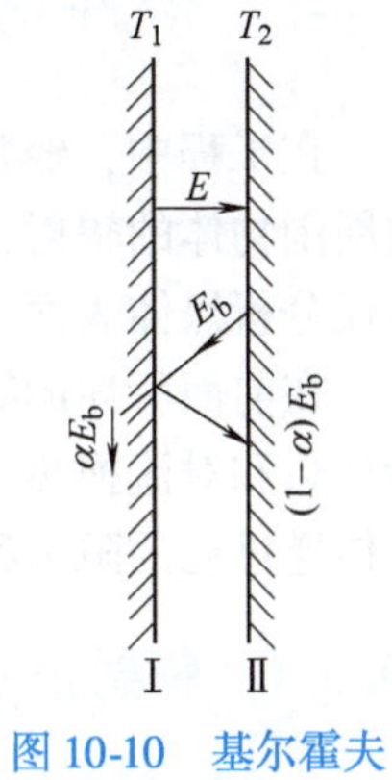

图 10-10　基尔霍夫定律的推导

2. 基尔霍夫定律

基尔霍夫定律揭示了实际物体的辐射力（E）与吸收比（α）之间的关系。该定律可由研究两个表面的辐射换热中导出。假定两块不透热的平板，面积很大，又靠得很近，忽略端部散热的影响，使一板面辐射的能量能全部落在另一板面上，如图 10-10 所示。

设板Ⅰ为任意物体表面，其辐射力、吸收比和表面温度分别为 E、

α、T_1；板Ⅱ为黑体面，其辐射力、吸收比和表面温度分别为 E_b、α_b 和 T_2。对于板Ⅰ而言，单位时间单位面积的辐射换热量为

$$\Phi = E - \alpha E_b \tag{10-14}$$

式中，E 为板Ⅰ的辐射力，它投射到板Ⅱ黑体面上被全部吸收。而 αE_b 为板Ⅱ黑体面的辐射力，投射到板Ⅰ物体面上，被板Ⅰ吸收的能量。上式正好表示板Ⅰ辐射和吸收的辐射能的差额。

若辐射体系处于温度平衡（$T_1 = T_2$）的状态，则 $\Phi = 0$，于是式(10-14）变为

$$\frac{E}{\alpha} = E_b \tag{10-15}$$

上式对于任意物体都是成立的，故可写成

$$\frac{E_1}{\alpha_1} = \frac{E_2}{\alpha_2} = \cdots = \frac{E_i}{\alpha_i} = E_b \tag{10-16}$$

此式即为基尔霍夫定律的表达式，可以表述为：在热平衡条件下，任何物体的辐射力和它对来自黑体辐射的吸收比的比值，恒等于同温度下黑体的辐射力。这个比值与物性无关，仅取决于温度。从基尔霍夫定律可得如下结论：

1）在相同温度下，辐射力大的物体，其吸收比也大，亦即善于辐射的物体，也善于吸收。

2）实际物体的吸收比都是小于1的，所以在相同温度下黑体的辐射力最大。

3）由黑度定义，可得出基尔霍夫定律的另一表达式，即

$$\alpha = \frac{E}{E_b} = \varepsilon \tag{10-17}$$

该式表明，实际物体对黑体的吸收比与同温度下该物体的黑度在数值上相等。

4）对于单色辐射黑度和单色吸收比之间的关系，仍然有 $\varepsilon_\lambda = \alpha_\lambda$，即表述为：任何物体在一定波长下的吸收比与同温度下在同样波长下的黑度在数值上相等。

5）虽然基尔霍夫定律是在热平衡条件下，对来自黑体的投入辐射而得到的结论，但对于灰体，因为其吸收比只取决于本身情况而与外界条件无关，所以对于灰体，不论投入辐射是否来自黑体，也无论是否处于热平衡条件，不受投射能按波长分布的限制，其吸收比恒等于同温度下的黑度，即 $\varepsilon = \alpha$。这一结论给工程中的辐射换热的计算带来极大方便，因为工程上绝大多数材料是可作为灰体来处理的。

10.3 物体间辐射换热的计算

在工程中，经常需要计算两物体间的辐射换热。对某一物体而言，在辐射的同时也在吸收周围物体的辐射，因而辐射换热实际上是分析物体在同一时间内辐射和吸收的总效果。本节仅分析黑体表面间和漫射灰表面之间的辐射换热。

在前面所述的导热和对流换热计算中，均采用类似于欧姆定律的热路分析法的方法来分析导热和对流换热过程。物体表面间的辐射换热问题也可采用类似的方法进行分析，此时热量传递过程的阻力称为辐射热阻。

10.3.1 辐射角系数

1. 辐射角系数的定义

物体间的辐射换热不仅与物体的表面温度和表面状况有关，还与物体大小、形状、相互

位置有关。角系数就是反映这些几何因素对辐射换热影响的重要参数。图 10-11 所示为大小相等的两大平板间的三种布置方式，图 10-11a 布置中，两平板相距很近，每个平板所发出的辐射能几乎都能全部落在另一个平板上；图 10-11b 布置中，每个平板所发出的辐射能只有部分落在另一个平板上，其他的则进入周围空间；而在图 10-11c 布置中，每个平板所发出的辐射能均无法落在另一个平板上。显然，图 10-11a 所示的两板间的辐射换热量最大，图 10-11b 次之，图 10-11c 的辐射换热量为零。

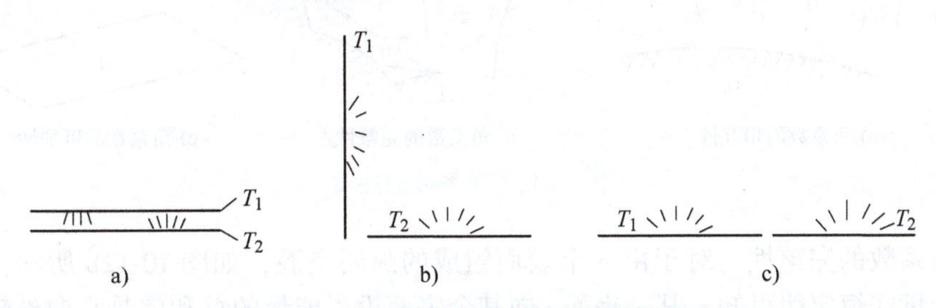

图 10-11 表面相对位置对辐射换热的影响

在一般情况下，一物体发射的辐射能，只有一部分投射到另一指定的物体表面上，其余部分则落到指定物体的周边的其他物体表面或空间中。为了计算方便，引入“辐射角系数”（简称角系数）这一物理概念。把表面 1 发出的辐射能落在表面 2 上的百分率称为表面 1 对表面 2 的角系数，记为 $X_{1,2}$。同理，表面 2 对表面 1 的角系数为 $X_{2,1}$；因而任意表面 i 对表面 j 的角系数可记为 $X_{i,j}$，其数学表达式为

$$X_{i,j}=\frac{\Phi_{i\to j}}{\Phi_i} \tag{10-18}$$

式中，$\Phi_{i\to j}$为辐射表面 i 发射的总辐射能量中落到表面 j 上的辐射能（W）；Φ_i 为辐射表面 i 发射的总辐射能（W）；$X_{i,j}$为表面 i 对表面 j 的角系数，$X_{i,j}$中的 i、j 前者表示发射体 i，后者表示接受体 j。

很显然，图 10-11a 布置时，$X_{1,2}=X_{2,1}=1$；图 10-11b 布置时，$X_{1,2}=X_{2,1}<1$；图 10-11c 布置时，$X_{1,2}=X_{2,1}=0$。

2. 角系数的性质

虽然角系数的定义是从能量角度定义的，可以证明，角系数只与物体表面的形状、尺寸以及物体间的相对位置有关，而与物体的性质和温度等无关，是纯几何因子。

（1）角系数的相互性 如图 10-12a 所示，若两个有限大小的表面 A_1、A_2 均为黑体，由于黑体能够全部吸收落在其表面上的辐射能，则两表面之间的辐射换热量 $\Phi_{1,2}$为表面 1 辐射到表面 2 的辐射能 $\Phi_{1\to2}$（$\Phi_{1\to2}=A_1E_{b1}X_{1,2}$）与表面 2 辐射到表面 1 的辐射能 $\Phi_{2\to1}$（$\Phi_{2\to1}=A_2E_{b2}X_{2,1}$）之差，可表示为

$$\Phi_{1,2}=\Phi_{1\to2}-\Phi_{2\to1}=A_1E_{b1}X_{1,2}-A_2E_{b2}X_{2,1} \tag{10-19}$$

当 $T_1=T_2$ 时，则两表面间的净辐射换热量 $\Phi_{1,2}=0$，又因为 $E_{b1}=E_{b2}$，则有

$$A_1X_{1,2}=A_2X_{2,1} \tag{10-20}$$

此关系式称为角系数的相互性。尽管这个关系是在热平衡条件下得到的，由于角系数是纯几何因子，与两表面是否是黑体和是否温度相等无关，因此式(10-19) 对非黑体表面及在不是热平衡条件下的一般慢射表面亦同样适用。此式也说明任意两表面间的角

系数是通过上面的这种函数关系相互关联的，只要知道其中一个，那么相应地就可以得到另外一个。

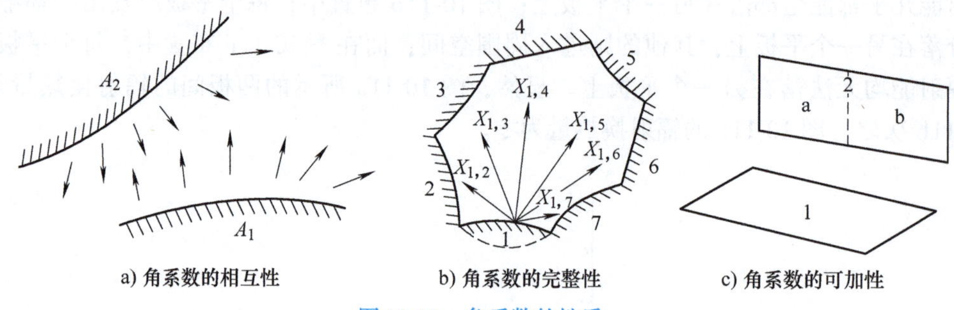

图 10-12 角系数的性质

（2）角系数的完整性 对于由 n 个表面组成的封闭空腔，如图 10-12b 所示，在封闭空腔内，由能量守恒定律可知，某一表面 i 向其余表面投射能量的总和就是它向外辐射的总能量，也就是说，该表面对空腔内所有表面的投射百分数（角系数）之和等于 1，如对空腔内任意表面 i，则有

$$X_{i,1}+X_{i,2}+X_{i,3}+\cdots+X_{i,n}=\sum_{j=1}^{n}X_{i,j}=1 \tag{10-21}$$

式中，$i=1，2，3，\cdots，n$，$X_{i,j}$是表面 i 对封闭空腔内任一表面 j 的角系数。此关系式称为角系数的完整性。表达式中必然包括 $X_{i,i}$，表示表面 i 发出的辐射能落在自身上的百分数。若表面 i 为平、凸表面时，其辐射能不能达到自己身上，则 $X_{i,i}=0$，若表面 i 为图中虚线所示的凹表面时，其辐射能有部分落在自己身上，则 $X_{i,i}>0$。

（3）角系数的可加性 如图 10-12c 所示，由能量守恒定律可知，从表面 1 发出直接落到表面 2 上的辐射总能量等于落到表面 2（表面 2 由表面 2a 和表面 2b 组成）的各部分上的辐射能的总和，即

$$A_1E_{b1}X_{1,2}=A_1E_{b1}X_{1,2a}+A_1E_{b1}X_{1,2b}$$

故有

$$X_{1,2}=X_{1,2a}+X_{1,2b} \tag{10-22}$$

同理，表面 2 发出的辐射能，落在表面 1 上的总量，等于表面 2a 和 2b 发出的辐射能落在 1 上的总和。

$$A_2E_{b2}X_{2,1}=A_aE_{b2}X_{a,1}+A_bE_{b2}X_{b,1}$$

可得

$$X_{2,1}=\frac{A_a}{A_2}X_{a,1}+\frac{A_b}{A_2}X_{b,1} \tag{10-22a}$$

可见，式(10-22) 即为角系数的可加性。应该指出，利用角系数的可加性时，只是对角系数符号中第二个角码（表示接收物体的）才是可加的，对第一个角码则不存在式(10-22) 的可加性。

3. 角系数的确定

确定角系数的方法有代数分析法、直接积分法、图解法、几何图形法和光模拟法等，这里只简要介绍工程上经常采用的代数分析法，其他可参阅有关资料。

所谓代数分析法，就是利用角系数的定义和性质，通过代数运算求解角系数的方法，下面就介绍利用代数分析法确定两种物体间简单情况时的角系数。

1）相距很近的两大平板间的角系数。如图 10-11a 所示，两平行大平板面积可视为相等（$A_1=A_2$），由于相距很近，通过边缘缝隙与其他物体间的辐射可忽略不计，一平板发出的辐射能必全部落在另一平板上，有

$$X_{1,2}=X_{2,1}=1 \tag{10-23}$$

2）一凸表面被另一表面包围的封闭腔。如图 10-13 所示，表面 1 发出的辐射能全部落在表面 2 上，所以 $X_{1,2}=1$，再由角系数的相互性 $A_1X_{1,2}=A_2X_{2,1}$，得

$$X_{2,1}=\frac{A_1}{A_2} \tag{10-24}$$

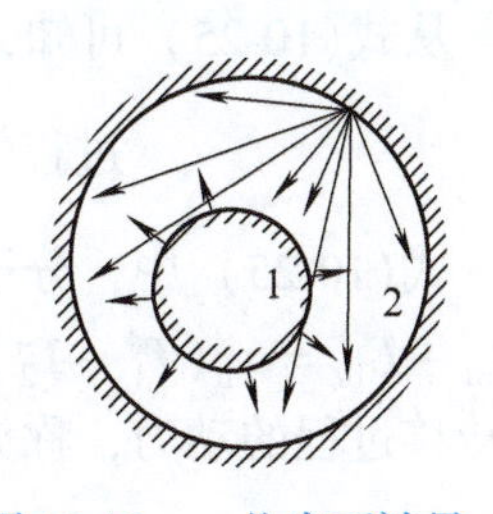

图 10-13　一凸表面被另一表面包围的角系数

【例 10-2】　试确定图 10-14 中的角系数 $X_{1,2}$。

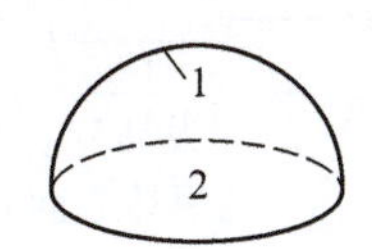

a) 半球内表面与底面

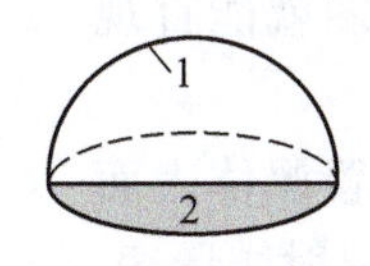

b) 半球内表面与1/4底面

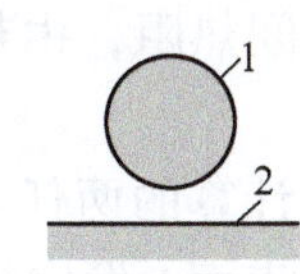

c) 球与无限大平面

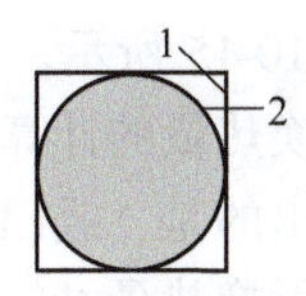

d) 正方盒内表面与内切球面

图 10-14　例题 10-2 图

【解】　图 10-14a 中，由角系数的相互性知，$A_1X_{1,2}=A_2X_{2,1}$，又因为 $X_{2,1}=1$，所以，$X_{1,2}=\frac{A_2}{A_1}$。

图 10-14b 中，由角系数的相互性知 $A_1X_{1,2}=A_2X_{2,1}$，又因为 $X_{2,1}=1$，所以，$X_{1,2}=\frac{A_2}{A_1}$。

图 10-14c 中，在球上方对称放置与无限大平板 2 同样的无限大平板 3，则由角系数的完整性有：$X_{1,2}+X_{1,3}=1$，又因为 $X_{1,2}=X_{1,3}$，所以 $X_{1,2}=0.5$。

图 10-14d 中，由角系数的相互性知 $A_1X_{1,2}=A_2X_{2,1}$，又因为 $X_{2,1}=1$，所以 $X_{1,2}=\frac{A_2}{A_1}$。

10.3.2　黑体表面之间的辐射换热

1. 两任意位置黑体表面间的辐射换热

只要能够确定表面间的角系数，两黑体表面间的辐射换热是比较容易计算的。如图 10-15所示，设有两个黑体表面的面积和温度分别为 A_1、A_2 和 T_1、T_2，表面间的角系数分别为 $X_{1,2}$、$X_{2,1}$。根据式(10-19) 知两表面间的辐射换热量 $\Phi_{1,2}$ 为

$$\Phi_{1,2}=\Phi_{1\to2}-\Phi_{2\to1}=A_1E_{b1}X_{1,2}-A_2E_{b2}X_{2,1}$$

根据角系数的相互性，即 $X_{1,2}A_1=X_{2,1}A_2$，上式可改写为

$$\Phi_{1,2}=A_1X_{1,2}(E_{b1}-E_{b2})=A_2X_{2,1}(E_{b1}-E_{b2})$$

或写成电学中欧姆定律的形式

$$\Phi_{1,2}=\frac{E_{b1}-E_{b2}}{\dfrac{1}{A_1X_{1,2}}}=\frac{E_{b1}-E_{b2}}{\dfrac{1}{A_2X_{2,1}}} \tag{10-25}$$

从式(10-25)可知，两黑表面间的辐射换热计算式也符合前文讲述过的公式：

$$\text{过程的转移量（热量）}=\frac{\text{热量转移过程的动力}}{\text{热量转移过程的阻力（热阻）}}$$

式(10-25)中，分子部分为两黑体表面间的辐射力之差$[E_{b1}-E_{b2}=\sigma_b(T_1^4-T_2^4)]$，类似于电学中的电势差，它是热量转移过程的动力，称为两黑体间辐射换热的辐射势差，单位为W/m²；而分母$\frac{1}{A_1X_{1,2}}=\frac{1}{A_2X_{2,1}}$类似于电阻，在辐射换热中称为空间辐射热阻，单位为1/W²。它是一个纯几何量，取决于物体表面的形状、尺寸和相对位置等几何因素，而与物体表面的温度、性质无关。所有物体间辐射换热均具有空间辐射热阻。这样，我们就可以画出两黑体间辐射换热的热路图，如图10-15所示。知道空间热阻，由热路图就能直观地写出辐射换热量的计算式了。

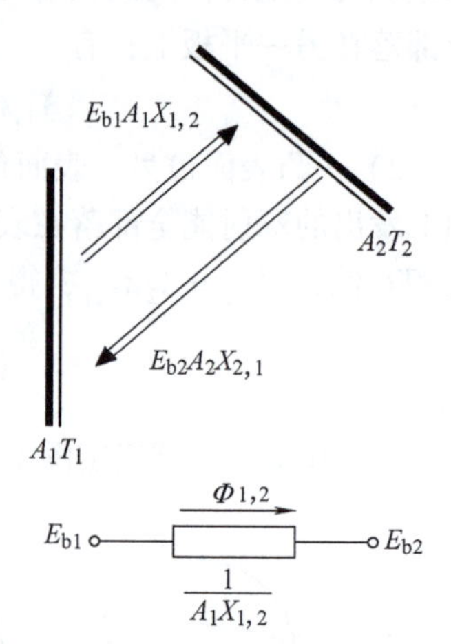

图10-15 两黑体表面间的辐射换热及辐射热路图

需要指出的是，式(10-25)计算的两任意位置黑体表面间的直接辐射换热量$\Phi_{1,2}$并不是表面1发出的净辐射能量Φ_1或表面2吸收的净辐射能量Φ_2，因为它们还要和周围其他表面之间进行辐射换热。当然，对两黑体表面组成封闭空腔时，则$\Phi_{1,2}$等于表面1发出的净辐射能量，也等于表面2吸收的净辐射能量，即$\Phi_{1,2}=\Phi_1=-\Phi_2$。

2. 封闭空腔内黑体表面间的辐射换热

参与辐射换热的各黑体表面间实际上总是构成一个封闭的空腔，即使表面间有开口亦可设定假想面予以封闭。这就是计算物体间辐射换热的基本方法——空腔法。

对有n个黑体表面1、2、3、…、n组成的封闭空腔（如图10-12b所示），那么每个表面的净辐射换热量应该是该表面与封闭空腔的所有表面之间辐射换热量的代数和，即

$$\Phi_i=\sum_{j=1}^{n}\Phi_{i,j}=\sum_{j=1}^{n}\frac{E_{bi}-E_{bj}}{\frac{1}{A_iX_{i,j}}} \tag{10-26}$$

式中，$X_{i,j}$是表面i对封闭腔内任一表面j的角系数，但$i\neq j$。

下面以三个黑体表面组成的封闭空腔为例来分析，其辐射热路图如图10-16所示。其表面1的净辐射热流量Φ_1为

$$\Phi_1=\frac{E_{b1}-E_{b2}}{\frac{1}{A_1X_{1,2}}}+\frac{E_{b1}-E_{b3}}{\frac{1}{A_1X_{1,3}}} \tag{10-26a}$$

同理，可写出Φ_2、Φ_3的计算式。

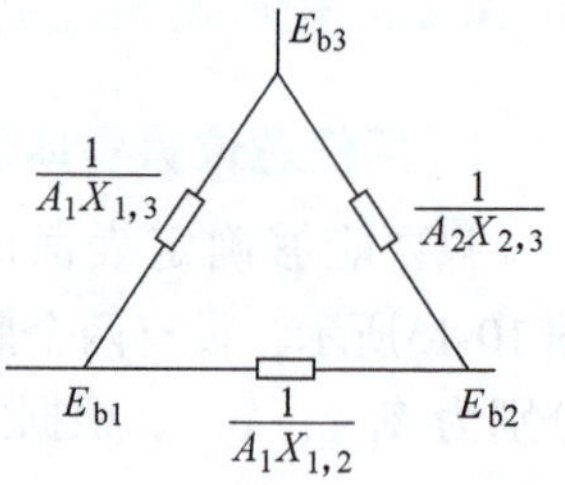

图10-16 三个黑表面组成空腔的辐射热路图

当组成封闭空腔诸表面中有某个表面i是绝热时，即它在辐射换热过程中没有净热量交换，则$\Phi_i=0$，投射到该表面的能量将全部被反射出去，E_{bi}成为不固定的浮动势位。通常锅炉中的砖墙可作为绝热表面考虑，这种表面也称重辐射面，如图10-16中表面3为绝热表面，根据串并联热阻叠加原则，其辐射热路图就相当于分热阻$\frac{1}{A_1X_{1,3}}$和$\frac{1}{A_2X_{2,3}}$串联再与分热阻$\frac{1}{A_1X_{1,2}}$

并联的热路图，如图 10-17 所示。则辐射空间总热阻为

$$\sum R_{t,X}=\frac{\frac{1}{A_1X_{1,2}}\left(\frac{1}{A_2X_{2,3}}+\frac{1}{A_1X_{1,3}}\right)}{\frac{1}{A_1X_{1,2}}+\frac{1}{A_2X_{2,3}}+\frac{1}{A_1X_{1,3}}} \tag{10-27}$$

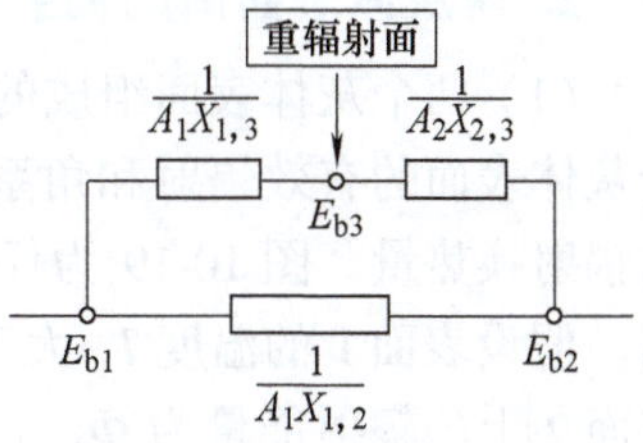

图 10-17 三个黑表面（有绝热表面）组成空腔的辐射热路图

由于是封闭空腔，表面 1 与表面 2 之间辐射换热量就是表面 1 的净辐射的能量或表面 2 净吸收的能量。即有

$$\Phi_{1,2}=\frac{E_{b1}-E_{b2}}{\sum R_{t,X}}=\Phi_1=-\Phi_2 \tag{10-28}$$

总之，对于封闭空腔诸黑体表面间的辐射换热问题，只要能够正确画出如图 10-16 所示的辐射热路图，就可以采用类似于电路分析法的方法进行分析求解。

10.3.3 灰体表面之间的辐射换热

1. 有效辐射

灰体表面的辐射换热比黑体表面要复杂得多，这是因为灰体表面只吸收一部分投射辐射，其余则反射出去，这样在灰体表面间形成多次吸收、反射的现象。为使分析和计算问题方便，认为参与辐射换热的灰体表面都是漫反射表面，并在此引入“有效辐射”的概念。

我们把单位时间内离开单位表面积的总辐射能称为该表面的有效辐射，用符号 J 表示，单位为 W/m^2；而把单位时间内投射到单位表面积上的总辐射能称为该表面的投入辐射，用符号 G 表示，单位为 W/m^2。有效辐射 J 不仅包括灰体表面的本身辐射 E，还包括灰体表面对投入辐射的反射辐射 ρG，即灰体表面的有效辐射在数值上等于灰体表面的本身辐射和反射辐射之和。图 10-18 表示了灰体表面的有效辐射 J，它可表示为

$$J=E+\rho G=\varepsilon E_b+(1-\alpha)G \tag{a}$$

式中，α、ρ 分别为分析表面的吸收比和反射比。

对分析表面来讲，辐射仪器测量到的或人们感受到的物体辐射实际上都是有效辐射。

灰体表面每单位面积的辐射换热量从表面外部来看，是该表面的有效辐射与投入辐射之差；而从表面内部来看，则应是本身辐射与吸收辐射之差，即

$$\frac{\Phi}{A}=J-G=\varepsilon E_b-\alpha G \tag{b}$$

从式(a) 和式(b) 两式消去 G，并考虑漫灰表面 $\alpha=\varepsilon$，可得

$$\Phi=\frac{\varepsilon A}{1-\varepsilon}(E_b-J)=\frac{E_b-J}{\frac{(1-\varepsilon)}{\varepsilon A}} \tag{10-29}$$

应用热阻的概念，上式中，Φ 为辐射热流（类似于电流）；分子（E_b-J）为表面与外界的辐射势差（类似于电势差）；分母$\frac{1-\varepsilon}{\varepsilon A}$相当于热阻（类似于电阻），我们称为表面辐射热阻，它是非黑体表面而具有的热阻，其大小与表面性质 ε 和面积大小 A 有关。ε 趋近于 1 或表面积趋近于无限大时，表面热阻趋近于零，对于黑体表面辐射热阻为零，$E_b=J$。

所以，对于每一个参与辐射换热的漫射灰表面，都可将式(10-29) 表示的辐射换热过程

绘制成热路图，如图 10-18 所示。

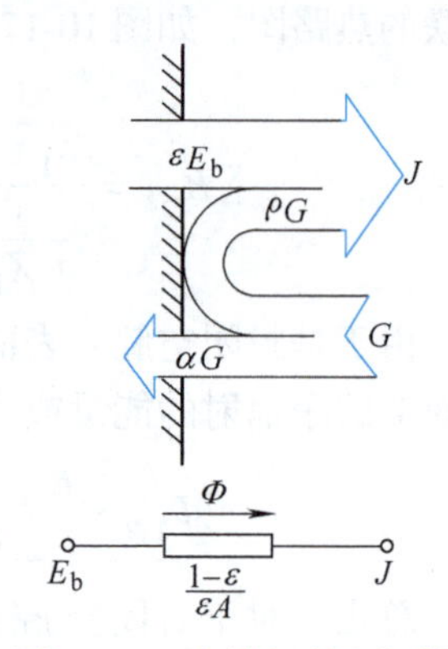

图 10-18 有效辐射和辐射表面热阻示意图

2. 两灰体表面间的辐射换热

（1）两个灰体表面组成的封闭空腔系统的辐射换热 当两个灰体表面的有效辐射和角系数确定后，就可以计算它们之间的辐射换热量。图 10-19 为任意位置的两灰体表面的辐射示意图。假设表面 1 的温度 T_1 大于表面 2 的温度 T_2，表面 1 投射到表面 2 上的辐射能量为 $\Phi_{1\to2}=A_1J_1X_{1,2}$，而表面 2 投射到表面 1 上的辐射能量为 $\Phi_{2\to1}=A_2J_2X_{2,1}$。那么，两个表面之间交换的热流量为

$$\Phi_{1,2}=A_1J_1X_{1,2}-A_2J_2X_{2,1}$$

由角系数的互换性有 $A_1X_{1,2}=A_2X_{2,1}$，这样上式就可写为

$$\Phi_{1,2}=\frac{J_1-J_2}{\dfrac{1}{A_1X_{1,2}}}=\frac{J_1-J_2}{\dfrac{1}{A_2X_{2,1}}} \tag{10-30}$$

式中，$\Phi_{1,2}$为两表面交换的辐射换热能量；(J_1-J_2) 为两表面间的空间辐射势差；$\dfrac{1}{A_1X_{1,2}}$或$\dfrac{1}{A_2X_{2,1}}$为两表面之间的空间辐射热阻。同样可以绘出对应的空间辐射热路图，如图 10-19所示。

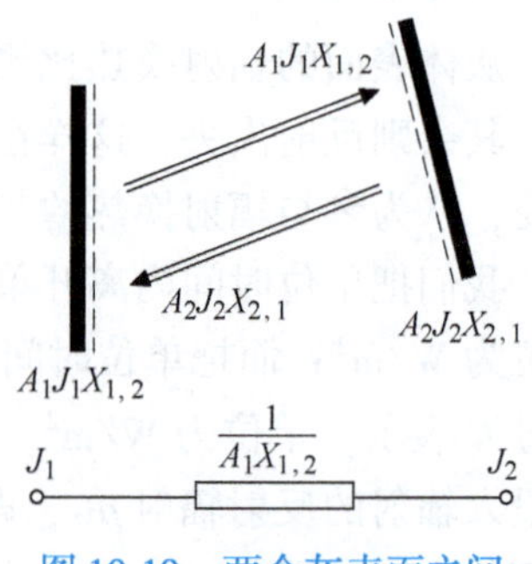

图 10-19 两个灰表面之间的辐射换热

对于由两个灰体表面组成的封闭空腔辐射系统，并假设表面 1 的温度大于表面 2 的温度，如图 10-20a 所示。两表面的辐射换热能量 $\Phi_{1,2}$ 等于表面 1 失去的净辐射能量 Φ_1，也等于表面 2 获得的净辐射能量 Φ_2，即 $\Phi_{1,2}=\Phi_1=\Phi_2$，故有

$$\Phi_{1,2}=\frac{J_1-J_2}{\dfrac{1}{A_1X_{1,2}}}=\frac{E_{b1}-J_1}{\dfrac{1-\varepsilon_1}{\varepsilon_1A_1}}=\frac{J_2-E_{b2}}{\dfrac{1-\varepsilon_2}{\varepsilon_2A_2}}$$

上式中消去未知量 J_1、J_2，可得

$$\Phi_{1,2}=\frac{E_{b1}-E_{b2}}{\dfrac{1-\varepsilon_1}{\varepsilon_1A_1}+\dfrac{1}{A_1X_{1,2}}+\dfrac{1-\varepsilon_2}{\varepsilon_2A_2}} \tag{10-31}$$

式中，分子 $\Delta E_b=E_{b1}-E_{b2}$ 为组成封闭腔的两灰表面间的辐射换热的辐射势差，分母$\left(\dfrac{1-\varepsilon_1}{\varepsilon_1A_1}+\dfrac{1}{A_1X_{1,2}}+\dfrac{1-\varepsilon_2}{\varepsilon_2A_2}\right)$为两灰体表面间的辐射换热的总辐射热阻，它是由两个表面辐射热阻和一个空间辐射热阻组成的串联热路。由此可绘出两个灰表面组成的封闭空腔的辐射换热热路图，如图 10-20d 所示。下面结合式(10-31) 来分析两种典型情况。

（2）两种典型情况分析

1）两相距很近的大平板灰体表面间的辐射换热。如图 10-20b 所示，由于 $A_1=A_2$，而且 $X_{1,2}=X_{2,1}=1$，则式(10-31) 简化为

$$\Phi_{1,2}=\frac{(E_{b1}-E_{b2})A}{\dfrac{1}{\varepsilon_1}+\dfrac{1}{\varepsilon_2}-1}=\varepsilon_n(E_{b1}-E_{b2})A \tag{10-32}$$

式中，ε_n 称为系统黑度，即

$$\varepsilon_n=\frac{1}{\dfrac{1}{\varepsilon_1}+\dfrac{1}{\varepsilon_2}-1} \tag{10-32a}$$

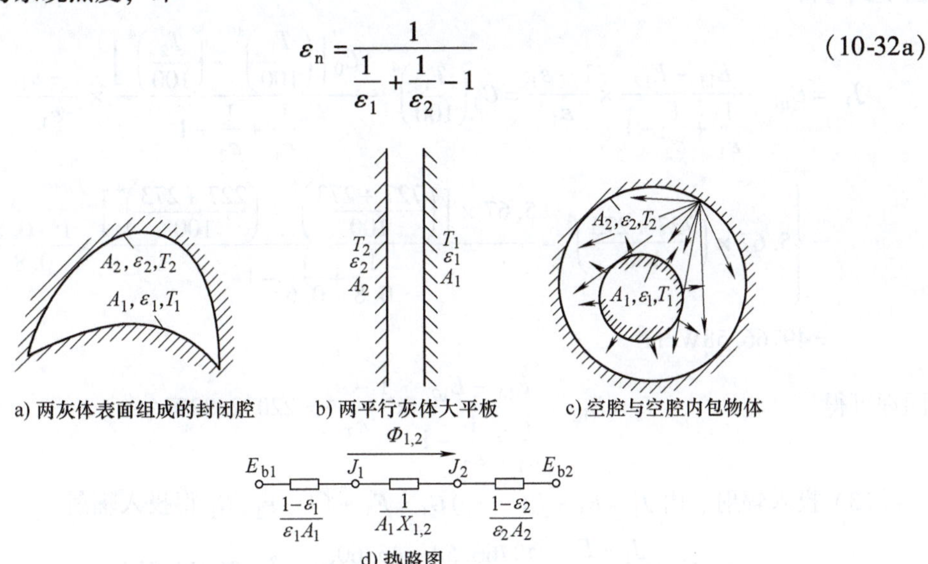

图 10-20　两个灰体表面组成封闭空腔的辐射换热及热路图

2）空腔与空腔内包物体壁间的辐射换热。如图 10-20c 所示，此时，$X_{1,2}=1$，$X_{2,1}=A_1/A_2$，当 $A_1<<A_2$ 时，视 $A_1/A_2\to 0$（如电厂厂房内高温管道的辐射散热属此情况）。则式(10-31) 可简化为

$$\Phi_{1,2}=\varepsilon_1 A_1(E_{b1}-E_{b2}) \tag{10-33}$$

【例 10-3】　相距较近的两平行大平板，其中一平板的 $t_1=727℃$，$\varepsilon_1=0.8$，另一平板的 $t_2=227℃$，$\varepsilon_2=0.6$。求两大平板的辐射力、有效辐射、投入辐射，它们之间的辐射换热量及两板的净辐射换热量。

【解】　此题属两平行大平板灰表面间的辐射换热量计算。依题意可知：$A_1=A_2$，$X_{1,2}=X_{2,1}=1$，其热路图如图 10-20d 所示。

（1）辐射力。由式(10-11b) 得

$$E_1=\varepsilon_1\sigma_b T_1^4=0.8\times5.67\times\left(\frac{727+273}{100}\right)^4 \text{W/m}^2=45360\text{W/m}^2$$

$$E_2=\varepsilon_2\sigma_b T_2^4=0.6\times5.67\times\left(\frac{227+273}{100}\right)^4 \text{W/m}^2=2126.25\text{W/m}^2$$

（2）有效辐射。由热路图可知此题为辐射串联热路问题，根据串联热路特征，得

$$\Phi_{1,2}=\frac{E_{b1}-E_{b2}}{\dfrac{1-\varepsilon_1}{\varepsilon_1A_1}+\dfrac{1}{A_1X_{1,2}}+\dfrac{1-\varepsilon_2}{\varepsilon_2A_2}}=\frac{E_{b1}-J_1}{\dfrac{1-\varepsilon_1}{\varepsilon_1A_1}}=\frac{J_2-E_{b2}}{\dfrac{1-\varepsilon_2}{\varepsilon_2A_2}}，\text{又 } A_1=A_2=A$$

所以

$$q_{1,2}=\frac{\Phi_{1,2}}{A}=\frac{E_{b1}-E_{b2}}{\frac{1}{\varepsilon_1}+\frac{1}{\varepsilon_2}-1}=\frac{E_{b1}-J_1}{\frac{1-\varepsilon_1}{\varepsilon_1}}=\frac{J_2-E_{b2}}{\frac{1-\varepsilon_2}{\varepsilon_2}}$$

由上式可得

$$J_1=E_{b1}-\frac{E_{b1}-E_{b2}}{\frac{1}{\varepsilon_1}+\frac{1}{\varepsilon_2}-1}\times\frac{1-\varepsilon_1}{\varepsilon_1}=C_0\left(\frac{T_1}{100}\right)^4-\frac{C_0\left[\left(\frac{T_1}{100}\right)^4-\left(\frac{T_2}{100}\right)^4\right]}{\frac{1}{\varepsilon_1}+\frac{1}{\varepsilon_2}-1}\times\frac{1-\varepsilon_1}{\varepsilon_1}$$

$$=\left\{5.67\times\left(\frac{727+273}{100}\right)^4-\frac{5.67\times\left[\left(\frac{727+273}{100}\right)^4-\left(\frac{227+273}{100}\right)^4\right]}{\frac{1}{0.8}+\frac{1}{0.6}-1}\times\frac{1-0.8}{0.8}\right\}\text{W/m}^2$$

$$=49766.58\text{W/m}^2$$

同理可得 $$J_2=E_{b2}+\frac{E_{b1}-E_{b2}}{\frac{1}{\varepsilon_1}+\frac{1}{\varepsilon_2}-1}\times\frac{1-\varepsilon_2}{\varepsilon_2}=22032.88\text{W/m}^2$$

（3）投入辐射。由 $J_1=E_1+(1-\alpha_1)G_1=E_1+(1-\varepsilon_1)G_1$ 得投入辐射

$$G_1=\frac{J_1-E_1}{1-\varepsilon_1}=\frac{49766.58-45360}{1-0.8}\text{W/m}^2=22032.9\text{W/m}^2$$

$$G_2=\frac{J_2-E_2}{1-\varepsilon_2}=\frac{22032.88-2126.25}{1-0.6}\text{W/m}^2=49766.58\text{W/m}^2$$

（4）两板间的辐射换热量。

$$q_{1,2}=\frac{\Phi_{1,2}}{A}=\frac{E_{b1}-E_{b2}}{\frac{1}{\varepsilon_1}+\frac{1}{\varepsilon_2}-1}=\frac{C_0}{\frac{1}{\varepsilon_1}+\frac{1}{\varepsilon_2}-1}\left[\left(\frac{T_1}{100}\right)^4-\left(\frac{T_2}{100}\right)^4\right]$$

$$=\frac{5.67\times\left[\left(\frac{727+273}{100}\right)^4-\left(\frac{227+273}{100}\right)^4\right]}{\frac{1}{0.8}+\frac{1}{0.6}-1}\text{W/m}^2$$

$$=27733.7\text{W/m}^2$$

或 $$q_{1,2}=J_1-J_2=(49766.58-22032.88)\text{ W/m}^2=27733.7\text{W/m}^2$$

（5）两板的净辐射换热量。

$$q_1=E_1-\alpha_1G_1=E_1-\varepsilon_1G_1=(45360-0.8\times22032.9)\text{W/m}^2$$
$$=27733.7\text{W/m}^2$$

$$q_2=E_2-\alpha_2G_2=E_2-\varepsilon_2G_2=(2126.25-0.6\times49766.58)\text{W/m}^2$$
$$=-27733.7\text{W/m}^2$$

结论：1）板 2 的净辐射换热量是负的，说明其吸热；2）板 1 的有效辐射等于板 2 的投入辐射 $J_1=G_2$，板 2 的有效辐射等于板 1 的投入辐射 $J_2=G_1$，正好验证其为封闭系统；3）两板间的辐射换热量（$q_{1,2}$）数值上等于两板的净辐射热量（q_1 或 q_2），说明此题属于串联热路问题。

【例 10-4】 两同心长圆筒壁，内外筒直径分别为 50mm 和 300mm，温度分别是 277℃

和 27℃，表面黑度均为 0.6，计算单位长度套筒壁间的辐射换热量。

【解】　由于管较长，不计套筒端部热辐射，本题为两灰体表面组成的封闭空腔的辐射换热问题，其热路图如 10-20d 所示。则由式(10-31) 得内外筒壁间的辐射散热量为

$$\Phi_{1,2}=\frac{E_{b1}-E_{b2}}{\dfrac{1-\varepsilon_1}{\varepsilon_1 A_1}+\dfrac{1}{A_1X_{1,2}}+\dfrac{1-\varepsilon_2}{\varepsilon_2 A_2}}=\frac{A_1(E_{b1}-E_{b2})}{\dfrac{1}{\varepsilon_1}+\dfrac{A_1}{A_2}\left(\dfrac{1}{\varepsilon_2}-1\right)}$$

式中 $X_{1,2}=1$，则单位管长的换热量为

$$\Phi_{1,2}=\frac{\pi d_1(E_{b1}-E_{b2})}{\dfrac{1}{\varepsilon_1}+\dfrac{d_1}{d_2}\left(\dfrac{1}{\varepsilon_2}-1\right)}$$

$$=\frac{\pi\times 0.05\times 5.67\times\left[\left(\dfrac{277+273}{100}\right)^4-\left(\dfrac{27+273}{100}\right)^4\right]}{\dfrac{1}{0.6}+\dfrac{0.05}{0.3}\left(\dfrac{1}{0.6}-1\right)}\text{W}$$

$$=417.9\text{W}$$

10.3.4　辐射换热的强化与削弱

1. 辐射换热的强化与削弱途径

工程上及日常生活中都会遇到增强或削弱辐射换热的情形，常见的途径如下：

(1) 强化辐射换热的两种主要途径

1) 增加表面黑度，也就是减小表面辐射热阻。如电气设备表面涂上银灰色的油漆来加强电气设备的辐射散热。

2) 增加角系数，也就是减小空间辐射热阻。

(2) 削弱辐射换热的三种主要途径

1) 降低表面黑度，也就是增加表面辐射热阻。如保温瓶胆外壁镀上一层很光亮的银或铝，以提高保温瓶的保温效果。

2) 降低角系数，也就是增加空间辐射热阻。

3) 加入遮热板。这种方法在工程上应用较广泛，下面分析其遮热原理。

2. 遮热板的原理及应用

所谓遮热板，即是在两辐射换热面之间放置的用于削弱辐射换热的薄板。通常用导热系数和反射比高、黑度很小的金属薄板作为遮热板。遮热板的作用就是增加辐射换热总热阻，削弱辐射换热。遮热板黑度越小，其遮热效果越好。下面以两块靠得很近的大平板间的辐射换热为例来说明遮热板的工作原理。

如图 10-21 所示，为分析问题方便，假设三平板的黑度相等，即 $\varepsilon_1=\varepsilon_2=\varepsilon_3=\varepsilon$，且遮热板的导热系数很大，不计其导热热阻。当两大平板间没加遮热板以前，两板间辐射换热可按式(10-32) 计算，即

$$\Phi_{1,2}=\frac{(E_{b1}-E_{b2})A}{\dfrac{1}{\varepsilon_1}+\dfrac{1}{\varepsilon_2}-1}=\frac{(E_{b1}-E_{b2})A}{\dfrac{2}{\varepsilon}-1}\tag{a}$$

加入遮热板 3 之后，相当于给两板之间的辐射换热增加了两个表面辐射热阻、一个空间

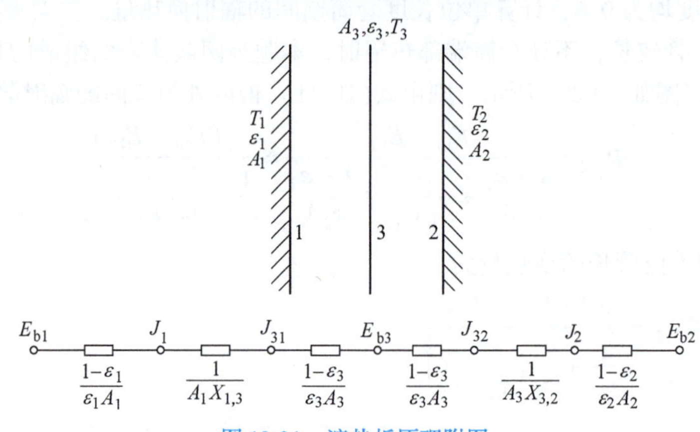

图 10-21 遮热板原理附图

辐射热阻和一个导热热阻（因金属导热系数很大板薄，可不计）。很明显，与未加遮热板相比，总辐射热阻增加了一倍，在平板温度保持不变的情况下，其辐射换热量减少为原来的1/2。即

$$\Phi_{1,2}^{(1)}=\frac{1}{2}\Phi_{1,2}$$

同理，如果加 n 层同样的遮热板，则辐射热阻将增大 n 倍，则辐射换热量将减少为原来的$\frac{1}{n+1}$，即

$$\Phi_{1,2}^{(n)}=\frac{1}{n+1}\Phi_{1,2}$$

可见遮热板层数越多，遮热效果越好。以上是按壁面发射率均相同时，所做分析的结论。实际上由于选用反射比较高的材料（如铝箔）作为遮热板，ε_3 要远小于 ε_1 和 ε_2，从而增大遮热板的表面辐射热阻及辐射总热阻，这样可以更有效地减小辐射换热量。同时，为了达到既隔热又保温的目的，通常选用导热系数较高而且很薄的金属薄板。

在现代隔热保温技术中，遮热板的应用较为广泛，例如，国产300MW 机组汽轮机高中压缸进汽连接管的内外层套管装设的遮热筒，就是用来减少进汽导管辐射散热的；电厂中用热电偶测量高温烟气时，在热电偶外加装遮热罩，以减小热电偶接点与管壁间的辐射换热，从而提高测量烟气温度的准确性；另外，航天器的多层真空舱壁、炼钢工人的遮热面罩、低温技术中的多层隔热容器（储存液态气体的低温容器）、石油开采中采用的超级隔热油管等都是遮热原理的具体应用。

10.4 气体辐射和太阳辐射

10.4.1 气体辐射的特点

气体的微观结构是决定气体辐射能力的根本原因，不同微观结构的气体有着不同强度的气体辐射能力。单原子气体和某些对称型双原子气体如 O_2、N_2、H_2 等的辐射能力非常微弱，可以认为是透明体。但对多原子气体，特别是针对火力发电厂来讲，当燃料在锅炉中燃

烧，燃料中的可燃成分 C、H、S 与 O_2 反应产生的燃烧产物二氧化碳（CO_2）、水蒸气（H_2O）、二氧化硫（SO_2），因其分子结构不对称、有较多的自由电子，具有显著的辐射力和吸收能力。本节重点介绍二氧化碳和水蒸气的辐射和吸收特性。

气体辐射和固体辐射相比，有以下两个特点。

1）气体辐射和吸收对射线波长具有选择性。

通常固体、液体表面的辐射和吸收光谱是连续的，而气体只能辐射和吸收某一定波长范围内的辐射能量，而对于另外一些波长范围内的能量既不能辐射也不能吸收，即气体的辐射和吸收具有明显的选择性。气体辐射和吸收的波长范围称为光带，对光带以外的热射线，气体既不辐射也不吸收，气体成为透明体。图 10-22 是黑体、灰体及气体的辐射光谱和吸收光谱的比较图，图中有剖面线的，是气体的辐射和吸收光带。二氧化碳和水蒸气辐射和吸收的三个主要光带有部分光带是重叠的，见表 10-2。

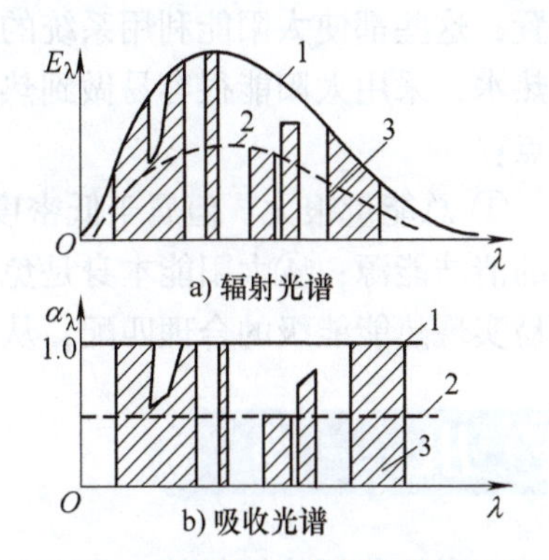

图 10-22 黑体、灰体及气体的辐射光谱和吸收光谱的比较

1—黑体 2—灰体 3—气体

表 10-2 水蒸气和二氧化碳的辐射和吸收光带

光带	H_2O		CO_2	
	波长 $\lambda_1 \sim \lambda_2/\mu m$	$\Delta\lambda/\mu m$	波长 $\lambda_1 \sim \lambda_2/\mu m$	$\Delta\lambda/\mu m$
第一光带	2.24 ~ 3.27	1.03	2.36 ~ 3.02	0.66
第二光带	4.8 ~ 8.5	3.7	4.01 ~ 4.8	0.79
第三光带	12 ~ 25	13	12.5 ~ 16.5	4.0

2）气体的辐射和吸收是在整个容积中进行的。

固体的辐射和吸收是在很薄的表面层中进行，而气体的辐射和吸收则是在整个气体容积中进行。当光带中的热射线穿过气体层时，沿途被气体吸收而使强度逐渐减弱，这种减弱的程度取决于沿途所遇到的气体分子数目，遇到的分子数越多，被吸收的辐射能也越多，最后只有部分能量穿透整个气体层而到达外部或固体壁面，即 $\alpha + \tau = 1$。

10.4.2 太阳辐射简介

2010 年在上海世博会上展示的令人心驰神往的“马德里”竹屋，冬暖夏凉不用空调，其主要动力来源就是利用了太阳能。

世界上最丰富的永久能源是太阳能，它依靠电磁波能量形式把能量传递出去。地球截取的太阳辐射能量为 1.7×10^{14} kW，比核能、地热和引力能储量总和大 5000 多倍。其中约 30% 被反射回宇宙空间；47% 转变为热，以长波辐射形式再次返回空间；约 23% 是水蒸发、凝结的动力，风和波浪的动能；植物通过光合作用吸收的能量不到 0.5%。每天到达地球表面的太阳辐射能大约相当于 2.5 万亿桶石油的能量。地球每年接受的太阳能总量为 1.58×10^{16} kW · h。这相当于地球已探明原油储量的近千倍，是世界年耗总能量的一万余倍。

太阳的能量是如此巨大，但属于低密度能源。其投射到大气层外的能量密度为 1353W/m^2。太阳光通过大气层时会进一步衰减，还会受到天气、昼夜及空气污染等因素的影响，所以太阳能对地球呈间歇性质。为了克服太阳能供热的间歇性，太阳能装置的系统中必须加有储热装置，这些都使太阳能利用系统的初期投资变得昂贵。由于生活和部分工业上只要求供应低温热水，采用太阳能很容易做到热能能级的合理匹配。综上所述，太阳能利用具有以下明显特点：

① 总能量很大，但属于低密度能源；②是可再生的能源，但又具有间歇性；③是无污染的清洁能源；④太阳能本身是免费的，但有效利用它的初期投资较高；⑤太阳能热利用较容易实现热能能级的合理匹配，从而做到热尽其用。

小　结

本章从分析热辐射的本质和特点出发，主要介绍了热辐射的有关基本概念（如物体的热辐射特性、黑体、白体、透明体、灰体、吸收比、辐射力、黑度、角系数和有效辐射等），详细介绍了热辐射的基本定律；重点讨论了物体（黑体或灰体）间的辐射换热的解题思路及计算方法，并阐述了表面辐射热阻和空间辐射热阻的概念，引用辐射换热的热路图来解决辐射换热问题。还介绍了辐射换热的增强或削弱的主要途径和遮热板的工作原理；最后对气体辐射和太阳辐射做了简要介绍。

学习本章应注意以下几点：

1. 注意理解辐射基本概念的物理意义，见表10-3。

表10-3　辐射基本概念一览表

名称	符号	单位	物理意义
吸收比	$\alpha=\dfrac{\Phi_\alpha}{\Phi}$		投射的总能量中被吸收的能量所占份额
反射比	$\rho=\dfrac{\Phi_\rho}{\Phi}$		投射的总能量中被反射的能量所占份额
穿透比	$\tau=\dfrac{\Phi_\tau}{\Phi}$		投射的总能量中透过的能量所占份额
黑体			吸收比 $\alpha=1$ 的物体，能全部吸收投射来的各种波长的辐射能
白体			反射比 $\rho=1$ 的物体，能全部反射投射来的各种波长的辐射能
透明体			穿透比 $\tau=1$ 的物体，能允许投射来的辐射能全部透射过去
辐射力	E	W/m^2	单位时间内，物体的单位表面积向半球空间发射的所有波长的能量总和
单色辐射力	E_λ	$W/(m^2\cdot\mu m)$	单位时间内，单位波长范围内（包含某一给定波长），物体的单位表面积向半球空间发射的能量
黑度	ε		实际物体的辐射力与同温度下黑体的辐射力的比值
灰体			吸收比 $\alpha<1$ 并且吸收比不随波长而改变的物体

（续）

名称	符号	单位	物理意义
角系数	$X_{i,j}$		物体 i 发射的总辐射能量中落到物体 j 上的百分数
有效辐射	J	W/m^2	单位时间内离开表面单位面积的总辐射能，包含灰体的自身辐射和反射辐射
投入辐射	G	W/m^2	单位时间内由外界向该物体单位表面积投射来的总辐射能
自身辐射	$E=\varepsilon E_b$	W/m^2	物体本身表面向外发出的辐射能
表面辐射热阻	$\frac{1-\varepsilon}{\varepsilon A}$	$1/m^2$	是各表面同温度下黑体辐射力与有效辐射间的热阻，反映物体表面特性对辐射换热的影响；其大小与表面性质 ε 和面积大小 A 有关，是除黑体以外的物体所具有的辐射热阻
空间辐射热阻	$1/(A_1X_{1,2})$	$1/m^2$	是各有效辐射之间的热阻，反映了各表面空间关系对辐射换热的影响，只与表面空间位置有关，而与表面性质无关

2. 注意理解辐射基本定律的含义，见表10-4。

表10-4 热辐射的基本定律汇总

名称	含义及说明
普朗克定律	黑体单色辐射力随波长及温度的变化规律，即 $E_{b\lambda}=f(\lambda, T)$
维恩位移定律	表明最大单色辐射力的波长 λ_{max} 与温度 T 间的关系，即 $\lambda_{max}T=2897.6\mu m\cdot K$
斯蒂芬-玻尔兹曼定律	黑体在单位时间内、单位表面积向半球空间所有方向及全部波长范围内向外发射能量的总和（黑体辐射力）正比于其绝对温度的四次方，即 $E_b=\sigma_0T^4$
兰贝特余弦定律	黑体辐射的定向辐射强度与方向无关，即半球空间的各个方向上的定向辐射强度相等。对于漫辐射表面：其定向辐射力按余弦规律变化，法线方向的定向辐射力最大，切线方向则为0
基尔霍夫定律	揭示了物体的辐射力 E 与吸收比 α 之间的关系：①在相同温度下，辐射力大的物体，其吸收比也大，即善于辐射的物体，也善于吸收；②实际物体的吸收比都是小于1的，所以在相同温度下黑体的辐射力为最大；③在温度平衡条件下，实际物体对来自黑体辐射的吸收比，等于该物体的发射率

3. 利用热阻概念使辐射换热的分析计算更加简明、直观。所以，本章学习中关键是辐射换热热路图的绘制及辐射热阻（表面热阻和空间热阻）的确定。当然，对于角系数的计算及四次方定律的应用也是非常重要的。

分析求解两个表面间（中间是透明介质）的辐射换热时，一般有如下步骤：

1）组成封闭辐射系统，并确定每个参与辐射表面的性质（是黑体表面还是灰体表面）。

2）画出等效的辐射换热的热路图。辐射热路图有助于帮助读者理解各表面之间的关系。

3）计算角系数及辐射热阻。根据各参与辐射表面的几何关系，计算各表面间的角系数，从而确定表面间的空间热阻；同时，根据表面积和表面辐射特性（黑度 ε）计算表面热阻。

4）利用相应公式计算辐射换热量。

4. 在分析辐射换热问题需求解角系数时，应重点掌握代数分析法，即利用角系数的相互性、完整性和可加性并通过求解代数方程而获得角系数的方法。

自测练习题

一、填空题（将适当的词语填入空格内，使句子正确、完整）

1. 物体由于热的原因以电磁波的形式向外传递能量的过程称为________，被传递的能量称为________。

2. 热射线包括________、________和________范围的电磁波。

3. 黑体的吸收比 $\alpha=$________，黑度 $\varepsilon=$________。

4. 黑体的辐射力 $E_b=$________ W/m^2，实际物体的辐射力 $E=$________ W/m^2。

5. 有效辐射在数值上等于________和________之和。

6. 测得太阳辐射的最大辐射能时的波长 $\lambda_m=0.503\mu m$，则太阳表面温度为________K。注：太阳可视为黑体。

7. 基尔霍夫定律可表示为 $E/\alpha=$________=________。

8. 辐射角系数的三个基本性质是________、________和________。

9. 在电气设备表面涂上黑度较大的油漆是为了减小其表面的________，从而加强________。

10. 两平行平板辐射换热中在加入一块黑度与壁面黑度相同的遮热板后，换热量将减少为原来的________；当加入 n 块黑度与壁面黑度相同的遮热板后，换热量将减少为原来的________。

11. 利用热电偶温度计测量高温气流的温度时，通常采用带________的热电偶，其目的是为了减少热电偶端点与周围壁间的辐射换热而引起的测温误差。

12. 气体辐射和吸收与固体相比较，其特点是：（1）________；（2）________。

二、判断题（判断下列命题是否正确，若正确在[ ]内记“√”，错误在[ ]内记“×”）

1. 灰体的吸收比恒等于同温度下的黑度。 [ ]

2. 有效辐射是指该辐射体本身的辐射力。 [ ]

3. 辐射空间热阻的大小与辐射表面的性质及温度均无关。 [ ]

4. 同温度下黑体的辐射力最大。 [ ]

5. 当物体的热力学温度升高一倍时，其辐射能力将增大到原来的四倍。 [ ]

6. 黑体、白体与灰体是根据物体的颜色来区分的。 [ ]

7. 辐射角系数是一纯几何因子，与辐射表面的性质及温度均无关。 [ ]

8. 遮热板的黑度越小，其遮热效果越好。 [ ]

三、选择题（下列各题答案中选一个正确答案编号填入［　］内）

1. 对具有一定厚度的耐火材料、砖、木材等，它们对热射线是［　］。
（A）透明的　　（B）不透明的　　（C）绝热的

2. 热射线是指波长范围在［　］μm 的电磁波。
（A）0.0056～0.1　　（B）0.1～100　　（C）0.1～1000

3. 对大多数固体材料，若其 α 越大，则 ρ［　］。
（A）不变　　（B）越大　　（C）越小

4. 纯净的空气可视为［　］。
（A）透明体　　（B）白体　　（C）黑体

5. 白体是指［　］的物体。
（A）$\rho=0$　　（B）$\rho>1$　　（C）$\rho<1$　　（D）$\rho=1$

6. 实际物体的吸收比［　］。
（A）$\alpha=0$　　（B）$\alpha>1$　　（C）$\alpha<1$　　（D）$\alpha=1$

7. 物体的温度越高，则其发出的辐射能［　］。
（A）越大　　（B）越小　　（C）不变

8. 黑体的辐射系数为［　］。
（A）$5.67\times10^{8}\text{W}/(\text{m}^2\cdot\text{K}^4)$　　（B）$5.67\times10^{-8}\text{W}/(\text{m}^2\cdot\text{K}^4)$
（C）$5.67\text{W}/(\text{m}^2\cdot\text{K}^4)$

9. 一物体黑度为0.8，若其温度由100K上升到300K，则其辐射力增加了［　］。
（A）3倍　　（B）9倍　　（C）27倍　　（D）81倍

10. 物体沿不同方向所发射能量的分布规律由［　］定律来表达。
（A）斯蒂芬-玻尔兹曼　　（B）普朗克
（C）兰贝特　　（D）基尔霍夫

11. 有一灰体，其黑度 $\varepsilon=0.1$，则其吸收比应为［　］。
（A）$\alpha=0.9$　　（B）$\alpha=0.1$　　（C）$0.1<\alpha<0.9$

12. 固体对外来辐射能的反射能力越强时，则其自身的辐射力［　］。
（A）越大　　（B）越小　　（C）不能确定

13. 两无限大平行平板辐射角系数间的关系是［　］。
（A）$X_{12}>X_{21}>1$　　（B）$X_{12}<X_{21}<1$　　（C）$X_{12}=X_{21}=1$

14. 热水瓶保温，其中减小辐射的措施是［　］。
（A）双层玻璃　　（B）抽真空　　（C）玻璃上镀银　　（D）用软木塞

15. 随温度的升高，热辐射中________________的比例将增加。
（A）可见光　　（B）红外线　　（C）紫外线　　（D）无线电波

四、问答题

1. 与导热和对流换热相比，热辐射现象有何特点？

2. 北方深秋季节的清晨，树叶叶面上常常结霜。试问树叶上、下面中的哪一面结霜？为什么？

3. 热辐射的基本定律有哪些？各说明了什么规律（关系）？

4. 你认为下述说法“常温下呈红色的物体表示此物体在常温下红色光的单色发射率较其他色光（黄、绿、兰）的单色发射率为高。”对吗？为什么？（注：指无加热源条件下）

5. 某楼房室内是用白灰粉刷的，但即使在晴朗的白天，远眺该楼房的窗口时，总觉得里面黑洞洞的，这是为什么？

6. 试写出表面热阻和空间热阻的表达式，它们的影响因素各是什么？试比较它们与导热热阻和对流换热热阻的区别。

7. 实际物体表面的发射率和吸收比主要受哪些因素影响？

8. 为什么烟气在高温时与管壁的热交换以辐射换热为主（如锅炉水冷壁），而温度不太高时以对流换热为主（如空气预热器）？

9. 保温瓶的夹层玻璃表面为什么要镀一层反射比很高的的材料？

五、计算题

1. 一黑体表面置于30℃的厂房内，求在热平衡条件下该黑体的辐射力。若黑体加热至327℃，则辐射力增大多少倍？若是黑度为0.8的灰体，重复上述计算。

2. 秋天的夜晚，天空晴朗，室外空气温度为2℃，太空背景辐射温度约为3K。有一块钢板面向太空，下面绝热。如果板面和空气之间对流换热的表面传热系数为10W/(m^2·K)，试计算钢板的热平衡温度。

3. 用比较法测得某一表面在800K时的辐射力刚好等于黑体在400K时的辐射力，试求该表面的黑度。如果比较标准不是黑体，而是黑度为0.8的实际表面，两表面温度仍为800K和400K，试求其黑度。

4. 有两块相距很近的平行黑体平板，面积均为10m^2，温度分别为1000K和500K。求：

（1）两板间的辐射换热量；

（2）若两表面的黑度分别为0.8和0.6的灰体，辐射换热量又等于多少？

5. 一外径为100mm的钢管横穿过室温为27℃的大房间，管外壁温为100℃，表面黑度为0.85。试确定单位管长的辐射热损失。

6. 两块平行放置的平板的表面黑度均为0.8，温度分别为$t_1=527$℃及$t_2=27$℃，板间距远小于板的长度与宽度。试计算：

（1）板1的本身辐射和有效辐射；（2）对板1的投入辐射和有效辐射；

（3）两平板的表面辐射热阻；　　（4）板1、2间的辐射换热量。

7. 三块黑度相同的无限大平板，被平行放置，设中间板为板3，另两块板（板1、板2）的温度分别为$t_1=527$℃、$t_2=127$℃，当辐射达到稳定状态时，求：

（1）板3的温度；（2）板1的辐射力是板2的多少倍？

第11章 传热过程与换热器

学习目标

1）了解换热器的基本概念、主要类型及特点。

2）理解复合换热、传热过程的概念，掌握传热方程式、传热系数及传热热阻的物理意义和他们之间的相互关系。

3）能熟练地通过热阻概念及热路图分析计算平壁和圆筒壁的传热问题；了解强化及削弱传热的基本途径及一般措施，掌握临界热绝缘直径、保温经济厚度的概念。

4）理解表面式换热器中各种流动方式特点及其对换热性能的影响；掌握表面式换热器传热计算的基本方法，重点是利用对数平均温差法进行设计计算的方法。

5）了解火电厂中的典型换热器的传热特点。

11.1 换热器及其分类

换热器及其分类

11.1.1 换热器的类型

工程应用上热量的传递和利用都是通过换热器来实现的，那什么是换热器呢？所谓换热器，就是用来实现将热量从高温流体（热流体）传递给低温流体（冷流体）的设备，也称为热交换器。换热器在工业生产（如石油、化工、动力、建筑及机械等行业）和日常生活（如人们家居生活中所使用的电冰箱、热水器及空调等）中都有极其广泛的应用。火力发电厂（如图0-3所示）中有许多设备都属于换热器，现举例介绍。

1）锅炉设备：炉内各种受热面（水冷壁、过热器、再热器、省煤器、空气预热器）、减温器及暖风器等。

2）汽轮机设备及系统：凝汽器、冷油器、回热加热器、除氧器、冷却塔及轴封加热器等。

3）发电机内：氢气-空气冷却器等。

工程上应用的换热器种类很多，按其工作原理可分为混合式（或称接触式）、回热式（或称蓄热式）和表面式（或称间壁式）三种基本类型。

1. 混合式（接触式）换热器

（1）工作原理　通过热流体与冷流体直接接触和混合来实现两种流体之间的热量交换。

（2）特点　两种流体直接接触，伴随有质量交换，换热后它们的最终出口温度相同；传热速度快，传热效率高，设备简单；但使用范围受限制，只适用于允许热、冷流体混合的场合。

（3）电厂应用实例

1）冷却塔。在电厂闭式循环冷却水系统中，将从凝汽器吸热升温后的循环冷却水引入冷却塔中，水在塔内通过配水装置分解成水滴从上至下流动，冷空气从塔的下部引入，自下往上流动并与水滴接触混合，从而实现热水滴向冷空气放热，温度下降后的水滴汇集于水池中，再经循环水泵送入凝汽器中，实现循环利用。为更好地达到冷却效果，冷却塔常采用双曲线结构，如图 11-1a 所示。

2）热力除氧器。除氧器布置在电厂的回热系统中，它是利用热力除氧原理除去凝结水中氧气和其他不凝结气体，以防止设备发生氧腐蚀和传热恶化的装置。图 11-1b 所示为淋盘式除氧器的基本结构。需要除氧的凝结水从除氧器上部引入，经除氧器中的淋水盘形成小水滴，从上往下流动；而来自汽轮机的回热抽汽从下部进入，自下向上流动，与向下流动的水滴直接混合而交换热量，把水加热到饱和温度，从而使溶解在水中的各种气体（包括氧气）逸出，从而达到除氧的目的。同时，抽汽因放热而凝结成水，与除氧后的水一并汇集于给水箱中，再经给水泵送入锅炉使用。

3）喷水减温器。其作用是将减温水（通常是给水或凝结水）通过喷管直接喷射到电厂锅炉过热蒸汽中，吸收蒸汽中的热量，通过改变减温水量来改变蒸汽的焓增以实现调节过热蒸汽温度的目的。如图 11-1c 所示。

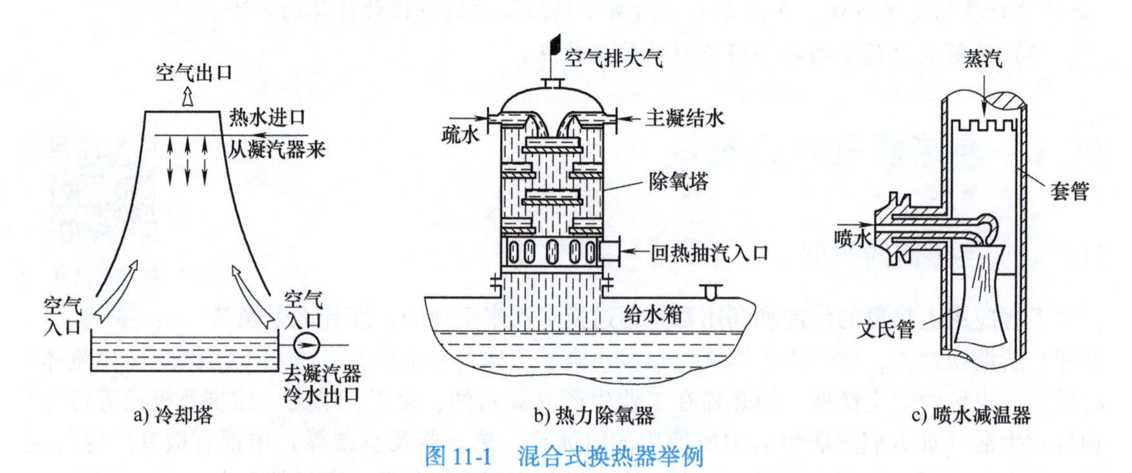

图 11-1 混合式换热器举例

2. 回热式（蓄热式）换热器

（1）工作原理 先将热流体的热量传递并储存在传热元件上，然后再由传热元件将热量传递给冷流体。热、冷流体交替地流过同一传热元件固体壁面，传热元件被周期性地加热和冷却，热量也就连续不断地由热流体传给冷流体，如图 11-2 所示。

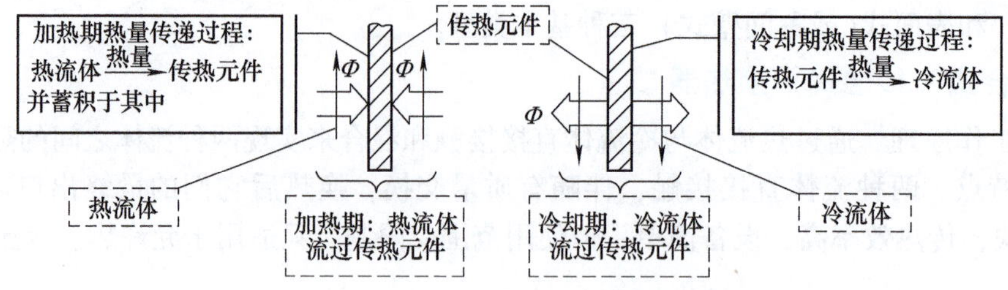

图 11-2 回热式换热器工作原理示意图

（2）特点　传热元件周期性地分别被热、冷流体加热和冷却，传热过程是不稳定的；主要优点是单位容积内布置的换热面积大、结构紧凑、金属耗量少、传热效率较高，通常用于受热面布置困难且换热系数不大的气体间的换热场合。

（3）电厂应用实例　管式空气预热器曾广泛应用于200MW及更小机组，随着机组容量的加大，其在锅炉尾部烟道布置日趋困难，并且由于气-气间传热效果不理想，目前大机组广泛采用了布置更方便、传热效果更好的回转式空气预热器。如图11-3所示，烟气先将热量传给转子（传热元件），转子转动后再将热量释放给冷空气，通过转子转动过程中的吸放热实现将烟气热量传给空气。在同等容量下，采用回转式空气预热器，其体积是管式空气预热器的1/10，其金属消耗量为管式空气预热器的1/3。

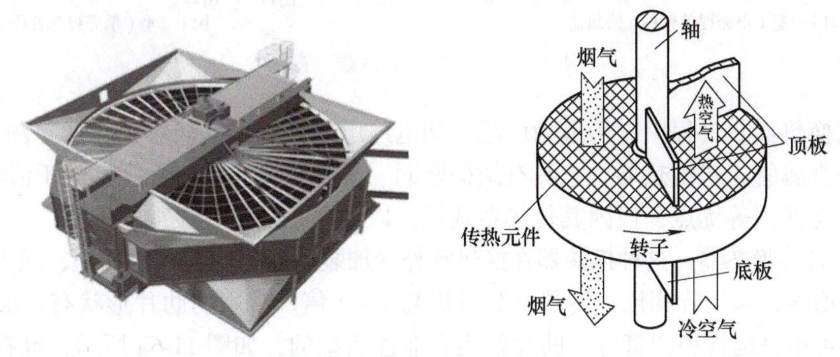

图11-3　回转式空气预热器

3. 表面式（间壁式）换热器

（1）工作原理　热流体通过固体壁面将热量传给冷流体来实现换热，其换热过程实际上就是后面将介绍的传热过程，如图11-10所示。它至少包括三个环节，即

$$\text{热流体}\xrightarrow{①}\text{壁面高温侧}\xrightarrow{②}\text{壁面低温侧}\xrightarrow{③}\text{冷流体}$$

（2）特点　热、冷流体互不接触，无转动机构，使用、维修、密封方便，对流体适应性强，可用于高温高压场合；但单位容积内所能布置的换热面积较小，传热效率也没有混合式换热器和回热式换热器高。它是工程中应用最广泛的一类换热器，本章主要分析此类换热器。

（3）电厂应用实例　电厂锅炉中的水冷壁、过热器、再热器、省煤器、管式空气预热器等，汽轮机设备及系统中的凝汽器、高（低）压加热器和冷油器等。

11.1.2　表面式换热器的主要形式

表面式换热器按结构不同分为：套管式、管壳式、肋片管式、板式、板翅式、螺旋板式等，在电厂中应用最多的是管壳式换热器。

（1）管壳式换热器　管壳式换热器是表面式换热器的一种主要形式。图11-4为管壳式换热器示意图。它由壳体、换热管束、折流挡板、管板等组成。它的传热面由管束构成，管子的两端固定在管板上，管束与管板再封装在外壳内，外壳两端有封头。外壳内一般装有折流挡扳，其作用是延长壳程流体的行程、使壳程流体能横向冲刷管束从而改善壳侧的传热，并兼有支承管束的作用。流体1在管内流动，即管内流体，流体2在管外流动，称为壳侧流体，管内流体与壳侧流体互不掺混，只通过管壁交换热量。流体从换热器的一端流到另一端称为一个流程，在管内的流程称为管程，在壳侧的流程称为壳程。根据管程和壳程的多少，管壳式换热器有不同表达方式，如1-1型换热器表示单壳程单管程换热器，图11-4a所示；1-2型换热器表示单壳程双管程换热器，图11-4b所示；2-4型换热器表示双壳程四管程换热器等。

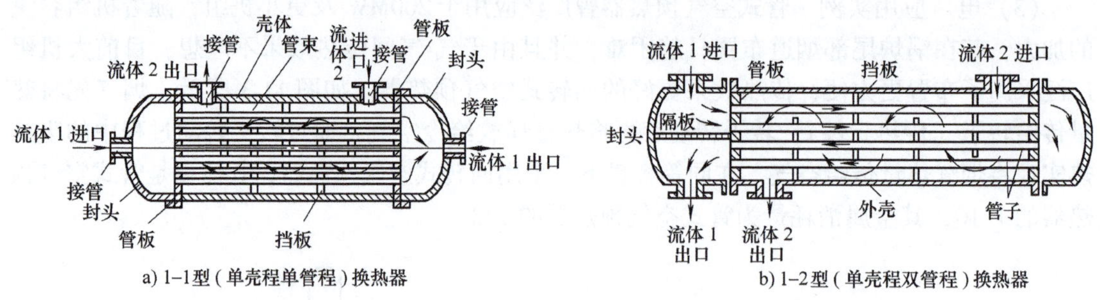

a) 1–1型（单壳程单管程）换热器　b) 1–2型（单壳程双管程）换热器

图11-4　管壳式换热器示意图

管壳式换热器在工程中应用最为广泛，如电厂中的凝汽器、回热加热器（图11-5所示）和冷油器等都属管壳式换热器。它具有结构坚固、易于制造、适应性强、便于清洗、高温高压场合下均能使用等优点；但因其传热系数低，以致体积较大，显得笨重。

（2）肋管式换热器　这种换热器在换热管外壁加装肋片以增大传热面积、减小管外热阻，使换热得到增强，与光管相比，传热系数可提高1～2倍。常用的肋片形状有环形和板形等，肋管的基管可以是扁管和圆管等。肋片管束有非连续型的，如图11-6a所示，也有连续型的，如图11-6b所示。

图11-5　U形管的高压加热器

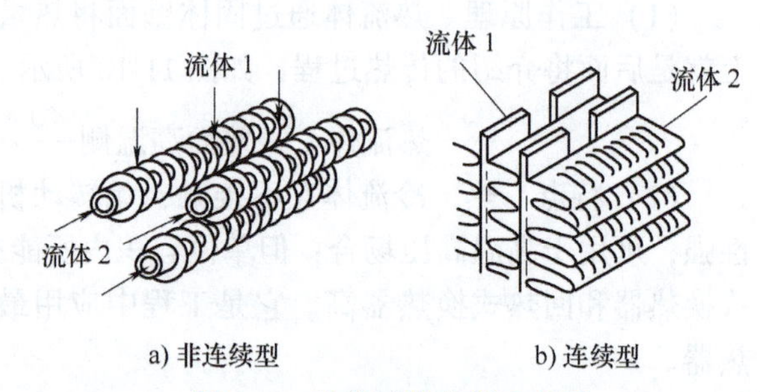

a) 非连续型　b) 连续型

图11-6　肋管式换热器示意图

这类换热器结构较紧凑，在受热面布置困难或壁面两侧换热系数相差较大的场合得到了广泛应用，如电厂中的膜式水冷壁、环肋式省煤器，家用取暖器、汽车水箱散热器、空调系统的蒸发器等。

（3）板式换热器　板式换热器由一组平行薄板叠加而构成，在相邻板之间用特制的密封垫片两两隔开而形成通道，热、冷流体间隔地在各自的通道内流动，如图11-7所示。为了强化换热并增加薄板的刚度，通常将薄板压制成波纹状，有时在薄板加装翅片，称为板翅式换热器。其特点在于换热器传热系数较大，流动阻力较小，拆装清洗方便，适合于含有易结垢物的

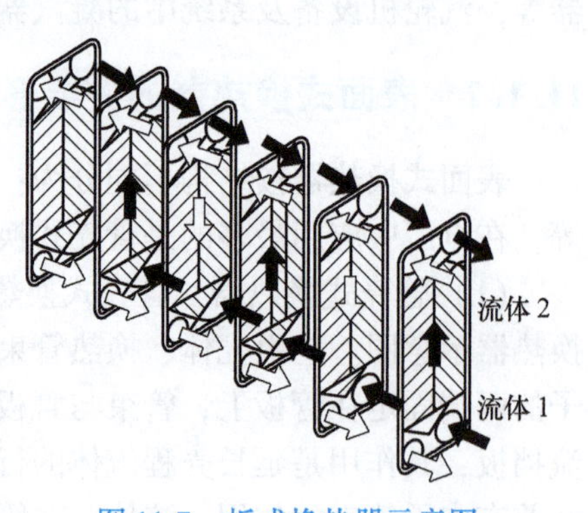

图11-7　板式换热器示意图

流体（如海水等）。常用于供热采暖系统及食品、化工、医药等部门。

为强化传热，有的采用螺旋板式换热器，其换热表面由两块金属板卷制而成，冷、热流体在螺旋状的通道中流动，使流体扰动增强，换热效果得到提高，但换热器的密封比较困难。

除上述按结构不同分类外，表面式换热器按热、冷流体流动方向不同可分为：顺流、逆流和复杂流（交叉流）三种，如图 11-8 所示。

（1）顺流换热器　热冷流体总体上平行流动且方向相同时的换热器，如图 11-8a 所示。

（2）逆流换热器　热冷流体总体上平行流动且方向相反时的换热器，如图 11-8b 所示。

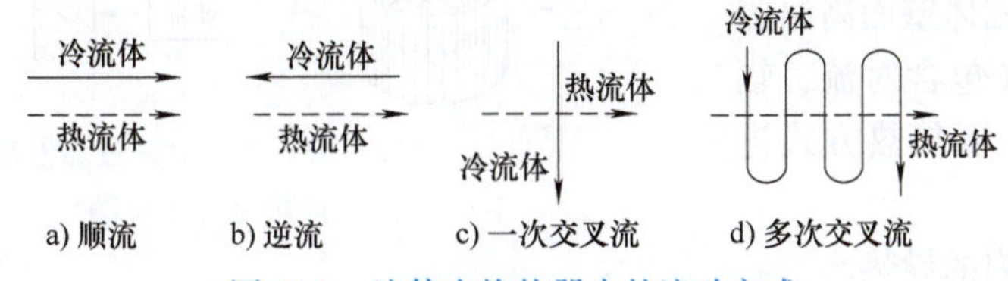

图 11-8　流体在换热器中的流动方式

（3）复杂流换热器　除顺流，逆流外的其他流动方式的换热器统称为复杂流换热器，如图 11-8c、d 所示的一次交叉流和多次交叉流。

11.2　传热过程及传热方程式

传热过程及传热方程式

在表面式换热器中进行的热、冷流体的热交换过程实际上就是传热过程，下面介绍有关传热过程的基本概念和传热方程式。

11.2.1　传热过程的基本概念

1. 复合换热

前几章已经详细介绍了热传导、热对流和热辐射的特点及基本计算方法。实际上，这三种基本传热方式往往是同时存在和起作用的。例如当空气流过锅炉外墙时，由于炉墙外表面温度高于空气温度，热量是靠辐射和对流的方式传递给空气的。为研究方便，将同一表面上同时存在对流换热和辐射换热的综合热传递现象称为复合换热，如图 11-9 所示。其换热量可用下式计算：

$$q = q_c + q_r = (h_c + h_r)(t_w - t_f) = h(t_w - t_f) \tag{11-1}$$

式中，$h = h_c + h_r$，称为复合换热系数［W/(m²·℃)］；h_c 为表面传热系数［W/(m²·℃)］；h_r 为辐射换热系数；q 为单位面积换热量（W/m²）。

图 11-9　复合换热示意图

工程上流体与固体壁面间的换热大都属于复合换热，在没特别说明时，本书中所涉及的换热系数 h 都是指复合换热系数。为计算方便，通常只考虑主要的传热方式，然后，适当考虑次要传热方式的影响来进行修正，其原则如下：

① 当 $h_c >> h_r$ 时，可取 $h = h_c$，如凝汽器内蒸汽与管壁间的凝结换热。

② 当 $h_r >> h_c$ 时，可取 $h = h_r$，如锅炉炉膛中高温烟气与水冷壁间的换热。

③ 当 h_c 与 h_r 数量级相差不多时，则取 $h = h_c + h_r$，如后屏过热器中烟气与管壁间的换热。

2. 传热过程

工程应用中经常存在热量由热流体通过固体间壁传给冷流体的过程，这就是前文中所提及的传热过程。图 11-10 所示为电厂锅炉过热器的传热过程。由传热过程定义可知，任何传热过程都包括三个串联环节：

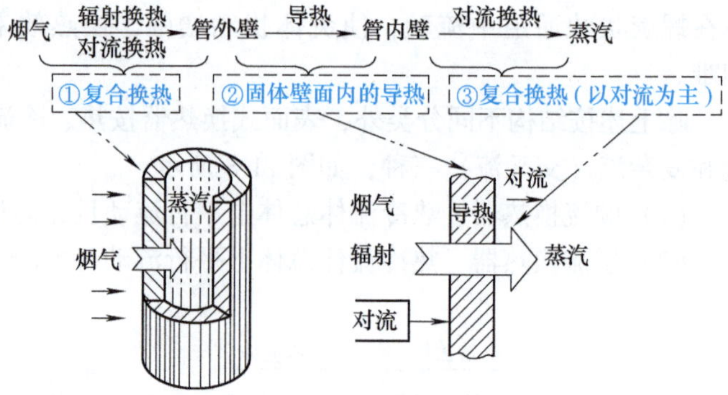

图 11-10 电厂锅炉过热器的传热过程示意图

1）热流体与固体壁面高温侧之间的复合换热（包含对流、辐射因素，可考虑主要传热方式进行简化）。

2）固体壁面内的导热。

3）固体壁面低温侧与冷流体之间的复合换热（包含对流、辐射因素，可考虑主要传热方式进行简化）。

11.2.2 传热方程式

1. 传热方程式与传热系数

经理论和实践证明，在稳态条件下，传热过程所传递的热量与热、冷流体之间的温度差以及固体壁面的传热面积成正比。当热流体的温度为 t_{f1}、冷流体的温度为 t_{f2}时，则计算传热量的传热方程式为

$$\Phi = qA = KA(t_{f1} - t_{f2}) = KA\Delta t \tag{11-2}$$

或

$$q = \frac{\Phi}{A} = K(t_{f1} - t_{f2}) = K\Delta t \tag{11-2a}$$

式中，Φ 为传热量（W）；q 为单位面积的传热量（热流密度）（W/m^2）；A 为传热面积（m^2）；Δt 为热、冷流体沿整个传热面的平均温差，又称平均传热温差（℃），其值大小与热冷流体的温度和换热器布置方式有关，后面将详细讨论；K 为传热系数 [$W/(m^2 \cdot ℃)$]。

传热系数 K 表示热，冷流体之间单位温差（$\Delta t = 1℃$）、单位时间通过单位传热面积（$A = 1m^2$）的传热量，单位是 $W/(m^2 \cdot ℃)$，它是表征传热过程强烈程度的指标。其值大小与组成传热过程的各个环节（热冷流体性质、流动情况、壁面材料、几何尺寸等因素）有关。表 11-1 列出了通常情况下传热系数的大致数值范围。从表中可看出，流体有相变的传热系数较大，两液体间的传热系数远大于两气体间的传热系数。

表 11-1 传热系数的大致数值范围

传热过程	传热系数 $K/[W/(m^2 \cdot ℃)]$
从凝结水蒸气到水	2000～6000
从水到水	1000～2500
从凝结有机物蒸气到水	500～1000
从油到水	100～600
从气体到高压水蒸气或水	10～100
从气体到气体（常压）	10～30

2. 传热热阻

在传热过程的分析计算中，常常会用到传热热阻的概念。用热阻的概念分析传热现象，

不仅可使问题的物理概念更加清晰，而且推导和计算也更简便。传热方程式［式(11-2)、式(11-2a)］改写成热阻的形式为

$$\Phi = KA\Delta t = \frac{\Delta t}{\frac{1}{KA}} = \frac{\Delta t}{R_k} \tag{11-3}$$

$$q = \frac{\Phi}{A} = K\Delta t = \frac{\Delta t}{\frac{1}{K}} = \frac{\Delta t}{r_k} \tag{11-3a}$$

式中，$R_k = \frac{1}{KA}$为整个传热面积上的传热热阻［℃/W］；$r_k = \frac{1}{K} = R_k A$ 为单位面积上的传热热阻［(m^2·℃)/W］。

可见，传热热阻与传热系数互为倒数关系，传热系数越大，则传热热阻就越小，传热过程越强，反之亦成立。

对于传热过程的计算，关键是传热热阻的计算，由于组成传热过程的环节不同，其传热热阻的计算表达式也不同；根据热阻叠加原则，传热总热阻等于组成传热过程的各个环节的局部热阻之和。下节将讨论工程中常见的通过平壁和圆筒壁的传热问题。

11.3　通过平壁和圆筒壁的传热过程

工程上所涉及的传热现象大都涉及平壁及圆筒壁，本书重点介绍平壁和圆筒壁的传热过程。

11.3.1　通过平壁的传热过程

1. 单层平壁的传热

如图11-11所示，设有一单层平壁，其导热系数为 λ，厚度为 δ；在平壁一侧的热流体温度为 t_{f1}，热流体与壁面的复合换热系数为 h_1，另一侧冷流体的温度为 t_{f2}，冷流体与壁面的复合换热系数为 h_2；又假设与热流体和冷流体相接触的壁温分别为 t_{w1} 和 t_{w2}。当平壁较大时，就可以认为流体温度和壁面温度都只沿 x 方向发生变化，热量的传递方向也与 x 方向一致。

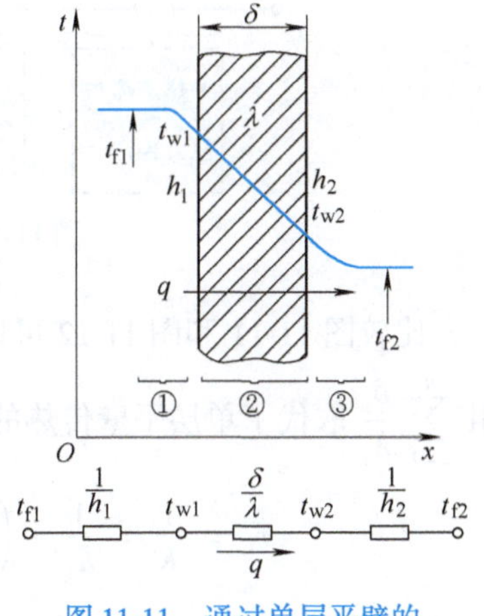

图11-11　通过单层平壁的传热过程及热路图

通过单层平壁的传热过程由三个串联的环节组成，即：①热流体与热侧壁面的复合换热；②壁面的导热；③冷侧壁面与冷流体的复合换热。对于稳态传热，三个环节的热流量必然相等。根据串联热路的分析方法，图11-11中表示出了单层平壁的传热热路图。单层平壁的传热热阻等于串联各环节的局部热阻之和，即

$$r_k = \frac{1}{K} = \frac{1}{h_1} + \frac{\delta}{\lambda} + \frac{1}{h_2} \tag{11-4}$$

则传热过程的传热系数为

$$K=\frac{1}{r_k}=\frac{1}{\dfrac{1}{h_1}+\dfrac{\delta}{\lambda}+\dfrac{1}{h_2}} \tag{11-5}$$

由传热方程式得热流密度为

$$q=K\Delta t=\frac{t_{f1}-t_{f2}}{\dfrac{1}{h_1}+\dfrac{\delta}{\lambda}+\dfrac{1}{h_2}}=\frac{\Delta t}{r_k} \tag{11-6}$$

整个传热面积 A 的传热量为

$$\Phi=KA\Delta t=\frac{t_{f1}-t_{f2}}{\dfrac{1}{h_1A}+\dfrac{\delta}{\lambda A}+\dfrac{1}{h_2A}}=\frac{\Delta t}{R_k} \tag{11-6a}$$

式中，$R_k=\dfrac{1}{h_1A}+\dfrac{\delta}{\lambda A}+\dfrac{1}{h_2A}$为整个传热面积 A 的传热热阻。

由串联热路的性质，可由计算出的热流密度或传热量计算壁面两侧的温度，即

$$t_{w1}=t_{f1}-q\left(\frac{1}{h_1}\right) \tag{11-7}$$

$$t_{w2}=t_{f2}+q\left(\frac{1}{h_2}\right)=t_{f1}-q\left(\frac{1}{h_1}+\frac{\delta}{\lambda}\right)=t_{w1}-q\left(\frac{\delta}{\lambda}\right) \tag{11-8}$$

2. 多层平壁的传热

电厂中，锅炉炉墙散热、汽轮机汽缸壁散热等属多层平壁传热问题。对于通过由不同材料组成的多层平壁的稳态传热过程，如假设各层材料的导热系数 λ_i 和厚度 δ_i（$i=1$，2，3，…，n）为已知，利用热阻串联的概念，其传热总热阻等于各局部热阻的总和，可以很容易地绘出其热路图，如图 11-12 所示，并写出其热流密度及热流量的计算公式。

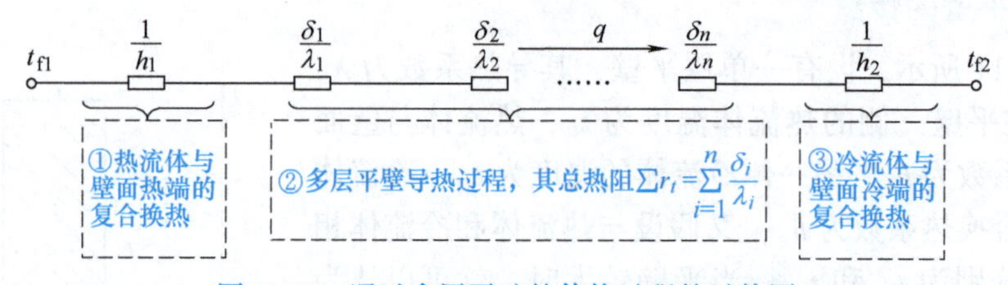

图 11-12 通过多层平壁的传热过程的过热图

比较图 11-11 和图 11-12 可以发现，多层平壁的传热过程是以多层平壁的串联导热总热阻 $\sum_{i=1}^{n}\dfrac{\delta_i}{\lambda_i}$ 取代了单层平壁传热的导热热阻$\dfrac{\delta}{\lambda}$，这样该过程的传热热阻和热流密度为

$$r_k=\frac{1}{K}=\frac{1}{h_1}+\left(\frac{\delta_1}{\lambda_1}+\frac{\delta_2}{\lambda_2}+\cdots+\frac{\delta_n}{\lambda_n}\right)+\frac{1}{h_2}=\frac{1}{h_1}+\sum_{i=1}^{n}\frac{\delta_i}{\lambda_i}+\frac{1}{h_2} \tag{11-9}$$

$$q=\frac{\Delta t}{r_k}=\frac{t_{f1}-t_{f2}}{\dfrac{1}{h_1}+\sum\limits_{i=1}^{n}\dfrac{\delta_i}{\lambda_i}+\dfrac{1}{h_2}} \tag{11-10}$$

【例 11-1】 有一用热水加热气体的加热器，已知传热面积为 11.5m^2，传热面壁厚为 1mm，导热系数为 45W/(m·℃)，被加热气体侧的换热系数为 83W/(m^2·℃)，热水侧的

换热系数为5300W/(m²·℃)；热水与气体的温差为42℃，试计算该加热器的传热过程各分热阻、传热总热阻、传热系数以及传热量。

【解】　已知 $A=11.5\text{m}^2$，$\delta=0.001\text{m}$，$\lambda=45\ \text{W/(m·℃)}$，$\Delta t=42℃$，$h_1=5300\text{W/(m}^2\text{·℃)}$，$h_2=83\text{W/(m}^2\text{·℃)}$，此题属于单层平壁传热问题，其热路图如图11-11所示，由图可知该传热过程的各分热阻如下：

热流体与壁面热端的复合换热热阻为$\dfrac{1}{h_1}=\dfrac{1}{5300}\text{m}^2\cdot℃/\text{W}=0.0001887\text{m}^2\cdot℃/\text{W}$

单层平壁的导热热阻为$\dfrac{\delta}{\lambda}=\dfrac{0.001}{45}\text{m}^2\cdot℃/\text{W}=0.0000222\text{m}^2\cdot℃/\text{W}$

冷流体与壁面热端的复合换热热阻为$\dfrac{1}{h_2}=\dfrac{1}{83}\text{m}^2\cdot℃/\text{W}=0.0120482\text{m}^2\cdot℃/\text{W}$

于是单位面积的总传热热阻为 $r_k=\dfrac{1}{h_1}+\dfrac{\delta}{\lambda}+\dfrac{1}{h_2}=0.0122591\text{m}^2\cdot℃/\text{W}$

传热系数为　$K=\dfrac{1}{r_k}=\dfrac{1}{0.0122591}\text{W/m}^2\cdot℃=81.57\text{W/(m}^2\cdot℃)$

加热器的传热量为 $\Phi=KA(t_{f1}-t_{f2})=KA\Delta t=81.57\times11.5\times42\text{W}=39398.3\text{W}$

11.3.2　通过圆筒壁的传热过程

1. 单层圆筒壁的传热

电厂中很多换热设备都采用管式结构，如过热器、省煤器、凝汽器等，热、冷流体被圆筒壁隔开，通过圆筒壁来传递热量，都属于圆筒壁传热问题。

如图11-13所示，假设有一长度为L，内、外直径分别为d_1和d_2的单层圆管，管壁的导热系数为λ，温度为t_{f1}的热流体在管内流过，温度为t_{f2}的冷流体在管外流过。管壁两表面的温度t_{w1}和t_{w2}均为未知；又假设热流体与壁面的复合换热系数为h_1，冷流体与壁面的复合换热系数为h_2。

单层圆筒壁的传热过程类似于单层平壁，仍是由三个串联环节组成。对于稳态传热，三个环节的热流量必然相等，由串联热阻叠加原则，其总传热热阻仍等于三个串联环节的局部热阻之和，只是因为圆筒壁内外表面积不相等，热阻按总面积计算。其热路图如图11-13所示。

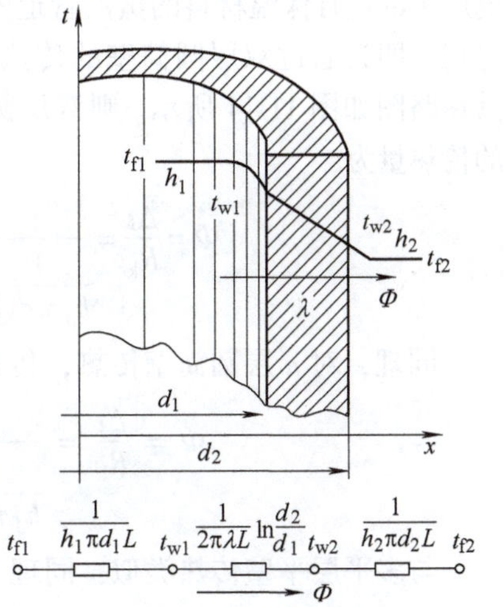

图11-13　通过单层圆筒壁的传热过程的热路图

$$R_k=\frac{1}{h_1\pi d_1L}+\frac{1}{2\pi\lambda L}\ln\frac{d_2}{d_1}+\frac{1}{h_2\pi d_2L}\tag{11-11}$$

所以得到传热量为

$$\Phi=\frac{\Delta t}{R_k}=\frac{t_{f1}-t_{f2}}{\dfrac{1}{h_1\pi d_1L}+\dfrac{1}{2\pi\lambda L}\ln\dfrac{d_2}{d_1}+\dfrac{1}{h_2\pi d_2L}}\tag{11-12}$$

对于热流密度的计算，因管壁内外表面积不相等，可分别采用内、外表面作为基准面积

来计算其热流密度，工程上习惯以外表面积为基准来计算热流密度，即

$$q=\frac{\Phi}{A_2}=\frac{t_{f1}-t_{f2}}{\frac{d_2}{h_1 d_1}+\frac{d_2}{2\lambda}\ln\frac{d_2}{d_1}+\frac{1}{h_2}}=K_2(t_{f1}-t_{f2}) \tag{11-13}$$

式中，$K_2=\frac{1}{\frac{d_2}{h_1 d_1}+\frac{d_2}{2\lambda}\ln\frac{d_2}{d_1}+\frac{1}{h_2}}$为以管外表面积为基准的传热系数。

有时，也需要计算通过单位管长的传热量

$$\Phi_L=\frac{\Phi}{L}=\frac{\Delta t}{R_{k,L}}=\frac{t_{f1}-t_{f2}}{\frac{1}{h_1\pi d_1}+\frac{1}{2\pi\lambda}\ln\frac{d_2}{d_1}+\frac{1}{h_2\pi d_2}} \tag{11-14}$$

式中，$R_{k,L}=\frac{1}{h_1\pi d_1}+\frac{1}{2\pi\lambda}\ln\frac{d_2}{d_1}+\frac{1}{h_2\pi d_2}$为单位管长的传热热阻［(m·℃)/W］。

与平壁传热类似，由串联热路的性质，可求出未知的壁面温度，即

$$t_{w1}=t_{f1}-\Phi\left(\frac{1}{h_1\pi d_1 L}\right) \tag{11-15}$$

$$t_{w2}=t_{f2}+\Phi\left(\frac{1}{h_2\pi d_2 L}\right) \tag{11-15a}$$

2. 多层圆筒壁传热

多层圆筒壁传热问题的求解类似于多层平壁的传热情形，无非是以多层圆筒壁的串联总热阻取代多层平壁的导热总热阻而已。例如电厂中的包有保温材料的蒸汽管道的散热过程，即为通过双层圆筒壁的传热过程，其热路图如图 11-14 所示。则双层圆筒壁的传热量为

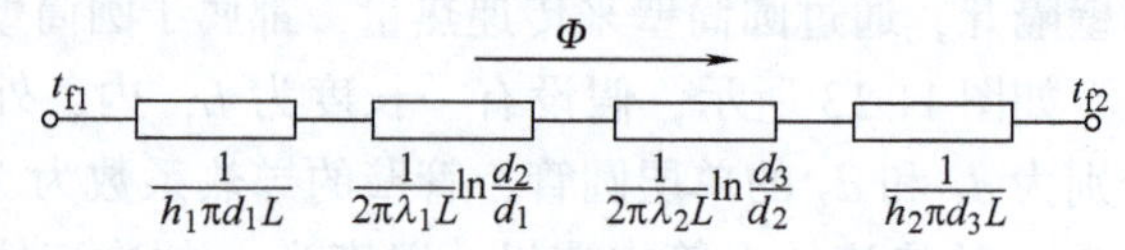

图 11-14 通过双层圆筒壁传热过程的热路图

$$\Phi=\frac{\Delta t}{R_k}=\frac{t_{f1}-t_{f2}}{\frac{1}{h_1\pi d_1 L}+\frac{1}{2\pi\lambda_1 L}\ln\frac{d_2}{d_1}+\frac{1}{2\pi\lambda_2 L}\ln\frac{d_3}{d_2}+\frac{1}{h_2\pi d_3 L}} \tag{11-16}$$

同理，对 n 层圆筒壁传热，传热量为

$$\Phi=\frac{\Delta t}{R_k}=\frac{t_{f1}-t_{f2}}{\frac{1}{h_1\pi d_1 L}+\sum_{i=1}^{n}\frac{1}{2\pi\lambda_i L}\ln\frac{d_{i+1}}{d_i}+\frac{1}{h_2\pi d_{n+1} L}} \tag{11-17}$$

与多平层平壁传热类似，同理可求得 t_{w1}、t_{w2}、t_{w3} 的值。

3. 圆筒壁传热的简化计算

与第 8 章分析的圆筒壁导热一样，当管壁较薄（$d_2/d_1<2$）或计算精确度要求不高时，常将圆筒壁简化为平壁来计算。

$$\Phi=KA_m\Delta t=K\pi d_m L\Delta t=\frac{\pi d_m L(t_{f1}-t_{f2})}{\frac{1}{h_1}+\frac{\delta}{\lambda}+\frac{1}{h_2}} \tag{11-18}$$

式中，K 为按平壁计算的传热系数；A_m 为按计算直径计算的传热面积；d_m 为计算直径，当

$h_1 \approx h_2$ 时，取 $d_m=(d_2+d_1)/2$；当 $h_1 \ll h_2$ 时，取 $d_m=d_1$；$\delta=(d_2-d_1)/2$ 为管壁厚度。

【例 11-2】　蒸汽管道的外径为 80mm，壁厚为 3mm，外侧包有厚 40mm 的水泥珍珠岩保温层，其导热系数为 $\lambda_2=0.075\mathrm{W/(m\cdot K)}$。管内蒸汽温度 $t_{f1}=150℃$，环境温度 $t_{f2}=20℃$，保温层外表面对环境的复合换热系数 $h_2=7.6\mathrm{W/(m^2\cdot K)}$，管内蒸汽与管壁间的换热系数为 $h_1=116\mathrm{W/(m^2\cdot K)}$，钢管壁的导热系数 $\lambda_1=46.2\mathrm{W/(m\cdot K)}$。求每米管长的热损失。

【解】　此题属通过双层圆筒壁的传热问题。热路图可参看图 11-14。

管道内径为　　$d_1=d_2-2\delta_1=(80-2\times3)\mathrm{mm}=74\mathrm{mm}=0.074\mathrm{m}$

保温层外径为　$d_3=d_2+2\delta_2=(80+2\times40)\mathrm{mm}=160\mathrm{mm}=0.16\mathrm{m}$

则每米管长的热损失为

$$\Phi_L=\frac{\Delta t}{R_{k,L}}=\frac{t_{f1}-t_{f2}}{\dfrac{1}{h_1\pi d_1}+\dfrac{1}{2\pi\lambda_1}\ln\dfrac{d_2}{d_1}+\dfrac{1}{2\pi\lambda_2}\ln\dfrac{d_3}{d_2}+\dfrac{1}{h_2\pi d_3}}$$

$$=\frac{150-20}{\dfrac{1}{116\times\pi\times0.074}+\dfrac{1}{2\times\pi\times46.2}\ln\dfrac{80}{74}+\dfrac{1}{2\times\pi\times0.075}\ln\dfrac{160}{80}+\dfrac{1}{7.6\times\pi\times0.16}}\mathrm{W/m}$$

$$=73.4\mathrm{W/m}$$

11.4　传热的强化与削弱

日常生活及工程应用中经常会涉及强化或削弱传热的问题。例如，人们在夏天使用风扇纳凉、电厂锅炉省煤器采用肋片管等都是属于强化传热的问题；而人们在冬天要穿防寒服保暖、电厂中对热力设备和蒸汽管道敷设保温层等则属于削弱传热的问题。如何进行传热的强化与削弱，这就是下面要讨论的问题。

11.4.1　强化传热

所谓强化传热就是指分析影响传热的各种因素，在一定条件下，采取一定的技术措施以提高换热设备单位面积的传热量。其主要目的表现为三个方面：在设备投资及流体输送功耗一定的条件下，获得较大的传热量，从而增加换热设备容量，提高换热设备的效率，节约能源；在保持换热设备容量不变，使设备结构紧凑，体积减小，材料耗量及成本下降；降低高温部件的温度，保证设备安全运行。

根据传热方程式 $\Phi=KA\Delta t$ 可知，强化传热有增大传热系数 K、增大传热面积 A 和增大传热温差 Δt 三条主要途径。

1. 增大传热系数 K（即减小传热热阻，复合换热热阻由对流换热热阻及辐射换热热阻组成）

（1）减小导热热阻　传热面应尽量采用导热性能好的薄金属壁，如电厂过热器、省煤器、低压加热器等受热面管材均采用 λ 很大的金属材料；减小各种污垢（如水垢、油垢及灰垢等）的热阻。对电厂中的换热设备，具体措施有：定期及时清洗换热壁面、吹灰除焦、除垢、提高水质、装设排污装置减少炉水含盐量等。

（2）减小对流换热热阻　根据对流换热的影响因素，采取合理的措施以提高表面传热系数、加强流体的扰动、减薄层流底层的厚度，从而减小对流换热热阻，以达到强化传热的目的。

2. 增大传热面积

指从改进传热面结构出发合理地增大换热面积，以提高换热设备单位体积的传热面积，使设备高效紧凑。常用的方法是采用表面肋化的措施，即在传热壁上加装肋片，肋片通常安装在热阻较大的一侧，即 h_1 和 h_2 中较小的一侧（如气体侧）。如大型锅炉中采用的膜式水冷壁就是通过表面肋化来增强传热的。

3. 增大传热温差

提高热流体温度，降低冷流体温度，如电厂凝汽器冬天的换热效果比夏天好，就是冷却用循环水在冬天温度较低的原因。但是流体温度的改变往往受到工艺条件及客观环境的限制，并不是可以随便改变的。或通过合理布置流体的流动方式来增大平均传热温差。

【例 11-3】 压缩空气在空气中间冷却器的管外横掠流过，$h_2=90\text{W}/(\text{m}^2\cdot℃)$。冷却水在管内流过，$h_1=6000\text{W}/(\text{m}^2\cdot℃)$。冷却管是外径为 16mm、厚 1.5mm、导热系数为 111W/(m·℃) 的黄铜管。求：(1) 传热系数；(2) 如管外换热系数增加一倍，传热系数有何变化？(3) 如管内换热系数增加一倍，则传热系数又有何变化？

【解】 此题属于单层圆筒壁传热问题，其热路图见图 11-13，相对于管外侧表面积而言

$$r_k=\frac{d_2}{d_1h_1}+\frac{d_2}{2\lambda}\ln\frac{d_2}{d_1}+\frac{1}{h_2}=\left(\frac{16}{13}\times\frac{1}{6000}+\frac{0.016}{2\times111}\ln\frac{16}{13}+\frac{1}{90}\right)(\text{m}^2\cdot℃)/\text{W}$$

$$=(0.000205+0.0000149+0.0111)\ (\text{m}^2\cdot℃)/\text{W}=0.01132\ (\text{m}^2\cdot℃)/\text{W}$$

(1) 相对于管外侧表面积的传热系数为

$$K_1=\frac{1}{r_k}=\frac{1}{r_{复合1}+r_{导热}+r_{复合2}}=\frac{1}{0.01132}\text{W}/(\text{m}^2\cdot℃)=88.34\text{W}/(\text{m}^2\cdot℃)$$

(2) 如管外换热系数（即 h_2）增加一倍，且略去管壁导热热阻，此时传热系数变为

$$K_2=\frac{1}{0.000205+\frac{1}{90\times2}}\text{W}/(\text{m}^2\cdot℃)=174\text{W}/(\text{m}^2\cdot℃)$$

$$K_2/K_1=1.97$$

可见，传热系数提高了 97%。

(3) 如管内换热系数（即 h_1）增加一倍，此时传热系数变为

$$K_3=\frac{1}{\frac{1}{6000\times2}\times\frac{16}{13}+0.0111}\text{W}/(\text{m}^2\cdot℃)=89.2\text{W}/(\text{m}^2\cdot℃)$$

$K_3/K_1=1.01$，传热系数的增加仅为 1%。

结论：强化气侧换热所得的效果远比强化水侧换热效果好。因此，要强化一个具体的传热过程，必须首先比较传热过程各个环节的分热阻，只有对分热阻最大的那个环节采取强化措施（一般来说，热阻最大的环节出现在换热系数小的一侧，如气侧、油侧或污垢层上），才能收到较好的效果。这就是强化传热的原则。

11.4.2　削弱传热

所谓削弱传热，就是要分析影响传热的各种因素，在一定条件下，采取一定的技术措施以减小换热设备的热流密度。削弱传热往往与隔热保温技术联系在一起，本节重点介绍隔热保温技术。

1. 削弱传热的目的

1）减小热量损失，节约能源。如人们日常生活中的食品保鲜（电冰箱，冰柜等）；又如电厂中热力设备及蒸汽管道上敷设保温材料即是为了减小热量损失。工业设备的散热损失是相当可观的，1 座 1000MW 的火电厂即使按国家规定的标准设计进行隔热保温，一天的热量损失也相当于多消耗 120t 标准煤。如不采取隔热保温措施，其热损失将会增加数倍。

2）提高设备在低温下工作时的外表面温度，以防结霜。

3）保证流体温度，满足工业要求。工程上采用隔热保温措施，减小输送过程中因热损失而造成流体的温度降低，从而保证生产和生活的需要。

4）防止温度不均匀，造成设备内的热应力增大。例如电厂锅炉汽包和汽轮机本体，如保温不好或保温层损坏脱落，将因外壳温度不均匀引起金属局部热应力，产生部件热变形。

5）保持设备内部温度恒定。如生物工程领域、制药车间等对温度要求均匀的应用场合。

6）保证工作人员的安全。为防止工作人员被烫伤，我国规定设备和管道的外表面温度不得超过 50℃。

2. 削弱传热的一些措施

根据传热方程式，削弱传热可采用减少传热面积、降低传热系数、降低传热温差三类方法，但实际应用中削弱传热主要是靠增大传热方程式$\left(\Phi=\dfrac{\Delta t}{R_k}\right)$中的传热热阻 R_k 来实现的。工程上常采用以下一些削弱传热措施：

1）敷设保温隔热材料（热绝缘层）加大导热热阻。在电厂中常采用在热力设备及管道表面上敷设保温材料，使导热热阻增加，从而增大传热热阻，减小热流量。这是工程上应用最广泛的方法，即管道和设备的保温隔热技术。

2）采用遮热板增加复合换热中的辐射换热热阻。如第 10 章所述，采用一层或多层高反射比的金属薄板作为遮热板可显著减小辐射换热；如用热电偶测温时加遮热罩可有效减小测温误差。

3）采用真空夹层增大复合换热中的辐射和对流换热热阻。即将设备的外壳做成夹层，夹层内壁两表面涂高反射比涂层（如镀银、铝），把夹层内抽成一定的真空，这样夹层中只有微弱的辐射和稀薄气体的导热。如保温瓶瓶胆、玻璃真空太阳能集热管和存放液氧、液氢的容器等都是采用真空夹层削弱传热的实例。对于超低温工程的保温，可采用多层真空屏蔽夹层热绝缘体。

3. 对保温材料的要求

1）导热系数小。显然，λ 越小，同样厚度的保温隔热材料的导热热阻越大，其保温隔热效果就越好。随着科学技术的进步和发展，不断出现新型保温隔热材料，如二氧化硅超细粉末，其导热系数可低到0.0017 W/(m·K)，部分工程常用保温材料见表11-2。

表11-2 常用保温材料

材料名称	λ	单位	工作温度	应用
微孔硅酸钙	0.04～0.1	W/(m·K)	低于650℃	高温设备的保温
膨胀珍珠岩	0.046～0.17	W/(m·K)	800～1000℃	
聚苯乙烯泡沫塑料	0.03～0.048	W/(m·K)	-80～75℃	低于环境温度的工质和容器的保温
硬质聚氨酯泡沫塑料	0.026～0.042	W/(m·K)	60～120℃	

2）温度稳定性好。在一定温度范围内，保温隔热材料的物性值变化不大，但超过一定的温度会发生结构上的变化，使其导热系数变大，甚至造成本身结构破坏，无法使用。因此，保温隔热材料的使用温度不能超过允许值。

3）有一定的机械强度。机械强度低，易受破坏，从而使散热增加。

4）吸水、吸湿性小。保温材料吸水后，由于水分的导热系数比材料空隙内空气的导热系数大得多，这会使材料的导热系数大幅度增加。如果在纤维状的保温隔热材料中加了憎水剂，可使材料最大吸湿率小于1%。

5）无腐蚀性、无特殊气味、易成形、易安装。

4. 保温经济厚度的确定

保温隔热层越厚，散热损失越小，但保温材料并不是包得越厚越好，因为随着保温隔热层厚度的增加，相应费用如材料费、安装费、支架投资费等随之增加。这样，从技术经济比较的角度出发，需确定一个最佳经济厚度，即敷设保温材料后全年热损失的费用和保温隔热层折旧费用的总和为最小时的保温层厚度。

5. 临界热绝缘直径

工程上经常采用敷设保温隔热材料（热绝缘层）的方法来削弱传热。对于平壁来说，由于其导热热阻 $R_{导热}=\dfrac{\delta}{\lambda A}$，显然只要敷设或加厚热绝缘层总会加大传热总热阻，从而达到削弱传热的目的。但是，对于管道而言，在管道外表面敷设附加热绝缘层后，即成为两层圆筒壁传热问题，在增加导热热阻的同时，热绝缘层外表面的放热热阻却会减小。这样在圆筒壁面上增加保温层就有可能导致传热量的增大。其原因如图11-15所示。从图中可以看出：当 $d_{热绝缘层}<d_c$ 时，随着 $d_{热绝缘层}$ 的增加，传热热阻 R_k 减小，这样在传热温差 Δt 不变的情况下，其热流量 $\Phi=\Delta t/R_k$ 反而是增大的；只有当 $d_{热绝缘层}>d_c$ 时，随着 $d_{热绝缘层}$ 的增加，传热热阻 R_k 随之增加，这样在传热温差 Δt 不变的情况下，其热流量 $\Phi=\Delta t/R_k$ 才会随着 $d_{热绝缘层}$ 的增加而减小，从而实现削弱传热的目的。

临界热绝缘层直径具体的表达式是可以通过对传热计算方程求极值而得出。由图11-14利用热路法可以写出该过程热流量表达式为

$$\Phi=\frac{\Delta t}{R_k}=\frac{\Delta t}{\dfrac{1}{h_1\pi d_1 L}+\dfrac{1}{2\pi\lambda_1 L}\ln\dfrac{d_2}{d_1}+\dfrac{1}{2\pi\lambda_2 L}\ln\dfrac{d_{热绝缘层}}{d_2}+\dfrac{1}{h_2\pi d_{热绝缘层}L}} \tag{11-19}$$

以保温层外直径 $d_{热绝缘层}$ 为变量对式(11-19)求导数，并令其为零，有 $\dfrac{d\Phi}{dd_{热绝缘层}}=0$。解

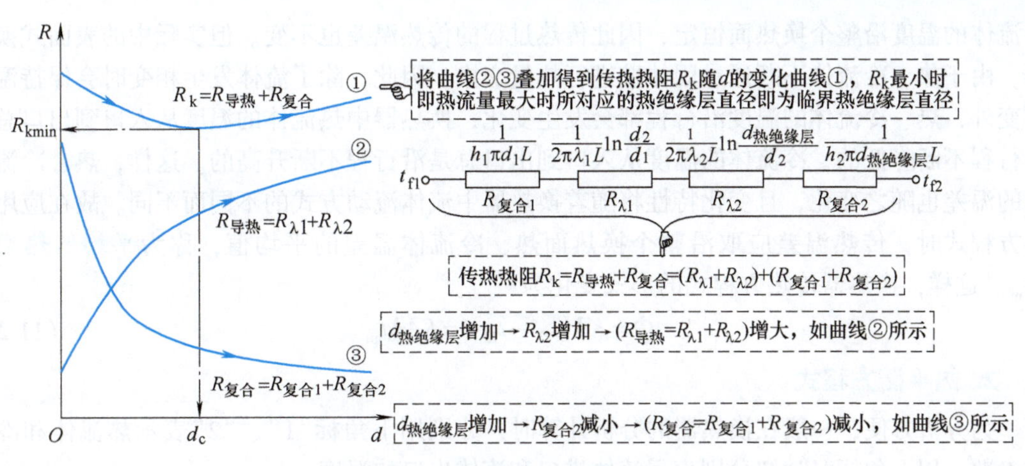

图 11-15　临界热绝缘层直径示意图

出这个方程就可以求得在最大传热量下的保温层外直径，即临界热绝缘层直径的计算表达式

$$d_{热绝缘层}=\frac{2\lambda}{h_2}=d_c \tag{11-20}$$

可见，从热量的基本传递规律可知确实是有一个极大值存在，这也同样说明了图 11-14 的结论：当敷设保温层后，保温层的外直径 $d_{热绝缘层}<d_c$ 时，Φ 是增加的，只有当 $d_{热绝缘层}>d_c$ 时，Φ 才降低。

工程上（如电厂中）所采用的热力管道的热绝缘层的外径一般都大于 d_c，所以只要敷设保温层就可以起到削弱传热的作用，且管道散热损失随热绝缘层厚度的增加而减小；但对于输供电系统，由于要求输电线路具有良好的散热能力，就应该使橡胶电绝缘层的外径等于或接近 d_c。

【例 11-4】　有一直径为 2mm 的电缆，表面温度为 50℃，周围空气温度为 20℃，空气的换热系数为 15W/(m²·℃)。电缆表面包有厚 1mm，导热系数为 0.15W/(m·℃) 的橡胶，试比较包橡胶与不包橡胶散热量的差别。

【解】　不包橡胶时的单位管长的散热量为

$$\Phi_L=h\pi d\Delta t=15\times\pi\times0.002\times30\text{W/m}=2.827\text{W/m}$$

电缆包橡胶后构成一个不完整的传热过程，其单位管长的散热量为

$$\Phi_L=\frac{\pi\Delta t}{\frac{1}{2\lambda}\ln\frac{d_2}{d_1}+\frac{1}{h_2 d_2}}=4.966\text{W/m}$$

由计算结果可以看出：包了橡胶的散热量反而比不包橡胶的电缆大，表明橡胶包层的外直径还在临界热绝缘直径以内，即包橡胶后 $d_{热绝缘层}<d_c$。

11.5　表面式换热器的传热计算

前文已经讨论了不同类型的换热器，尽管它们在形式上、结构上、运行原理上和工质方面都有种种区别，但它们的计算原理是一致的。本节以表面式换热器为例，讨论换热器的传热计算。

11.5.1　传热计算的基本方程式

1. 传热方程式

前面所讨论的传热方程式 $\Phi=KA(t_{f1}-t_{f2})=KA\Delta t$，其应用前提是假设固体壁两侧热、

冷流体的温度沿整个换热面恒定，因此传热过程的传热温差也不变。但实际中的表面式换热器，由于热、冷流体不断通过固体壁进行热量交换，因此，除了流体发生相变时会保持温度不变外，热、冷流体的温度沿行程都会发生变化；换热器中热流体的温度从入口到出口总是沿行程不断降低的，冷流体的温度从入口到出口总是沿行程不断升高的。这样，热、冷流体间的温差也随之变化，且变化特性将随着换热器中流体流动方式的不同而不同。故在应用传热方程式时，传热温差应取沿整个换热面热、冷流体温差的平均值，称为平均传热温差 Δt_m。这样，换热器传热方程式的形式变化为

$$\Phi = KA(t_{f1} - t_{f2}) = KA\Delta t_m \tag{11-21}$$

2. 热平衡方程式

为分析方便，一般在换热器的分析计算时，分别用下角标“1”、“2”表示热流体和冷流体参数。用上角标“′”“″”分别表示流体进口和流体出口的温度。

根据能量守恒原理，在忽略换热器热损失的情况下，热流体所放出的热量 Φ_1 等于冷流体所吸收的热量 Φ_2，即 $\Phi_1 = \Phi_2$，故换热器的热平衡方程式为

$$q_{m1}c_{p1}(t_1' - t_1'') = q_{m2}c_{p2}(t_2'' - t_2') \tag{11-22}$$

式中，q_{m1}、q_{m2} 为热、冷流体的质量流量(kg/s)；c_{p1}、c_{p2} 为热、冷流体的比热容[kJ/(kg·℃)]；t_1'、t_2'为热、冷流体的进口温度(℃)；t_1''、t_2''为热、冷流体的出口温度(℃)；$q_{m1}c_{p1}$、$q_{m2}c_{p2}$为热、冷流体的热容量(kW/℃)。

若流体有相变，如热流体发生凝结换热或冷流体发生沸腾换热，则流体放出或吸收的热量为

$$\Phi_1 = q_{m1}\gamma_1 \quad 或 \quad \Phi_2 = q_{m2}\gamma_2 \tag{11-22a}$$

式中，γ_1、γ_2 为流体的汽化潜热。

由式(11-22) 可得

$$\frac{q_{m1}c_{p1}}{q_{m2}c_{p2}} = \frac{t_2'' - t_2'}{t_1' - t_1''} = \frac{\Delta t_2}{\Delta t_1} \tag{11-23}$$

可见，在换热器内，热、冷流体温度沿换热面的变化与其自身的热容量成反比。流体的热容量越大，其温度变化越小；流体的热容量越小，其温度变化越大。

总之，热平衡方程式反映了热、冷流体吸收与放出热量的平衡关系，而换热器的传热方程式描述了热、冷流体之间传热过程的关系，它们都是换热器计算的基本方程。在进行换热器计算时，关键是应明确换热器的传热量 Φ 与热流体所放出的热流量 Φ_1 及冷流体所吸收的热流量 Φ_2 是相等的，即

$$\Phi = \Phi_1 = \Phi_2 = q_{m1}c_{p1}(t_1' - t_1'') = q_{m2}c_{p2}(t_2'' - t_2') = KA\Delta t_m \tag{11-24}$$

式中，Φ_1、Φ_2 分别为热、冷流体的热流量。

显然，在应用式(11-24) 时必须首先确定平均传热温差 Δt_m。

11.5.2 平均温差的计算

1. 顺流和逆流时流体温度的沿程变化

对换热器传热过程做以下简化假设：①热、冷流体的质量流量和比热容在整个换热面上为常量；②传热系数在整个换热面上不变；③忽略换热器的散热损失；④换热面沿流动方向的导热量可忽略不计；⑤在换热器中，任一种流体不能既有相变又有单相介质换热。否则应分段计算。

通过分析，可以得出以下结论：

1）热容量小的流体沿程温度变化大，曲线较陡；热容量大的流体温度沿程变化小，曲线较平坦。若热流体的热流量 $q_{m1}c_{p1}$ 大于冷流体的热流量 $q_{m2}c_{p2}$，则冷流体 2 的温度升高值（$t_2''-t_2'$）大于热流体 1 的温度下降值（$t_1'-t_1''$），如图 11-16a 所示。这个结论，对顺流和逆流都是成立的。

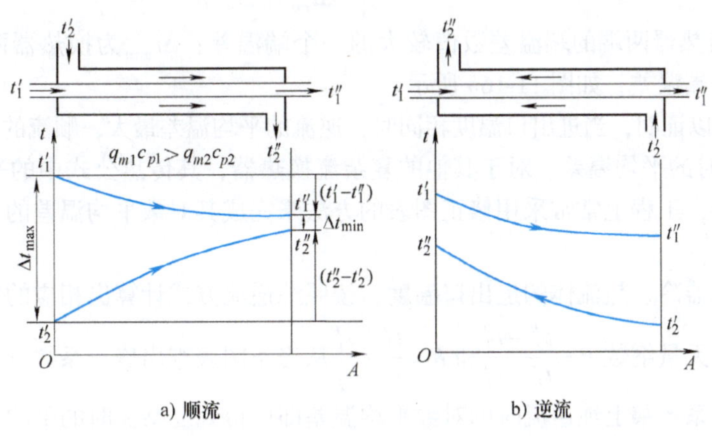

图 11-16 顺流、逆流布置时流体的温度变化及端差示意图

2）顺流时，热、冷流体的出口集中在换热器的同一端，t_2''总是低于 t_1''；逆流时，热、冷流体的出口分别在换热器的两端，若传热面足够大，t_2''可能高于 t_1''，因此，在其他条件相同的情况下，采用逆流布置与顺流布置相比，用进口温度相同的热流体可将同样进口温度的冷流体加热到更高的温度。

3）在各种流动形式中，当进、出口温度相同时，逆流的平均温差最大，顺流的平均温差最小。所以在传热系数相同的情况下，当要求传热量一定时，逆流布置所需传热面积最小，顺流布置所需传热面积最大；当传热面积一定时，逆流布置所传递的热量最多，顺流布置所传递的热量最少。从强化传热的角度来看，换热器应尽量布置成逆流式。

4）逆流布置时，热、冷流体的最高温度和最低温度分别集中在换热器的同一端，使换热器的壁温及其热应力分布不均，对换热器的安全不利，对于高温换热器而言需采用昂贵的耐高温材料。而顺流方式布置时，冷流体的最高温度端处于热流体的最低温度端。金属壁温相对较低，比较安全。因此为了改善高温换热器的工作条件，常采用顺流布置或先逆流后顺流的混合流布置。通常在低温段采用逆流，高温段采用顺流，这种先逆流后顺流的布置结合了顺流和逆流的优点，既充分利用了逆流布置传热温差大的优点，又利用了顺流布置安全性高的优点。

5）当热、冷流体中有一种发生相变时（如冷凝器和蒸发器），发生相变的流体在整个换热面上的温度均为其饱和温度，此时 $\Delta t_{m逆}=\Delta t_{m顺}$，因而无所谓顺流或逆流。

2. 平均温差的计算

换热器的平均传热温差是指热、冷流体沿整个换热面的温差平均值。常用的有对数平均温差和算术平均温差。

（1）对数平均温差

1）纯顺流和纯逆流时的对数平均温差。

首先介绍换热器端温差的概念，换热器某一端热、冷流体温度之差称为端温差。

顺流时，如图 11-16a 所示，其两端的端温差分别为 $\Delta t' = t_1' - t_2'$；$\Delta t'' = t_1'' - t_2''$。

逆流时，如图 11-16b 所示，其两端的端温差分别为 $\Delta t' = t_1' - t_2''$；$\Delta t'' = t_1'' - t_2'$。

无论顺流还是逆流，经数学推导得到其对数平均温差的表达式为

$$\Delta t_{\mathrm{m}} = \frac{\Delta t_{\max} - \Delta t_{\min}}{\ln \dfrac{\Delta t_{\max}}{\Delta t_{\min}}} \tag{11-25}$$

式中，$\Delta t_{\max}$为换热器两端的端温差数值较大的一个端温差；$\Delta t_{\min}$为换热器两端的端温差数值较小的另一个端温差，如图 11-16a 所示。

数学上也可以证明，当进出口温度相同时，逆流的平均温差最大，顺流的平均温差最小。

2）复杂流时的平均温差。对于其他的复杂流换热器，其传热公式中的平均温差的计算关系式较为复杂，工程上常常采用修正图表的方法来完成其对数平均温差的计算。求解步骤如下：

① 由换热器冷、热流体的进出口温度，按照纯逆流方式计算出相应的对数平均温差；

② 由两个无量纲数 $P = \dfrac{t_2'' - t_2'}{t_1' - t_2'}$和 $R = \dfrac{t_1' - t_1''}{t_2'' - t_2'}$从修正图表查出修正系数 $\varPsi$；

③ 将修正系数乘上纯逆流时的对数平均温差即可得到复杂流时的平均温差，即

$$\Delta t_{\mathrm{m}} = \varPsi \Delta t_{\mathrm{m逆}} = \varPsi \frac{\Delta t_{\max} - \Delta t_{\min}}{\ln \dfrac{\Delta t_{\max}}{\Delta t_{\min}}} \tag{11-26}$$

式(11-26) 中修正系数表达式 $\varPsi = f(R,\ P)$ 随换热器的类型不同而不同，工程上一般将其整理成如图 11-17 和图 11-18 所示的修正曲线图。从图中可以知道，$\varPsi$ 总是小于 1 的，所以复杂流的平均温差与同样温度范围内的纯顺流和纯逆流的平均温差有这样的关系：

$$\Delta t_{\mathrm{m顺}} < \Delta t_{\mathrm{m复}} < \Delta t_{\mathrm{m逆}}$$

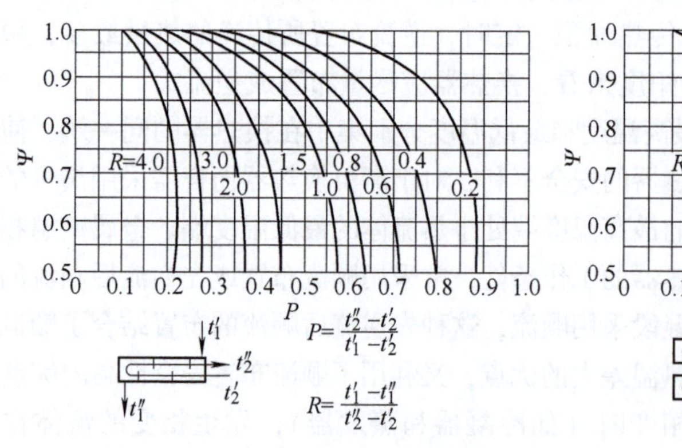

a) 壳程1程，管程2、4、6、8、… 程的Ψ值

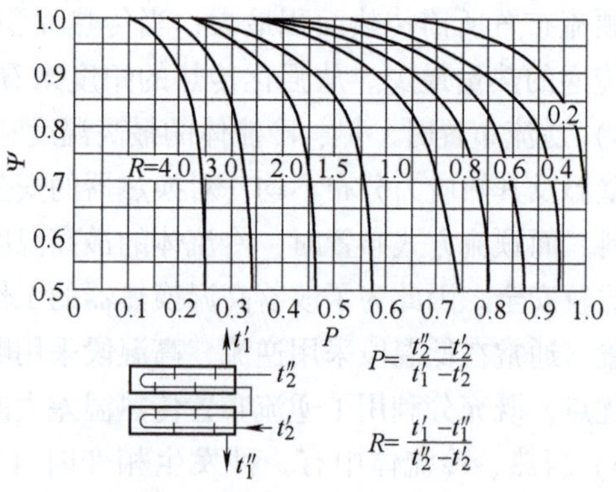

b) 壳程2程，管程4、8、12、16、… 程的Ψ值

图 11-17 管壳式换热器的 $\varPsi$ 值

（2）平均温差的简化计算——算术平均温差

1）当$\dfrac{\Delta t_{\max}}{\Delta t_{\min}}$≤2 时，可近似用算术平均温差作为平均温差计算，误差小于 4%。

$$\Delta t_{\mathrm{m}} = \frac{\Delta t_{\max} + \Delta t_{\min}}{2} = \left(\frac{t_1' + t_1''}{2}\right) - \left(\frac{t_2' + t_2''}{2}\right) \tag{11-27}$$

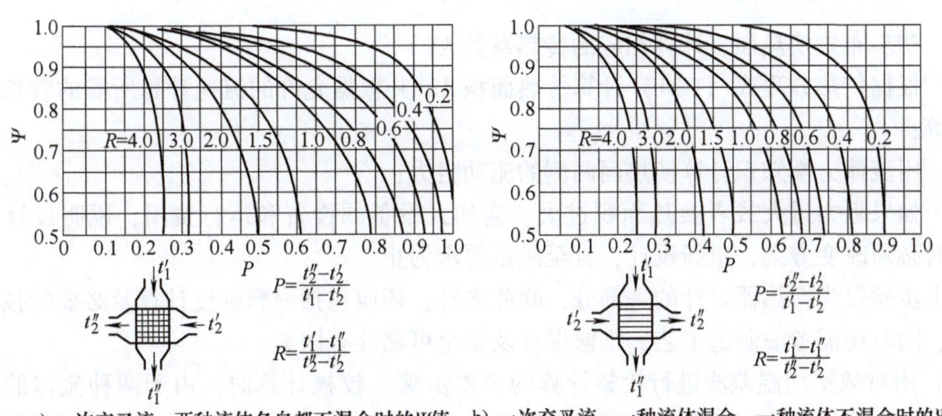

图 11-18　一次交叉流式换热器的 Ψ 值

2）对多次交叉流，当交叉次数大于4次时，可分别按纯顺流或纯逆流时的算术平均温差计算，这在工程上是能够满足其精度要求的。如电厂锅炉中的对流式过热器、对流式再热器、省煤器等，其交叉次数远远大于4次，一般都将之视为相应的纯顺流或纯逆流。

11.5.3　表面式换热器的传热计算方法

1. 表面式换热器传热计算简介

（1）计算类型　按计算目的，换热器的传热计算分为设计计算和校核计算两种类型。

设计计算：换热器的设计计算是根据生产任务给定的要求和参数（流体种类、$q_{m1}c_{p1}$、$q_{m2}c_{p2}$、流体的进出口温度），设计一台新的换热器。为此需要确定换热器的形式、传热面积及结构参数等（如管壳式换热器的管长、管程数、每管程管根数）。

校核计算：对现有的换热器，核算它是否能满足预定的换热要求。通常已知换热器形式及换热面积 A、流体种类、$q_{m1}c_{p1}$、$q_{m2}c_{p2}$ 及流体的进口温度，需要校核流体的出口温度和换热量是否满足要求。

（2）计算方法　有对数平均温差法（LMTD 法）和效率—传热单元数法（ε—NTU 法）两种，它们都可以用来进行换热器的设计计算和校核计算。但设计计算时常用平均温差法，校核计算常用效率—传热单元数法。本书主要介绍对数平均温差法，对效率—传热单元数法作为选讲内容。

对数平均温差法：根据传热方程式通过对数平均温差来进行换热器传热计算的方法。

效率—传热单元数法：根据换热器效率定义式，通过效率—传热单元数来进行换热器传热计算的方法。

2. 对数平均温差法（LMTD 法）

（1）用对数平均温差法进行设计计算的主要步骤

① 根据给定条件，初步确定换热器形式；

② 根据热平衡方程式(11-22) 求出热、冷流体的进出口温度中未知的温度及传热量 Φ；

③ 根据换热器形式及热、冷流体的4个进出口温度，由相应公式计算对数平均温

差 Δt_m；

④ 初步布置换热面，计算相应的传热系数 K；

⑤ 根据传热方程式(11-21) 计算传热面积 A；并根据允许的流速计算所需的管长、管子根数等；

⑥ 用流体力学知识计算换热面两侧的流动阻力；

⑦ 如果阻力过大或者换热面积过大，会加大设备的投资和运行费用，说明设计不合理，此时必须改变方案，重新设计，直至满足要求为止。

以上步骤仅为换热器设计的一部分，除此之外，还应包括材料强度计算及必要的技术经济分析，同时还需考虑制造工艺、维修保养及安全可靠性等因素。

(2) 用对数平均温差法进行校核计算的主要步骤 校核计算时，由于两种流体的出口温度均未知，平均传热温差及换热量都无法直接确定，且物性参数也无法查取，因而需要先假设一种流体的出口温度进行试算，然后再校核其误差是否在允许范围内，若误差太大则需用逐次逼近的迭代法重新假设计算。

① 先假设一个流体的出口温度 t_2''（或 t_1''），用热平衡方程式(11-22) 求出另一个流体的出口温度 t_1''（或 t_2''）；

② 用热平衡方程计算换热量 Φ'；

③ 根据热、冷流体的四个进、出口温度求平均温差 Δt_m 以及相应的修正系数 Ψ；

④ 根据换热器结构，计算相应工作条件下的传热系数 K；

⑤ 由传热方程求出换热量 Φ''；

⑥ 比较两种方式计算的 Φ'和 Φ''，若相等或相差不大（正负不超过5%），计算结束。否则，需重新假设一流体出口温度，重复上述计算，直到满足要求为止。

由上述步骤可知，用对数平均温差法进行校核计算，由于需要试算，计算过程繁琐，一般可编程借助计算机进行求解。

【例 11-5】 用平均温差法计算逆流式冷油器所需的传热面积。已知条件如下：

油侧：q_{m1} = 8000kg/h，c_{p1} = 2kJ/(kg·℃)，t_1' = 80℃，t_1'' = 42℃；水侧：q_{m2} = 1.53kg/s，c_{p2} = 4.18kJ/(kg·℃)，t_2' = 10℃；换热器的传热系数 K = 600W/(m^2·K)。

【解】 此题属表面式换热器的设计计算。

由热平衡方程式 $\Phi = q_{m1}c_{p1}(t_1' - t_1'') = q_{m2}c_{p2}(t_2'' - t_2')$ 可得

$$\Phi = q_{m1}c_{p1}(t_1' - t_1'') = \frac{8000}{3600} \times 2 \times (80 - 42)\text{kW} = 168.9\text{kW}$$

$$t_2'' = \frac{\Phi}{q_{m2}c_{p2}} + t_2' = \left(\frac{168.9}{1.53 \times 4.18} + 10\right)℃ = 36.4℃$$

而逆流时：$\Delta t_{max} = t_1' - t_2'' = (80 - 36.4)℃ = 43.6℃$，$\Delta t_{min} = t_1'' - t_2' = (42 - 10)℃ = 32℃$

则对数平均温差为

$$\Delta t_m = \frac{\Delta t_{max} - \Delta t_{min}}{\ln \dfrac{\Delta t_{max}}{\Delta t_{min}}} = \frac{43.6 - 32}{\ln \dfrac{43.6}{32}}℃ = 37.5℃$$

根据传热方程式可得，冷油器所需的传热面积为

$$A = \frac{\Phi}{K\Delta t_m} = \frac{168.9 \times 10^3}{600 \times 37.5}\text{m}^2 = 7.5\text{m}^2$$

【例 11-6】　一台 1-2 型管壳式换热器用来冷却 11 号润滑油。冷却水在管内流动，t_2' = 20℃、t_2'' = 50℃，流量 q_{m2} = 3kg/s，c_{p2} = 4.174kJ/(kg · ℃)；热油入口温度为 t_1' = 100℃，出口温度为 t_1'' = 60℃，c_{p1} = 2.148kJ/(kg · ℃)；传热系数为 K = 350W/(m^2 · K)。试计算：(1) 油的流量；(2) 所传递的热量；(3) 所需的传热面积。

【解】　此题属表面式换热器（1-2 型管壳式换热器）的设计计算。

(1) 由热平衡方程式 $\Phi = q_{m1}c_{p1}(t_1' - t_1'') = q_{m2}c_{p2}(t_2'' - t_2')$ 可得

$$\Phi = q_{m1} \times 2.148\text{kJ/(kg} \cdot ℃) \times (100-60)℃ = 3 \times 4.174 \times 10^3 \times (50-20)\text{W}$$

所以　$q_{m1} = 4.372\text{kg/s}$

(2) $\Phi = q_{m2}c_{p2}(t_2'' - t_2') = 3 \times 4.174 \times 10^3 \times (50-20)\text{W} = 375660\text{W}$

(3) $P = \dfrac{t_2'' - t_2'}{t_1' - t_2'} = \dfrac{50-20}{100-20} = 0.375$，$R = \dfrac{t_1' - t_1''}{t_2'' - t_2'} = \dfrac{100-60}{50-20} = 1.33$

查图 11-17a 得：$\Psi = 0.88$

$$\Delta t_{m逆} = \frac{(t_1' - t_2'') - (t_1'' - t_2')}{\ln \dfrac{t_1' - t_2''}{t_1'' - t_2'}} = \frac{(100-50) - (60-20)}{\ln \dfrac{100-50}{60-20}}℃ = 44.81℃$$

所以
$$\Delta t_m = \Psi \Delta t_{m逆} = 0.88 \times 44.81℃ = 39.44℃$$

根据传热方程式(11-21) 可得，冷油器所需的传热面积为

$$A = \frac{\Phi}{K\Delta t_m} = \frac{375660}{350 \times 39.44}\text{m}^2 = 27.214\text{m}^2$$

【例 11-7】　换热器用重油来加热含水石油，重油的温度从 280℃降到 190℃，含水石油从 20℃加热到 160℃，试求两流体顺流和逆流时的对数平均温差，假设传热系数 K 和热流密度相同，问逆流与顺流相比加热面积减少多少？

【解】　计算对数平均温差的关键在于准确求出换热器的端温差的最大值和最小值，然后代入式(11-25) 计算。换热器端温差的求解不必死记公式，只需画出流体相应温度变化图就很清楚了，首先画出顺流和逆流的两流体的温度变化图（如图 11-19 所示），由此可算出换热器相应的端温差。

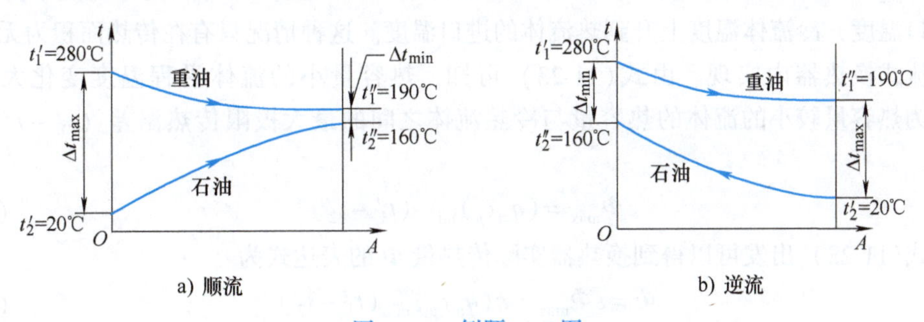

图 11-19　例题 11-7 图

由图 11-19a 可知，两流体顺流时，端温差的较大值在热流体的进口端。

两个端温差分别为　$\Delta t_{max} = t_1' - t_2' = (280-20)℃ = 260℃$

$\Delta t_{min} = t_1'' - t_2'' = (190-160)℃ = 30℃$

第11章

所以对数平均温差为 $\Delta t_{m顺}=\dfrac{\Delta t_{max}-\Delta t_{min}}{\ln\dfrac{\Delta t_{max}}{\Delta t_{min}}}=\dfrac{260-30}{\ln\dfrac{260}{30}}℃=\dfrac{230}{2.16}℃=106.5℃$

由图 11-19b 可知，两流体逆流时，端温差的较大值在热流体的出口端。

两个端温差分别为 $\Delta t_{max}=t_1''-t_2'=(190-20)℃=170℃$

$\Delta t_{min}=t_1'-t_2''=(280-160)℃=120℃$

所以对数平均温差为 $\Delta t_{m逆}=\dfrac{\Delta t_{max}-\Delta t_{min}}{\ln\dfrac{\Delta t_{max}}{\Delta t_{min}}}=\dfrac{170-120}{\ln\dfrac{170}{120}}℃=\dfrac{50}{0.3483}℃=143.6℃$

当 K 和 Φ 相同时，由传热方程 $\Phi=KA\Delta t_m$ 可知：

$$\frac{A_{逆}}{A_{顺}}=\frac{\Delta t_{m顺}}{\Delta t_{m逆}}=\frac{106.5}{143.6}=0.7416$$

采用逆流加热面积减少为（$1-0.7416$）$\times 100=25.84\%$。

结论：在进、出口温度相同且流体无相变的情况下，逆流布置方式的对数平均温差比顺流布置时大；传递相同的热量所需传热面积少于顺流布置方式。因而，为强化传热，表面式换热器中冷、热流体应尽可能采用逆流布置。

3. 效率—传热单元数法（ε—NTU 法）

平均温差法中，传热计算的方程（热平衡方程和传热方程）所包含的独立变量个数多达 8 个，在设计计算时需设定变量，在校核计算时需要试算，工程应用并不方便。而效率—传热单元数法（ε—NTU 法）将方程无因次化，可以大大减少方程的独立变量数目，使问题得以简化。

（1）换热器的效率（效能）ε　ε—NTU 法中的 ε 即换热器的效率（效能）定义为换热器的实际传热量 Φ 与其理论上最大可能传热量 Φ_{max} 之比，其定义式如下：

$$\varepsilon=\frac{\Phi}{\Phi_{max}} \tag{11-28}$$

式中，Φ_{max} 为热力学理论上换热器的最大可能传递的传热量。此时热流体温度下降到冷流体的进口温度，冷流体温度上升到热流体的进口温度。这种情况只有在传热面积为无限大的理想逆流式换热器内实现。由式(11-23) 可知，热容量小的流体沿程温度变化大，所以 Φ_{max} 应为热容量较小的流体的热容量与冷热流体之间的最大极限传热温差（$t_1'-t_2'$）的乘积，即

$$\Phi_{max}=(q_m c_p)_{min}\ (t_1'-t_2') \tag{11-29}$$

由式(11-28) 出发可以得到换热器实际传热量 Φ 的表达式为

$$\Phi=\varepsilon\Phi_{max}=\varepsilon(q_m c_p)_{min}(t_1'-t_2') \tag{11-30}$$

这样，求解 Φ 的关键就在于如何确定换热器的效率（效能）ε。

（2）传热单元数 NTU　将传热方程 $\Phi=KA\Delta t_m$ 代入式(11-31) 可以得到：

$$\varepsilon=\frac{KA\Delta t_m}{(q_m c_p)_{min}\ (t_1'-t_2')}=\frac{KA}{(q_m c_p)_{min}}\frac{\Delta t_m}{(t_1'-t_2')}=NTU\frac{\Delta t_m}{(t_1'-t_2')} \tag{11-31}$$

式中，$NTU=\dfrac{KA}{(q_m c_p)_{min}}$ 称为传热单元数。

NTU 表征了换热器的传热性能与其热传送（对流）性能的对比关系，是反映换热器传热能力的无量纲参数，其值越大，换热器传热效能越好，但这会导致换热器的投资成本（*A*）和操作费用（*K*）增大，从而使换热器的经济性变差。因此，必须进行换热器的综合性能分析来确定换热器的传热单元数。

为了便于工程计算，可将 ε 计算公式绘制成相应的线算图（ε—*NTU* 图）。图 11-20 所示为顺流及逆流换热器的 ε—*NTU* 图，图中曲线 $R=\dfrac{(q_m c_p)_{\min}}{(q_m c_p)_{\max}}$称为热容比，使用时由 *NTU* 及 *R* 就可以很方便地查出 ε。其他类型换热器 ε—*NTU* 图可查阅相关参考文献。

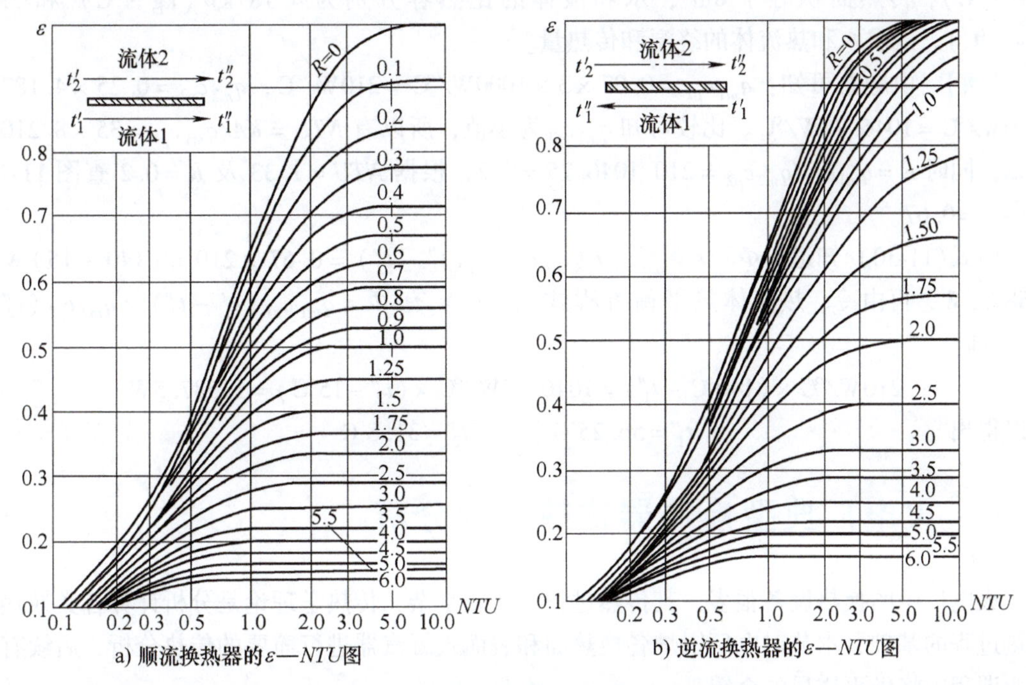

图 11-20　顺流及逆流换热器的 ε—*NTU* 图

（3）用传热单元数（ε—*NTU*）法进行校核计算的主要步骤

① 由换热器的进口温度和假定出口温度来确定物性，计算换热器的传热系数 *K*；

② 计算换热器的传热单元数 *NTU* 和热容比 $R=\dfrac{(q_m c_p)_{\min}}{(q_m c_p)_{\max}}$；

③ 按照换热器中流体流动类型，在相应的 ε—*NTU* 图中查出与 *NTU* 和 *R* 值相对应的 ε；

④ 根据式(11-30) 求出换热量 Φ；

⑤ 利用换热器热平衡方程确定冷、热流体的出口温度 t_1''和 t_2''；

⑥ 以计算出的出口温度重新计算传热系数，并进行校核。如不合格，则重复进行计算步骤②至⑤，直至满足要求。

（4）用传热单元数法（ε—*NTU* 法）进行设计计算的主要步骤

① 由换热器热平衡方程及 ε 定义式可求出待求的温度值和 ε；

② 根据所选用的流动类型以及 ε 和 *R* 的数值，从图中查出传热单元数 *NTU*；

③ 初步确定换热面的布置，并计算出相应的传热系数 K 的数值；

④ 再由 NTU 的定义式 $NTU=\frac{KA}{(q_m c_p)_{\min}}$ 确定换热面积，同时核算换热器冷、热流体的流动阻力；

⑤ 如果流动阻力过大，或者换热面积过大，造成设计不合理，则应改变设计方案重新计算。

【例 11-8】 在一顺流换热器中用水来冷却另一种液体，水的初温和流量分别为 15℃ 和 0.25kg/s，液体的初温和流量分别为 140℃ 和 0.07kg/s，换热器的传热系数为 35W/(m² · ℃)，传热面积等于 8m²，水和液体的比热容分别为 4.187kJ/(kg · ℃) 和 3kJ/(kg · ℃)。试求水和热流体的终温和传热量。

【解】 由题意可知：$q_{m1}c_{p1}=0.07\times3\times1000\text{W/℃}=210\text{W/℃}$，$q_{m2}c_{p2}=0.25\times4.187\times1000\text{W/℃}=1046.75\text{W/℃}$。比较可知 $q_{m1}c_{p1}$ 为小值，所以有 $NTU=KA/q_{m1}c_{p1}=35\times8/210=1.33$，同时 $R=q_{m1}c_{p1}/q_{m2}c_{p2}=210/1046.75=0.2$，根据 $NTU=1.33$ 及 $R=0.2$ 查图 11-20a 可得 $\varepsilon=0.67$。

由式(11-30) 知道，$\Phi=\varepsilon\Phi_{\max}=\varepsilon(q_m c_p)_{\min}(t_1'-t_2')=0.67\times210\times(140-15)\text{W}=17587.5\text{W}$，再由冷、热流体热平衡方程式(11-22) 有 $\Phi=q_{m1}c_{p1}(t_1'-t_1'')=q_{m2}c_{p2}(t_2''-t_2')$，即

$$210\text{W/℃}\times(140\text{℃}-t_1'')=1046.75\text{W/℃}\times(t_2''-15\text{℃})=17587.5\text{W}$$

可以得出

$$t_1''=56.25\text{℃}\qquad t_2''=31.8\text{℃}$$

11.6 火电厂典型换热器传热过程分析

火电厂中的换热设备很多，其传热过程也比较复杂，传热学理论是分析计算各类换热器传热过程的基础，本节对电厂锅炉各换热面和表面式凝汽器进行简要的传热分析，后续有关专业课程中将做更详尽的介绍。

11.6.1 锅炉各受热面的传热分析

1. 锅炉受热面布置及传热过程简介

我国电厂锅炉采用 π 形布置的较多，烟气侧主要受热面布置如图 11-21 所示。从炉膛、水平烟道及尾部竖井烟道依次布置水冷壁、屏式过热器、对流过热器、再热器、省煤器及空气预热器。

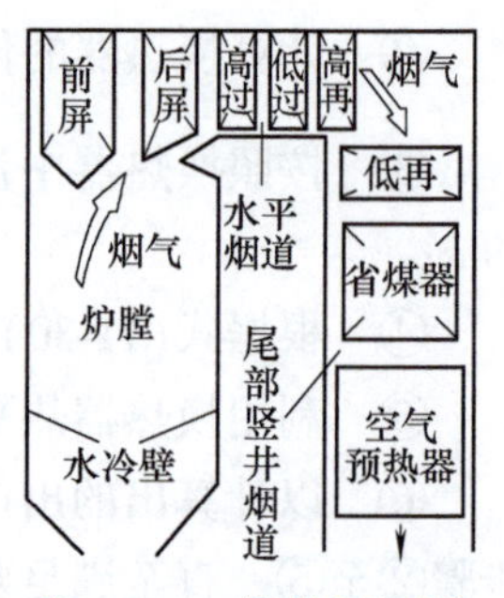

图 11-21 锅炉烟气侧主要受热面布置

这些受热面中，除了空气预热器以外，各受热面管内流动的是蒸汽或水、管外流动的是烟气，其传热过程都是类似的。考虑到实际运行过程中这些受热面管壁外有灰垢、管内有盐垢，其换热过程相当于由管壁、灰垢层和盐垢层组成的多层圆筒壁的传热过程。

空气预热器为锅炉最末一级受热面，常用的有回转式空气预热器和管式空气预热器。回转式空气预热器为蓄热式换热器。而

应用于燃煤炉的管式空气预热器，一般采用立式布置，在忽略积灰的情况下，其实质为单层圆筒壁的传热过程。

2. 锅炉各受热面的传热特点、强化传热及安全防护措施分析

按烟气与受热面的复合换热情况可将锅炉受热面分为辐射式、半辐射式及对流式，见表11-3。

表11-3 锅炉主要受热面传热特点、强化传热及安全防护措施

受热面类型	受热面名称	传热特点		强化传热及安全防护措施		备注
		共同点	其他	共同点	其他	
辐射式	水冷壁	管外烟气温度在1200℃以上，烟气侧换热以辐射为主	管内为汽水两相介质，热流密度最大	①维持合理的管内工质的流速 ②烟气侧及时清灰除焦，以减小管外灰渣热阻 ③保证给水、炉水及蒸汽的品质，以减小管内污垢热阻	①内螺纹、扰流子等 ②膜式水冷壁	
	前(全)屏过热器		管外烟气温度高(600~1200℃)、管内工质温度高(320~570℃)、安全裕量小、冷却条件差、工作条件恶劣、易超温		①布置在热负荷相对较低的炉膛上部 ②管内为低温段蒸汽	
	墙式过热器					300MW及以上
	墙式再热器					
半辐射式	后屏过热器	烟气侧换热辐射、对流作用相当			入口布置喷水减温器	
	屏式再热器				①管内为低温段再热蒸汽 ②选用允许温度较高的钢材	300MW及以上
对流式	高温过热器	管外烟气温度在1200℃以下，烟气侧换热以对流换热为主			混合流布置	
	低温过热器				逆流、错列布置	
	高温再热器				处于水平烟道烟温较低处	
	低温再热器				逆流、错列布置	
	省煤器		管内为过冷水，烟气自上而下横掠管束传热系数最高		①逆流、错列布置 ②采用肋片管	
	管式空气预热器		热流密度最小 传热系数最低	双道多流程布置		
说明	锅炉各受热面还具有平均传热温差较大（管内工质温度不超过550℃，管外火焰平均温度为1200℃）、因烟气侧热阻和管内污垢热阻大使传热系数都不大的特点，更多内容将在专业课《锅炉设备及运行》中介绍					

11.6.2 汽轮机主要辅助设备的传热分析

1. 汽轮机主要辅助设备简介

电厂汽轮机辅助设备很多，主要换热器有除氧器、凝汽器、回热加热器及冷油器等。除氧器属于混合式换热器，而凝汽器、回热加热器及冷油器均属于表面式换热器的管壳式换热器。管壳式换热器的工作过程实质上属于圆筒壁的传热过程。热路图如图11-22所示。实际运行中，其管壁内外会出现污垢或腐蚀层，此时将产生附加热阻，称为污垢热阻。传热计算时将污垢热阻纳入导热热阻中，然

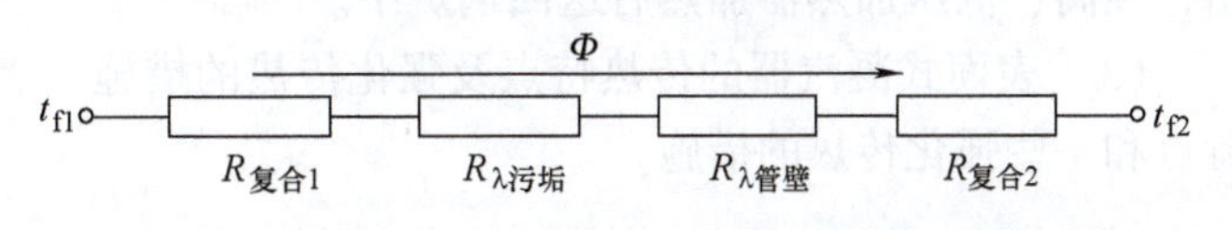

图11-22 汽轮机辅助设备（表面式换热器）热路图

后运用串联热阻叠加原则计算其总热阻。

凝汽器、回热加热器及冷油器的工作过程比较见表 11-4。

表 11-4 凝汽器、回热加热器及冷油器的传热比较

名 称	热流体	冷流体	工作过程
凝汽器	汽轮机排汽	循环冷却水	汽轮机排汽横掠管束并凝结成水，将热量传递给管内冷却水
回热加热器	汽轮机抽汽	给水或凝结水	汽轮机抽汽在管外凝结放热，将热量传递给管内给水或凝结水
冷油器	油	冷却水	热油在管外流动，通过管壁将热量传递给管中流动的冷却水

2. 表面式凝汽器传热分析

下面以表面式凝汽器为例分析其传热过程及特点。

（1）表面式凝汽器的作用　凝汽器的作用是使在汽轮机内做功后的乏汽凝结成水，并形成真空以达到汽轮机排汽口要求的压力，同时凝结水又能作为锅炉给水以循环使用。

（2）表面式凝汽器的基本结构、工作过程简介

1）结构：如图 11-23 所示。由若干根铜管（钛管或不锈钢管）胀接在两端的管板上构成管束换热面，再将管束封装在带有端盖的外壳内，实际上为 1-2 型管壳式换热器。

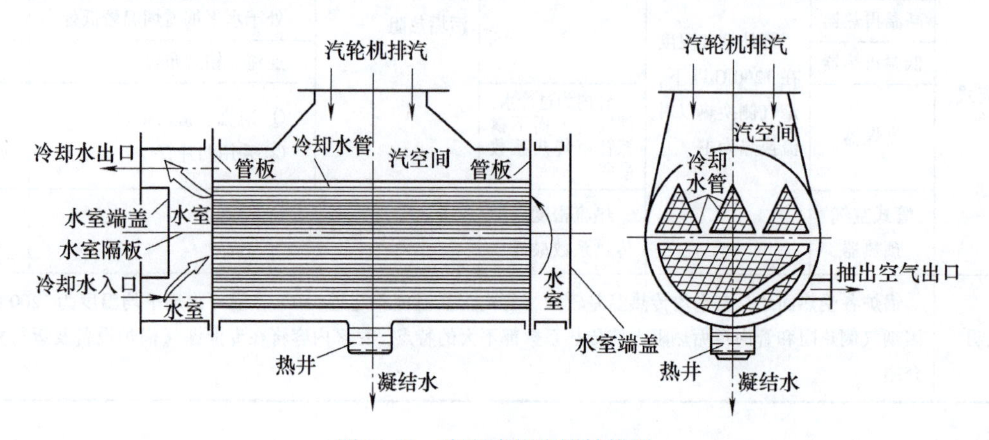

图 11-23 表面式凝汽器结构图

2）工作过程：冷却水由入口经入口水室流经下部管束管内沿途不断吸热，而后进入中间水室，转向再流经上部管束管内沿途吸热，最后经出口水室沿出口流出。

汽轮机的排汽从排汽口进入凝汽器流经冷却水管管束外侧空间，逐渐在管束外表面上放热而凝结成水，从而在凝汽器内建立了一定的真空。同时凝结水汇集至热井后由凝结水泵抽出，经高、低压加热器加热后送回锅炉中。

（3）表面式凝汽器的传热特点及强化传热的措施　表 11-5 列出了表面式凝汽器的传热特点和一些强化传热的措施。

表 11-5　表面式凝汽器的传热特点及强化传热措施

名　称	传热特点	强化传热思路及措施	
		思路	措施
表面式凝汽器	① 辐射作用可以忽略不计，只考虑对流换热。这是由于凝汽器中流体和壁面温度都较低，且对流换热很强	① 减小污垢热阻	在冷却水中加化学药剂以缓减结垢并定期清洗冷却水管
	② 平均传热温差较小，一般凝汽器的平均温差在10℃左右	② 减小管内侧冷却水对流换热热阻	管内冷却水应维持一定的流速以保证合适的 h
	③ 传热系数较大。凝汽器的传热系数一般在 2500～10000W/(m²·K) 范围，这是由于管内是水强制对流换热，管外是蒸汽有相变的对流换热，两侧换热都较强烈，因而总传热热阻较小，传热系数较大	③ 减小管外侧蒸汽凝结换热热阻	合理布置管束，如水平布置且叉排或辐向排列，以减小上面管子的凝结水下落对下面管子凝结换热的影响
			保证凝汽器有良好的密封性及抽气器的正常工作，以减少不凝结气体对凝结换热的影响
	④ 凝汽器处于负压运行，导致空气从设备密封不严处漏入，使真空下降，影响换热，机组经济性下降，故装设抽气器不断地将空气抽出，以维持凝汽器内一定的真空		装置凝结水挡板，以使凝结水沿挡板直接下落到热水井中，从而减小凝结热阻
			采用高效锯齿形冷凝管
			尽量使凝结区局部热负荷分布均匀

小　结

在工程实际中，热量传递大都是通过换热器来实现的，本章主要介绍了换热器的类型及各自特点，重点讨论了应用最为广泛的表面式换热器的分类及特点；流体在换热器中所进行的传热过程往往是导热、对流换热和辐射换热三种方式共同作用的复合传热过程。本章重点介绍了传热过程的组成环节、传热方程式及传热系数，并详细讲解了平壁和圆筒壁的传热过程特点，以及利用热路图分析其传热的方法，进而讨论了传热的强化与削弱的基本途径和措施，同时提出了临界热绝缘直径、保温经济厚度等概念。

表面式换热器的传热计算方法主要有对数平均温差法和 ε—NTU 法，它们都可用来进行换热器设计计算和校核计算。本章重点介绍了利用平均温差法进行表面式换热器的设计计算的方法，学习中应加强练习并熟练掌握。

学习本章应注意以下几点：

1. 注意理解传热过程有关的基本概念及物理意义，见表 11-6。

表 11-6　传热过程基本概念一览表

名　称	符　号	单　位	物　理　意　义
复合换热			同一表面上同时存在着对流换热和辐射换热的综合热传递现象

（续）

名 称	符 号	单 位	物 理 意 义
复合换热系数	$h=h_{对}+h_{辐}$	W/(m² · ℃)	表面传热系数 $h_{对}$ 与辐射换热系数 $h_{辐}$ 两者之和
传热过程			热量由热流体通过固体间壁传给冷流体的过程
传热系数	$K=\dfrac{1}{r_k}$	W/(m² · ℃)	表示热、冷流体之间单位温差（$\Delta t=1$℃）、单位时间通过单位传热面积（$A=1\text{m}^2$）的传热量
传热热阻	$r_k=\dfrac{1}{K}$	(m² · ℃)/W	单位面积上的传热热阻
	$R_k=\dfrac{1}{KA}$	℃/W	整个传热面积上的传热热阻
临界热绝缘层直径	d_c	mm	R_k 最小时即热流量最大时所对应的热绝缘层直径，只有当 $d_{热绝缘层}>d_c$ 时，随着 $d_{热绝缘层}$ 的增加，传热热阻 R_k 随之增加，这样在传热温差 Δt 不变的情况下，其热流量 $\Phi=\Delta t/R_k$ 才会随着 $d_{热绝缘层}$ 的增加而减小，从而实现削弱传热的目的
保温经济厚度	d_{jj}	mm	敷设保温材料后全年热损失的费用和保温隔热层折旧费用的总和为最小时的保温层厚度

2. 进行传热过程分析和计算的时候，关键在于分析各环节热阻和绘制热路图，再根据串、并联热阻叠加原则进行求解，传热过程中的热阻比较见表 11-7。

表 11-7 传热热阻比较表

传热过程	对应总面积			对应单位面积/单位管长（圆筒壁）		
	传热热阻 $R_k=R_{h1}+R_\lambda+R_{h2}$			传热热阻 $r_k=r_{h1}+r_\lambda+r_{h2}$ 或 $R_{k,L}=r_{h1}+R_{\lambda,L}+r_{h2}$		
	R_{h1}	R_λ	R_{h2}	r_{h1}	r_λ 或 $R_{\lambda,L}$	r_{h2}
单层平壁	$\dfrac{1}{h_1A_1}$	$R_\lambda=\dfrac{\delta}{\lambda A}$	$\dfrac{1}{h_2A_2}$	$\dfrac{1}{h_1}$	$r_\lambda=\dfrac{\delta}{\lambda}$	$\dfrac{1}{h_2}$
多层平壁	$\dfrac{1}{h_1A_1}$	$\sum R_\lambda=\sum\limits_{i=1}^{n}\dfrac{\delta_i}{\lambda_iA}$	$\dfrac{1}{h_2A_2}$	$\dfrac{1}{h_1}$	$\sum r_\lambda=\sum\limits_{i=1}^{n}\dfrac{\delta_i}{\lambda_i}$	$\dfrac{1}{h_2}$
单层圆筒壁	$\dfrac{1}{h_1\pi d_1L}$	$R_\lambda=\dfrac{1}{2\pi\lambda L}\ln\dfrac{d_2}{d_1}$	$\dfrac{1}{h_2\pi d_2L}$	$\dfrac{1}{h_1\pi d_1}$	$R_{\lambda,L}=\dfrac{1}{2\pi\lambda}\ln\dfrac{d_2}{d_1}$	$\dfrac{1}{h_2\pi d_2}$
多层圆筒壁	$\dfrac{1}{h_1\pi d_1L}$	$\sum R_\lambda=\sum\limits_{i=1}^{n}\dfrac{1}{2\pi\lambda_iL}\ln\dfrac{d_{i+1}}{d_i}$	$\dfrac{1}{h_2\pi d_{i+1}L}$	$\dfrac{1}{h_1\pi d_1}$	$\sum R_{\lambda,L}=\sum\limits_{i=1}^{n}\dfrac{1}{2\pi\lambda_iL}\ln\dfrac{d_{i+1}}{d_i}$	$\dfrac{1}{h_2\pi d_{i+1}}$
说明	① 传热热阻（$R_k=R_{h1}+R_\lambda+R_{h2}$），$R_{\lambda,L}$ 为圆筒壁单位管长热阻 ② 如固体壁面两端发生积灰结垢，只需在导热热阻 R_λ 部分按串联热阻叠加原则处理即可					

3. 在进行换热器的对数平均温差计算时，注意平均温差与换热器顺、逆流时的端温差的区别，换热器平均温差是指热、冷流体沿整个换热面温差的平均值，而换热器的端温差只是换热器的某种流体的进口端或出口端热、冷流体的温差。

4. 在强化传热时应注意树立技术经济分析比较的观点。一般而言，传热强化使传热量增加，但同时导致流动阻力增加，这意味着运行费用上升。同时，传热强化技术的采用往往伴随着制造成本的上升。例如：提高电厂锅炉尾部受热面的烟气流速，不但可以减小对流换热热阻、同时减少了积灰从而降低了灰垢热阻，这对强化传热是有利的；但同时增加了流动阻力、加剧了受热面的磨损。所以，合理的烟气流速应综合考虑传热、积灰、磨损、运行成本多因素来确定。因此，强化传热时，必须权衡利弊，综合考虑各种因素。

自测练习题

一、填空题（将适当的词语填入空格内，使句子正确、完整）

1. 物体表面同时存在着__________换热和__________换热的综合热传递，称为复合换热。

2. 传热方程式 $\Phi=$__________。当传热温差一定时，传热系数__________，传热量就越多。

3. 多层平壁单位面积上的传热热阻 $R_k=$__________；单层圆筒壁单位管长的传热热阻 $R_{k,L}=$__________。

4. 根据传热方程式，减小__________，增大__________，增大__________，均可以强化传热。

5. 换热器按传热原理分为__________、__________及__________三种类型。

6. 表面式换热器中，冷、热流体流动方式可分为__________、__________和__________。

7. 表面式换热器中冷、热流体无相变，且进出口温度相同时，$\Delta t_{m逆}$__________$\Delta t_{m顺}$，在传热量和传热系数一定时，$A_{逆}$__________$A_{顺}$。（填大于或小于）

8. 换热器冷、热流体的热容量与其本身的温度变化呈__________关系。

9. 表面式换热器的对数平均温差 $\Delta t_m=$__________，其算术平均温差 $\Delta t=$__________。

10. 换热器传热计算的热平衡方程式为：$\Phi=$____________________$=$____________________。

11. 按计算目的，换热器传热计算分为__________计算和__________计算两种。

二、判断题（判断下列命题是否正确，若正确在 [ ] 内记"✓"，错误在 [ ] 内记"×"）

1. 传热系数与传热过程中壁面的导热系数有关，而与壁面两侧的表面传热系数无关。 [ ]

2. 热流体将热量传给冷流体的过程称为传热过程。 [ ]

3. 平壁单位面积上的传热热阻与传热系数互为倒数关系。 [ ]

4. 为减小电厂的散热损失，在热力设备和管道上敷设保温层厚度越厚越好。 [ ]

5. 换热器校核计算的目的是计算换热面积。 [ ]

6. 换热器设计计算的目的是计算流体出口温度。 [ ]

7. 表面式换热器中两流体之一有相变换热发生时，其对数平均温差的大小与冷、热流体的流动方式无关。 [ ]

8. 同一表面式换热器中，热容量大的流体的温度变化也大。 [ ]

9. 电厂冷却塔中水和空气的换热过程不属传热过程。 [ ]

三、选择题（下列各题答案中选一个正确答案编号填入 [ ] 内）

1. 在锅炉炉膛中，烟气温度很高，而烟气流速较低时，为简化计算，烟气与水冷壁管间的复合换热系数可采用［ ］。

（A）$h_{对}$ （B）$h_{辐}$ （C）$h = h_{对} + h_{辐}$

2. 凝汽器中，为简化计算，蒸汽与管壁之间的复合换热系数可采用［ ］。

（A）$h_{对}$ （B）$h_{辐}$ （C）$h = h_{对} + h_{辐}$

3. 为了使肋壁强化传热的效果显著，肋片应装在［ ］。

（A）换热系数较大的一侧 （B）换热系数较小的一侧

（C）随便装在哪一侧均可

4. 大容量锅炉广泛采用膜式水冷壁，主要目的是为了［ ］。

（A）减轻炉墙重量 （B）简化炉墙结构 （C）强化传热

5. 锅炉水冷壁管内结垢可造成［ ］。

（A）传热增强，管壁温度升高 （B）传热减弱，管壁温度降低

（C）传热增强，管壁温度降低 （D）传热减弱，管壁温度升高

6. 三种类型的换热器，传热效果最好的是［ ］。

（A）表面式 （B）混合式 （C）回热式

7. 有些电厂在下列换热设备中有可能采用回热式换热器的是［ ］。

（A）再热器 （B）空气预热器 （C）省煤器 （D）冷却塔

8. 电厂中下列设备通常属混合式换热器的是［ ］。

（A）冷油器 （B）凝汽器 （C）除氧器 （D）过热器

9. 要使 $t_2'' > t_1''$，表面式换热器中冷、热流体应采用［ ］。

（A）顺流布置方式 （B）逆流布置方式 （C）叉流布置方式

10. 表面式换热器中，条件相同时，顺流布置的传热面积 $A_{顺}$ 与逆流布置的传热面积 $A_{逆}$ 相比较（无相变传热），有［ ］。

（A）$A_{顺} > A_{逆}$ （B）$A_{顺} < A_{逆}$ （C）$A_{顺} = A_{逆}$

11. 火力发电厂中应用最广泛的换热器类型是［ ］。

（A）表面式 （B）混合式 （C）回热式

12. 锅炉的下列各受热面（换热器）中，其传热系数最低的是［ ］。

（A）水冷壁 （B）省煤器 （C）空气预热器 （D）过热器

四、问答题

1. 强化传热的目的是什么？采用哪些方法能使传热增强？

2. 在传热面上加装肋片有何作用？它应该装在传热壁的哪一侧？为什么？

3. 表面式换热器内冷、热流体采用顺流和逆流布置各有什么优缺点？

4. 按工作原理，换热器分为哪几类？各有何特点？

5. 在相同条件下，逆流布置时，换热器换热效果要好些，但为什么有的锅炉过热器低温段布置成逆流，而高温段布置成顺流？

6. 图 11-24 所示为换热器中冷、热流体温度变化曲线图，说明此图表示的冷、热流体热容量的大小及其流体的布置方式，并说明原因。

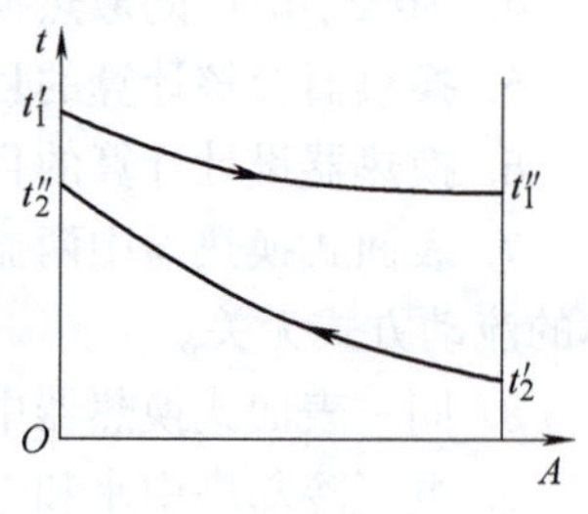

图 11-24 问答题 6 图

五、计算题

1. 炉墙内层为耐火砖［$\delta_1 = 0.23\text{m}$、$\lambda_1 = 1.2\text{W}/(\text{m} \cdot ℃)$］，

中间层为石棉 [$\delta_2=0.05\text{m}$、$\lambda_2=0.095\text{W/(m}\cdot℃)$]，外层为红砖 [$\delta_3=0.24\text{m}$、$\lambda_3=0.6\text{W/(m}\cdot℃)$]。炉墙内侧为烟气 [$t_{f1}=511℃$，$h_1=35\text{W/(m}^2\cdot℃)$]；炉墙外侧为空气 [$t_{f2}=22℃$，$h_2=15\text{W/(m}^2\cdot℃)$]。求通过炉墙的热损失 q 和炉墙外表面温度 t_{w4}。

2. 有一 $d=8\text{mm}$、$\lambda=5\text{W/(m}\cdot℃)$ 的钢板，一侧为 $t_{f1}=120℃$、$h_1=2300\text{W/(m}^2\cdot℃)$的热水，另一侧为 $t_{f2}=60℃$、$h_2=1450\ \text{W/(m}^2\cdot℃)$ 的冷水，试求传热系数和传热量？如果钢板两侧各产生了厚为1mm、导热系数为 0.6W/(m·℃) 的水垢，则传热系数和传热量又为多少？

3. 直径为0.2m、管壁厚为8mm [$\lambda_1=45\ \text{W/(m}\cdot℃)$] 的蒸汽管道，管外包有 $d=0.12\text{m}$、$\lambda_2=0.1\ \text{W/(m}\cdot℃)$ 的保温层。管内为 $t_{f1}=300℃$、$h_1=120\text{W/(m}^2\cdot℃)$ 的蒸汽；周围为 $t_{f2}=25℃$、$h_2=10\text{W/(m}^2\cdot℃)$ 的空气。求每米管长的散热损失及保温层外表温度。

4. 在一省煤器中，已知管子外径为30mm，管壁厚为3mm，导热系数为35W/(m·℃)，管内水的平均温度为250℃，换热系数为5800W/(m²·℃)，管外烟气的平均温度为500℃，换热系数为47W/(m²·℃)。求通过单位管长的传热量。

5. 已知 $t_1'=300℃$，$t_1''=210\ ℃$，$t_2'=100℃$，$t_2''=200℃$，试计算下列流动布置时换热器的对数平均温差：(1) 逆流布置；(2) 一次交叉，两种流体均不混合；(3) 1-2 型管壳式，热流体在壳侧；(4) 2-4 型管壳式，热流体在壳侧；(5) 顺流布置。

6. 在一台逆流式管壳式冷却器中，管内冷却水由16℃升高到34℃，管外空气从115℃下降到45℃，空气流量为 19.6kg/min。换热器的传热系数为 84W/(m²·K)。且 $c_{p1}=1.009\text{kJ/(kg}\cdot\text{K)}$，$c_{p2}=4.179\text{kJ/(kg}\cdot\text{K)}$，试计算所需的传热面积。

7. 某换热器逆流布置，传热面积 $A=2\text{m}^2$，冷流体进、出口温度分别为40℃和100℃，热流体进、出口温度分别为280℃和200℃，传热系数为 $K=1000\text{W/(m}^2\cdot℃)$。(1) 画出换热器两流体的温度变化曲线。(2) 计算换热器的传热量。(3) 若采用顺流布置完成同样任务，需多大换热面积？并与逆流布置进行比较。

8. 为了查明凝汽器在运行中结垢所引起的热阻，分别用洁净的铜管及经过运行后已结垢的铜管进行了在管外凝结实验，测得了下表所示的数据，试确定已使用过的铜管的水垢热阻。已知水的比热容为4189J/(kg·K)，并视为定值。

管子	冷却水流量 /(kg/s)	t_2' /℃	t_2'' /℃	冷凝温度 t_1/℃	管子外表面积 A_1/m^2
洁净的	1.425	10.5	14.1	52.1	0.093
结垢的	1.425	10.3	12.1	52.6	0.093

9. 在一台逆流式的水-水换热器中，$t_1'=88℃$、$t_2'=32℃$、$q_{m2}=13500\text{kg/h}$，传热系数 $k=1740\text{W/(m}^2\cdot\text{K)}$，传热面积 $A=3.75\text{m}^2$，$c_{p1}=c_{p2}=4.187\text{kJ/(kg}\cdot\text{K)}$。试用 ε—NTU 法确定换热器的传热量及热水的出口温度。

附录

附表1　气体的平均质量定压热容 $c_p\big|_0^t$　　[单位：kJ/(kg·K)]

温度/℃	O_2	N_2	CO	CO_2	H_2O	SO_2	空气
0	0.915	1.039	1.040	0.815	1.859	0.607	1.004
100	0.923	1.040	1.042	0.866	1.873	0.636	1.006
200	0.935	1.043	1.046	0.910	1.894	0.662	1.012
300	0.950	1.049	1.054	0.949	1.919	0.687	1.019
400	0.965	1.057	1.063	0.983	1.948	0.708	1.028
500	0.979	1.066	1.075	1.013	1.978	0.724	1.039
600	0.993	1.076	1.086	1.040	2.009	0.737	1.050
700	1.005	1.087	1.098	1.064	2.042	0.754	1.061
800	1.016	1.097	1.109	1.085	2.075	0.762	1.071
900	1.026	1.108	1.120	1.104	2.110	0.775	1.081
1000	1.035	1.118	1.130	1.122	2.144	0.783	1.091
1100	1.043	1.127	1.140	1.138	2.177	0.791	1.100
1200	1.051	1.136	1.149	1.153	2.211	0.795	1.108
1300	1.058	1.145	1.158	1.166	2.243	—	1.117
1400	1.065	1.153	1.166	1.178	2.274	—	1.124
1500	1.071	1.160	1.173	1.189	2.305	—	1.131
1600	1.077	1.167	1.180	1.200	2.335	—	1.138
1700	1.083	1.174	1.187	1.209	2.363	—	1.144
1800	1.089	1.180	1.192	1.218	2.391	—	1.150
1900	1.094	1.186	1.198	1.226	2.417	—	1.156
2000	1.099	1.191	1.203	1.233	2.442	—	1.161
2100	1.104	1.197	1.208	1.241	2.466	—	1.166
2200	1.109	1.201	1.213	1.247	2.489	—	1.171
2300	1.114	1.206	1.218	1.253	2.512	—	1.176
2400	1.118	1.210	1.222	1.259	2.533	—	1.180
2500	1.123	1.214	1.226	1.264	2.554	—	1.184
2600	1.127	—	—	—	2.574	—	—
2700	1.131	—	—	—	2.594	—	—
2800	—	—	—	—	2.612	—	—
2900	—	—	—	—	2.630	—	—
3000	—	—	—	—	—	—	—

附表2　气体的平均质量定容热容 $c_V\big|_0^t$　　[单位：kJ/(kg·K)]

温度/℃	O_2	N_2	CO	CO_2	H_2O	SO_2	空气
0	0.655	0.742	0.743	0.626	1.398	0.477	0.716
100	0.663	0.744	0.745	0.677	1.411	0.507	0.719
200	0.675	0.747	0.749	0.721	1.432	0.532	0.724
300	0.690	0.752	0.757	0.760	1.457	0.557	0.732
400	0.705	0.760	0.767	0.794	1.486	0.578	0.741
500	0.719	0.769	0.777	0.824	1.516	0.595	0.752
600	0.733	0.779	0.789	0.851	1.547	0.607	0.762
700	0.745	0.90	0.801	0.875	1.581	0.621	0.773
800	0.756	0.801	0.812	0.896	1.614	0.632	0.784
900	0.766	0.811	0.823	0.916	1.648	0.645	0.794
1000	0.775	0.821	0.834	0.933	1.682	0.653	0.804
1100	0.783	0.830	0.843	0.950	1.716	0.662	0.813
1200	0.791	0.839	0.857	0.964	1.749	0.666	0.821
1300	0.798	0.848	0.861	0.977	1.781	—	0.829
1400	0.805	0.856	0.869	0.989	1.813	—	0.837
1500	0.811	0.863	0.876	1.001	1.843	—	0.844
1600	0.817	0.870	0.883	1.010	1.873	—	0.851
1700	0.823	0.877	0.889	1.020	1.902	—	0.857
1800	0.829	0.883	0.896	1.029	1.929	—	0.863
1900	0.834	0.889	0.901	1.037	1.955	—	0.869
2000	0.839	0.894	0.906	1.045	1.980	—	0.874
2100	0.844	0.900	0.911	1.052	2.005	—	0.879
2200	0.849	0.905	0.916	1.058	2.028	—	0.884
2300	0.854	0.909	0.921	1.064	2.050	—	0.889
2400	0.858	0.914	0.925	1.070	2.072	—	0.893
2500	0.863	0.918	0.929	1.075	2.093	—	0.897
2600	0.868	—	—	—	2.113	—	—
2700	0.872	—	—	—	2.132	—	—
2800	—	—	—	—	2.151	—	—
2900	—	—	—	—	2.168	—	—
3000	—	—	—	—	—	—	—

附表 3 饱和水与干饱和蒸汽的热力性质（按温度排列）

温度	压力	比体积		比焓		汽化潜热	比熵	
t/℃	p/MPa	v′/(m³/kg)	v″/(m³/kg)	h′/(kJ/kg)	h″/(kJ/kg)	r/(kJ/kg)	s′/[kJ/(kg·K)]	s″/[kJ/(kg·K)]
0.00	0.0006112	0.00100022	206.154	-0.05	2500.51	2500.6	-0.0002	9.1544
0.01	0.0006117	0.00100021	206.012	0.00	2500.53	2500.5	0.0000	9.1541
1	0.0006571	0.00100018	192.464	4.18	2502.35	2498.2	0.0153	9.1278
2	0.0007059	0.00100013	179.787	8.39	2504.19	2495.8	0.0306	9.1014
3	0.0007580	0.00100009	168.041	12.61	2506.03	2493.4	0.0459	9.0752
4	0.0008135	0.00100008	157.151	16.82	2507.87	2491.1	0.0611	9.0493
5	0.0008725	0.00100008	147.048	21.02	2509.71	2488.7	0.0763	9.0236
6	0.0009352	0.00100010	137.670	25.22	2511.55	2486.3	0.0913	8.9982
7	0.0010019	0.00100014	128.961	29.42	2513.39	2484.0	0.1063	8.9730
8	0.0010728	0.00100019	120.868	33.62	2515.23	2481.6	0.1213	8.9480
9	0.0011480	0.00100026	113.342	37.81	2517.06	2479.3	0.1362	8.9233
10	0.0012279	0.00100034	106.341	42.00	2518.90	2476.9	0.1510	8.8988
11	0.0013126	0.00100043	99.825	46.19	2520.74	2474.5	0.1658	8.8745
12	0.0014025	0.00100054	93.756	50.38	2522.57	2472.2	0.1805	8.8504
13	0.0014977	0.00100066	88.101	54.57	2524.41	2469.8	0.1952	8.8265
14	0.0015985	0.00100080	82.828	58.76	2526.24	2467.5	0.2098	8.8029
15	0.0017053	0.00100094	77.910	62.95	2528.07	2465.1	0.2243	8.7794
16	0.0018183	0.00100110	73.320	67.13	2529.90	2462.8	0.2388	8.7562
17	0.0019377	0.00100127	69.034	71.32	2531.72	2460.4	0.2533	8.7331
18	0.0020640	0.00100145	65.029	75.50	2533.55	2458.1	0.2677	8.7103
19	0.0021975	0.00100165	61.287	79.68	2535.37	2455.7	0.2820	8.6877
20	0.0023385	0.00100185	57.786	83.86	2537.20	2453.3	0.2963	8.6652
22	0.0026444	0.00100229	51.445	92.23	2540.84	2448.6	0.3247	8.6210
24	0.0029846	0.00100276	45.884	100.59	2544.47	2443.9	0.3530	8.5774
26	0.0033625	0.00100328	40.997	108.95	2548.10	2439.2	0.3810	8.5347
28	0.0037814	0.00100383	36.694	117.32	2551.73	2434.4	0.4089	8.4927
30	0.0042451	0.00100442	32.899	125.68	2555.35	2429.7	0.4366	8.4514
35	0.0056263	0.00100605	25.222	146.59	2564.38	2417.8	0.5050	8.3511
40	0.0073811	0.00100789	19.529	167.50	2573.36	2405.9	0.5723	8.2551
45	0.0095897	0.00100993	15.2636	188.42	2582.30	2393.9	0.6386	8.1630
50	0.0123446	0.00101216	12.0365	209.33	2591.19	2381.9	0.7038	8.0745
55	0.015752	0.00101455	9.5723	230.24	2600.02	2369.8	0.7680	7.9896
60	0.019933	0.00101713	7.6740	251.15	2608.79	2357.6	0.8312	7.9080
65	0.025024	0.00101986	6.1992	272.08	2617.48	2345.4	0.8935	7.8295
70	0.031178	0.00102276	5.0443	293.01	2626.10	2333.1	0.9550	7.7540
75	0.038565	0.00102582	4.1330	313.96	2634.63	2320.7	1.0156	7.6812

（续）

温度	压力	比体积		比焓		汽化潜热	比熵	
t/℃	p/MPa	v' /(m^3/kg)	v'' /(m^3/kg)	h' /(kJ/kg)	h'' /(kJ/kg)	r/(kJ/kg)	s'/ [kJ/(kg·K)]	s''/ [kJ/(kg·K)]
80	0.047376	0.00102903	3.4086	334.93	2643.06	2308.1	1.0753	7.6112
85	0.057818	0.00103240	2.8288	355.92	2651.40	2295.5	1.1343	7.5436
90	0.070121	0.00103593	2.3616	376.94	2659.63	2282.7	1.1926	7.4783
95	0.084533	0.00103961	1.9827	397.98	2667.73	2269.7	1.2501	7.4154
100	0.101325	0.00104344	1.6736	419.06	2675.71	2256.6	1.3069	7.3545
110	0.143243	0.00105156	1.2106	461.33	2691.26	2229.9	1.4186	7.2386
120	0.198483	0.00106031	0.89219	503.76	2706.18	2202.4	1.5277	7.1297
130	0.270018	0.00106968	0.66873	546.38	2720.39	2174.0	1.6346	7.0272
140	0.361190	0.00107972	0.50900	589.21	2733.81	2144.6	1.7393	6.9302
150	0.47571	0.00109046	0.39286	632.28	2746.35?	2114.1	1.8420	6.8381
160	0.61766	0.00110193	0.30709	675.62	2757.92	2082.3	1.9429	6.7502
170	0.79147	0.00111420	0.24283	719.25	2768.42	2049.2	2.0420	6.6661
180	1.00193	0.00112732	0.19403	763.22	2777.74	2014.5	2.1396	6.5852
190	1.25417	0.00114136	0.15650	807.56	2785.80	1978.2	2.2358	6.5071
200	1.55366	0.00115641	0.12732	852.34	2792.47	1940.1	2.3307	6.4312
210	1.90617	0.00117258	0.10438	897.62	2797.65	1900.0	2.4245	6.3571
220	2.31783	0.00119000	0.086157	943.46	2801.20	857.7	2.5175	6.2846
230	2.79505	0.00120882	0.071553	989.95	2803.00	813.0	2.6096	6.2130
240	3.34459	0.00122922	0.059743	1037.2	2802.88	765.7	2.7013	6.1422
250	3.97351	0.00125145	0.050112	1085.3	2800.66	715.4	2.7926	6.0716
260	4.68923	0.00127579	0.042195	1134.3	2796.14	661.8	2.8837	6.0007
270	5.49956	0.00130262	0.035637	1184.5	2789.05	604.5	2.9751	5.9292
280	6.41273	0.00133242	0.030165	1236.0	2779.08	1543.1	3.0668	5.8564
290	7.43746	0.00136582	0.025565	1289.1	2765.81	1476.7	3.1594	5.7817
300	8.58308	0.00140369	0.021669	1344.0	2748.71	1404.7	3.2533	5.7042
310	9.8597	0.00144728	0.018343	1401.2	2727.01	1325.9	3.3490	5.6226
320	11.278	0.00149844	0.015479	1461.2	2699.72	1238.5	3.4475	5.5356
330	12.851	0.00156008	0.012987	1524.9	2665.30	1140.4	3.5500	5.4408
340	14.593	0.00163728	0.010790	1593.7	2621.32	1027.6	3.6586	5.3345
350	16.521	0.00174008	0.008812	1670.3	2563.39	893.0	3.7773	5.2104
360	18.657	0.00189423	0.006958	1761.1	2481.68	720.6	3.9155	5.0536
370	21.033	0.00221480	0.004982	1891.7	2338.79	447.1	4.1125	4.8076
371	21.286	0.00227969	0.004735	1911.8	2314.11	402.3	4.1429	4.7674
372	21.542	0.00236530	0.004451	1936.1	2282.99	346.9	4.1796	4.7173
373	21.802	0.00249600	0.004087	1968.8	2237.98	269.2	4.2292	4.6458
373.99	22.064	0.003106	0.003106	2085.9	2085.9	0.0	4.4092	4.4092

附表 4 饱和水与干饱和蒸汽的热力性质（按压力排列）

压力	温度	比体积		比焓		汽化潜热	比熵	
p /MPa	t /℃	v' /(m³/kg)	v'' /(m³/kg)	h' /(kJ/kg)	h'' /(kJ/kg)	r/(kJ/kg)	s'/ [kJ/(kg·K)]	s''/ [kJ/(kg·K)]
0.0010	6.9491	0.0010001	129.185	29.21	2513.29	2484.1	0.1056	8.9735
0.0020	17.5403	0.0010014	67.008	73.58	2532.71	2459.1	0.2611	8.7220
0.0030	24.1142	0.0010028	45.666	101.07	2544.68	2443.6	0.3546	8.5758
0.0040	28.9533	0.0010041	34.796	121.30	2553.45	2432.2	0.4221	8.4725
0.0050	32.8793	0.0010053	28.101	137.72	2560.55	2422.8	0.4761	8.3930
0.0060	36.1663	0.0010065	23.738	151.47	2566.48	2415.0	0.5208	8.3283
0.0070	38.9967	0.0010075	20.528	163.31	2571.56	2408.3	0.5589	8.2737
0.0080	41.5075	0，0010085	18.102	173.81	2576.06	2402.3	0.5924	8.2266
0.0090	43.7901	0.0010094	16.204	183.36	2580.15	2396.8	0.6226	8.1854
0.010	45.7988	0.0010103	14.673	191.76	2583.72	2392.0	0.6490	8.1481
0.015	53.9705	0.0010140	10.022	225.93	2598.21	2372.3	0.7548	8.0065
0.020	60.0650	0.0010172	7.6497	251.43	2608.90	2357.5	0.8320	7.9068
0.025	64.9726	0.0010198	6.2047	271.96	2617.43	2345.5	0.8932	7.8298
0.030	69.1041	0.0010222	5.2296	289.26	2624.56	2335.3	0.9440	7.7671
0.040	75.8720	0.0010264	3.9939	317.61	2636.10	2318.5	1.0260	7.6688
0.050	81.3388	0.0010299	3.2409	340.55	2645.31	2304.8	1.0912	7.5928
0.060	85.9496	0.0010331	2.7324	359.91	2652.97	2293.1	1.1454	7.5310
0.070	89.9556	0.0010359	2.3654	376.75	2659.55	2282.8	1.1921	7.4789
0.080	93.5107	0.0010385	2.0876	391.71	2665.33	2273.6	1.2330	7.4339
0.090	96.7121	0.0010409	1.8698	405.20	2670.48	2265.3	1.2696	7.3943
0.10	99.634	0.0010432	1.6943	417.52	2675.14	2257.6	1.3028	7.3589
0.12	104.810	0.0010473	1.4287	439.37	2683.26	2243.9	1.3609	7.2978
0.14	109.318	0.0010510	1.2368	458.44	2690.22	2231.8	1.4110	7.2462
0.16	113.326	0.0010544	1.09159	475.42	2696.29	2220.9	1.4552	7.2016
0.18	116.941	0.0010576	0.97767	490.76	2701.69	2210.9	1.4946	7.1623
0.20	120.240	0.0010605	0.88585	504.78	2706.53	2201.7	1.5303	7.1272
0.25	127.444	0.0010672	0.71879	535.47	2716.83	2181.4	1.6075	7.0528
0.30	133.556	0.0010732	0.60587	561.58	2725.26	2163.7	1.6721	6.9921
0.35	138.891	0.0010786	0.52427	584.45	2732.37	2147.9	1.7278	6.9407
0.40	143.642	0.0010835	0.46246	604.87	2738.49	2133.6	1.7769	6.8961
0.50	151.867	0.0010925	0.37486	640.35	2748.59	2108.2	1.8610	6.8214
0.60	158.863	0.0011006	0.31563	670.67	2756.66	2086.0	1.9315	6.7600
0.70	164.983	0.0011079	0.27281	697.32	2763.29	2066.0	1.9925	6.7079
0.80	170.444	0.0011148	0.24037	721.20	2768.86	2047.7	2.0464	6.6625
0.90	175.389	0.0011212	0.21491	742.90	2773.59	2030.7	2.0948	6.6222
1.00	179.916	0.0011272	0.19438	762.84	2777.67	2014.8	2.1388	6.5859

（续）

压力	温度	比体积		比焓		汽化潜热	比熵	
p /MPa	t /℃	v' /(m³/kg)	v'' /(m³/kg)	h' /(kJ/kg)	h'' /(kJ/kg)	r/(kJ/kg)	s'/[kJ/(kg·K)]	s''/[kJ/(kg·K)]
1.10	184.100	0.0011330	0.17747	781.35	2781.21	999.9	2.1792	6.5529
1.20	187.995	0.0011385	0.16328	798.64	2784.29	985.7	2.2166	6.5225
1.30	191.644	0.0011438	0.15120	814.89	2786.99	972.1	2.2515	6.4944
1.40	195.078	0.0011489	0.14079	830.24	2789.37	959.1	2.2841	6.4683
1.50	198.327	0.0011538	0.13172	844.82	2791.46	946.6	2.3149	6.4437
1.60	201.410	0.0011586	0.12375	858.69	2793.29	934.6	2.3440	6.4206
1.70	204.346	0.0011633	0.11668	871.96	2794.91	923.0	2.3716	6.3988
1.80	207.151	0.0011679	0.11037	884.67	2796.33	911.7	2.3979	6.3781
1.90	209.838	0.0011723	0.104707	896.88	2797.58	900.7	2.4230	6.3583
2.00	212.417	0.0011767	0.099588	908.64	2798.66	890.0	2.4471	6.3395
2.20	217.289	0.0011851	0.090700	930.97	2800.41	1869.4	2.4924	6.3041
2.40	221.829	0.0011933	0.083244	951.91	2801.67	1849.8	2.5344	6.2714
2.60	226.085	0.0012013	0.076898	971.67	2802.51	1830.8	2.5736	6.2409
2.80	230.096	0.0012090	0.071427	990.41	2803.01	1812.6	2.6105	6.2123
3.00	233.893	0.0012166	0.066662	1008.2	2803.19	1794.9	2.6454	6.1854
3.50	242.597	0.0012348	0.057054	1049.6	2802.51	1752.9	2.7250	6.1238
4.00	250.394	0.0012524	0.049771	1087.2	2800.53	1713.4	2.7962	6.0688
5.00	263.980	0.0012862	0.039439	1154.2	2793.64	1639.5	2.9201	5.9724
6.00	275.625	0.0013190	0.032440	1213.3	2783.82	1570.5	3.0266	5.8885
7.00	285.869	0.0013515	0.027371	1266.9	2771.72	1504.8	3.1210	5.8129
8.00	295.048	0.0013843	0.023520	1316.5	2757.70	1441.2	3.2066	5.7430
9.00	303.385	0.0014177	0.020485	1363.1	2741.92	1378.9	3.2854	5.6771
10.0	311.037	0.0014522	0.018026	1407.2	2724.46	1317.2	3.3591	5.6139
11.0	318.118	0.0014881	0.015987	1449.6	2705.34	1255.7	3.4287	5.5525
12.0	324.715	0.0015260	0.014263	1490.7	2684.50	1193.8	3.4952	5.4920
13.0	330.894	0.0015662	0.012780	1530.8	2661.80	1131.0	3.5594	5.4318
14.0	336.707	0.0016097	0.011486	1570.4	2637.07	1066.7	3.6220	5.3711
15.0	342.196	0.0016571	0.010340	1609.8	2610.01	1000.2	3.6836	5.3091
16.0	347.396	0.0017099	0.009311	1649.4	2580.21	930.8	3.7451	5.2450
17.0	352.334	0.0017701	0.008373	1690.0	2547.01	857.1	3.8073	5.1776
18.0	357.034	0.0018402	0.007503	1732.0	2509.45	777.4	3.8715	5.1051
19.0	361.514	0.0019258	0.006679	1776.9	2465.87	688.9	3.9395	5.0250
20.0	365.789	0.0020379	0.005870	1827.2	2413.05	585.9	4.0153	4.9322
21.0	369.868	0.0022073	0.005012	1889.2	2341.67	452.4	4.1088	4.8124
22.0	373.752	0.0027040	0.003684	2013.0	2084.02	71.0	4.2969	4.4066
22.064	373.99	0.003106	0.003106	2085.9	2085.9	0.0	4.4092	4.4092

附表5 未饱和水与过热蒸汽的热力性质

p	0.001MPa			0.005MPa		
	$t_s=6.9491$ $v'=0.0010001$ $v''=129.185$ $h'=29.21$ $h''=2513.29$ $s'=0.1056$ $s''=8.9735$			$t_s=32.8793$ $v'=0.0010053$ $v''=28.101$ $h'=137.72$ $h''=2560.55$ $s'=0.4761$ $s''=8.3930$		
t /℃	v /(m³/kg)	h /(kJ/kg)	s /[kJ/(kg·K)]	v /(m³/kg)	h /(kJ/kg)	s /[kJ/(kg·K)]
0	0.0010002	-0.0412	-0.0001	0.0010002	0.0	-0.0001
10	130.60	2519.5	8.9956	0.0010002	42.0	0.1510
20	135.23	2538.1	9.0604	0.0010017	83.9	0.2963
40	144.47	2575.5	9.1837	28.86	2574.6	8.4385
60	153.71	2613.0	9.2997	30.17	2612.3	8.5552
80	162.95	2650.6	9.4093	32.57	2650.0	8.6652
100	172.19	2688.3	9.5132	34.42	2687.9	8.7695
120	181.41	2726.2	9.6122	36.27	2725.9	8.8687
140	190.66	2764.3	9.7066	38.12	2764.0	8.9633
160	199.89	2802.6	9.7971	39.97	2802.3	9.0539
180	209.12	2841.0	9.8839	41.81	2840.8	9.1408
200	218.35	2879.6	9.9672	43.66	2879.5	9.2244
220	227.58	2918.6	10.0480	45.51	2918.5	9.3049
240	236.82	2957.7	10.1257	47.36	2957.6	9.3828
260	246.05	2997.1	10.2010	49.20	2997.0	9.4580
280	255.28	3036.7	10.2739	51.05	3036.6	9.5310
300	264.51	3076.5	10.3446	52.90	3076.4	9.6017
350	287.58	3177.2	10.5130	57.51	3177.1	9.7702
400	310.66	3279.5	10.6709	62.13	3279.4	9.2820
450	333.74	3383.4	10.820	66.74	3383.3	10.077
500	356.81	3489.0	10.960	71.36	3489.0	10.218
550	378.89	3596.3	11.095	75.98	3596.2	10.352
600	402.96	3705.3	11.224	80.59	3705.3	10.481

（续）

p	0. 01MPa			0. 1MPa		
	t_s = 45. 7988 v' = 0. 0010103 v'' = 14. 673 h' = 191. 76 h'' = 2583. 72 s' = 0. 6490 s'' = 8. 1481			t_s = 99. 634 v' = 0. 0010432 v'' = 1. 6943 h' = 417. 52 h'' = 2675. 14 s' = 1. 3028 s'' = 87. 3589		
t /℃	v /(m³/kg)	h /(kJ/kg)	s /[kJ/(kg · K)]	v /(m³/kg)	h /(kJ/kg)	s /[kJ/(kg · K)]
0	0. 0010002	+0. 0	-0. 0001	0. 0010002	0. 1	-0. 0001
10	0. 0010002	42. 0	0. 1510	0. 0010002	42. 1	0. 1510
20	0. 0010017	83. 9	0. 2963	0. 0010017	84. 0	0. 2963
40	0. 0010078	167. 4	0. 5721	0. 0010078	167. 5	0. 5721
60	15. 34	2611. 3	8. 2331	0. 0010171	251. 2	0. 8309
70	15. 80	2630. 3	8. 2892	0. 0010228	293. 0	0. 9548
80	16. 27	2949. 3	8. 3437	0. 0010292	335. 0	1. 0752
100	17. 20	2687. 2	8. 4484	1. 696	2676. 5	7. 3628
120	18. 12	2725. 4	8. 5479	1. 793	2716. 8	7. 4681
140	19. 05	2763. 6	8. 6427	1. 889	2756. 6	7. 5669
160	19. 98	2802. 0	8. 7334	1. 984	2796. 2	7. 6605
180	20. 90	2840. 6	8. 8204	2. 078	2835. 7	7. 7496
200	21. 82	2879. 3	8. 9041	2. 172	2875. 2	7. 8348
220	22. 75	2918. 3	8. 9848	2. 266	2914. 7	7. 9166
240	23. 67	2957. 4	9. 0626	2. 359	2954. 3	7. 9954
260	24. 60	2996. 8	9. 1379	2. 453	2994. 1	8. 0714
280	25. 52	3036. 5	9. 2109	2. 546	3034. 0	8. 1449
300	26. 44	3076. 3	9. 2817	2. 639	3074. 1	8. 2162
350	28. 75	3177. 0	9. 4502	2. 871	3175. 3	8. 3854
400	31. 06	3279. 4	9. 6081	3. 103	3278. 0	8. 5439
450	33. 37	3383. 3	9. 7570	3. 334	3382. 2	8. 6932
500	35. 68	3488. 9	9. 8982	3. 565	3487. 9	8. 8346
550	37. 99	3596. 2	10. 033	3. 797	3595. 4	8. 9693
600	40. 29	3705. 2	10. 161	4. 028	3704. 5	9. 0979

（续）

p	0.5MPa			1MPa		
	t_s = 151.867 v' = 0.0010925 v'' = 0.37486 h' = 640.35 h'' = 2748.59 s' = 1.8610 s'' = 6.8214			t_s = 179.916 v' = 0.0011272 v'' = 0.19438 h' = 762.84 h'' = 2777.67 s' = 2.1388 s'' = 6.5859		
t /℃	v /(m³/kg)	h /(kJ/kg)	s /[kJ/(kg·K)]	v /(m³/kg)	h /(kJ/kg)	s /[kJ/(kg·K)]
0	0.0010000	0.5	-0.0001	0.0009997	1.0	-0.0001
10	0.0010000	42.5	0.1509	0.0009998	43.0	0.1509
20	0.0010015	84.3	0.2963	0.0010013	84.8	0.2961
30	0.0010041	126.1	0.4364	0.0010039	126.6	0.4362
40	0.0010076	167.9	0.5719	0.0010074	168.3	0.5717
50	0.0010119	209.7	0.7033	0.0010117	210.1	0.7030
60	0.0010169	251.5	0.8307	0.0010167	251.9	0.8305
70	0.0010226	293.4	0.9545	0.0010224	293.8	0.9452
80	0.0010290	335.3	1.0750	0.0010287	335.7	1.0746
90	0.0010359	377.3	1.1922	0.0010357	377.7	1.1918
100	0.0010435	419.4	1.3066	0.0010432	419.7	1.3062
120	0.0010605	503.9	1.5273	0.0010602	504.3	1.5269
140	0.0010800	589.2	1.7388	0.0010796	589.5	1.7383
160	0.3836	2767.4	6.8653	0.0011019	675.7	1.9420
180	0.4046	2812.1	6.9664	0.1944	2777.3	6.5854
200	0.4249	2855.4	7.0603	0.2059	2827.5	6.6940
220	0.4449	2897.9	7.1481	0.2169	2874.9	6.7921
240	0.4646	2939.9	7.2314	0.2275	2920.5	6.8826
260	0.4841	2981.4	7.3109	0.2378	2964.8	6.9674
280	0.5034	3022.8	7.3871	0.2480	3008.3	7.0475
300	0.5226	3064.2	7.4605	0.2580	3051.3	7.1239
350	0.5701	3167.6	7.6335	0.2825	3157.7	7.3081
400	0.6172	3271.8	7.7944	0.3066	3264.0	7.4606
420	0.6360	3313.8	7.8558	0.3161	3306.6	7.5283
440	0.6548	3355.9	7.9158	0.3256	3349.3	7.5890
450	0.6641	3377.1	7.9452	0.3304	3370.7	7.6188
460	0.6735	3398.3	7.9743	0.3351	3392.1	7.6482
480	0.6922	3440.9	8.0316	0.3446	3435.1	7.7061
500	0.7109	3483.6	8.0877	0.3540	3478.3	7.7627
550	0.7575	3591.7	8.2232	0.3776	3587.2	7.8991
600	0.8040	3701.4	8.3525	0.4010	3697.4	8.0292

（续）

p	3MPa			5MPa		
	$t_s=233.893$ $v'=0.0012166$　$v''=0.066662$ $h'=1008.2$　$h''=2803.19$ $s'=2.6454$　$s''=6.1854$			$t_s=263.980$ $v'=0.0012862$　$v''=0.039439$ $h'=1154.2$　$h''=2793.64$ $s'=2.9201$　$s''=5.9724$		
t /℃	v /(m^3/kg)	h /(kJ/kg)	s /[kJ/(kg·K)]	v /(m^3/kg)	h /(kJ/kg)	s /[kJ/(kg·K)]
0	0.0009987	3.0	0.0001	0.0009977	5.1	0.0002
10	0.0009988	44.9	0.1507	0.0009979	46.9	0.1505
20	0.0010004	86.7	0.2957	0.0009995	88.6	0.2952
30	0.0010030	128.4	0.4356	0.0010021	130.2	0.4350
40	0.0010065	170.1	0.5709	0.0010056	171.9	0.5702
50	0.0010108	211.8	0.7021	0.0010099	213.6	0.7012
60	0.0010158	253.6	0.8294	0.0010149	255.3	0.8283
70	0.0010215	295.4	0.9530	0.0010205	297.0	0.9518
80	0.0010278	337.3	1.0733	0.0010268	338.8	1.0720
90	0.0010347	379.3	1.1904	0.0010337	380.7	1.1890
100	0.0010422	421.2	1.3046	0.0010412	422.7	1.3030
120	0.0010590	505.7	1.5250	0.0010579	507.1	1.5232
140	0.0010783	590.8	1.7362	0.0010771	592.1	1.7342
160	0.0011005	676.9	1.9396	0.0010990	678.0	1.9373
180	0.0011258	764.1	2.1366	0.0011241	765.2	2.1339
200	0.0011550	853.0	2.3284	0.0011530	853.8	2.3253
220	0.0011891	943.9	2.5166	0.0011866	944.4	2.5129
240	0.06818	2823.0	6.2245	0.0012264	1037.8	2.6985
260	0.07286	2885.5	6.3440	0.0012750	1135.0	2.8842
280	0.07714	2941.8	6.4477	0.04224	2857.0	6.0889
300	0.08116	2994.2	6.5408	0.04532	2925.4	6.2104
350	0.09053	3115.7	6.7443	0.05194	3069.2	6.4513
400	0.09933	3231.6	6.9231	0.05780	3193.9	6.6486
450	0.10276	3276.9	6.9894	0.06002	3245.4	6.7198
500	0.1061	3321.9	7.0535	0.06220	3293.2	6.7875
520	0.1078	3344.4	7.0847	0.06237	3316.8	6.8204
540	0.1095	3366.8	7.1155	0.06434	3340.4	6.8528
550	0.1128	3411.6	7.1785	0.00664	3387.2	6.9158
560	0.1161	3456.4	7.2345	0.06853	3433.8	6.9768
580	0.1243	3568.6	7.3752	0.07363	3549.6	7.1221
600	0.1324	3681.5	7.5084	0.07864	3665.4	7.2586

（续）

p	7MPa			10MPa		
	$t_s=285.869$ $v'=0.0013515$ $v''=0.027371$ $h'=1266.9$ $h''=2771.72$ $s'=3.1225$ $s''=5.8126$			$t_s=311.037$ $v'=0.0014522$ $v''=0.018026$ $h'=1407.2$ $h''=2724.46$ $s'=3.3591$ $s''=5.6139$		
t /℃	v /(m^3/kg)	h /(kJ/kg)	s /[kJ/(kg·K)]	v /(m^3/kg)	h /(kJ/kg)	s /[kJ/(kg·K)]
0	0.0009967	7.1	0.0004	0.0009953	10.1	0.0005
10	0.0009970	48.8	0.1504	0.0009956	51.7	0.1500
20	0.0009986	90.4	0.2948	0.0009972	93.2	0.2942
30	0.0010012	132.0	0.4344	0.0009999	134.7	0.4334
40	0.0010047	173.6	0.5694	0.0010034	176.3	0.5682
50	0.0010090	215.3	0.7003	0.0010077	217.8	0.6989
60	0.0010140	256.9	0.8273	0.0010126	259.4	0.8257
70	0.0010196	298.7	0.9506	0.0010182	301.1	0.9489
80	0.0010259	340.4	1.0707	0.0010244	342.8	1.0687
90	0.0010327	382.3	1.1875	0.0010312	384.6	1.1854
100	0.0010401	424.2	1.3015	0.0010386	426.5	1.2992
120	0.0010567	508.5	1.5215	0.0010551	510.6	1.5188
140	0.0010758	593.4	1.7321	0.0010739	595.4	1.7291
160	0.0010976	679.2	1.9350	0.0010954	681.0	1.9315
180	0.0011224	766.2	2.1312	0.0011199	767.8	2.1272
200	0.0011510	854.6	2.3222	0.0011480	855.9	2.3176
220	0.0011841	945.0	2.5093	0.0011805	946.0	2.5040
240	0.0012233	1038.0	2.6941	0.0012188	1038.4	2.6878
260	0.0012708	1134.7	2.8789	0.0012648	1134.3	2.8711
280	0.0013307	1236.7	3.0667	0.0013221	1235.2	3.0567
300	0.02946	2839.2	5.9322	0.0013978	1343.7	3.2494
350	0.03524	3107.0	6.2306	0.022415	2924.2	5.9464
400	0.03992	3159.7	6.4511	0.02641	3098.5	6.2158
450	0.04414	3288.0	6.6350	0.02974	3242.2	6.4220
500	0.04810	3410.5	6.7988	0.03277	3374.1	6.5984
520	0.04964	3458.6	6.8602	0.03392	3425.1	6.6635
540	0.05116	3506.4	6.9198	0.03505	3475.4	6.7262
550	0.05191	3530.2	6.9490	0.03561	3500.4	6.7568
560	0.05266	3554.1	6.9778	0.03616	3525.4	6.7869
580	0.05414	3601.6	7.0342	0.03726	3574.9	6.8456
600	0.05561	3649.0	7.0890	0.03833	3624.0	6.9025

（续）

p	14MPa			20MPa		
	$t_s=336.707$ $v'=0.0016097$　$v''=0.011486$ $h'=1570.4$　$h''=2637.07$ $s'=3.6220$　$s''=5.3711$			$t_s=365.789$ $v'=0.0020379$　$v''=0.005870$ $h'=1827.2$　$h''=2413.05$ $s'=4.0153$　$s''=4.9322$		
t /℃	v /(m³/kg)	h /(kJ/kg)	s /[kJ/(kg·K)]	v /(m³/kg)	h /(kJ/kg)	s /[kJ/(kg·K)]
0	0.0009933	14.1	0.0007	0.0009904	20.1	0.0008
10	0.0009938	55.6	0.1496	0.0009910	61.3	0.1489
20	0.0009955	97.0	0.2933	0.0009929	102.5	0.2919
30	0.0009982	138.1	0.4322	0.0009956	143.8	0.4303
40	0.0010017	179.8	0.5666	0.0009992	185.1	0.5643
50	0.0010060	221.3	0.6970	0.0010034	226.4	0.6943
60	0.0010109	262.8	0.8236	0.0010083	267.8	0.8204
70	0.0010164	304.4	0.9465	0.0010138	309.3	0.9430
80	0.0010226	346.0	1.0661	0.0010199	350.8	1.0623
90	0.0010293	387.7	1.1826	0.0010265	392.4	1.1784
100	0.0010366	429.5	1.2961	0.0010337	434.0	1.2916
120	0.0010529	513.5	1.5153	0.0010496	517.7	1.5101
140	0.0010715	598.0	1.7251	0.0010679	602.0	1.7192
160	0.0010926	683.4	1.9269	0.0010886	687.1	1.9203
180	0.0011167	769.9	2.1220	0.0011120	773.1	2.1145
200	0.0011442	857.7	2.3117	0.0011387	860.4	2.3030
220	0.0011759	947.2	2.4970	0.0011693	949.3	2.4870
240	0.0012129	1039.1	2.6796	0.0012047	1040.3	2.6678
260	0.0012572	1134.1	2.8612	0.0012466	1134.1	2.8470
280	0.0013115	1233.5	3.0441	0.0012971	1231.6	3.0266
300	0.0013816	1339.5	3.2324	0.0013606	1334.6	3.2095
350	0.01323	2753.5	5.5606	0.001666	1648.4	3.7327
400	0.01726	3004.0	5.9488	0.009952	2820.1	5.5578
450	0.02007	3175.8	6.1953	0.01270	3062.4	5.9061
500	0.02251	3323.0	6.3922	0.01477	3240.2	6.1440
520	0.02342	3378.4	6.4630	0.01551	3303.7	6.2251
540	0.02430	3432.5	6.5304	0.01621	3364.6	6.3009
550	0.02473	3459.2	6.5631	0.01655	3394.3	6.3373
560	0.02515	3485.8	6.5951	0.01688	3423.6	6.3726
580	0.02599	3538.2	6.6573	0.01753	3480.9	6.4406
600	0.02681	3589.8	6.7172	0.01816	3536.9	6.5055

（续）

p	25MPa			30MPa		
t /℃	v /(m^3/kg)	h /(kJ/kg)	s /[kJ/(kg·K)]	v /(m^3/kg)	h /(kJ/kg)	s /[kJ/(kg·K)]
0	0.0009881	25.1	0.0009	0.0009857	30.0	0.0008
10	0.0009888	66.1	0.1482	0.0009866	70.8	0.1475
20	0.0009907	107.1	0.2907	0.0009886	111.7	0.2895
40	0.0009971	189.4	0.5623	0.0009950	193.8	0.5604
60	0.0010062	272.0	0.8178	0.0010041	276.1	0.8153
80	0.0010177	354.8	1.0591	0.0010155	358.7	1.0560
100	0.0010313	437.8	1.2879	0.0010289	441.6	1.2843
120	0.0010470	521.3	1.5059	0.0010445	524.9	1.5017
140	0.0010650	605.4	1.7144	0.0010621	603.1	1.7097
160	0.0010853	690.2	1.9148	0.0010821	693.3	1.9095
180	0.0011082	775.9	2.1083	0.0011046	778.7	2.1022
200	0.0011343	862.8	2.2960	0.0011300	865.2	2.2891
220	0.0011640	951.2	2.4780	0.0011590	953.1	2.4711
240	0.0011983	1041.5	2.6584	0.0011922	1042.8	2.6493
260	0.0012384	1134.3	2.8359	0.0012307	1134.8	2.8252
280	0.0012863	1230.5	3.0130	0.0012762	1229.9	3.0002
300	0.0013453	1331.5	3.1922	0.0013315	1329.0	3.1763
350	0.001600	1626.4	3.6844	0.001554	1611.3	3.6475
400	0.006009	2583.2	5.1472	0.002806	2159.1	4.4854
450	0.009168	2952.1	5.6787	0.006730	2823.1	5.4458
500	0.01113	3165.0	5.9639	0.008679	3083.9	5.7954
520	0.01180	3237.0	6.0558	0.009309	3166.1	5.9004
540	0.01242	3304.7	6.1401	0.009889	3241.7	5.9945
550	0.01272	3337.3	6.1800	0.010165	3277.7	6.0385
560	0.01358	3369.2	6.2185	0.01043	3312.6	6.0806
580	0.01301	3431.2	6.2921	0.01095	3379.8	6.1604
600	0.01413	3491.2	6.3616	0.01144	3444.2	6.2351

注：粗线的上方数据适应于未饱和水，下方数据适应于过热蒸汽。

附表6　其他部分常用图表

名　称	图　形	名　称	图　形
几种材料的密度、热导率、比热容和热扩散率		标准大气压下过热水蒸气的热物理性质	
几种油的热物理性质		气体的平均体积定容热容	
常用单位换算表		气体的平均体积定压热容	
标准大气压下干空气的热物理性质		水蒸气的焓—熵图	
标准大气压下烟气的热物理性质		饱和水的热物理性质	

参 考 文 献

[1] 宋长华. 热工基础 [M]. 北京：机械工业出版社，2013.
[2] 宋长华. 热工基础学习指导与习题集 [M]. 北京：中国电力出版社，2008.
[3] 张学学. 热工基础 [M]. 3 版. 北京：高等教育出版社，2015.
[4] 杜雅琴，尚玉琴. 工程热力学 [M]. 北京：中国电力出版社，2015.
[5] 张天孙，卢改林. 传热学 [M]. 4 版. 北京：中国电力出版社，2014.
[6] 程新华，苏华莺. 热工基础 [M]. 北京：中国电力出版社，2013.
[7] 景朝晖. 热工理论及应用 [M]. 3 版. 北京：中国电力出版社，2014.
[8] 徐艳萍，柯选玉. 热工基础 [M]. 3 版. 北京：中国电力出版社，2012.
[9] 刘春泽，李国斌. 热工学基础 [M]. 3 版. 北京：机械工业出版社，2018.
[10] 刘学来. 热工学理论基础 [M]. 3 版. 北京：中国电力出版社，2017.
[11] 于秋红. 热工基础 [M]. 2 版. 北京：北京大学出版社，2015.
[12] 童钧耕，赵镇南. 热工基础 [M]. 2 版. 北京：高等教育出版社，2020.
[13] 王修彦，张晓东. 热工基础 [M]. 2 版. 北京：中国电力出版社，2013.
[14] 傅秦生. 热工基础与应用 [M]. 3 版. 北京：机械工业出版社，2015.
[15] 张红霞. 热工基础 [M]. 2 版. 北京：机械工业出版社，2015.
[16] 许国良. 工程传热学 [M]. 北京：中国电力出版社，2011.
[17] 傅秦生. 工程热力学 [M]. 北京：机械工业出版社，2017.
[18] 黄敏. 热工与流体力学基础 [M]. 北京：机械工业出版社，2018.
[19] 魏龙. 热工与流体力学基础 [M]. 2 版. 北京：机械工业出版社，2017.
[20] 张晓东，李季. 热工基础习题详解 [M]. 北京：中国电力出版社，2016.
[21] 夏国栋，王军. 传热学学习指导与习题精选 [M]. 北京：化学工业出版社，2016.